地震标准汇编2009

（第三册）

中国地震局

地震出版社

目　　录

第一册

第二册

第三册

ICS 91.120.25
P 15
备案号：17206—2006

中华人民共和国地震行业标准

DB/T 16—2006

地震台站建设规范　测震台站

Specification for the construction of seismic station
Seismograph station

2006-02-20 发布　　2006-05-01 实施

中国地震局 发布

前 言

本标准是《地震台站建设规范》系列标准中的一项。该系列标准结构及名称预计如下：

地震台站建设规范　测震台站（DB/T 16 — 2006）

地震台站建设规范　强震动台站（DB/T 17 — 2006）

地震台站建设规范　地磁台站（DB/T 9 — 2004）

地震台站建设规范　地电台站　第 1 部分：地电阻率台站（DB/T 18.1 — 2006）

地震台站建设规范　地电台站　第 2 部分：地电场台站（DB/T 18.2 — 2006）

地震台站建设规范　重力台站（DB/T 7 — 2003）

地震台站建设规范　地形变台站　第 1 部分：洞室地倾斜和地应变台站（DB/T 8.1 — 2003）

地震台站建设规范　地形变台站　第 2 部分：钻孔地倾斜和地应变台站（DB/T 8.2 — 2003）

地震台站建设规范　地形变台站　第 3 部分：断层形变台站（DB/T 8.3 — 2003）

地震台站建设规范　全球定位系统连续观测台站（DB/T 19 — 2006）

地震台站建设规范　地下流体台站　第 1 部分：水位和水温台站（DB/T 20.1 — 2006）

地震台站建设规范　地下流体台站　第 2 部分：气氡和气汞台站（DB/T 20.2 — 2006）

……

本标准的附录 A、附录 B 和附录 C 为资料性附录，附录 D 为规范性附录。

本标准由中国地震局提出。

本标准由全国地震标准化技术委员会（SAC/TC 225）归口。

本标准由中国地震台网中心和中国地震局地球物理研究所负责起草，广东省地震局和四川省地震局参加起草。

本标准主要起草人：张伟清、刘瑞丰、琴朝智、吕金水、张海、梁建宏。

地震台站建设规范 测震台站

1 范围

本标准规定了测震台站观测场地勘选、观测墩（井）和观测室的建设、观测设备配置和资料归档的技术要求。

本标准适用于国家和区域测震台站的新建、扩建和改建，其他测震台站的勘址、建设可参照使用。

2 规范性引用文件

下列文件中的条款通过本标准的引用而成为本标准的条款。凡是注日期的引用文件，其随后所有的修改单（不包括勘误的内容）或修订版均不适用于本标准，然而，鼓励根据本标准达成协议的各方研究是否使用这些文件的最新版本。凡是不注日期的引用文件，其最新版本适用于本标准。

GB/T 19531.1 — 2004 地震台站观测环境技术要求 第1部分：测震

GB 50011 — 2001 建筑抗震设计规范

GB 50021 — 2001 岩土工程勘察规范

GB 50057 — 1994 建筑物防雷设计规范

GB 50169 — 1992 电气装置安装工程接地装置施工及验收规范

GB 50174 — 1993 电子计算机机房设计规范

GB 50343 — 2004 建筑物电子信息系统防雷技术规范

GBJ 16 — 1987 建筑设计防火规范（2001年版）

JGJ 52 — 1992 普通混凝土用砂质量标准及验收方法

JGJ 53 — 1992 普通混凝土用碎石或卵石质量标准及检验方法

JGJ 55 — 2000 普通混凝土配合比设计规程

3 术语和定义

下列术语和定义适用于本标准。

3.1

地震计墩 seismometer pier

安放地震计的墩体。

3.2

测震井 seismometer well

安放井下地震计的井。

3.3

地震计房 seismometer room

建有地震计墩的房间及其过渡间的统称。

3.4

山洞观测室 cave observation vault

建有地震计房的洞室。

3.5

地下观测室 underground observation vault

建有地震计房的地下室。

3.6

地面观测室　ground observation house

建有地震计房的地面建筑物。

3.7

井房　well house

安放井下地震观测设备（或同时还设有测震井）的井口建筑物。

3.8

记录室　recorder room

具有地震资料记录、分析和处理功能的场所。

3.9

观测室　observation house

安放地震观测设备和记录处理设备的建筑物。包括：地震计房、山洞观测室、地下观测室、地面观测室、井房和记录室。

3.10

过渡间　transition room

具有缓冲作用并能用于准备工作的房间。

3.11

辅助间　auxiliary room

安放除地震计外其他地震观测设备的辅助房间。

4　观测场地勘选

4.1　地质构造要求

4.1.1　观测场地应避开地质断层带。

4.1.2　观测场地测震井中安放地震计处的岩层应避开溶洞、夹层、裂隙和液化层。

4.2　岩性结构要求

4.2.1　地震计房应选在坚硬、完整、未风化的基岩岩体上，岩体的质量要求应符合 GB 50021 — 2001 的规定。

4.2.2　设在基岩地层的测震井，井深应深入基岩 50 m 以下；设在非基岩地层的深井，井深应大于 250 m，测震井中安放地震计处的岩层应坚硬、完整。

4.3　地形地貌要求

4.3.1　观测场地应避开陡坡、风口或河滩等地区。

4.3.2　山洞观测室的位置应建在山体的下方。

4.4　环境要求

4.4.1　观测场地应避开对地震观测有影响的发展规划区域。

4.4.2　观测场地避开各种干扰源的距离应符合 GB/T 19531.1 — 2004 第 5 章的规定。

4.4.3　各类地区的各类台站对观测环境地噪声水平的要求应符合 GB/T 19531.1 — 2004 第 4 章的规定。

4.4.4　观测场地环境地噪声水平的观测，宜在夏季或冬季进行，其观测仪器、观测方法以及观测结果的分析、处理和计算，应按 GB/T 19531.1 — 2004 附录 A 中的规定进行。

4.4.5　观测场地应具备电力、通讯和交通条件，有人值守台站还应具备工作和生活条件。

5　观测墩（井）建设

5.1　地震计墩建设

5.1.1　地震计墩面中心的地理参数测定，应符合下列规定：

a）经纬度测量精度应为0.1″；

b）海拔高程测量精度应为0.5 m；

c）地理子午线测量精度应为0.1°。

5.1.2　地震计墩制作应符合下列规定：

a）地震计墩基凿制过程不应采用爆破作业；

b）地震计墩面的四边，宜与地理东、南、西、北方位一致；

c）地震计墩不应与任何建筑体相连；

d）地震计墩宜采用附录A的形式建造，基岩表面应粗糙，其风化层、碎石泥沙等应清除干净；

e）地震计墩尺寸：安放三分向甚宽频带地震计（最大外形尺寸为0.6 m×0.6 m），墩子长×宽为2.5 m×1.3 m，高出房内地面0.6 m，误差5%；安放三位一体的甚宽频带地震计，墩子长×宽为1.2 m×1.0 m，高出房内地面0.6 m，误差5%；安放三位一体的宽频带和短周期地震计，墩子长×宽为1.0 m×0.8 m，高出房内地面0.6 m，误差5%；

f）地震计墩应一次性浇筑混凝土，振捣密实后抹平，表面不应有裂缝、蜂窝和麻面，墩面应平整并在中心刻有地理子午线，误差0.1°；

g）地震计墩四周应有隔震槽，隔震槽宽不超过0.1 m，深不超过0.3 m，槽底及四周应采取防潮措施，有渗水现象的应采取抗渗措施，槽内应充填松散材料。

5.1.3　地震计墩材料

a）地震计墩应采用强度等级不低于C30的素混凝土；有渗水现象的基岩，其地震计墩应采用强度等级不低于C30的防渗素混凝土。混凝土其他原材料的质量和混凝土配合比设计应符合JGJ 52—1992、JGJ 53—1992和JGJ 55—2000的规定；

b）无渗水现象的基岩，可直接凿制成地震计墩，其制作要求可参照5.1.2条中的有关规定执行。

5.2　测震井建设

5.2.1　使用陀螺仪定向的测震井，应在井口正南（或正北）方向具有不小于15 m的开阔区域，开阔区域宽度不小于3 m。

5.2.2　使用磁法定位仪定向的测震井，应在正对井口的任一个方向具有不小于15 m的开阔区域，开阔区域宽度不小于3 m。

5.2.3　测震井应采用无缝钢管护井，钢管内径136 mm～158 mm为宜，钢管壁厚不小于5 mm。

5.2.4　使用磁法定位仪定向的测震井，距井底10 m段应采用无磁性不锈钢管。

5.2.5　测震井井斜度应小于4°。

5.2.6　测震井应固井，套管与井壁间的固井材料应采用强度等级不低于M7.5的水泥砂浆。

5.2.7　干井型的测震井其套管丝扣应密封，井底应采用强度等级不低于M7.5的防渗水泥砂浆封堵，封堵厚度应大于1 m，应抽干井水并清洗管壁及井底残留物。

5.2.8　水井型的测震井应清洗管壁并洗井。

5.2.9　测震井套管宜露出地面0.4 m～0.5 m，井口应采取罩盖防护措施。

6　观测室建设

6.1　基本要求

6.1.1　观测室的抗震设计应符合GB 50011—2001对乙类建筑的规定。

6.1.2　观测室防雷应按GB 50057—1994中第二、三类工业建筑物设防，并依据雷击次数确定：

a）参照当地气象部门提供的资料，预计雷击次数大于0.06次每年的测震台站，应按第二类防雷建筑物设防；

b）预计雷击次数大于或等于0.012次每年且小于或等于0.06次每年的测震台站，应按第三类防雷建筑物设防。

6.1.3　观测室电子信息系统防雷，应参照 GB 50343 — 2004 的规定设防。

6.1.4　观测室应采取防火和防盗措施，其防火措施可参照 GBJ 16 — 1987 的有关规定设防。

6.1.5　观测室四周应设排水沟。

6.1.6　观测室的过道（不包括密封门内的过道）应设空气交换通气口。

6.1.7　观测室内仪器和照明用电线路应互相独立。

6.1.8　观测室应有配电箱和在线式 UPS 220 V 交流电源插座，交流电源线不应呈环状架设。

6.1.9　观测室电气装置的接地应按 GB 50169 — 1992 的规定进行。

6.2　地震计房建设

6.2.1　地震计房距记录室宜大于 30 m。

6.2.2　地震计房距配电室应大于 50 m。

6.2.3　地震计房距台站围墙（沿），遥测台站应大于 3 m，其他台站宜大于 30 m。

6.2.4　地震计房的上方不应有任何建筑物。

6.2.5　国家级测震台站地震计房宜建两个，一间地震计房安放一套地震计，其平面布置参见附录 B 和附录 C。

6.2.6　年温差在 48℃以上地区的地震计房，宜建在山洞或地下观测室内。

6.2.7　地震计房的建设应在地震计墩建造完成并将墩面中心的地理参数测定后进行。

6.2.8　地震计房应具有过渡间，其平面布置参见附录 B 和附录 C。

6.2.9　地震计房内净高应不低于 2.5 m，其地震计墩四周与内墙壁的间距最窄处不应小于 0.5 m，其他有关尺寸参见附录 B 和附录 C。

6.2.10　地震计房墙壁、顶壁和地面应采取防潮和防尘措施，有渗水现象的应采取抗渗措施。

6.2.11　安放甚宽频带地震计的地震计房内年温差应小于 10℃，日温差应小于 1℃，相对湿度应保持在 20% ~85%。安放其他地震计的地震计房内年温差应小于 12℃，日温差应小于 1.5℃，相对湿度应保持在 20% ~90%。

6.2.12　地震计房外间应采用密封门，房门应向外开启，里间宜用推拉门，房门不应直接对着地震计墩。

6.2.13　地震计房内应采用发热量小、亮度好的灯具。

6.3　山洞观测室建设

6.3.1　山洞观测室应具有过渡间和辅助间，其平面布置参见附录 B。

6.3.2　山洞观测室内净高不超过 2.5 m，过道宽度应大于 1.2 m，其他有关尺寸参见附录 B。

6.3.3　安装甚宽频带地震计的山洞观测室应设不少于两道密封门。

6.3.4　山洞观测室的外墙和顶壁宜采用夹墙结构，夹墙空间宽度不应大于 0.5 m。夹墙内壁、顶壁和地面应采取防潮措施，有渗水现象的应采取抗渗措施。

6.3.5　山洞观测室内的墙壁、顶壁和地面应采取防潮措施，有渗水现象的应采取抗渗措施。

6.3.6　年温差在 48℃以上地区的山洞观测室进深应大于 12 m，平均覆盖层厚度应大于 5 m，宜采用“拱式”洞体结构。

6.3.7　安放甚宽频带地震计的山洞观测室内（不包括地震计房）年温差应小于 15℃，日温差应小于 5 ℃，相对湿度应保持在 20% ~90%。安放其他地震计的山洞观测室内（不包括地震计房）年温差应小于 18℃，日温差应小于 7℃，相对湿度应保持在 20% ~90%。

6.4　地下观测室建设

6.4.1　年温差在 48℃以上地区的地下观测室地基离地面垂直深度应大于 7 m，覆盖层厚度应大于 3 m。

6.4.2　地下观测室的其他要求应满足 6.3.1 条、6.3.2 条、6.3.3 条、6.3.4 条、6.3.5 条和 6.3.7 条的规定。

6.5 地面观测室建设

6.5.1 地面观测室应具有过渡间和辅助间，其平面布置参见附录 C。

6.5.2 地面观测室内净高应不低于 2.5 m，其他有关尺寸参见附录 C。

6.5.3 地面观测室的其他要求应满足 6.3.3 条、6.3.4 条、6.3.5 条和 6.3.7 条的规定。

6.6 井房建设

6.6.1 测震井可设在井房外或井房内。

6.6.2 测震井设在井房外时，井房距井口的距离应大于 3 m，井房内净高应不低于 2.5 m。

6.6.3 测震井设在井房内时，井房内墙壁距井口的距离不应小于 1.5 m，井房内净高应不低于 3.5 m，井房门宽不应小于 1 m，房门应正对井口，门外环境应满足 5.2.1 条和 5.2.2 条的要求。

6.6.4 井房面积不超过 20 m^2。

6.6.5 井房内常年温度应保持在 0℃ ~30℃之间，相对湿度应保持在 20% ~90%，其防潮、保温措施可参考地面观测室的建设。

6.6.6 井房内宜加设三相交流配电箱和插座，负荷功率不小于 5 kW。

6.7 记录室建设

6.7.1 记录室距配电室的距离应大于 30 m。

6.7.2 记录室内净高不应低于 2.8 m，总使用面积不超过 50 m^2。

6.7.3 记录室应采取防尘和防静电措施。

6.7.4 微型计算机房内温度应保持在 25℃ ±5℃，相对湿度应保持在 20% ~80%。

6.7.5 微型计算机房及其工作室的照明和室内装饰，可参照 GB 50174 — 1993 的有关规定进行设计。

6.8 线缆敷设

6.8.1 观测室内线缆应采用套管穿引后暗装或明装敷设。

6.8.2 传输电缆线宜采用镀锌钢管穿引，可在地下或地面敷设。室外地下敷设深度应大于 0.3 m，寒冷地区敷设深度应在本地区冻土层以下。

6.8.3 室外交流供电线宜选用铠装电缆地下敷设，敷设深度应大于 0.3 m，寒冷地区敷设深度应在本地区冻土层以下。

6.8.4 线缆地下敷设时，在地面上应设路由标志。

6.8.5 传输电缆线与交流电源线不宜平行敷设，当不得不平行敷设时，敷设距离应大于 1.2 m。

6.8.6 穿越观测室墙壁的敷设线应采用绝热材料封堵。

7 设备配置

表 1 和表 2 给出了测震台站需要的观测设备和辅助设备。

8 资料归档

台站观测场地勘选和建设工作结束后，应按附录 D 的要求整理有关资料和数据，完成台站观测场地勘选和建设报告，以纸介质和磁介质归档保存，并报送有关部门备案。

表1　观测设备及主要技术指标

<table>
<tr><th rowspan="2">设备名称</th><th colspan="5">主要技术指标</th><th rowspan="2">数量（套）</th><th rowspan="2">主要功能</th></tr>
<tr><th>频带宽度</th><th>灵敏度</th><th>动态范围</th><th>线性</th><th>最大输出电压范围</th></tr>
<tr><td>甚宽频带地震仪</td><td>0.025（或0.05）s~120s或0.025（或0.05）s~360s速度输出平坦</td><td>1000 Vs/m（单端输出）2000 Vs/m（差分输出）</td><td>优于140 dB</td><td>优于1%</td><td>$\pm 10V_{P-P}$（单端）</td><td rowspan="3">1套（备选）</td><td rowspan="3">1. 应具有地震信息资料的采集、记录、分析和处理功能
2. 应具有时间服务功能
3. 应具有地震仪标定功能
4. 应具有地震警报功能</td></tr>
<tr><td>宽频带地震仪</td><td>0.025（或0.05）s~40（或60）s速度输出平坦</td><td>1000 Vs/m（单端输出）2000 Vs/m（差分输出）</td><td>优于140 dB</td><td>优于1%</td><td>$\pm 10V_{P-P}$（单端）</td></tr>
<tr><td>短周期地震仪</td><td>0.025（或0.05）s~1 s速度输出平坦</td><td>1000 Vs/m（单端输出）2000 Vs/m（差分输出）</td><td>优于120 dB</td><td>优于1%</td><td>$\pm 10V_{P-P}$（单端）</td></tr>
</table>

表2　辅助设备及主要技术指标

<table>
<tr><th colspan="2">设备名称</th><th>主要技术指标</th><th>数　量</th></tr>
<tr><td rowspan="2">电源设备</td><td>UPS不间断电源</td><td>1000 VA~2000 VA</td><td>1~2（套）</td></tr>
<tr><td>发电机</td><td>3 kW~30 kW（备选）</td><td>1（台）</td></tr>
<tr><td rowspan="4">其他设备</td><td>数字温度计</td><td>温度范围0℃~40℃；精度1%；分辨率0.1℃</td><td>3~4（台）</td></tr>
<tr><td>湿度计</td><td>分辨率1%</td><td>3~4（台）</td></tr>
<tr><td>空调机</td><td>制冷量不小于3000 W；制热量不小于4000 W</td><td>1（台）</td></tr>
<tr><td>降湿机</td><td>功率200 W~450 W；最大除湿量（每日）不小于20 L</td><td>1（台）</td></tr>
</table>

附　录　A
（资料性附录）
地震计墩示意图

地震计墩形式如图 A.1 所示。

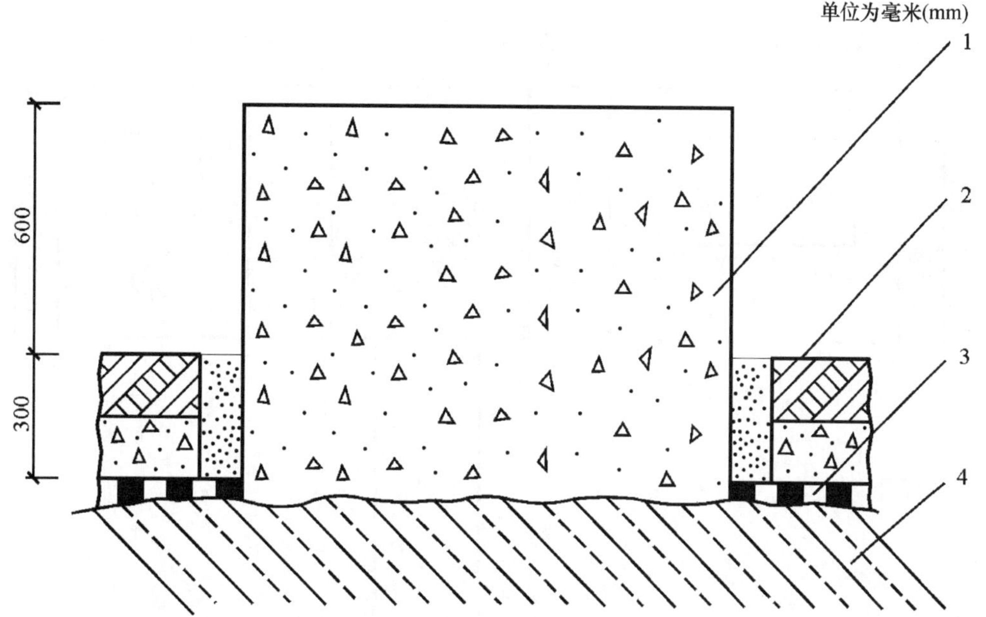

1 —— 地震计墩；

2 —— 房内地面；

3 —— 防潮（防渗水）层；

4 —— 基岩。

图 A.1　地震计墩剖面图

附 录 B
（资料性附录）
山洞和地下观测室平面图

山洞和地下观测室平面图如图 B.1 所示。

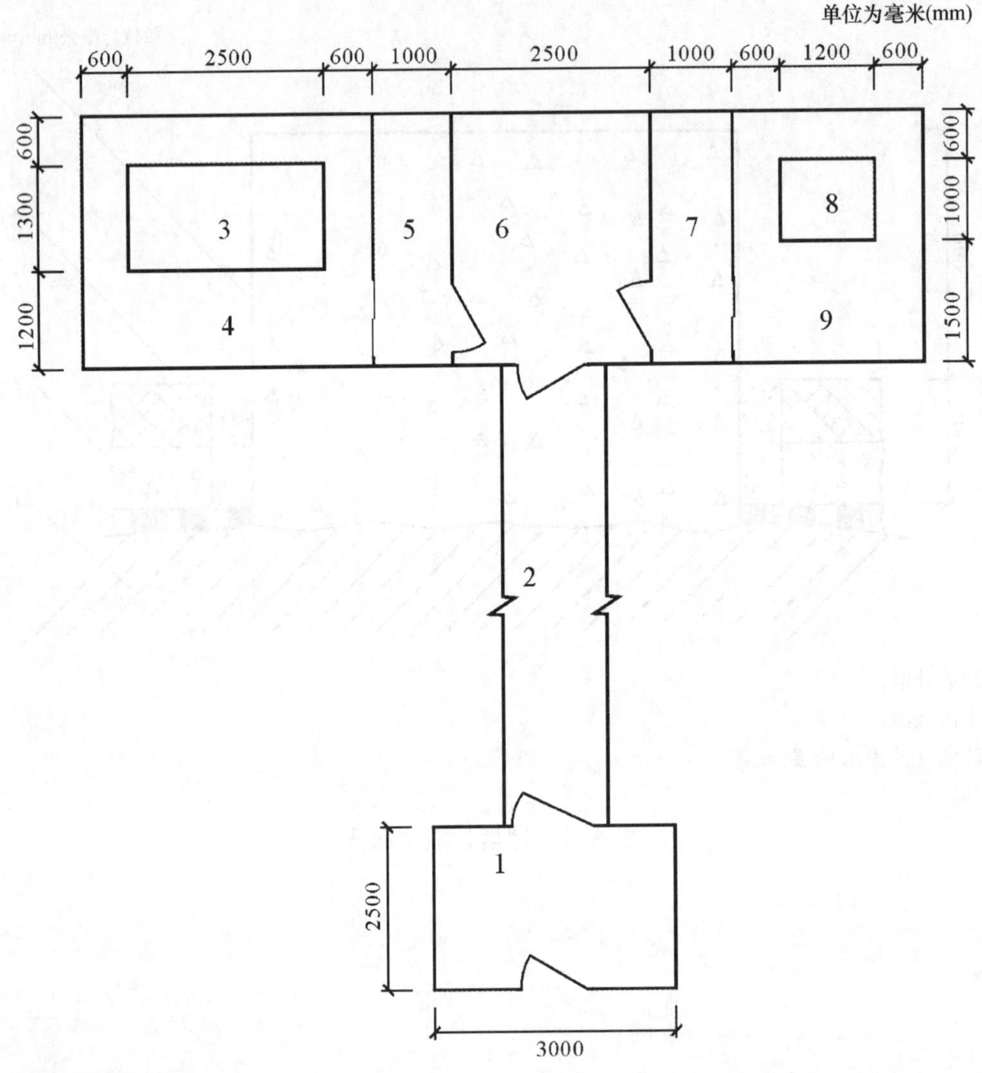

1 —— 观测室过渡间兼辅助间；
2 —— 过道；
3 —— 地震计墩；
4 —— 地震计房；
5 —— 地震计房过渡间；
6 —— 辅助间；
7 —— 地震计房过渡间；
8 —— 地震计墩；
9 —— 地震计房。

注：图中尺寸均为内部空间尺寸。

图 B.1　山洞和地下观测室平面图

附 录 C
（资料性附录）
地面观测室平面图

地面观测室平面图如图 C. 1 和图 C. 2 所示。

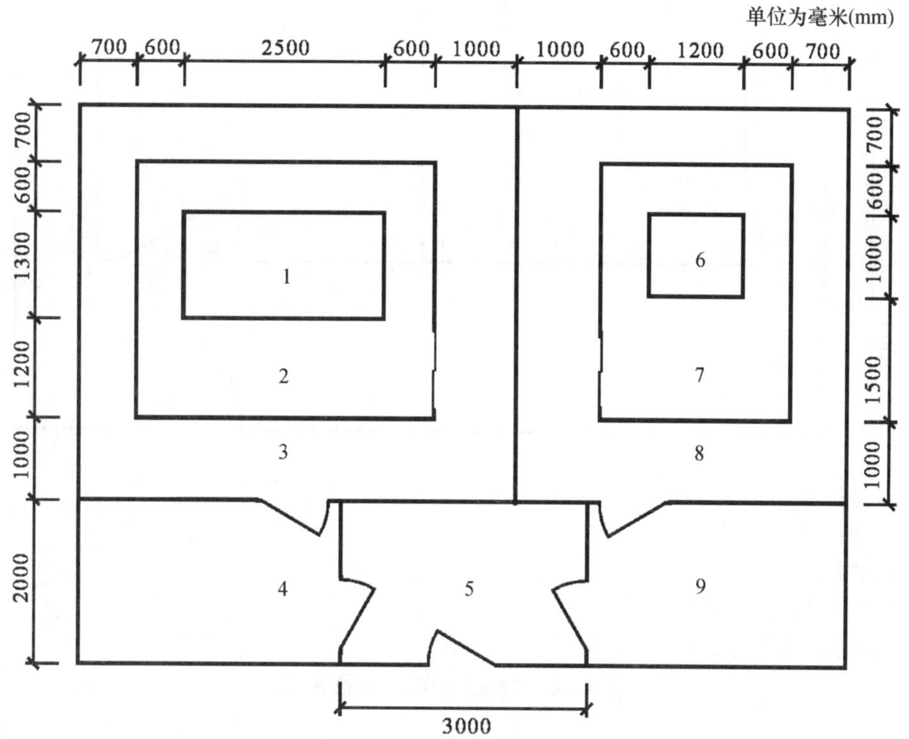

1 —— 地震计墩；
2 —— 地震计房；
3 —— 地震计房环形过渡间；
4 —— 辅助间；
5 —— 观测室过渡间兼辅助间；
6 —— 地震计墩；
7 —— 地震计房；
8 —— 地震计房环形过渡间；
9 —— 辅助间。

注：图中尺寸均为内部空间尺寸。

图 C. 1 地面观测室平面图一

单位为毫米(mm)

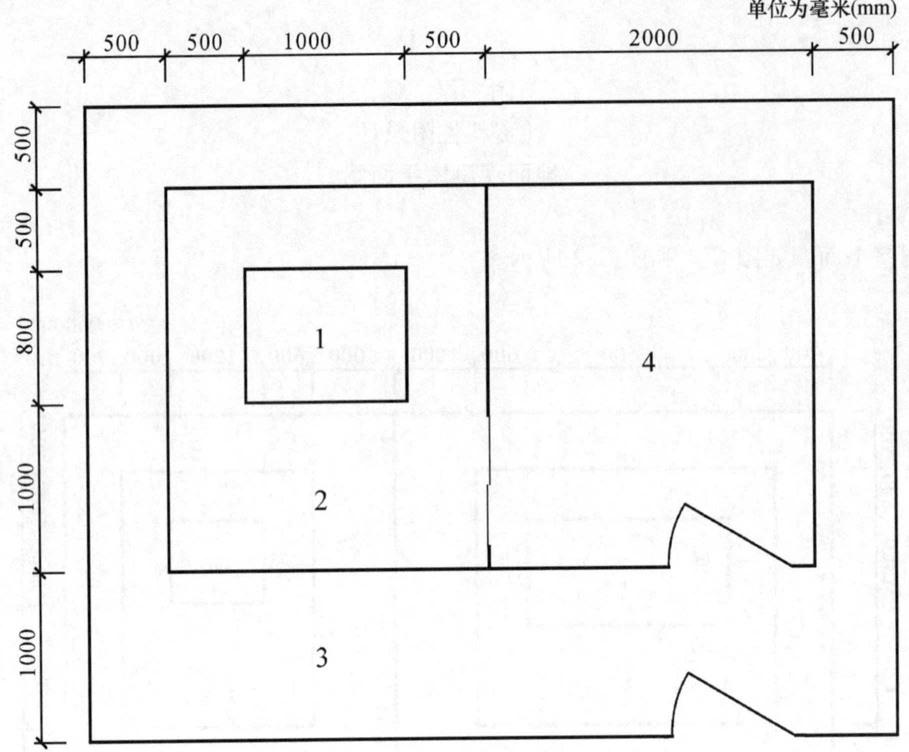

1——地震计墩；

2——地震计房；

3——环形过渡间；

4——辅助间兼过渡间。

注：图中尺寸均为内部空间尺寸。

图 C.2　地面观测室平面图二

附 录 D
（规范性附录）
台站建设报告

D.1 前言

应包括任务来源，建台目的和要求。

D.2 观测场地勘选

D.2.1 观测场地勘选概况

应包括勘选单位、参加勘选工作的人员和勘选范围、勘选时间及过程。

D.2.2 地形地貌和地质构造概况

D.2.2.1 应详细描述观测场地地区的地形地貌，并提供1:50000地形图和具有代表性的12寸现场照片1张~4张。

D.2.2.2 应详细描述观测场地地区的地质构造情况，内容包括：

a）1:200000地质图；

b）地震地质（如地质断层带、历史地震等）；

c）水文地质（如地下水类型、深度等）；

d）地基岩性；

e）以观测场地为中心，半径20 km范围内，按1:50000比例尺绘制的示意图，图中应标明地震地质概况、观测场地和干扰源位置以及主要的村镇（区）。

D.2.3 气象和自然条件概况

D.2.3.1 观测场地地区的温差（年温差和最大日温差）、大风、雷雨以及月平均相对湿度等。

D.2.3.2 本地区的冻土层厚度（单位为m）。

D.2.4 供电、通讯、交通状况和工作及生活条件

应包括：电力类型及供电保障、通讯条件及保障、交通条件、工作环境和生活条件。

D.2.5 地区发展规划概况

应包括本地区的经济发展规划。

D.2.6 观测结果的归纳

环境噪声观测的有关资料以及按GB/T 19531.1—2004规定的分析、处理和计算结果应逐项填入表D.1中。

D.2.7 结论

应阐明选取观测场地的综合依据和对观测场地的综合评价。

D.3 台站建设

D.3.1 台站建设的施工概况

应包括设计、施工和验收单位的名称、时间和过程。

D.3.2 观测场地布局

应按A4纸幅比例绘制观测场地布局的平面图，图中应标明方位、图幅比例和观测墩（井）及观测室的名称、间距。

D.3.3 观测墩（井）建设

D.3.3.1 地震计墩建设，内容应包括：

a）按 1∶20 比例分别绘制每个地震计墩（包括隔震槽和部分基岩）的垂直剖面示意图；

b）地震计墩（包括隔震槽）的相关尺寸；

c）地震计墩制做工艺；

d）地震计墩的材料；

e）地震计墩四周隔震槽的防潮（防渗水）措施；

f）地震计墩面中心的经纬度、海拔高程和地理子午线测量使用的仪器及测量单位；

g）地震计墩面中心的经纬度、海拔高程以及墩基的地址和岩性等有关资料和数据应填入表 D. 2 中。

表 D. 1　环境噪声观测资料和数据

<table>
<tr><td colspan="2">观测起止
日期和时间</td><td colspan="2">年</td><td colspan="3">自　月　日　时　分
至　月　日　时　分</td><td colspan="2">天气
风力/级</td><td></td></tr>
<tr><td colspan="2">台　址
观测人员</td><td colspan="2"></td><td>台基岩性</td><td colspan="2"></td><td colspan="2">最高气温/℃
最低气温/℃</td><td></td></tr>
<tr><td colspan="2" rowspan="2">观测仪器
型　号</td><td colspan="8">主要技术指标</td></tr>
<tr><td colspan="2">频带/
Hz</td><td colspan="2">仪器噪声
m/s</td><td colspan="2">仪器灵敏度
count/ms^{-1}</td><td colspan="2">采样率
点/秒</td></tr>
<tr><td colspan="2"></td><td colspan="2"></td><td colspan="2"></td><td colspan="2"></td><td colspan="2"></td></tr>
<tr><td colspan="2" rowspan="2">记录截取
时段</td><td colspan="5">计　算</td><td colspan="3">环境噪声水平</td></tr>
<tr><td>计算时段</td><td colspan="2">功率谱密度 *PSD*
$m^2 \cdot s^{-2}/Hz$</td><td colspan="2">均方根值 *rms*
m/s</td><td>$\overline{rms}$
m/s</td><td>Enlv
m/s</td><td>Enlv
dB</td></tr>
<tr><td rowspan="4">白天</td><td rowspan="4">自 日 时 分
至 日 时 分</td><td>第一小时</td><td colspan="2"></td><td colspan="2"></td><td rowspan="8"></td><td rowspan="8"></td><td rowspan="8"></td></tr>
<tr><td>第二小时</td><td colspan="2"></td><td colspan="2"></td></tr>
<tr><td>第三小时</td><td colspan="2"></td><td colspan="2"></td></tr>
<tr><td>第四小时</td><td colspan="2"></td><td colspan="2"></td></tr>
<tr><td rowspan="4">晚上</td><td rowspan="4">自 日 时 分
至 日 时 分</td><td>第一小时</td><td colspan="2"></td><td colspan="2"></td></tr>
<tr><td>第二小时</td><td colspan="2"></td><td colspan="2"></td></tr>
<tr><td>第三小时</td><td colspan="2"></td><td colspan="2"></td></tr>
<tr><td>第四小时</td><td colspan="2"></td><td colspan="2"></td></tr>
<tr><td colspan="2">计算人员</td><td colspan="5"></td><td>日期</td><td colspan="2">年　月　日</td></tr>
</table>

表 D. 2　地震计墩情况

地震计墩地址	纬度 N	经度 E	海拔高程/m	墩基岩性及地质年代

D. 3. 3. 2　测震井建设，内容应包括：

a）测震井周围的地貌和环境；

b）测震井钻探和固井工艺；

c）测震井套管的材料和规格；

d）测震井固井用材料；

e）应按 A4 纸幅比例、用施工（勘察）单位提供的格式绘制深井孔结构和分段岩性的综合柱状图表；

f）测震井台基经纬度、海拔高程测量使用的仪器及测量单位；

g）测震井台基的经纬度和海拔高程以及类型、井深、井斜、地址及岩性等有关资料和数据应填入表 D.3 中。

表 D.3　测震井情况

测震井地址	类型（干井或水井）	纬度 N	经度 E	海拔高程[a]m	井深 m	井斜	基岩岩性及地质年代
a井下地震计所在位置的海拔高程。							

D.3.4　观测室建设

D.3.4.1　观测室建设 6.1 条规定条款实施情况的说明，应包括：

a）抗震设防；

b）避雷设防和措施；

c）防火、防盗措施；

d）接地措施；

e）其他相关建设（措施）的实施情况。

D.3.4.2　线缆敷设应按 A4 纸幅比例分别绘制观测场地建筑物之间和建筑物内各种线缆敷设的平面图，图中应标明：

a）方位、图幅比例；

b）线缆名称和路由布置；

c）线缆规格和型号；

d）线缆敷设方式，包括长度、高度、深度及接头位置。

D.3.4.3　地震计房及相应观测室的建设，内容应包括：

a）地震计房的类型（山洞、地下和地面），相应观测室的地貌和环境；

b）按 A4 纸幅比例绘制地震计房及相应观测室平面图和结构的垂直剖面示意图，图中应标明方位、图幅比例、各部分的名称和相关尺寸；

c）地震计房及相应观测室的施工工艺；

d）地震计房及相应观测室的主要建筑材料；

e）地震计房及相应观测室的防潮（防渗水）、保温和防尘措施。

D.3.4.4　井房建设，内容应包括：

a）按 A4 纸幅比例绘制井房（包括井口位置）的平面图和井房结构的垂直剖面示意图，图中应标明方位、图幅比例、各部分名称及其尺寸（间距）；

b）井房的施工工艺；

c）井房的主要建筑材料；

d）井房的防潮和保温措施。

D.3.4.5　记录室建设，内容应包括：

a）记录室环境；

b）按 A4 纸幅比例绘制记录室平面图，图中应标明方位、图幅比例、各部分的名称及尺寸（包括高度）；

c）记录室的施工工艺（包括室内照明和装饰）；

d）记录室的主要建筑材料；

e）记录室的保温、防潮、防尘、防静电等措施。

D.4 附件

D.4.1 观测场地勘选后申报当地政府审批和当地政府批复文件的复印件。

D.4.2 观测场地勘选后报送有关部门审批文件的复印件。

D.4.3 有关部门批复建设文件的复印件。

D.4.4 台站建设后报送有关部门备案文件的复印件。

ICS 91.120.25
P 15
备案号：17207—2006

中华人民共和国地震行业标准

DB/T 17—2006

地震台站建设规范　强震动台站

Specification for the construction of seismic station
Strong motion station

2006-02-20 发布　　　　2006-05-01 实施

中国地震局 发布

前 言

本标准是《地震台站建设规范》系列标准中的一项。该系列标准结构及名称预计如下：

地震台站建设规范　测震台站（DB/T 16 — 2006）

地震台站建设规范　强震动台站（DB/T 17 — 2006）

地震台站建设规范　地磁台站（DB/T 9 — 2004）

地震台站建设规范　地电台站　第 1 部分：地电阻率台站（DB/T 18.1 — 2006）

地震台站建设规范　地电台站　第 2 部分：地电场台站（DB/T 18.2 — 2006）

地震台站建设规范　重力台站（DB/T 7 — 2003）

地震台站建设规范　地形变台站　第 1 部分：洞室地倾斜和地应变台站（DB/T 8.1 — 2003）

地震台站建设规范　地形变台站　第 2 部分：钻孔地倾斜和地应变台站（DB/T 8.2 — 2003）

地震台站建设规范　地形变台站　第 3 部分：断层形变台站（DB/T 8.3 — 2003）

地震台站建设规范　全球定位系统连续观测台站（DB/T 19 — 2006）

地震台站建设规范　地下流体台站　第 1 部分：水位和水温台站（DB/T 20.1 — 2006）

地震台站建设规范　地下流体台站　第 2 部分：气氡和气汞台站（DB/T 20.2 — 2006）

……

本标准的附录 A 和附录 F 为规范性附录，附录 B、附录 C、附录 D 和附录 E 为资料性附录。

本标准由中国地震局提出。

本标准由全国地震标准化技术委员会（SAC/TC 225）归口。

本标准由中国地震局工程力学研究所负责起草，北京市地震局和中国地震局地震预测研究所参加起草。

本标准主要起草人：周雍年、李小军、周正华、王湘南、张素林、彭克中。

地震台站建设规范　强震动台站

1　范围

本标准规定了数字强震动观测台站的选址和场地测试、仪器墩和观测室建造、观测设备配置及资料归档等的技术要求。

本标准适用于数字强震动观测台站的建设。

2　规范性引用文件

下列文件中的条款通过本标准的引用而成为本标准的条款。凡是注日期的引用文件，其随后所有的修改单（不包括勘误的内容）或修订版均不适用于本标准，然而，鼓励根据本标准达成协议的各方研究是否可使用这些文件的最新版本。凡是不注日期的引用文件，其最新版本适用于本标准。

GB 50011 — 2001　建筑抗震设计规范

DB/T 10 — 2001　数字强震动加速度仪

3　术语和定义

下列术语和定义适用于本标准。

3.1

强震动　strong motion

地震和爆破等引起的场地或工程结构的强烈震动。

[DB/T 10 — 2001，定义 3.1.1]

3.2

固定台站　permanent station

长期设置强震动仪进行强震动观测的台站。

3.3

流动台站　mobile station

在强地震发生后或在预报短期内可能发生强震的地区临时布设的强震动观测台站。

3.4

专用台阵　special array

根据特定目的，按专门设计布设的多个强震动台站或测点组成的观测网。

3.5

自由场地　free field

不受周围环境建筑和结构振动影响的空旷场地。

3.6

背景振动加速度噪声　background acceleration noise

台址场地常时微振动产生的加速度噪声。

4　台站选址与场地测试

4.1　选址

4.1.1　固定台站宜布设在自由场地上。台站应避开局部地形起伏变化大的地点，与高大建筑物之间的距离应大于建筑物的高度与长度。在无合适的自由场地时，可布设在独立的一层或二层房屋建筑物的底层地面上。

4.1.2　固定台站应避开可能影响观测的振动源，如大型的马达、泵站、发电机、塔柱状结构、重型车辆通路、大型管道等设施。台址场地的最大背景振动加速度噪声宜小于 0.0001 g_n；对地震动强度（烈度）速报台站，台址场地的最大背景振动加速度噪声宜小于 0.001 g_n。

4.1.3　固定台站应选择有稳定的交流电源、交通方便、通讯和安全条件良好的地点。

4.1.4　流动台站应根据短临预报在可能发生强震的地区，或在强震的余震区，选择合适的布设地点。

4.1.5　专用台阵的选址应根据需要进行专门研究确定。

4.2　台址场地测试

4.2.1　固定台站和专用台阵台址选定后，应对台址场地进行钻孔测试，获取台址场地的土层柱状图、地面下 20m 内的土层剪切波速等工程地质资料。

4.2.2　流动台站台址选定后，应对台址场地进行工程地质调查，获取台址或其邻近同类场地的工程地质资料，包括场地岩土性状的一般描述、土层厚度等。在取得最大加速度 0.1 g_n 以上的强震动记录后，应对场地做必要的补充测试工作，获取台址场地的土层柱状图、地面下 20 m 内的土层剪切波速资料等。

4.2.3　所有台站台址选定后均应进行场地地面脉动测试分析。

4.2.4　台址场地的工程地质和地面脉动测试应按照附录 A 的要求进行。

5　仪器墩

5.1　一般规定

固定台站和布设在场地上的专用台阵应设置仪器墩。

5.2　仪器墩规格

5.2.1　仪器墩的平面尺寸为：长 0.4 m，宽 0.4 m 。

5.2.2　仪器墩顶面宜高出观测室地面 0.1 m ~ 0.2 m。

5.2.3　仪器墩面的平整度应优于 3 mm。

5.3　仪器墩的设计建造

5.3.1　基岩场地上可直接利用基岩做墩，但应先除去表面风化岩屑，再将基岩面打磨平整；也可在除去表面风化岩屑后浇筑混凝土墩（参见附录 B）。

5.3.2　土层场地上应先除去表层腐殖土或回填土，在土层中插入钢筋，现场浇筑仪器墩（参见附录 C）。

5.3.3　仪器墩浇筑采用的混凝土强度等级应不低于 C30。

5.3.4　土层场地仪器墩四周应设置宽度不小于 0.02 m 的隔震槽。

6　观测室

6.1　固定台站和布设在场地上的专用台阵应建观测室，观测室的抗震设计应符合 GB 50011 — 2001 中对乙类建筑的要求。观测室平面尺寸和室内布局参见附录 D。

6.2　在安全有保障的台站，宜采用专门设计的玻璃钢柜做观测室（参见附录 E）。

6.3　流动台站宜利用已有一层或二层建筑物做观测室。

6.4　观测室内部环境应符合以下规定：

a）室内温度在 -20℃ ~65℃ 之间；

b）相对湿度小于 90%。

6.5　观测室辅助设施应满足以下要求：

a）具备 220 V 市电电源，并配置在线式不间断电源系统（UPS）；

b）交流供电系统应采用接地保护措施；

c）采用有线遥测方式的台站应架设电话线路；

d）观测室内应安装仪器专用地线，应将铜棒或角钢等预埋入地下，以减小接地电阻；

e）电源和通讯线路应分别安装防雷装置。

7 设备配置与技术要求

7.1 观测设备

7.1.1 固定台站和流动台站观测设备应配备三通道数字强震动记录器和三分量力平衡式加速度传感器。

7.1.2 布设在结构上的专用台阵观测设备应配备多通道数字强震动记录器和力平衡式加速度传感器。

7.1.3 观测设备的主要技术指标应不低于 DB/T 10—2001 的要求，见表1 和表2：

表1 力平衡式加速度计主要技术指标

序号	项 目	技 术 指 标
1	测量范围	$\pm 2g_n$
2	满量程输出	±2.5 V 或 ±5.0 V；单端、差分输出可选
3	频率响应	0 Hz～80 Hz，线性相移
4	动态范围	≥120 dB
5	线性度误差	≤1%
6	横向灵敏度比	≤1%（包括角偏差）
7	噪声均方根值	$\leq 10^{-6} g_n$
8	零位漂移	$\leq 500\ \mu g_n$/℃
9	运行环境温度	-20℃～65℃
10	相对湿度	<90%

表2 数字强震动记录器主要技术指标

项 目	技 术 指 标
满量程输入	±2.5 V 或 ±5 V；单端、差分输入可选
动态范围	≥90 dB
频率响应	0 Hz ～50 Hz
分辨力	≥16 位
系统噪声	≤1 LSB（均方根值）
触发模式	阈值触发，STA 与 LTA 差、比值触发，手动触发等
采样率	50，100，200，500 sps 可程控
时间服务	标准 UTC，内部时钟守时精度优于 10^{-6}，GPS 校时精度优于 1 ms
数据通信	支持网络通信和远程通讯与数据传输的 RS-232 实时数据流串口，通讯速率 9 600，19 200，57 600，115 200 BPS 可选
数据存储	CMOS 静态 RAM 或固态盘，容量≥16M 字节，可扩充记忆内存
道间延迟	无
零点漂移	100μV/℃

表2（续）

项　目	技 术 指 标
软件	① 通讯程序：支持TCP/IP、XMODEN通讯协议及直连双向通讯，可在PC机上运行，人机对话式命令菜单，参数设置自检功能，提供在线帮助 ② 图形显示程序：自动定标的加速度图形显示，记录主要参数的快速显示，图形细化功能，支持VGA等多种图形方式 ③ 其他实用程序，包括图形硬拷贝输出，ASCII文件格式转换等，其中ASCII文件数据应为实测电压值 ④ 完备的监控命令和诊断命令，包括实时显示记录线道零位电压、电池电压、充电状态、时间、可用存储空间、系统错误及环境温度等
环境温度	−20℃ ~65℃
环境湿度	<90%

7.2 辅助设备

台站辅助设备配置应符合表3的要求。

表3　强震动台站辅助设备配置表

设 备 名 称	数 量（台套）
不间断电源	1
程控电话	1
电源避雷器	1
通讯线路避雷器	1

8　资料归档

8.1　台站建设完成后，应建立资料档案。

8.2　台站资料档案包括：

a）台站建台报告；

b）台站建设征地报批文档；

c）台站设计施工技术文档和图纸；

d）台站验收文档；

e）相关的技术资料等。

8.3　建台报告内容应包括台站场地资料、仪器资料、观测室与仪器墩资料、安装与测试资料、建台人员和日期等（见附录F）。

8.4　各类资料档案应妥善保管，避免造成损坏和丢失。

附　录　A
（规范性附录）
场地测试

A.1　工程地质测试

A.1.1　对土层场地台站，应对台址场地进行钻孔勘测。覆盖土层厚度小于 50 m 的场地，钻孔深度应到达基岩；覆盖土层厚度大于 50 m 的场地，钻孔深度不应小于 30 m。

A.1.2　钻孔过程中宜对地下 20 m 之上的每一典型砂土及粉土层进行标准贯入度测试，标准贯入度测试点间距应小于 5 m；宜对每一典型自然土层获取土动力实验原状土样，蜡封封装，以用于土动力学试验。

A.1.3　钻孔结束后，应进行钻孔土层剪切波速测试，剪切波速测试深度不应低于 20 m。测试点（深度）间距应不大于 2 m。

A.1.4　钻孔测试结束后，应绘出土层柱状图和剪切波速分布图。

A.2　地面脉动测试

A.2.1　地面脉动测试应分别在白天和晚上各进行一个时段的测试，每一时段的测试时间不应小于 30 min，每次测试持续时间不能少于 1 min。

A.2.2　场地脉动测试应采用能直接获取场地脉动加速度记录的仪器，并记录场地脉动加速度时间过程。

A.2.3　场地脉动测试结束后，应对测试记录进行计算分析，确定场地卓越周期和最大加速度值。

附 录 B
（资料性附录）
基岩场地仪器墩示意图

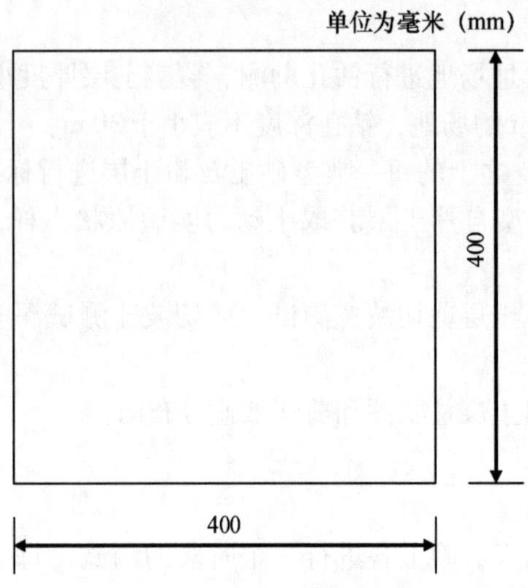

图 B.1(a)　基岩场地仪器墩平面图

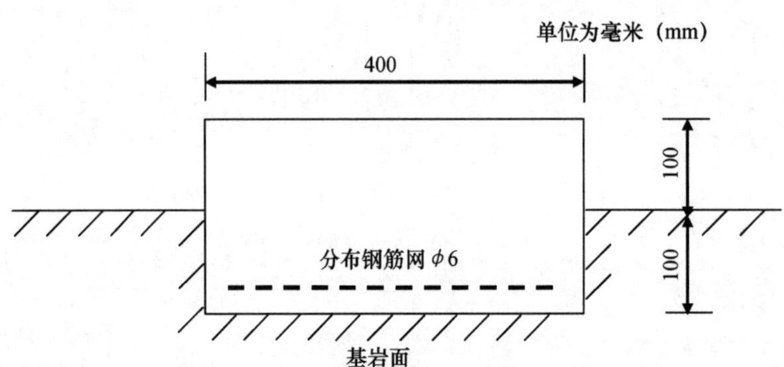

图 B.1(b)　基岩场地仪器墩剖面图

附 录 C
（资料性附录）
土层场地仪器墩示意图

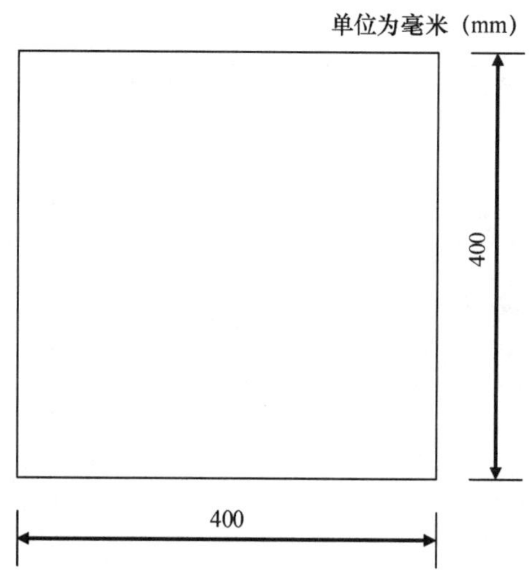

图 C.1(a) 土层场地仪器墩平面图

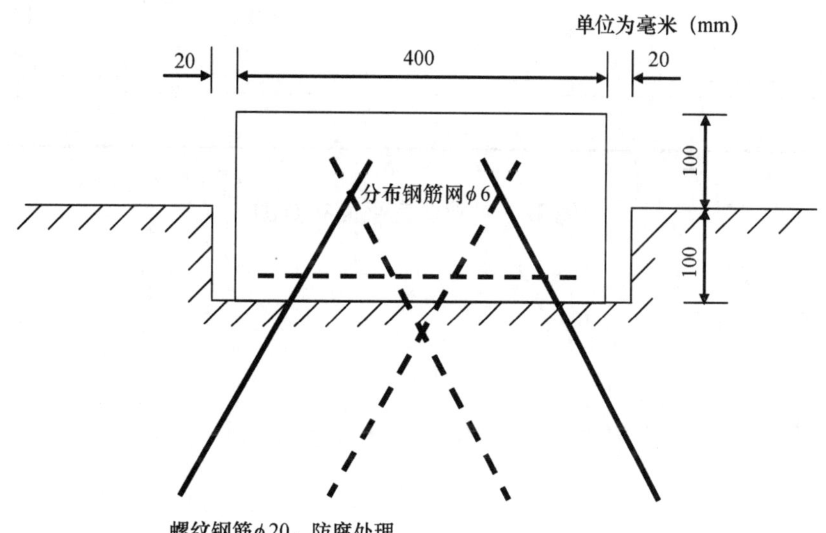

每个仪器墩均匀布置8根插筋；
插筋的倾角为45°~60°；
插入土层的长度0.5 m~1.0 m（视土层硬软而定）；
保留在仪器墩内的长度为0.15 m。

图 C.1(b) 土层场地仪器墩剖面图

附　录　D
（资料性附录）
观测室平面布置图

单位为毫米（mm）

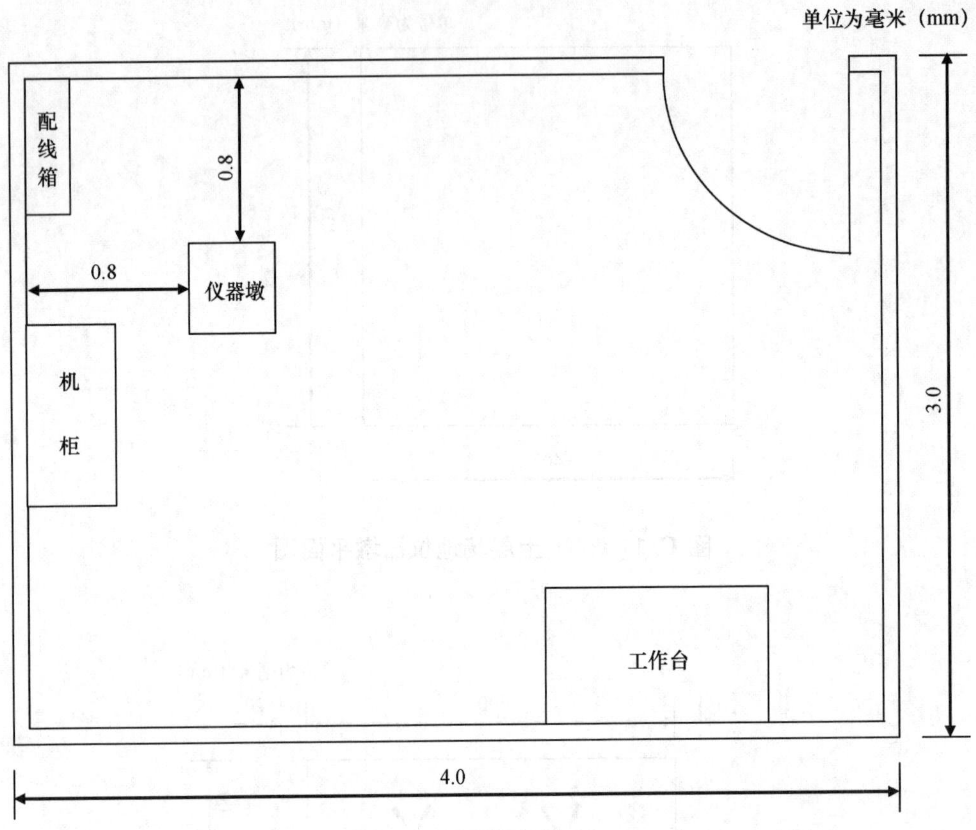

图 D.1　观测室平面布置图

附 录 E
（资料性附录）
玻璃钢罩观测室示意图

单位为毫米（mm）

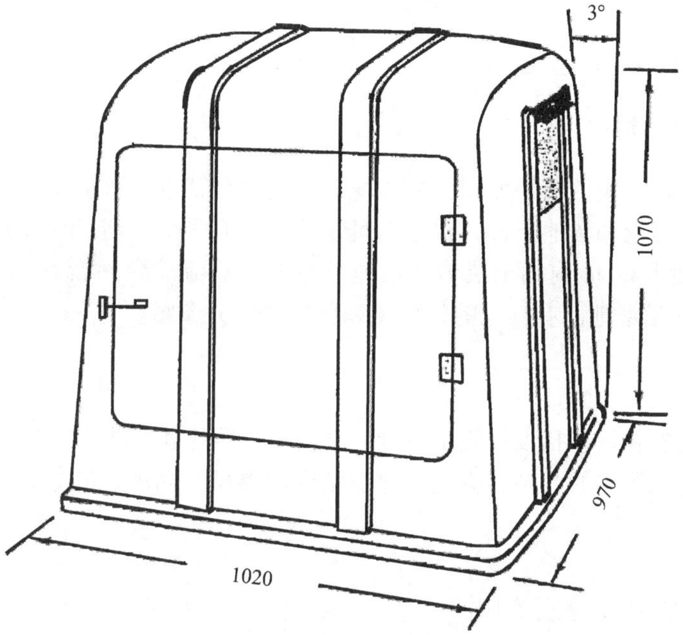

3°

1070

970

1020

图 E.1 玻璃钢罩观测室外形图

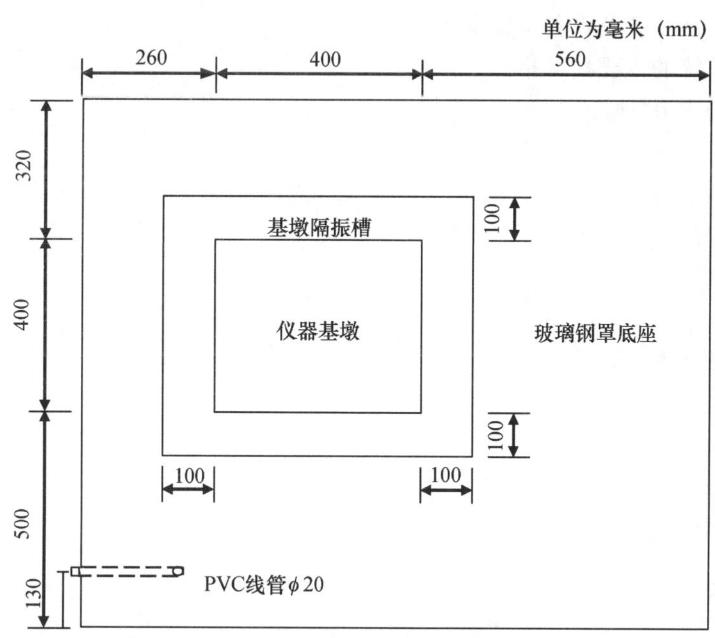

玻璃钢罩底座用混凝土浇筑，厚度 150 mm，内部加分布钢筋网 ϕ6。

图 E.2 玻璃钢罩观测室布置图

附 录 F
（规范性附录）
建台报告格式和要求

F.1 概述

建台的依据、观测目的和建台过程。

F.2 台站位置和场地条件

F.2.1 台站的地理位置，包括经纬度和海拔高度等，应附有交通图和布设位置图。

F.2.2 台址地质构造背景和场地条件。包括台址所在地区的地质构造和活动断层分布、场地一般描述、土层柱状图和地面下 20 m 内的土层剪切波速分布图。对流动台站台址如未能进行详细的场地勘测，应收集台址附近同类场地已有钻孔的柱状图和剪切波速分布图。

F.3 观测室与仪器墩

F.3.1 观测室的有关资料，包括设计施工图纸、室内布置照片和观测室全貌照片。

F.3.2 对布设在建筑结构内的台站，应说明建筑结构的类型、高度和层数、建筑年代、设防标准等，并应附有结构简图。

F.3.3 仪器墩的图纸。

F.3.4 多测点台站的测点位置分布图。

F.4 仪器设备

F.4.1 台站的主要仪器设备及观测系统框图。

F.4.2 强震动观测系统的主要技术指标。

F.4.3 程控电话号码或 IP 地址。

F.5 安装与测试

F.5.1 仪器安装过程。

F.5.2 仪器参数设置。

F.5.3 各通道极性。

F.5.4 背景噪声测试。

F.5.5 功能测试记录。

F.5.6 人工触发试验。

F.5.7 GPS 同步检测。

F.5.8 双向通讯遥测试验。

F.6 建台人员和日期

建台工作的负责人和参加人员名单，建台完成日期。

ICS 91.120.25
P 15
备案号：17208—2006

中华人民共和国地震行业标准

DB/T 18.1—2006

地震台站建设规范　地电台站
第1部分：地电阻率台站

Specification for the construction of seismic station
Geoelectrical station
Part 1: Geoelctrical resistivity observatory

2006-02-20 发布　　2006-05-01 实施

中国地震局 发布

前 言

本部分是《地震台站建设规范》系列标准中“地电台站”的第1部分。该系列标准结构及名称预计为：

地震台站建设规范　测震台站（DB/T 16—2006）

地震台站建设规范　强震动台站（DB/T 17—2006）

地震台站建设规范　地磁台站（DB/T 9—2004）

地震台站建设规范　地电台站　第1部分：地电阻率台站（DB/T 18.1—2006）

地震台站建设规范　地电台站　第2部分：地电场台站（DB/T 18.2—2006）

地震台站建设规范　重力台站（DB/T 7—2003）

地震台站建设规范　地形变台站　第1部分：洞室地倾斜和地应变台站（DB/T 8.1—2003）

地震台站建设规范　地形变台站　第2部分：钻孔地倾斜和地应变台站（DB/T 8.2—2003）

地震台站建设规范　地形变台站　第3部分：断层形变台站（DB/T 8.3—2003）

地震台站建设规范　全球定位系统连续观测台站（DB/T 19—2006）

地震台站建设规范　地下流体台站　第1部分：水位和水温台站（DB/T 20.1—2006）

地震台站建设规范　地下流体台站　第2部分：气氡和气汞台站（DB/T 20.2—2006）

……

本部分的附录A、附录B、附录C、附录D为规范性附录，附录E、附录F、附录G为资料性附录。

本部分由中国地震局提出。

本部分由全国地震标准化委员会（SAC/TC 225）归口。

本部分起草单位：中国地震局兰州地震研究所、中国地震局地震预测研究所、中国地震台网中心、四川省地震局。

本部分主要起草人：杜学彬、赵家骝、谭大诚、席继楼、钱家栋、卢军、唐宇雄、康好林、陆阳泉、陈有发、王德志。

地震台站建设规范　地电台站
第 1 部分：地电阻率台站

1　范围

本部分规定了地电阻率台站观测场地、观测装置、观测室和设备配置的技术要求以及建台资料的归档要求。

本部分适用于地震监测预报和相关科学研究中地电阻率台站的建设和改造。

2　规范性引用文件

下列文件中的条款通过本部分的引用而成为本部分的条款。凡是注日期的引用文件，其随后所有的修改单（不包括勘误的内容）或修订版均不适用于本部分，然而，鼓励根据本部分达成协议的各方研究是否可使用这些文件的最新版本。凡是不注日期的引用文件，其最新版本适用于本部分。

GB/T 19531.2 — 2004 地震台站观测环境技术要求　第 2 部分：电磁观测

GB 50011 — 2001 建筑抗震设计规范

GB 50057 — 1994 建筑物防雷设计规范

3　术语和定义

下列术语和定义适用于本部分。

3.1

地电阻率　geoelectrical resistivity

表征观测点位地下某一特定探测范围内介质综合导电能力的物理量，其量纲与电阻率相同，又称视电阻率。

[GB/T 19531.2 — 2004，定义 3.4]

3.2

供电电极　current electrode

在地电阻率测量中，连接大地与供电导线、向大地传送供电电流的接地导体。

3.3

测量电极　measuring electrode

在地电阻率测量中，连接大地与测量导线、接收大地电信号和人工供电电信号的接地导体。

3.4

布极区　region of electrode laying

以供电电极距 $\overline{AB}$ 的中心点为圆心、$3/5 \times \overline{AB}$ 为半径的各个圆区的外包络线围限的区域。

3.5

影响系数　influence coefficient

表征分区均匀介质中电阻率变化对视电阻率变化的影响的系数，用“S”表示。

4　观测场地

4.1　地质构造条件

观测场地宜选在地震活动带内或在活动断裂带附近。

4.2 地形地貌条件

4.2.1 布极区应地形开阔、地势平坦，至少在两个正交方向可以布设1 000 m以上的供电电极距，地形高差不宜大于电极间距的5%。

4.2.2 布极区内不应有沟壑、崖坎、河流等。

4.3 岩性条件

4.3.1 布极区表层不应为卵石层、砾石层。

4.3.2 土层、砂土层以及卵石、砾石组成的第四系松散覆盖层的厚度不宜超过200 m。

4.4 电性结构

4.4.1 供电电极距10 m时测得的视电阻率宜在10 Ω·m~50 Ω·m。

4.4.2 表层影响系数S的绝对值宜小于0.2，S的计算方法见附录A。

4.5 水文地质条件

4.5.1 布极区不宜选在抽水漏斗区内。

4.5.2 布极区边缘避开大型水库、湖泊的距离不宜小于3 000 m。

4.6 电磁环境条件

地电阻率观测环境应符合GB/T 19531.2—2004的技术要求。

4.7 工作条件

地电阻率观测场地应具备电力、通信、交通等条件。

4.8 勘选方法与步骤

观测场地勘选应包括收集资料、踏勘、干扰测试和电测深，勘选方法见附录B。

5 观测装置

5.1 布极

5.1.1 测道布设应符合以下要求：

a）应采用电阻率对称四极装置；

b）应布二个正交测道，宜布一至二个斜交测道，布极方式见附录C；

c）二个正交测道宜分别平行和垂直地理北，斜交测道宜与二个正交测道等角度相交；

d）各测道中心点宜重合，定向误差应小于3°。

5.1.2 供电电极距和测量电极距应符合以下要求：

a）供电电极距$\overline{AB}$宜大于1 000 m；

b）测量电极距$\overline{MN}$应满足$\overline{AB}/5 \leqslant \overline{MN} \leqslant \overline{AB}/3$的范围。

5.2 电极

5.2.1 供电电极应采用铅板电极，铅板尺寸和接地电极应符合以下要求：

a）铅板面积不应小于800 mm×800 mm，厚度不应小于3 mm；

b）单电极接地电阻不应大于30 Ω。

5.2.2 测量电极宜采用铅板电极，铅板尺寸和接地电极应符合以下要求：

a）铅板面积不应小于500 mm×500 mm，厚度不应小于3 mm；

b）单电极接地电阻不应大于100 Ω。

5.2.3 电极埋设方法见附录D。

5.3 外线路

5.3.1 外线路绝缘应符合以下要求：

a）供电导线漏电电流与供电电流的比值不应大于0.1%，供电导线漏电电位差的绝对值与人工电位差的比值不应大于0.5%；

b）测量导线对地绝缘电阻不应小于5 MΩ。

5.3.2　使用抗老化绝缘导线，线电阻不应大于 20 Ω/km，拉断力不宜小于 2 000 N。

5.3.3　采用架空或埋地方法敷设外线路，敷设方法参见附录 E。

5.4　室内线路

5.4.1　室内布线应符合以下要求：

a）供电导线、测量导线和电源线应分开走线、布线整齐、标志明显；

b）每条供电导线、测量导线应安装避雷器，避雷器主要技术指标及安装方法参见附录 F。

5.4.2　引入室内的供电导线、测量导线应安装室内配线盘，配线盘结构和技术要求参见附录 G。

6　观测室

6.1　建筑设计

6.1.1　观测室偏离布极区中心的距离宜小于 500 m，与任一电极的距离不应小于 30 m。

6.1.2　室内日温差不应大于 5 ℃，年室温范围 10 ℃ ~30 ℃，相对湿度不应大于 80%。

6.1.3　室内使用面积不应小于 15 m^2，与地电场观测使用同一观测室时面积不应小于 20 m^2，室内净高度应大于 2.8 m。

6.1.4　抗震设计应符合 GB 50011 — 2001 中对乙类建筑物的要求。

6.1.5　防雷设计应符合 GB 50057 — 1994 中对第二类工业建筑物的要求。

6.1.6　室内应具备通信接口。

6.2　配电

6.2.1　配备交流 198 V ~242 V、49.5 Hz ~50.5 Hz 的电源。

6.2.2　电源配线应采用单相三线制。

6.2.3　交流电源应安装避雷装置，避雷器电气指标及安装方法参见附录 F。

6.3　接地

6.3.1　观测室应有专用接地导线，接地电阻应小于 4 Ω。

6.3.2　接地导线截面积不应小于 10 mm^2。

7　设备配置

7.1　标准设备

标准设备的主要技术指标见表 1。

表 1　标准设备主要技术指标

设备名称	单位	数量	准确度	功能和用途
电位差计	台	1	0.01 级	提供可调标准电压
饱和标准电池	个	1	0.01 级	提供固定标准电压

7.2　测量设备

测量设备的主要技术指标见表 2。

7.3　辅助设备

辅助设备的主要技术指标见表 3。

表2　测量设备主要技术指标

设备名称	单位	数量	主要技术指标	功能和用途
数字地电仪	台	2	电压分辨力：不低于 0.01 mV；电流分辨力：不低于 0.1 mA；电阻率测量最大允许误差：±(0.1% 读数 + 0.02 Ω·m)；测量电压动态范围：大于 100 dB；输入电阻：大于 10 MΩ；工频交流串模抑制比：大于 80 dB；工频交流共模抑制比：大于 140 dB；直流共模抑制比：大于 140 dB；通道数：不小于 3	数据采集和存储
稳流电源	台	2	输出电流：0.5 A ~ 2.5 A；电流稳定度：优于 0.5%；纹波因数：小于 0.5%	供电电流

表3　辅助设备主要技术指标

设备名称	单位	数量	主要技术指标
交流稳压器	台	1	标称额定输出功率不小于 3 kVA，频率范围 50 Hz ±0.5 Hz
交流发电机	台	1	220 V ±22 V，50 Hz ±0.5 Hz，标称额定输出功率不小于 5 kVA
UPS 电源	台	1	标称额定输出功率不小于 3 kVA，频率范围 50 Hz ±0.5 Hz，正弦波输出
计算机	台	1	内存：512 MB 以上，CPU：1 GHz 以上，硬盘：40 G 以上
打印机	台	1	激光打印
接地电阻测试仪	个	1	精度不小于 0.1 Ω
兆欧表	个	1	1 000 MΩ/500 V
温度仪	个	1	−20 ℃ ~60 ℃，分辨力 0.1 ℃。
湿度仪	个	1	分辨力 1%
对讲机	个	3	通讯距离不小于 5 km
数字多用表	个	1	四位半
望远镜	个	1	双筒

8　资料归档

8.1　归档要求

完成台站建设工作后，按以下要求对建台资料归档：

a）归档资料应包括由文字、图件、照片和摄像记录等组成的建台工作报告和建台技术报告；

b）归档介质应包括纸介质和磁介质；

c）资料原件报送省（自治区、直辖市）地震工作部门或机构的资料档案室，台站保存原件的副本，并向中国地震局报送副本。

8.2　建台工作报告

工作报告的编写内容应包括：

a）上级管理部门关于建台的批准文件；

b）台站建设征用土地的报批文档，当地人民政府的批准文件；

c）台站建设计划书及经费来源和使用情况；

d）台站竣工验收文档；

e）建台时间、正式观测的起始时间；

f）台站建设项目的负责人、参加人、负责单位、参加单位和各自完成的工作内容。

8.3 建台技术报告

技术报告的编写内容应包括：

a）建台必要性的论证报告；

b）布极区居民点、植被、农田、灌溉渠道，交通、用电、生活等详细描述；

c）骚扰源及距离、信噪比测试、供电电位差 ΔV 和电流 I 等数据和文字描述；

d）地形地貌、水文地质、活动构造、钻探、电测深、历史地震、灾害、气象等资料；

e）电极、外线路、仪器设备以及观测室建筑、配电、接地等详细技术资料；

f）勘选过程、勘选结论和观测场地的综合评价；

g）台站所在地的行政属地（最低到村）；

h）各测道中心点的地理经、纬度应精确到1″，海拔高程应精确到10 m以内；

i）布极区地形图，比例尺宜为1∶10000；

j）布极图和外线路走线图，比例尺宜为1∶2500；

k）布极区大比例尺地质、断层、地物等描述；

l）环境保护区地形图，比例尺宜为1∶50000；

m）台站周围20 km范围内的地质构造图，比例尺宜为1∶50000；

n）距离布极中心2 km以内的钻孔柱状图；

o）布极区、外线路、电极、极坑、观测室外貌、室内主要设备和辅助设备的照片等。

附 录 A
（规范性附录）
水平分层介质电阻率影响系数的计算方法

A.1 原理

对图 A.1 所示的水平分层介质模型，地面视电阻率与各电性分层电阻率的关系为：

$$\rho_S = f(\rho_1, \rho_2, \rho_3, \cdots, \rho_n, h_1, h_2, h_3, \cdots, h_{n-1}) \quad \cdots\cdots\cdots(\text{A.1})$$

式中：

ρ_S —— 视电阻率，单位为欧姆米（Ω·m）；

ρ_i —— 第 i 层介质真电阻率，单位为欧姆米（Ω·m），$i=1, 2, \cdots, n$；

h_i —— 第 i 层介质厚度，单位为米（m），$i=1, 2, \cdots, n-1$；

n —— 层数。

上述各层参数取自附录 B 电测深解释结果。

各层电阻率变化与视电阻率变化的关系通过下式表示：

$$\frac{\Delta\rho_S}{\rho_S} = \left(\frac{\rho_1}{\rho_S}\cdot\frac{\partial f}{\partial\rho_1}\right)\frac{\Delta\rho_1}{\rho_1} + \left(\frac{\rho_2}{\rho_S}\cdot\frac{\partial f}{\partial\rho_2}\right)\frac{\Delta\rho_2}{\rho_2} + \cdots + \left(\frac{\rho_n}{\rho_S}\cdot\frac{\partial f}{\partial\rho_n}\right)\frac{\Delta\rho_n}{\rho_n} \quad \cdots\cdots\cdots(\text{A.2})$$

式中：

$\dfrac{\Delta\rho_S}{\rho_S}$ —— 视电阻率相对变化；

$\dfrac{\Delta\rho_i}{\rho_i}$ —— 第 i 层介质真电阻率相对变化，$i=1, 2, \cdots, n$。

令影响系数 $S_i = \dfrac{\rho_i}{\rho_S}\cdot\dfrac{\partial f}{\partial\rho_i}$（$i=1, 2, \cdots, n$），则 A.2 式具有以下表示式：

$$\frac{\Delta\rho_S}{\rho_S} = S_1\frac{\Delta\rho_1}{\rho_1} + S_2\frac{\Delta\rho_2}{\rho_2} + \cdots + S_n\frac{\Delta\rho_n}{\rho_n} \quad \cdots\cdots\cdots(\text{A.3})$$

影响系数 S_i 仅仅是各电性层层参数（$\rho_1, \rho_2, \rho_3, \cdots, \rho_n; h_1, h_2, h_3, \cdots, h_{n-1}$）的函数，与观测装置的参数有关，对特定的电性结构和装置参数影响系数 S_i 是常数。

图 A.1 水平分层介质模型

A.2 计算步骤

第一步：利用层参数（$\rho_1, \rho_2, \rho_3, \cdots, \rho_n; h_1, h_2, h_3, \cdots, h_{n-1}$）正演计算视电阻率 ρ_S。

第二步：设$\rho_1^{\circ}=\rho_1+\Delta\rho_1$（$\Delta\rho_1$ 为一变化小量），利用层参数（ρ_1°，ρ_2，ρ_3，…，ρ_n；h_1，h_2，h_3，…，h_{n-1}）正演计算视电阻率ρ_S°，求得$\rho_S=\rho_S^{\circ}-\rho_S$。

第三步：令第二层至第 n 层影响系数为 $S_2=0$，$S_3=0$，…，$S_n=0$，并代入（A.3）式，然后根据$\frac{\Delta\rho_1}{\rho_1}=\frac{\rho_1^{\circ}-\rho_1}{\rho_1}$、$\frac{\Delta\rho_S}{\rho_S}=\frac{\rho_S^{\circ}-\rho_S}{\rho_S}$和 $S_1=\frac{\Delta\rho_S/\rho_S}{\Delta\rho_1/\rho_1}$ 计算出 S_1。

第四步：令第一层、第三层至第 n 层影响系数为 $S_1=0$，$S_3=0$，$S_4=0$，…，$S_n=0$，并代入（A.3）式，然后设$\rho_2^{\circ}=\rho_2+\Delta\rho_2$（$\Delta\rho_2$ 为一变化小量），利用层参数（ρ_1，ρ_1°，ρ_3，…，ρ_n；h_1，h_2，h_3，…，h_{n-1}）正演计算ρ_S°，求得$\Delta\rho_S=\rho_S^{\circ}-\rho_S$，再根据$\frac{\Delta\rho_2}{\rho_2}=\frac{\rho_2^{\circ}-\rho_2}{\rho_2}$、$\frac{\Delta\rho_S}{\rho_S}=\frac{\rho_S^{\circ}-\rho_S}{\rho_S}$ 和 $S_2=\frac{\Delta\rho_S/\rho_S}{\Delta\rho_2/\rho_2}$ 计算出 S_2。

以此类推，按着第四步的方法可以求得 S_3，S_4，…，S_n。

附 录 B
（规范性附录）
观测场地的勘选方法与步骤

B.1 初选

B.1.1 场地初选

收集有关地形图、地质构造图、地震震中分布图和物探成果，初选观测场地。

B.1.2 布极区初选

收集初选场地的地质、水文、钻探、物探、化探等资料，详细勘察场地的地形地貌和活断裂性质、展布、规模等，了解当地电力、生活、交通、通讯条件以及电磁骚扰源，初选布极区。

B.1.3 发展规划调查

详细调查布极区及附近的未来建设发展规划，确保台站建成后在30年内不受城市发展、生命线工程建设等环境变化的影响。

B.2 电磁骚扰测试

在布极区进行电磁骚扰测试，测试方法参见GB/T 19531.2 — 2004的附录D。

B.3 电测深

B.3.1 野外工作

B.3.1.1 在布极区做十字电测深工作，电测深最大极距$\overline{AB}/2$应大于预计的供电电极距$\overline{AB}/2$，宜做网格状电测深或沿2个正交方向做电测深剖面，测深点的间距不宜大于500 m。

B.3.1.2 电测深装置应采用电阻率对称四极装置。

B.3.1.3 实测电测深曲线应完整、无严重畸变，主要电性层在曲线上分层明显。

B.3.2 资料解释

B.3.2.1 结合收集到的布极区或附近的地质、物探、化探、钻探等资料对电测深资料进行综合分析和研究，建立布极区地电断面类型和地质分界面的初步概念。

B.3.2.2 进行层参数反演计算，定量确定电测深曲线所反映的各电性层厚度、电阻率等。

B.3.3 成果产出

取得布极区地电断面、地质分界面的定性和定量描述，了解布极区的岩性结构。

B.4 影响系数计算

按附录A的方法，由预计的供电电极距$\overline{AB}/2$、测量电极距$\overline{MN}/2$计算各层电阻率变化的影响系数S。

B.5 场地确定

B.5.1 确定布极区

根据收集到的构造、地形地貌、水文地质等资料，以及电磁骚扰测试、电测深结果，结合当地工作条件，确定布极区。

B.5.2 场地保护

布极区占地范围应报请当地人民政府批准，观测环境保护范围应通报当地人民政府。

附 录 C
(规范性附录)
电极布设

C.1 布极方式

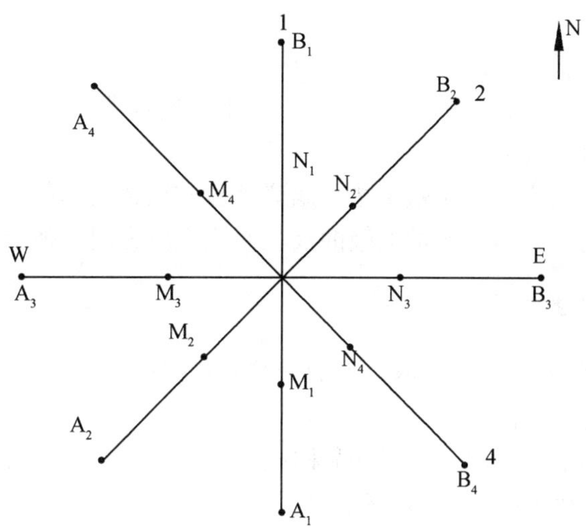

注:

A_1、A_2、A_3、A_4、B_1、B_2、B_3、B_4—— 供电电极;

M_1、M_2、M_3、M_4、N_1、N_2、N_3、N_4—— 测量电极。

图 C.1 布极示意图

C.2 测道命名和编号

C.2.1 命名

C.2.1.1 沿地理北和垂直地理北的测道应分别命名为 NS 测道、EW 测道。

C.2.1.2 测道方位偏离地理北时,应在字母 N 与 E 或 N 与 W 之间加记方位角的整角度命名测道。

示例 1:测道方位为北偏东 5°,应记为 N05°E。

示例 2:测道方位为北偏西 45°11′,应记为 N45°W。

C.2.2 编号

以地理北为起点顺时针对各测道编号,如果二个正交测道不是沿地理北和垂直地理北布设,仍以地理北为起点顺时针编号。

示例 3:图 C.1 中各测道的编号应为:

1 测道是 NS 测道;

2 测道是 N45°E 测道;

3 测道是 EW 测道;

4 测道是 N45°W 测道。

C.3 电极命名

电极命名为图 C.1 中电极(用黑色实心圆表示)附近的字母标识。

附 录 D
（规范性附录）
铅板电极的埋设方法

D.1 电极埋设

电极埋设要求如下：

a）电极埋设前应清除铅板表面杂质；

b）南方潮湿地区电极埋深应大于1.5 m，北方干旱地区电极埋深应大于2 m；

c）电极应水平放置在极坑底部；

d）电极埋设部位应避开污水区、腐殖土壤、腐烂植被和杂物充填部位；

e）极坑回填土质应均匀，同一对测量电极的极坑回填土应为同一种土质。

D.2 减小供电电极接地电阻的方法

减小供电电极接地电阻的方法可以采取以下的一种或几种：

a）增大铅板电极的几何尺寸；

b）在与测道正交的方向上埋设数个铅板并联构成组合电极，铅板之间的距离为1 m ~ 5 m，组合电极的排列长度应小于供电电极距的1%；

c）添加降电阻剂。

D.3 电极引线

D.3.1 引线与电极的连接方法

电极引线与铅板的连接应采用下列方法之一：

a）在浇铸铅板时将引线直接浇铸在铅板一角，用沥青或绝缘胶灌注浇铸角；

b）去除铅板一角的表面氧化膜后焊接电极引线，密封焊接部位，折叠、包裹焊接角后用沥青或绝缘胶灌注焊接角。

D.3.2 引线与外线路的连接方法

电极引线与外线路的连接宜采用下列方法之一：

a）在引线处的线杆上安装接线盒，盒内用闸刀连接引线与外线路，连接处应防雨；

b）用插拔式接线器连接引线与外线路，接线器安装在接线盒内或固定在线杆上，接线器应防雨。

附　录　E
（资料性附录）
外线路敷设方法

E.1　架空外线路

E.1.1　导线

E.1.1.1　外线路宜使用无接头的整根导线，绝缘层无机械损伤，若需焊接导线接头时，应使用无腐蚀性的助焊剂焊接，焊接后清洗干净、加套热缩管保护。

E.1.1.2　应拉紧两电线杆之间的导线，弧垂不宜大于200 mm。

E.1.2　电线杆

E.1.2.1　测量电极引线处的电线杆上不应架设供电导线，供电电极引线处的电线杆上不应架设测量导线，宜采用图E.1或图E.2的方法。

E.1.2.2　电线杆使用钢筋混凝土杆，长度不宜小于8 m。

E.1.2.3　电线杆之间的距离不宜大于50 m。

E.1.2.4　电线杆上喷涂“地震测量”标志。

E.1.3　绝缘子

绝缘子在浸水实验时绝缘电阻不应小于300 MΩ。

E.1.4　线担

线担应采用金属材料。

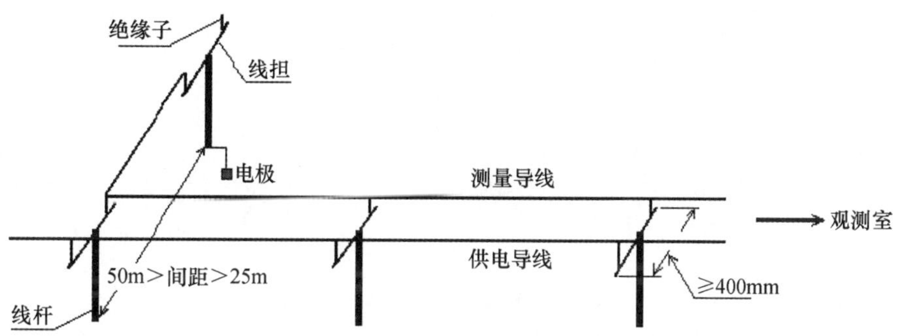

图E.1　架空外线路架线方式图示一

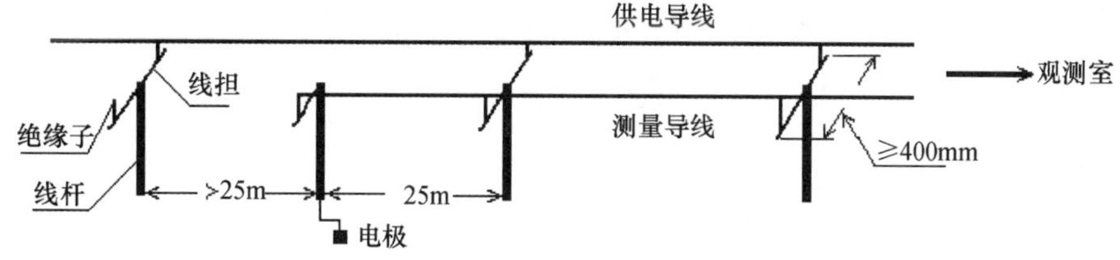

图E.2　架空外线路架线方式图示二

E.2 埋地外线路

E.2.1 导线

E.2.1.1 每条线路宜使用整根导线，绝缘层无机械损伤，如果中间有接头，接头处应焊接、密封和加绝缘层，并露出地表，妥善安放。

E.2.1.2 供电导线、测量导线外层宜分别加套硬质塑料套管（见图 E.3）。

E.2.1.3 测量导线与任一供电电极的距离、供电导线与任一测量电极的距离不宜小于 25 m。

E.2.1.4 布线路径应考虑到不受工农业生产和日常生活等毁坏。

E.2.2 埋深

供电导线、测量导线应埋设在冻土层以下，深度应大于 1 m。

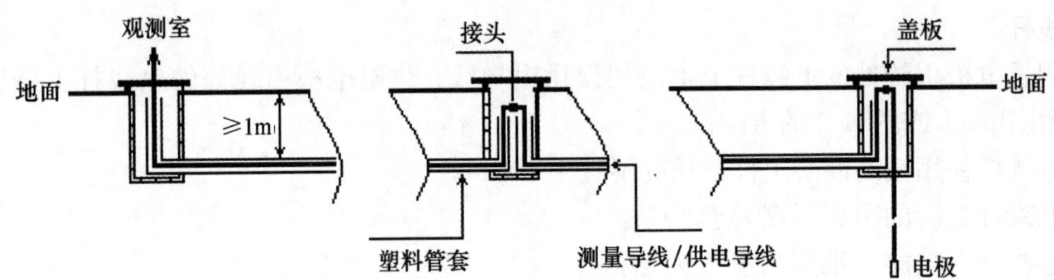

图 E.3 埋地外线路图示

附　录　F
(资料性附录)
避雷器安装

F.1　供电导线、测量导线避雷器

F.1.1　主要技术指标

宜使用无间隙封闭式避雷器或有间隙放电式避雷器，避雷器的主要电气技术指标如下：

a）无间隙封闭式避雷器

1）额定电压（有效值）0.22 kV；

2）动作电压（直流）560 V；

3）2 ms 方波电流不小于 75 A；

4）8/20 μs 冲击电流不小于 5 000 A；

5）泄漏直流电流不大于 30 mA；

6）泄漏交流电流不大于 120 mA。

b）有间隙放电式避雷器

1）放电电压（直流）250 V ±25 V；

2）放电容量 5 A ×5 s；

3）容量试验后恢复电压（直流）250 V ±50 V。

F.1.2　避雷器安装

按图 F.1 安装供电导线、测量导线的避雷器。

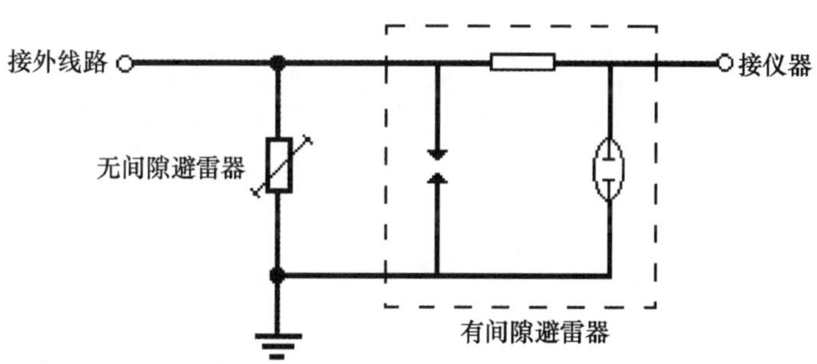

图 F.1　供电导线、测量导线避雷器接线示意图

F.2　电源线避雷器

按图 F.2 安装地电阻率观测电源专用线的无间隙避雷器，技术指标参照 F.1.1a)。

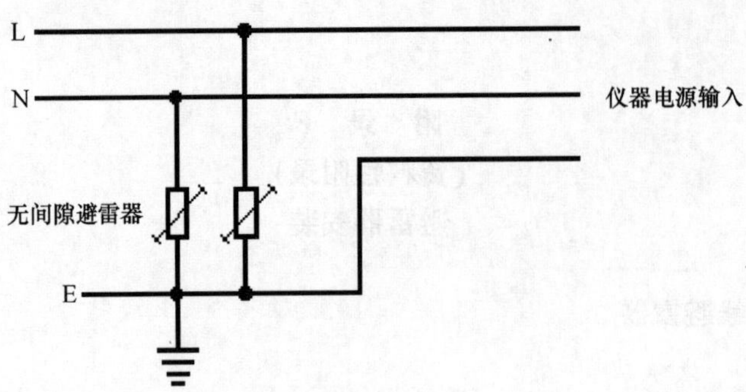

L —— 相线；
N —— 零线；
E —— 地线。

图 F.2　地电阻率观测电源专用线的避雷器接线示意图

附　录　G
（资料性附录）
供电导线、测量导线配线盘

G.1　配线盘制作

G.1.1　材料

应采用金属材料制作配线盘的底板。

G.1.2　尺寸

配线盘金属底板的平面尺寸宜为900 mm×800 mm，厚度不应小于1.5 mm。

G.2　配线盘安装

G.2.1　配线器件

按图G.1安装配线盘金属板上的配线器件。

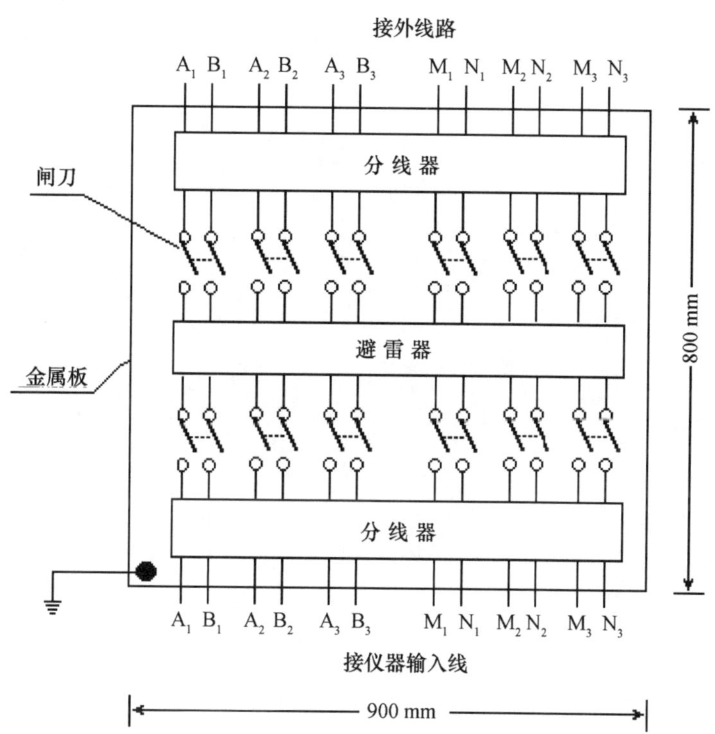

A_1、B_1——1测道的供电导线；
A_2、B_2——2或4测道的供电导线；
A_3、B_3——3测道的供电导线；
M_1、N_1——1测道的测量导线；
M_2、N_2——2或4测道的测量导线；
M_3、N_3——3测道的测量导线。

图G.1　配线板元器件安装示意图

G.2.2　接线

G.2.2.1　引入室内的供电导线、测量导线经分线器与线路避雷器连接，再经分线器与观测仪器连接，外线路、线路避雷器和仪器输入线可以相互断开（见图 G.1）。

G.2.2.2 接线排列整齐、标志明显。

G.2.3 接地

配线盘的金属地板应可靠接地（见图 G.1）。

G.2.4 避雷器

线路避雷器的主要电气指标和安装方法参见附录 F。

G.2.5 配线箱

配线盘应固定在表面为玻璃罩的配线箱中，配线箱尺寸宜为 950 mm × 850 mm × 250 mm。

ICS 91.120.25
P 15
备案号：17209—2006

中华人民共和国地震行业标准

DB/T 18.2—2006

地震台站建设规范 地电台站 第2部分：地电场台站

Specification for the construction of seismic station Geoelectrical station Part 2: Geoelectrical field observatory

2006-02-20 发布

2006-05-01 实施

中国地震局 发布

前　言

本部分是《地震台站建设规范》系列标准中“地电台站”的第 2 部分。该系列标准结构及名称预计为：

地震台站建设规范　测震台站（DB/T 16 — 2006）

地震台站建设规范　强震动台站（DB/T 17 — 2006）

地震台站建设规范　地磁台站（DB/T 9 — 2004）

地震台站建设规范　地电台站　第 1 部分：地电阻率台站（DB/T 18.1 — 2006）

地震台站建设规范　地电台站　第 2 部分：地电场台站（DB/T 18.2 — 2006）

地震台站建设规范　重力台站（DB/T 7 — 2003）

地震台站建设规范　地形变台站　第 1 部分：洞室地倾斜和地应变台站（DB/T 8.1 — 2003）

地震台站建设规范　地形变台站　第 2 部分：钻孔地倾斜和地应变台站（DB/T 8.2 — 2003）

地震台站建设规范　地形变台站　第 3 部分：断层形变台站（DB/T 8.3 — 2003）

地震台站建设规范　全球定位系统连续观测台站（DB/T 19 — 2006）

地震台站建设规范　地下流体台站　第 1 部分：水位和水温台站（DB/T 20.1 — 2006）

地震台站建设规范　地下流体台站　第 2 部分：气氡和气汞台站（DB/T 20.2 — 2006）

……

本部分的附录 A、附录 B 为规范性附录，附录 C、附录 D、附录 E、附录 F 为资料性附录。

本部分由中国地震局提出。

本部分由全国地震标准化技术委员会（SAC/TC 225）归口。

本部分起草单位：中国地震局兰州地震研究所、中国地震局地震预测研究所、中国地震台网中心、四川省地震局。

本部分主要起草人：杜学彬、席继楼、谭大诚、赵家骝、钱家栋、陆阳泉、卢军、唐宇雄、康好林、陈有发、王德志。

地震台站建设规范 地电台站
第2部分：地电场台站

1 范围

本部分规定了地电场台站观测场地、观测装置、观测室和设备配置的技术要求以及建台资料的归档要求。

本部分适用于地震监测预报和相关科学研究中地电场台站的建设和改造。

2 规范性引用文件

下列文件中的条款通过本部分的引用而成为本部分的条款。凡是注日期的引用文件，其随后所有的修改单（不包括勘误的内容）或修订版均不适用于本部分，然而，鼓励根据本部分达成协议的各方研究是否可使用这些文件的最新版本。凡是不注日期的引用文件，其最新版本适用于本部分。

GB/T 19531.2 — 2004 地震台站观测环境技术要求 第2部分：电磁观测

GB 50011 — 2001 建筑抗震设计规范

GB 50057 — 1994 建筑物防雷设计规范

3 术语和定义

下列术语和定义适用于本部分。

3.1

地电场 geoelectrical field

由固体地球内部和外部的各种非人工电流系统与地球介质相互作用所产生的分布于地表的电场。地电场可分为大地电场和自然电场。

[GB/T 19531.2 — 2004，定义 3.1]

3.2

电极 electrode

在地电场测量中，连接大地与测量导线、接收大地电信号的接地导体。

3.3

地电场分量 component of geoelectrical field

地电场强度在特定方向的投影，其值由该方向两点之间的电位差与两点之间距离的比值确定。

3.4

布极区 region of electrode laying

以地电场分量测量的电极距 L 的中点为圆心、$2/3L$ 为半径的各个圆域的外包络线围限的区域。

4 观测场地

4.1 地质构造条件

4.1.1 用于观测区域性地球电场变化的地电场观测场地宜选在构造稳定地区。

4.1.2 用于监测构造活动的地电场观测场地宜选在地震活动带内或活动断裂附近。

4.2 地形地貌条件

4.2.1 布极区不宜选在重盐碱地、沼泽地和沙漠中。

4.2.2 布极区内不应有沟壑、崖坎、河流等。

4.2.3 布极区应地形开阔，地势平坦，地形高差不宜大于电极距的5%。

4.3 电性结构

布极区深度10 m以内表层介质的电阻率宜大于10 Ω·m。

4.4 水文地质条件

4.4.1 布极区不宜选在抽水漏斗区内。

4.4.2 布极区边缘避开大型水库、湖泊的距离不宜小于3000 m。

4.5 观测环境

地电场观测环境应符合GB/T 19531.2—2004的技术要求。

4.6 工作条件

地电场观测场地应具备电力、通信、交通等条件。

4.7 勘选方法

观测场地勘选应包括收集资料、踏勘、干扰测试和电测深，勘选方法见附录A。

5 观测装置

5.1 布极

5.1.1 沿二个正交方位和1个斜交方位布设电极，布极方式见附录B。

5.1.2 二个正交方位宜分别平行和垂直地理北。

5.1.3 在每个方位按长、短测量电极距布极，长、短电极距的极距比值不宜小于1.5，短电极距不应小于200 m。

5.1.4 各方位的定向误差不应大于1°，电极距的测量误差不应大于电极距的1%。

5.2 电极

5.2.1 在电极测试条件下，电极稳定性应符合下列技术指标：

a）一对电极间的极化电位差不应大于1 mV；

b）24 h内一对电极间的极差漂移不应大于1 mV；

c）30 d内一对电极间的极差变化不应大于5 mV。

5.2.2 电极引线的长度不应小于6 m，拉断力不应小于200 N。

5.2.3 电极的埋设方法参见附录C。

5.3 外线路

5.3.1 测量导线的外线路采用抗老化绝缘导线，导线电阻不应大于20 Ω/km，拉断力不宜小于2000 N。

5.3.2 外线路对地绝缘电阻不应小于5 MΩ。

5.3.3 外线路敷设采用架空或埋地方法，敷设方法参见附录D的规定。

5.4 室内线路

5.4.1 测量导线与电源线应分开走线，布线整齐，标志明确。

5.4.2 测量导线应安装避雷器，避雷器技术指标及安装方法参见附录E。

5.4.3 测量导线应安装室内配线盘，配线盘结构和技术要求参见附录F。

6 观测室

6.1 建筑设计

6.1.1 观测室偏离布极区中心的距离宜小于500 m，与任一电极的距离不应小于30 m。

6.1.2 室内日温差不应大于5 ℃，年室温范围10 ℃～30 ℃，相对湿度不应大于80%。

6.1.3 室内使用面积不应小于15 m^2，室内净高度应大于2.8 m。

6.1.4 抗震设计应符合 GB 50011 — 2001 中对乙类建筑物的要求。

6.1.5 防雷设计应符合 GB 50057 — 1994 中对第二类工业建筑物的要求。

6.1.6 室内应具备通信接口。

6.2 配电

6.2.1 配备交流 198 V ~ 242 V、49.5 Hz ~ 50.5 Hz 的交流电源。

6.2.2 电源配线采用单相三线制。

6.2.3 引入室内的交流电源应安装避雷装置，避雷器电气指标和安装方法参见附录 E。

6.3 接地

6.3.1 观测室应有专用接地线，接地电阻应小于 4 Ω。

6.3.2 接地导线的截面积不应小于 10 mm^2。

7 设备配置

7.1 校准设备

校准设备的主要技术指标见表 1。

表 1 校准设备主要技术指标

设备名称	单位	数量	准确度
电位差计	台	1	0.01 级
饱和标准电池	个	1	0.01 级

7.2 测量设备

测量设备的主要技术指标见表 2。

表 2 测量设备主要技术指标

设备名称	单位	数量	主要技术指标
数字地电场仪	台	1	电压测量分辨力：0.01 mV；最大允许误差：±(1% 读数 +0.1% 满度值)；电压测量动态范围：100 dB；输入电阻：不小于 10 MΩ；工频交流串模抑制比：不小于 80 dB；工频交流共模抑制比：不小于 146 dB；通频带：0 Hz ~ 0.005 Hz；通道数：不小于 6

7.3 辅助设备

辅助设备的主要技术指标见表 3。

表 3 辅助设备主要技术指标

设备名称	单位	数量	主要技术指标
UPS 电源	台	1	标称额定输出功率不小于 3 kVA，频率范围 (50 ± 0.5) Hz，正弦波输出
计算机	台	1	CPU 主频 1 GHz 以上，硬盘 40 G 以上，内存 512 MB 以上
打印机	台	1	激光打印
接地电阻测试仪	个	1	精度不小于 0.1 Ω

表3（续）

设备名称	单位	数量	主要技术指标
兆欧表	个	1	1000 MΩ/500 V
温度仪	个	1	−20 ℃ ~60 ℃，分辨力 0.1 ℃
湿度仪	个	1	分辨力 1%
数字多用表	个	1	四位半

8 资料归档

8.1 归档要求

完成台站建设工作后，按以下要求对建台资料归档：

a）归档资料应包括由文字、图件、照片和摄像记录等组成的建台工作报告和建台技术报告；

b）归档介质应包括纸介质和磁介质；

c）资料原件应报送省（自治区、直辖市）地震工作部门或机构的资料档案室，台站保存原件的副本，并向中国地震局报送副本。

8.2 建台工作报告

工作报告的编写内容应包括：

a）上级管理部门关于建台的批准文件；

b）台站建设征用土地的报批文档，当地人民政府的批准文件；

c）台站建设计划及经费来源和使用情况；

d）台站竣工验收文档；

e）建台时间、正式观测的起始时间；

f）台站建设项目的负责人、参加人、负责单位、参加单位和各自完成的工作内容。

8.3 建台技术报告

技术报告的编写内容应包括：

a）建台必要性的论证报告；

b）布极区居民点、植被、农田、灌溉渠道，交通、用电、生活等详细描述；

c）电磁环境测试数据和分析结果；

d）地形地貌、水文地质、地质构造、钻探、电测深、历史地震、灾害、气象等资料；

e）电极、外线路、仪器设备以及观测室建筑、配电、接地等详细技术资料；

f）勘选过程、勘选结论和观测场地的综合评价；

g）台站所在地的行政属地（最低到村）；

h）各测道中心点地理位置的经纬度应精确到 1″，海拔高程应精确到 10 m 以内；

i）布极区地形图，比例尺宜为 1∶10000；

j）布极图和外线路走线图，比例尺宜为 1∶1000；

k）布极区大比例尺地质、断层、地物等描述；

l）环境保护区地形图，比例尺宜为 1∶50000；

m）台站周围 20 km 范围内的地质构造图，比例尺宜为 1∶50000；

n）距离布极中心 2 km 范围内的钻孔柱状图；

o）布极区、观测室外貌、室内布线、外线路、电极、极坑等照片。

附　录 A
(规范性附录)
观测场地勘选方法

A.1　初选

A.1.1　场地初选

收集有关地形图、地质构造图、地震震中分布图和物探成果，初选观测场地。

A.1.2　布极区初选

收集初选场地的地质、水文、钻探、物探、化探等资料，详细勘察场地的地形地貌和活断裂性质、展布、规模等，了解当地电力、生活、交通、通讯条件以及电磁骚扰源，初选布极区。

A.1.3　发展规划调查

详细调查布极区及附近的未来建设发展规划，确保台站建成后在20年内不受城市发展、生命线工程建设等环境变化的影响。

A.2　电磁环境测试

在布极区进行电磁骚扰测试，测试方法参见GB/T 19531.2 — 2004的附录A。

A.3　电测深

A.3.1　野外工作

A.3.1.1　在布极区做十字电测深，电测深最大极距$\overline{AB}/2$不宜小于1 000 m。

A.3.1.2　电测深装置应采用电阻率对称四极装置。

A.3.1.3　实测电测深曲线应完整、无严重畸变，主要电性层在曲线上分层明显。

A.3.2　资料解释

A.3.2.1　结合收集到的布极区或附近的地质、物探、化探、钻探等资料对电测深资料进行综合分析和研究，建立布极区地电断面类型和地质分界面的初步概念。

A.3.2.2　进行层参数反演计算，定量确定电测深曲线所反映的各电性层厚度、电阻率等。

A.3.3　成果

取得布极区地电断面、地质分界面的定性和定量描述。

A.4　场地确定

A.4.1　布极区确定

根据收集到的构造、地形地貌、水文地质等资料，以及电磁骚扰测试、电测深结果，结合当地工作条件，确定布极区。

A.4.2　场地保护

布极区占地范围应报请当地人民政府批准，观测环境保护范围应通报当地人民政府。

附 录 B
(规范性附录)
电极布设

B.1 布极方式

B.1.1 三角形布极

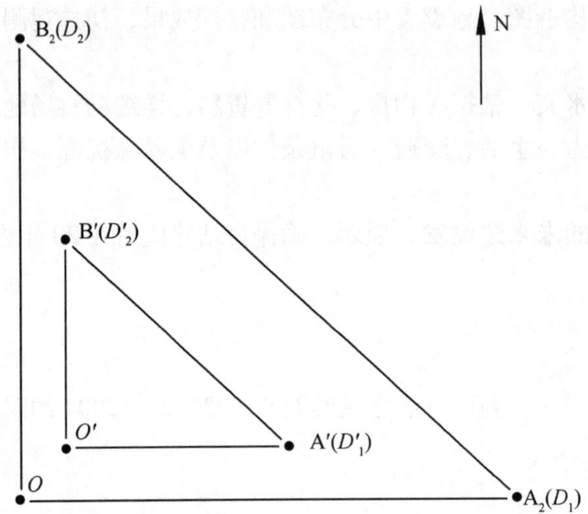

注：O、O'两个电极可在同一电极坑内，但不直接接触。

图 B.1 三角形布极示意图

B.1.2 米字形布极

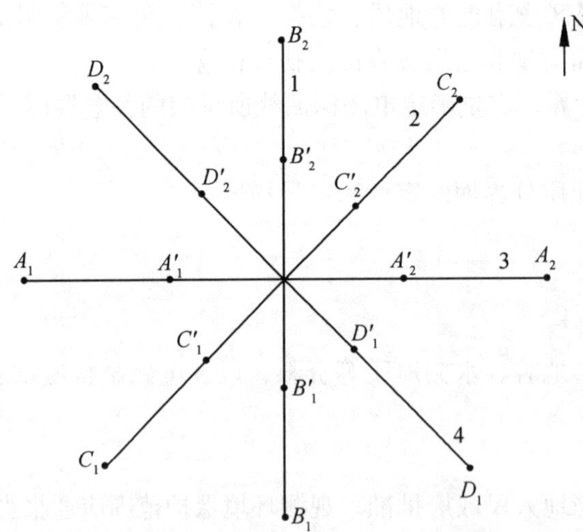

注：布极时在 NE 方向或 NW 方向布设 1 个测道方向。

图 B.2 米字形布极示意图

B.2 地电场分量方位的命名

B.2.1 方位为北南向时，记为NS，N为正；方位为东西向时，记为EW，E为正；方位为北东向时，记为N××°E，N为正；方位为北西向时，记为N××°W，N为正。

B.2.2 同一方位的长电极距分量和短电极距分量的命名为方位标识加下标“-L”、“-S”。

附 录 C
（资料性附录）
电极埋设

C.1 埋设要求

C.1.1 埋深

电极埋设深度宜大于 3 m，见图 C.1。

C.1.2 土质

C.1.2.1 电极埋设部位应避开污水区、腐殖土壤、腐烂植被和杂物充填部位。

C.1.2.2 极坑回填土质应均匀，同一测道的一对电极的极坑土质宜相同。

C.2 埋设方法（以柱状铅电极为例）

C.2.1 在泥土、沙土层中埋设

在电极坑底部的中心挖一个直径 200 mm、深 600 mm 的圆形小坑，把调配好的稳定剂灌入圆形小坑，把电极垂直插入小坑中心，使稳定剂全部包裹电极。将原位土逐层填回坑中并夯实。夯实回填土后的极坑表面略高于地表。

C.2.2 在砂石、砾石层中埋设

在电极坑底部的中心挖一个直径 500 mm、深 800 mm 的圆形坑，在圆形小坑中填入优质细土并夯实，在填入细土的中心挖一个直径 200 m、深 600 mm 的圆形小坑，把调配好的稳定剂灌入小坑。把电极垂直插入小坑中心，使稳定剂全部包裹电极。埋好电极后，上面再垫一层 500 mm 厚的优质细土并夯实，最后将原位土逐层回填坑中、夯实。夯实回填土后的极坑表面略高于地表。

C.3 电极引线与外线路的连接方法

电极引线与外线路的连接宜采用下列方法之一：

a）在引线与外线路之间安装插拔式接线器，接线器安装在接线盒内，接线盒固定在线杆上并采取防雨措施；

b）在引线处的线杆上安装接线盒，盒内用闸刀连接引线与外线路，连接处应防雨。

单位：mm

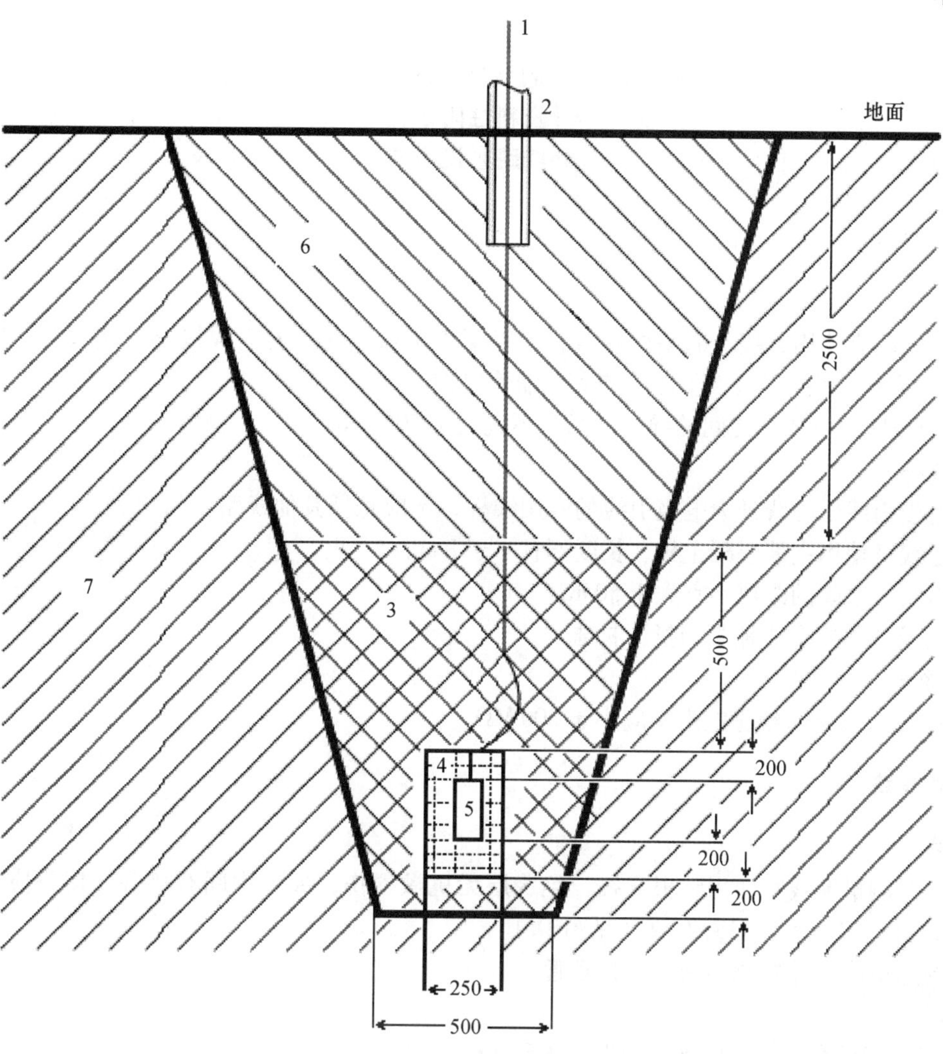

1 —— 电极引线；
2 —— 塑料套管；
3 —— 优质细土；
4 —— 稳定剂；
5 —— 电极；
6 —— 原位土；
7 —— 极坑外介质。

图 C.1 柱状铅电极埋设示意图

附　录　D
（资料性附录）
外线路敷设方法

D.1　架空外线路

D.1.1　导线

D.1.1.1　外线路宜使用无接头的整根导线，绝缘层无机械损伤，若需焊接导线接头时，应使用无腐蚀性的助焊剂焊接，焊接后清洗干净、加套热缩管保护。

D.1.1.2　应拉紧两电线杆之间的导线，弧垂不宜大于 200 mm。

D.1.2　电线杆

D.1.2.1　电极引线处的线杆为电极引线的专用线杆，不应悬挂其他线路。

D.1.2.2　电线杆使用钢筋混凝土杆，长度不宜小于 8 m。

D.1.2.3　电线杆之间的距离不宜大于 50 m。

D.1.2.4　电线杆上喷涂“地震测量”标志。

D.1.3　绝缘子

绝缘子在浸水实验时绝缘电阻不应小于 300 MΩ。

D.2　埋地外线路

D.2.1　导线

D.2.1.1　每条测量导线宜使用整根导线，绝缘层无机械损伤，如果中间有接头，接头应焊接、密封和加绝缘层，并露出地表，妥善安放（见图 D.1）。

D.2.1.2　绝缘电缆线外层宜加硬质塑料套管。

D.2.2　埋深

测量导线应埋设在冻土层以下，深度应大于 1 m。

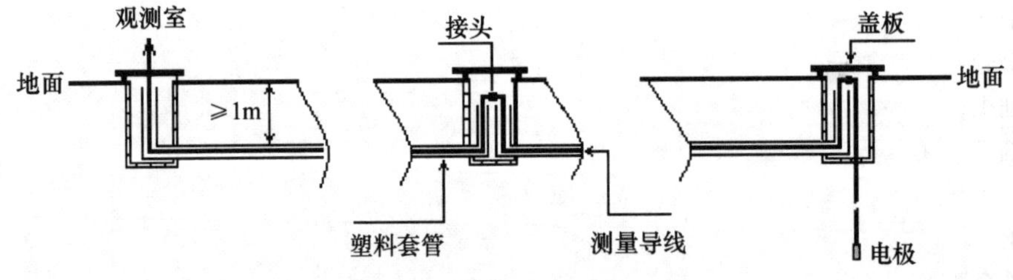

图 D.1　埋地外线路图示

附　录　E
（资料性附录）
避雷器安装

E.1　测量导线避雷器

E.1.1　主要技术指标

宜使用无间隙封闭式避雷器或有间隙放电式避雷器，避雷器的主要电气技术指标如下：

a）无间隙封闭式避雷器

1）额定电压（有效值）0.22 kV；

2）动作电压（直流）560 V；

3）2 ms 方波电流不小于 75 A；

4）8/20 μs 冲击电流不小于 5 000 A；

5）泄漏直流电流不大于 30 mA；

6）泄漏交流电流不大于 120 mA。

b）有间隙放电式避雷器

1）放电电压（直流）250 V ±25 V；

2）放电容量 5 A ×5 s；

3）容量试验后恢复电压（直流）250 V ±50 V。

E.1.2　避雷器安装

按图 E.1 安装测量导线的避雷器。

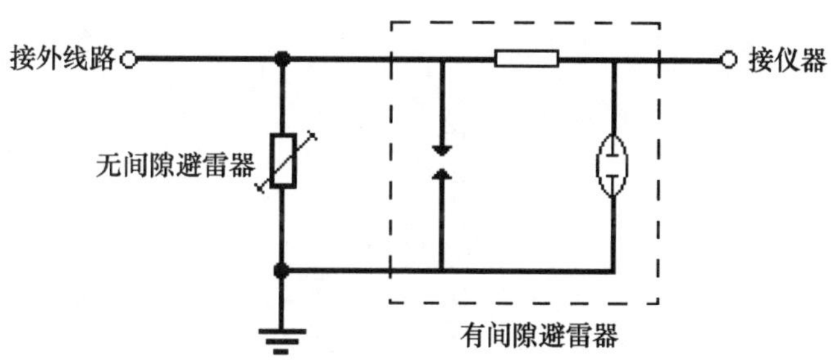

图 E.1　测量导线避雷器接线示意图

E.2　电源线避雷器

按图 E.2 安装地电场观测电源专用线的无间隙避雷器，技术指标参照 E.1.1 的 a)。

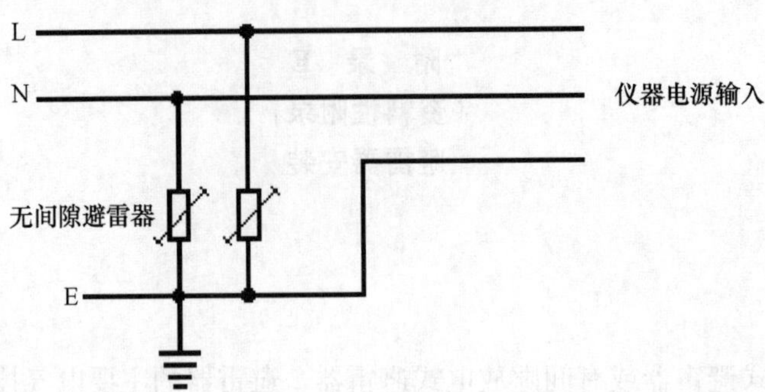

L —— 相线；
N —— 零线；
E —— 地线。

图 E.2　地电场观测电源专用线的避雷器接线示意图

附　录　F
（资料性附录）
测量导线配线盘

F.1　配线盘制作

F.1.1　材料

应采用金属材料制作配线盘的底板。

F.1.2　尺寸

配线盘金属底板的平面尺寸宜为 900 mm×800 mm（见图 F.1），厚度不应小于 1.5 mm。

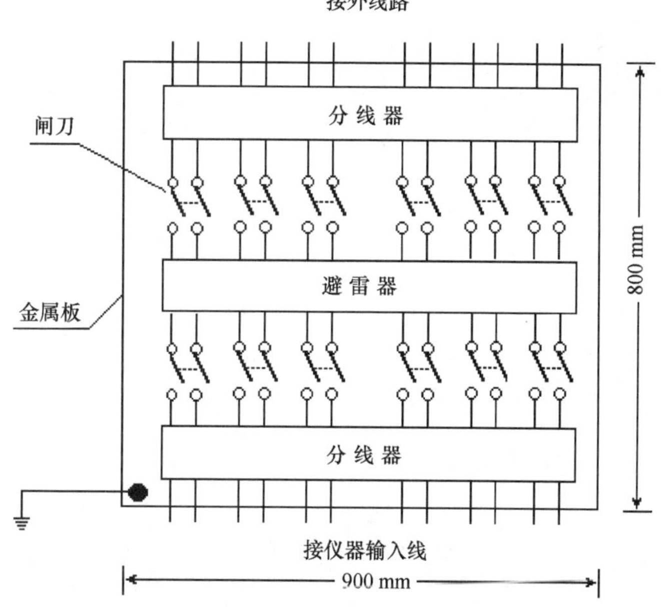

图 F.1　配线盘元器件安放示意图

F.2　配线盘安装

F.2.1　配线器件

按图 F.1 安装配线盘金属板上的配线器件。

F.2.2　接线

F.2.2.1　引入室内的测量导线经分线器与避雷器连接，再经分线器与观测仪器连接，外线路、线路避雷器和仪器输入线可以相互断开（见图 F.1）。

F.2.2.2　接线排列整齐、标志明显。

F.2.2.3　**接地**

配线盘的金属地板应可靠接地（见图 F.1）。

F.2.3　避雷器

线路避雷器的主要电气指标和安装方法见附录 E。

F.2.4　配线箱

配线盘应固定在表面为玻璃罩的配线箱中，配线箱尺寸宜为 950 mm×850 mm×250 mm。

ICS 91.120.25
P 15
备案号：17210—2006

中华人民共和国地震行业标准

DB/T 19—2006

地震台站建设规范 全球定位系统连续观测台站

Specification for the construction of seismic station
Permanent GPS station

2006-02-20 发布　　2006-05-01 实施

中国地震局 发布

前　言

本标准是《地震台站建设规范》系列标准中的一项。该系列标准结构及名称预计如下：

地震台站建设规范　测震台站（DB/T 16 — 2006）

地震台站建设规范　强震动台站（DB/T 17 — 2006）

地震台站建设规范　地磁台站（DB/T 9 — 2004）

地震台站建设规范　地电台站　第1部分：地电阻率台站（DB/T 18. 1 — 2006）

地震台站建设规范　地电台站　第2部分：地电场台站（DB/T 18. 2 — 2006）

地震台站建设规范　重力台站（DB/T 7 — 2003）

地震台站建设规范　地形变台站　第1部分：洞室地倾斜和地应变台站（DB/T 8. 1 — 2003）

地震台站建设规范　地形变台站　第2部分：钻孔地倾斜和地应变台站（DB/T 8. 2 — 2003）

地震台站建设规范　地形变台站　第3部分：断层形变台站（DB/T 8. 3 — 2003）

地震台站建设规范　全球定位系统连续观测台站（DB/T 19 — 2006）

地震台站建设规范　地下流体台站　第1部分：水位和水温台站（DB/T 20. 1 — 2006）

地震台站建设规范　地下流体台站　第2部分：气氡和气汞台站（DB/T 20. 2 — 2006）

……

本标准的附录A、附录D为资料性附录，附录B、附录C为规范性附录。

本标准由中国地震局提出。

本标准由全国地震标准化技术委员会（SAC/TC 225）归口。

本标准起草单位：中国地震局地震预测研究所、中国地震局第一监测中心、湖北省地震局、中国地震局第二监测中心。

本标准主要起草人：张祖胜、江在森、孙汉荣、游新兆、崔笃信、牛安福、宋兆山、乔学军。

地震台站建设规范　全球定位系统连续观测台站

1　范围

本标准规定了全球定位系统（GPS，Global Positioning System）连续观测台站的场地勘选，观测墩、观测室和工作室建设，设备配置及资料归档的技术要求。

本标准适用于GPS连续观测台站的建设和改造。

2　规范性引用文件

下列文件中的条款通过本标准的引用而成为本标准的条款。凡是注日期的引用文件，其随后所有的修改单（不包括勘误的内容）或修订版均不适用于本标准，然而，鼓励根据本标准达成协议的各方研究是否可使用这些文件的最新版本。凡是不注日期的引用文件，其最新版本适用于本标准。

GB 12897 — 1991　国家一、二等水准测量规范

GB 50011 — 2001　建筑抗震设计规范

3　术语和定义

下列术语和定义适用于本标准。

3.1

全球定位系统连续观测台站　permanent GPS station

用GPS进行地壳运动连续观测的台站。

4　观测场地勘选

4.1　环境勘选

4.1.1　观测台站应选择在安全僻静、交通便利并利于测量标志长期保存和观测的地方，可建在已有的地震台、气象站、验潮站、地球物理观测站、兵站。

4.1.2　观测台站的观测墩宜建在稳固的基岩上。在无稳固基岩的地区，经中国地震局主管部门组织的专家组论证，也可建在稳固的非基岩地层上。

4.1.3　下列地点不应设站：

—— 断层破碎带内；

—— 易于发生滑坡、沉陷、隆起等地面局部变形强烈的地点（诸如采矿区、油气开采区、地下水开采引起的地面沉降漏斗区等）；

—— 易受水淹、潮湿或地下水位较高的地点；

—— 距铁路200 m，距公路50 m以内或其他受剧烈振动影响的地点；

—— 短期内将因建设而可能毁掉观测墩或阻碍观测的地点；

—— 微波台附近、严重雷击区、多路径效应严重的地点及其他强电磁场影响的地点。

4.1.4　观测台站位置各方向视线高度角15°以上应无阻挡物。达不到以上条件的地区，经省地震局主管部门批准，可在一定范围（水平视角累计不应超过60°）内，放宽至25°。

4.1.5　新选站址应取当地乡以上的国家标准地名为站名。

4.2　实地勘选

4.2.1　应使用符合台站观测技术指标的GPS接收设备在拟选的站址上进行实地观测。连续测试时间应不少于24 h，高度角在10°以上的有效观测量应不少于85%，测距观测质量MP1、MP2应小

于0.5 m。

4.2.2 在大城市、工矿区或附近有较强电磁干扰的地区，应使用电磁波场强仪进行实地频谱测试，以保证所选点位在GPS工作频谱范围内（1 575.42 MHz和1 227.60 MHz）不受干扰。

5 观测墩

5.1 观测墩建设要求

5.1.1 观测墩基为深埋的刚性基础，观测墩应采用钢筋混凝土，其强度等级不低于C25，应现场浇筑。观测墩示意图见附录A的图A.1。

5.1.2 观测墩应高出地面3 m～5 m。

5.1.3 观测墩四周应做40 mm～60 mm厚的隔振槽，内填粗砂。

5.1.4 观测墩面应高于屋顶0.1 m～0.5 m；墩面尺寸，矩形应不小于0.4 m×0.4 m，圆形直径应不小于0.5 m；观测墩与观测室天棚应有40 mm～60 mm的间隙。

5.1.5 观测墩应有强制对中装置，埋造时应使用置平工具安平。在点之记（附录B）备注栏中应注明归心孔的深度、孔径。

5.2 联测用水准点和重力观测点要求

5.2.1 GPS台站观测室内应埋设联测用水准点和重力观测点。

5.2.2 水准点埋设应符合GB 12897 — 1991的要求。

5.2.3 重力观测墩的要求见附录A的图A.2。

5.3 气象设备安置要求

气象观测设备传感器应安置在GPS接收机天线附近10 m范围内，安置高度与GPS天线高度差不大于±0.2 m。

5.4 建站结束后要求

5.4.1 建站结束后，应按附录B格式填绘点之记，填写实例见附录C。

5.4.2 建站结束后，应向当地政府或台站所在单位办理测量标志委托保管手续。委托保管书的格式见附录D。保管书一式三份，交保管单位一份，上交和存档各一份。

6 观测室和工作室

6.1 GPS连续观测台站应建观测室和工作室。

6.2 观测室和工作室的抗震设防应符合GB 50011 — 2001中的乙类建筑要求。

6.3 观测室内温度应控制在接收机正常工作的温度范围；工作室内温度应控制在0℃～30℃之间。

6.4 观测室和工作室应采取避雷、防盗、防破坏措施，并应有防火、防水、防漏、防鼠害、防锈蚀、防风沙及屋顶的隔热等设施。

7 设备配置

7.1 GPS接收设备

7.1.1 GPS连续观测台站使用的GPS接收机主机应满足下列要求：

a）在温度-30℃～55℃的环境中能长期正常工作；

b）在相对湿度0%～100%的环境中能长期正常工作；

c）有12个以上通道，能同时接收地平线以上所有卫星的下列数据：

1）L_1频率的C/A码伪距；

2）P码伪距；

3）L_1、L_2全波长载波相位观测值；

d）数据采样率应不小于10 Hz；

e）数据存储介质容量不小于 32 MB；

f）接收机晶振的稳定性不低于 1×10^{-8}；对于个别情况，在保证观测精度的前提下，可适当放宽，但不应低于 1×10^{-7}；

g）能够提供接收机的工作状态及卫星跟踪情况（如卫星健康状况、跟踪卫星数目、信号状态、信噪比、观测历元数、电压、剩余存储空间）等数据信息；

h）双路供电接口，可通过转换器用交流电供电，工作电压 200 V ~ 240 V；

i）应具备外接频标接口；

j）接收机数据存储介质必须具有防掉电功能。数据下载时，仍能进行卫星连续跟踪。数据传输速率不低于 9.600 kbps；

k）支持监控和数据自动下载操作；

l）具有抗 AS 性能，即在 AS 条件下仍可接收 P 伪距；

m）具有网络接口。

7.1.2 接收机天线应满足下列要求：

a）有较强抗多路径效应能力的扼径圈天线；

b）在温度 -40℃ ~ 75℃ 的环境中能长期正常工作；

c）在相对湿度 0% ~ 100% 的环境中能长期正常工作；

d）天线的相位中心必须稳定，并有指北标志线；

e）有强抗干扰性能，在电离层活动强时或较强无线电干扰时仍能正常工作。

7.2 气象设备

GPS 连续观测台站气象观测采用数字气象仪，并应满足下列要求：

a）温度量测范围 -40℃ ~ 55℃，量测精度 ±0.2℃；

b）湿度量测范围 0% ~ 100%，量测精度 ±5%；

c）气压量测范围 53 329 Pa ~ 106 658 Pa，量测精度 ±50 Pa；

d）能自动观测记录，采样率应不小于 0.2 Hz，能自动和人工下载数据。

7.3 记录存储设备

GPS 连续观测台站使用的记录存储设备为可选设备，其性能应满足下列要求：

a）满足 GPS 连续观测台站数据下载、通信传输要求；

b）具有二个物理硬盘；

c）具有网络唤醒支持的以太网卡；

d）具有四个以上串口；

e）具有长期连续运行的能力。

7.4 通信设备

7.4.1 有线通信设备包括公用电话网（PSTN）或专网专线方式，传输速率应在 9.6 kbps 以上。

7.4.2 无线通信设备的无线通信方式传输速率应在 9.6 kbps 以上。

7.5 电源

7.5.1 太阳能电源应满足下列基本要求：

a）12 V，20 W 功率满负载延时 240 h 以上；

b）免维护电池寿命不低于 3 a；

c）自动稳压；

d）突波保护功能；

e）防电磁杂讯干扰功能；

f）开机自动检测能力；

g）过载保护和短路保护；

h）AC 保险丝保护；

i）电池电压过低保护；

j）防雷击保护。

7.5.2 UPS 供电系统应满足下列基本要求：

a）在线式，400 W 功率满负载延时 8 h；

b）免维护电池寿命不低于 3 a；

c）自动稳压；

d）输入电压过高及过低保护功能；

e）突波保护功能；

f）防电磁杂讯干扰功能；

g）开机自动检测能力；

h）过载保护和短路保护；

i）AC 电流短路器/DC 保险丝保护；

j）电池电压过低保护；

k）防雷击保护。

8 资料归档

资料归档应包括下列内容：

a）设计书；

b）实地测试结果（包括数据和报告）；

c）勘选报告，主要内容包括：

1）台站地理位置及所在行政区；

2）台站周围自然地理、地震地质概况；

3）已有台址（点位）利用情况；

4）交通、通信、物资、水电、民工、治安等情况；

5）选址工作实施过程及对技术设计的修改意见；

6）对建站工作的建议；

7）选址中收集的其他有关资料。

d）施工（竣工）报告；

e）建站工作技术总结，其主要内容包括：

1）扼要说明建站工作情况，建站中的特殊问题及对观测工作的建议等；

2）建站照片四张（观测墩位开挖后照片、观测墩浇筑前照片、观测墩建成后照片和台站建成后远景照片各一张）；

f）点之记（见附录 B）；

g）测量标志委托保管书及批准使用土地文件；

h）上报文件及批复文件。

附　录 A
（资料性附录）
观测墩

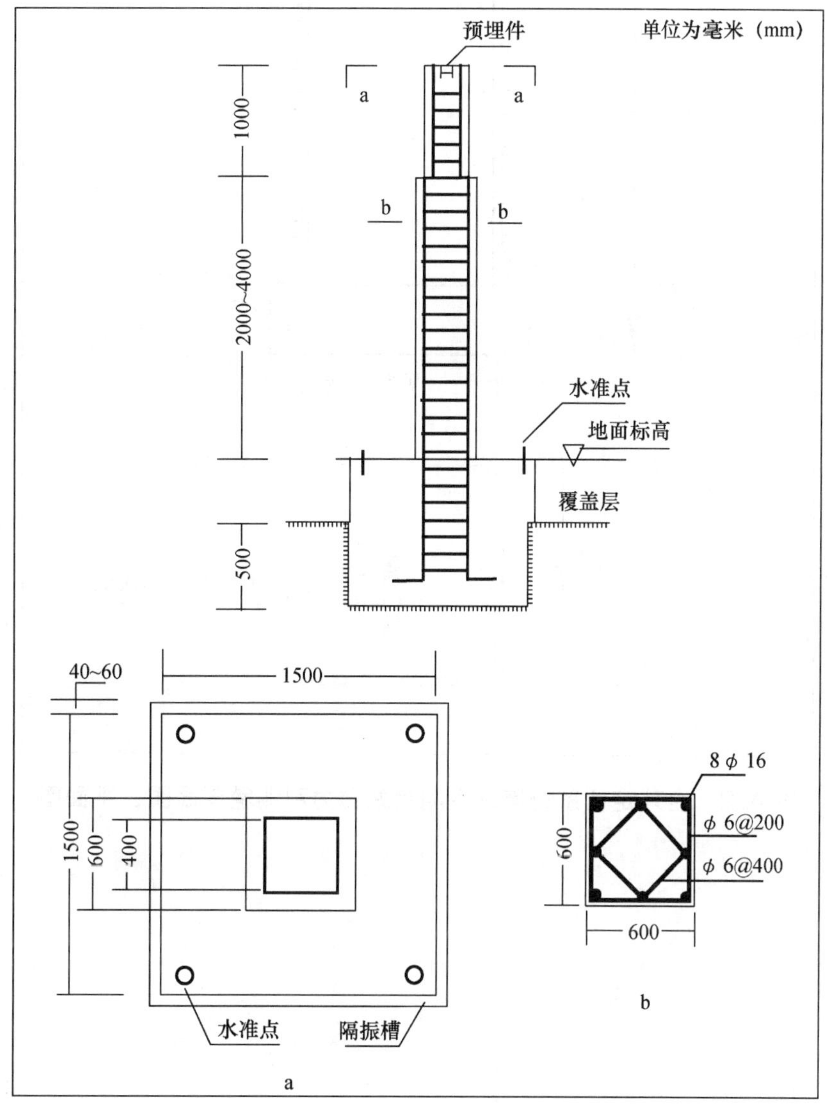

图 A.1　全球定位系统连续观测台站观测墩平面图、剖面图

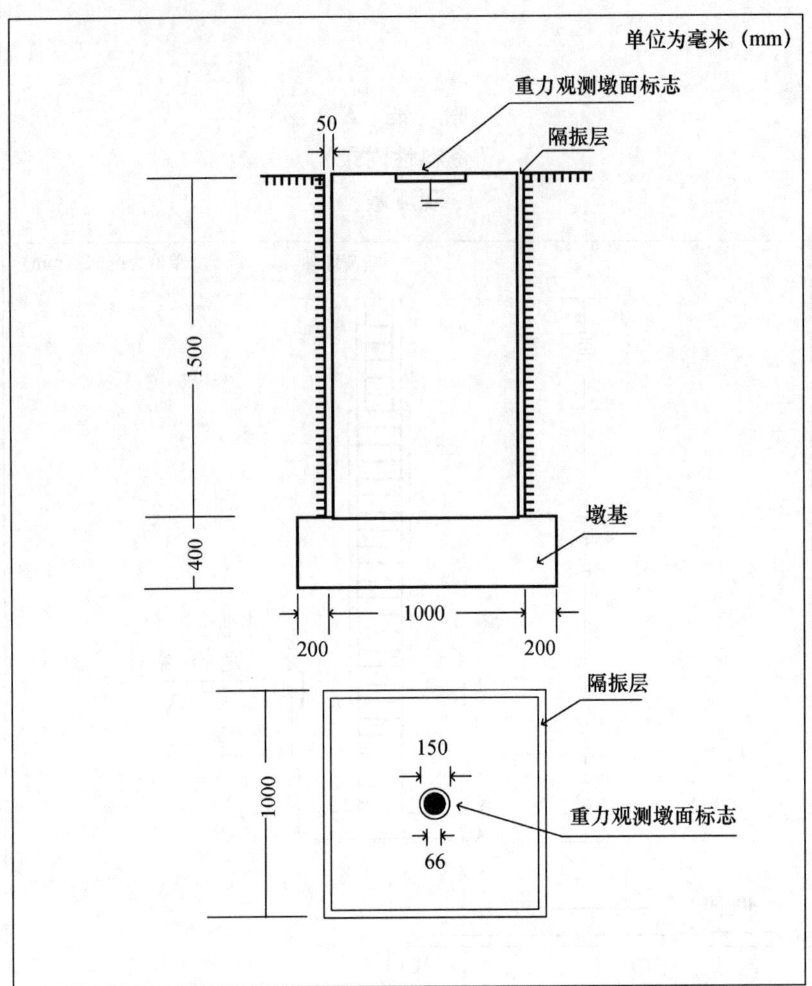

图 A.2　全球定位系统连续观测台站重力观测墩剖面图、平面图

附　录　B
（规范性附录）
全球定位系统连续观测台站点之记

GPS 站点之记

<table>
<tr><td>点名</td><td></td><td>编号</td><td></td><td>网类别</td><td>网名</td><td></td></tr>
<tr><td colspan="3">所在图幅（1∶100 000）</td><td colspan="2"></td><td colspan="2">站　位　略　图</td></tr>
<tr><td colspan="2">概略纬度</td><td colspan="3">N</td><td colspan="2" rowspan="10"></td></tr>
<tr><td colspan="2">概略经度</td><td colspan="3">E</td></tr>
<tr><td colspan="2">概略高程</td><td colspan="3">m</td></tr>
<tr><td colspan="2">站址所在地</td><td colspan="3"></td></tr>
<tr><td colspan="2">最近水源</td><td colspan="3"></td></tr>
<tr><td colspan="2">最近住所</td><td colspan="3"></td></tr>
<tr><td colspan="2">供电系统</td><td colspan="3"></td></tr>
<tr><td colspan="2">邮电通信</td><td colspan="3"></td></tr>
<tr><td colspan="2">石子来源</td><td colspan="3"></td></tr>
<tr><td colspan="2">砂子来源</td><td colspan="3"></td></tr>
<tr><td colspan="5"></td><td colspan="2">地形、地质构造略图</td></tr>
<tr><td>冻土深度</td><td>（m）</td><td>解冻深度</td><td colspan="2">（m）</td><td colspan="2" rowspan="4"></td></tr>
<tr><td>地形地貌</td><td colspan="4"></td></tr>
<tr><td>站址岩性</td><td colspan="4"></td></tr>
<tr><td>地质概要与构造背景</td><td colspan="4"></td></tr>
<tr><td>交通情况</td><td colspan="2"></td><td>交通路线图</td><td colspan="3"></td></tr>
</table>

<table>
<tr><td colspan="3">点位环视图</td><td colspan="2">标石类型</td><td></td></tr>
<tr><td colspan="3"></td><td colspan="3">实埋墩标剖面图</td></tr>
<tr><td colspan="3">有关点位环视图的必要说明：</td><td colspan="3">原有高等级大地、形变、重力点位利用情况：</td></tr>
<tr><td colspan="3">便于联测的水准点点名、点号、等级及联测里程：</td><td colspan="3">便于联测的重力点点名、点号、等级及联测里程：</td></tr>
<tr><td rowspan="5">选点者</td><td>选 点 人</td><td></td><td rowspan="4">建站者</td><td>建 站 人</td><td></td></tr>
<tr><td>单　　位</td><td></td><td>单　　位</td><td></td></tr>
<tr><td>地 质 员</td><td></td><td>建站时间</td><td></td></tr>
<tr><td>单　　位</td><td></td><td>委托保管人</td><td></td></tr>
<tr><td>选点时间</td><td></td><td colspan="3" rowspan="2">委托保管单位及详细地址：</td></tr>
<tr><td colspan="3">对埋石工作的建议：</td></tr>
<tr><td>备注</td><td colspan="5"></td></tr>
</table>

附 录 C
（资料性附录）
全球定位系统连续观测台站点之记填写实例

GPS 站点之记

点名	宜昌	编号	JB20	网类别	基本站	网名	基本网
所在图幅（1:100000）			8-49-43		站 位 略 图		
概略纬度		N 31°01′00″					
概略经度		E 111°10′00″					
概略高程		400 m					
站址所在地		湖北省宜昌县森林公园					
最近水源		森林公园，100 m					
最近住所		晓溪塔镇，1.5 km					
供电系统		晓溪塔有正常供电电源					
邮电通信		晓溪塔镇，1.5 km					
石子来源		晓溪塔镇					
砂子来源		晓溪塔镇			地形、地质构造略图		
冻土深度	0（m）	解冻深度	0（m）				
地形地貌	山区荒地						
站址岩性	三叠系砂岩，表面为砾岩						
地质概要与构造背景	站址位于黄陵块体，周缘由东西两侧的北北西向仙女山断裂、远安断裂以及南北两端的北西向天阳坪断裂与近东西向的板庙断裂及新华断裂所围限。黄陵背斜受边缘断裂控制长期隆起，核部由前震旦纪崆岭群和黄陵杂岩组成，致其核部基底岩石裸露。周围发育震旦—三叠纪地层，尤其是中三叠纪开始的急剧上升，促成其东、西两侧拗折、断陷而形成盆地或地堑						
交通情况	从武汉乘车沿汉宜一级公路 330 km 至宜昌县晓溪塔镇，过黄柏河大桥到宜昌地震台，沿公路继续前行约 400 m 到森林公园后门，再左转沿小路（对着森林公园后门）约行 200 m 到点			交通路线图			

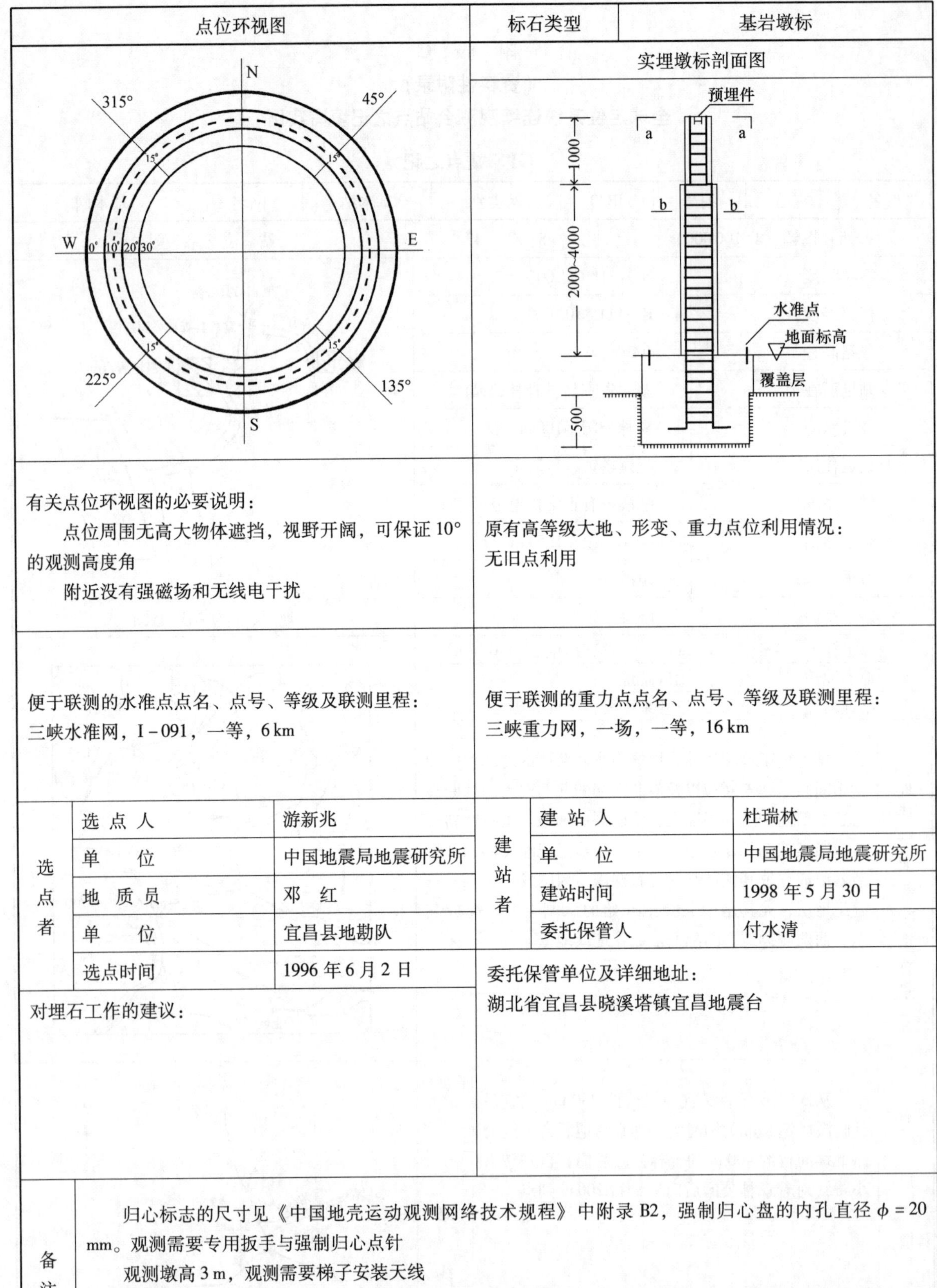

点位环视图	标石类型	基岩墩标
	实埋墩标剖面图	

有关点位环视图的必要说明： 点位周围无高大物体遮挡，视野开阔，可保证 10°的观测高度角 附近没有强磁场和无线电干扰	原有高等级大地、形变、重力点位利用情况： 无旧点利用
便于联测的水准点点名、点号、等级及联测里程： 三峡水准网，Ⅰ-091，一等，6 km	便于联测的重力点点名、点号、等级及联测里程： 三峡重力网，一场，一等，16 km

选点者	选 点 人	游新兆	建站者	建 站 人	杜瑞林
	单 位	中国地震局地震研究所		单 位	中国地震局地震研究所
	地 质 员	邓 红		建站时间	1998 年 5 月 30 日
	单 位	宜昌县地勘队		委托保管人	付水清
	选点时间	1996 年 6 月 2 日	委托保管单位及详细地址： 湖北省宜昌县晓溪塔镇宜昌地震台		
对埋石工作的建议：					

备注	归心标志的尺寸见《中国地壳运动观测网络技术规程》中附录 B2，强制归心盘的内孔直径 $\phi=20$ mm。观测需要专用扳手与强制归心点针 观测墩高 3 m，观测需要梯子安装天线 观测墩有 7 m×7 m×2 m 的 24 红砖围墙保护，院内为水泥地坪，并有铁门，拿钥匙可找地震研究所或宜昌地震台

附 录 D
(规范性附录)
全球定位系统连续观测台站测量标志委托保管书

D.1 全球定位系统连续观测台站测量标志委托保管书正面印制内容和格式如下:

测量标志委托保管书

网(线)名及点号:______________所在图幅:______________

标石种类:______________标志质料:______________

完整情况:______________

托管日期:______________

设置地点:______________

点位略图	

测量标志是社会主义经济建设和国防建设的重要设施,必须长期保存。当地各级党、政领导机关应对群众进行宣传教育,认真负责保护测量标志,不得拆除和移动,并严防破坏。埋设标志占用的土地,不得作其他使用。

现由______________代表______________根据《中华人民共和国测绘法》,将上述测量标志委托接管,并负责保护。

托管单位:__________(盖公章)__________代表:__________

地址:______________邮编:__________

接管单位:__________(盖公章)__________代表:__________

此保管书共三份,一份随成果上交,一份由测量机关呈交地方测绘管理机关,一份交接管单位。

D.2　全球定位系统连续观测台站测量标志委托保管书背面印制内容和格式如下：

中华人民共和国测绘法（节选）

2002年12月1日起实施

第二十六条　测绘人员进行测绘活动时，应当持有测绘作业证件。

任何单位和个人不得妨碍、阻挠测绘人员依法进行测绘活动。

第三十五条　任何单位和个人不得损毁或者擅自移动永久测量标志和正在使用中的临时性测量标志，不得侵占永久性测量标志用地，不得在永久性测量标志安全控制范围内从事危害测量标志安全和使用效能的活动。

本法所称永久性测量标志，是指各等级的三角点、基线点、导线点、军用控制点、重力点、天文点、水准点和卫星定位点的木质觇标、钢质觇标和标石标志，以及用于地形测图、工程测量和形变测量的固定标志和海底大地点设施。

第三十六条　永久性测量标志的建设单位应当对永久性测量标志设立明显标志，并委托当地有关单位指派专人负责保管。

第三十七条　进行工程建设，应当避开永久性测量标志；确实无法避开，需要拆迁永久性测量标志或者使永久性测量标志失去效能的，应当经国务院测绘行政主管部门或者省、自治区、直辖市人民政府测绘行政主管部门批准；涉及军用控制点的，应当征得军队测绘行政主管部门的同意。所需迁建费用由工程建设单位承担。

第三十八条　测绘人员使用永久性测量标志，必须持有测绘作业证件，并保证测量标志的完好。

第三十九条　县级以上人民政府应当采取有效措施加强测量标志的保护工作。

县级以上人民政府测绘行政主管部门应当按照规定检查、维护永久性测量标志。

乡级人民政府应当做好本行政区域内的测量标志保护工作。

第五十条　违反本法规定，有下列行为之一的，给予警告，责令改正，可以并处五万元以下的罚款；造成损失的，依法承担赔偿责任；构成犯罪的，依法追究刑事责任；尚不够刑事处罚的，对负有直接责任的主管人员和其他直接责任人员，依法给予行政处分：

（一）损毁或者擅自移动永久性测量标志和正在使用中的临时性测量标志的；

（二）侵占永久性测量标志用地的；

（三）在永久性测量标志安全控制范围内从事危害测量标志安全和使用效能的活动的；

（四）在测量标志占地范围内，建设影响测量标志使用效能的建筑物的；

（五）擅自拆迁永久性测量标志或者使永久性测量标志失去效能，或者拒绝支付迁建费的；

（六）违反操作规程使用永久性测量标志，造成永久性测量标志毁损的。

中华人民共和国刑法（节选）

1997年10月1日起实施

第三百二十三条　故意破坏国家边境的界碑、界桩或者永久性测量标志的，处三年以下有期徒刑或者拘留。

ICS 91.120.25
P 15
备案号：17211—2006

中华人民共和国地震行业标准

DB/T 20.1—2006

地震台站建设规范 地下流体台站 第1部分：水位和水温台站

Specification for the construction of seismic station Underground fluid station Part 1：Water level and water temperature observatory

2006-02-20 发布

2006-05-01 实施

中国地震局 发布

前 言

本部分是《地震台站建设规范》系列标准中“地下流体台站”的第1部分。该系列标准的预计结构如下：

地震台站建设规范　测震台站（DB/T 16 — 2006）
地震台站建设规范　强震动台站（DB/T 17 — 2006）
地震台站建设规范　地磁台站（DB/T 9 — 2004）
地震台站建设规范　地电台站　第1部分：地电阻率台站（DB/T 18.1 — 2006）
地震台站建设规范　地电台站　第2部分：地电场台站（DB/T 18.2 — 2006）
地震台站建设规范　重力台站（DB/T 7 — 2003）
地震台站建设规范　地形变台站　第1部分：洞室地倾斜和地应变台站（DB/T 8.1 — 2003）
地震台站建设规范　地形变台站　第2部分：钻孔地倾斜和地应变台站（DB/T 8.2 — 2003）
地震台站建设规范　地形变台站　第3部分：断层形变台站（DB/T 8.3 — 2003）
地震台站建设规范　全球定位系统连续观测台站（DB/T 19 — 2006）
地震台站建设规范　地下流体台站　第1部分：水位和水温台站（DB/T 20.1 — 2006）
地震台站建设规范　地下流体台站　第2部分：气氡和气汞台站（DB/T 20.2 — 2006）
……

本部分的附录A与附录B为规范性附录，附录C、附录D、附录E、附录F为资料性附录。

本部分由中国地震局提出。

本部分由全国地震标准化委员会（SAC/TC 225）归口。

本部分起草单位：中国地震局地质研究所、中国地震局地震观测研究所、河北省沧州地震局、四川省地震局。

本部分主要起草人：车用太、鱼金子、刘成龙、孙天林、于书泉、李介成、刘五洲。

地震台站建设规范　地下流体台站
第1部分：水位和水温台站

1　范围

本部分规定了地下流体台站中水位和水温观测台站的场地勘选、观测井与观测室建设、观测设备配置和资料归档要求。

本部分适用于地下流体台站中水位和水温观测台站的建设与改造。

2　规范性引用文件

下列文件中的条款通过本部分的引用而成为本部分的条款。凡是注日期的引用文件，其随后所有的修改单（不包括勘误的内容）或修订版均不适用于本部分，然而，鼓励根据本部分达成协议的各方研究是否可使用这些文件的最新版本。凡是不注日期的引用文件，其最新版本适用于本部分。

GB/T 19531.4 — 2004 地震台站观测环境技术要求 第4部分：地下流体观测

GB 50011 — 2001 建筑物抗震设计规范

GB 50027 — 2001 供水水文地质勘察规范

GB 50057 — 1994 建筑物防雷设计规范

3　术语和定义

下列术语和定义适用于本部分。

3.1

观测井　observation well

专门用于地下水水位和水温动态观测的钻孔。

3.2

观测层　observation aquifer

作为地下水水位和水温动态观测对象的含水层。

3.3

热水井　thermal water well

井水温度高于20 ℃的观测井。

3.4

自流井　artesian well

由于观测层的承压水头高出井口顶面而使井水由井口可自由流出的观测井。

3.5

观测井结构　structure of observation well

构造观测井的要素，包括井深、井径、套管、过水断面等。

3.6

过水断面　water pass - section in well

观测井中把观测井与观测层相连通的环柱状断面，其主要功能是实现井水与观测层地下水之间的水力联系。

3.7

井口装置　well-head assembly

为了实现水位和水温动态的有效观测，设置在地面以上观测井井口段及井口上的各种装置。

3.8

地热异常区　geothermal abnormal area

地温梯度大于地壳平均地温梯度（3℃/100 m）的地区。

4　观测场地勘选

4.1　观测场地的勘选要求

4.1.1　水位和水温观测台站选址，应进行地质-水文地质勘查，查明台站所在地区的地形地貌、气象水文、地层岩性、地质构造、含水层与隔水层、地下水物理化学特性等。

4.1.2　地质与水文地质资料齐全的地区，可通过收集与分析已有资料，查清台站所在地区的地质-水文地质条件。

4.2　地质构造条件

4.2.1　台站宜选在活动断裂带及其附近，台站距主干断裂的距离不宜超过10 km。

4.2.2　台站宜选在断裂带的端点、拐点及与其他断裂交汇的部位。

4.2.3　台站宜选在深大断裂带上。

4.2.4　台站宜选在地热异常区内。

4.3　地形地貌条件

4.3.1　台站应避开山洪通道、风口、落地雷区。

4.3.2　台站应避开地面强烈沉降区、地面塌陷区、地裂缝发育区。

4.4　水文地质条件

4.4.1　观测层应为封闭性好的承压含水层。

4.4.2　观测层的渗透系数应大于0.01 m/d。

4.4.3　观测层的地下水矿化度宜小于3 g/L。

4.4.4　观测层的地下水不应对金属有腐蚀性。

4.5　台站观测环境条件

4.5.1　台站的观测环境，应符合GB/T 19531.4—2004中的各项要求。

4.5.2　台站距降雨渗入补给区边界的距离，在平原区宜大于10 km，在山间盆地或河谷地区宜大于3 km。

4.5.3　台站应选在具有供电、通讯条件及交通便利的地区。

5　观测井

5.1　观测井结构的要求

5.1.1　观测井深度要求如下：

a）一般情况下，分观测井所属的台网级别与观测层的类型，宜按表1的要求确定深度；

b）观测井深度的确定，应避开当地现今与未来地下水主要开采层；

c）在地热异常区，井水自流时，观测井深度宜大于50 m。

5.1.2　观测井的内径，宜为100 mm~200 mm，井内变径次数不宜超过三次。

5.1.3　观测井内应下设套管，其要求如下：

a）套管在地面以下的长度应满足封闭全部非观测层的要求；

b）套管在地面以上的高度宜大于0.5 m；

c）套管变径处，应采取止水措施；

d）套管与井壁围岩间隙应采用充填物固定套管。

表1　观测井深度的一般要求

观测井所属的台网级别	国家级台网	区域台网
观测层为基岩含水层时	≥200 m	≥100 m
观测层为砂砾石含水层时	≥300 m	≥150 m

5.1.4　观测井的过水断面，应按表2的要求设置。

表2　观测井过水断面类型及设置要求

过水断面类型	使用条件
滤水管	观测层为松散砂砾石层或断层破碎带等，井壁岩土体不稳定
射孔管	观测层为第三系半胶结的砂砾岩层，且其顶板埋深大于500 m
裸孔	观测层为基岩裂隙含水层或岩溶含水层等，井壁岩体稳定

5.1.5　滤水管与射孔管下端应设置沉砂管，其长度宜大于5 m。

5.2　观测井施工要求

5.2.1　钻井过程中，应按实际岩性变化进行记录与采样。

5.2.2　钻井过程中，对揭露出的各个含水层应详细记录其分布深度、厚度和岩性等特征，测量其静止水位、出水量、井水温度等基本参数。

5.2.3　完钻之后，应洗井。

5.2.4　成井之后，应按GB/T 19531.4 — 2004中附录B的要求进行抽水试验，按GB/T 19531.4 — 2004中附录C的要求进行抽水影响半径的计算，同时还应按本部分附录A的要求进行观测层渗透系数的计算。

5.2.5　抽水试验时，应取水样并进行水质简分析。发现井水具有侵蚀性与有害气体时，还应另取专用水样并进行相关测试。

5.2.6　建井之后，应按附录B的要求，填写观测井基本情况表。

5.3　观测井的井口装置

5.3.1　不同类型的观测井，应按表3的要求设置井口装置。

表3　不同类型观测井的井口装置选配表

井口装置	观测井类型				
	非自流井		自流井		
	<20 ℃	20 ℃ ~60 ℃	<20 ℃	20 ℃ ~60 ℃	>60 ℃
传感器固定装置	●	●	●	●	●
泄流装置	×	×	●	●	●
测压管	×	×	●	●	●
副井管	×	×	×	○	●
注1：●表示需要安装； 注2：○表示井水温度大于等于40 ℃时安装； 注3：×表示不需要安装。					

5.3.2 水位和水温观测井，都应安装传感器固定装置，其装置的构成与技术要求参见附录 C。

5.3.3 井口水头大于 3 m 的自流井，宜安装井口泄流装置，其装置的构成与技术要求参见附录 D。

5.3.4 井水温度高于 40 ℃的自流井，宜设副井管装置，其装置的构成与技术要求列于附录 E 中。

5.3.5 观测动水位的自流井，应在泄流管上设置测压管。

6 观测室

6.1 观测室的一般要求

6.1.1 观测井为自流高温热水井或井中逸出腐蚀性气体时，井房与仪器室应分为二室，其他情况下井房与仪器室可合并为一室。

6.1.2 观测室的布局参见附录 F。

6.1.3 观测室的使用面积，当二室合一时应大于 9 m^2，二室分开时应大于 18 m^2；井房的净高应大于 2 m。

6.1.4 观测室内，常年湿度应低于 80%，温度应保持在 0 ℃ ~40 ℃。

6.1.5 观测室应具有防盗、防尘、防火等措施。

6.1.6 观测室内应有交流电源，电压范围应稳定在 220 V ± 22 V。

6.1.7 观测室内应有专用程控电话线路与网线。

6.2 观测室的防雷要求

6.2.1 观测室建筑物防雷应符合 GB 50057 — 1994 的要求；

6.2.2 仪器设备防雷，应建专用防雷地网，其接地电阻应不大于 4 Ω。

6.3 观测室抗震设计要求

观测室抗震设计应符合 GB 50011 — 2001 对乙类建筑物的要求。

7 设备配置

7.1 测量设备配置要求

水位和水温观测台站，应配置水位仪与水温仪，其技术指标和数量，应符合表 4 的规定。

表 4 水位与水温观测台站主要仪器配置要求

仪器名称	主要技术指标	数量	备　注
水位仪	测量范围：0 m ~ 10 m	1 台	每 5 个观测台应另配备用水位仪 1 台
	分辨力：不大于 1 mm		
	最大允许误差：±20 mm		
	年漂移量：不大于 20 mm		
	采样率：不小于 1 次每小时		
水温仪	测量范围：0 ℃ ~ 100 ℃	1 台	每 5 个观测台应另配备用水温仪 1 台
	分辨力：不大于 0.0001 ℃		
	最大允许误差：不大于 0.05 ℃		
	年漂移量：不大于 0.01 ℃		
	采样率：不小于 1 次每小时		

7.2 检查设备配置要求

水位和水温观测台站应配置检查设备，其要求应符合表 5 的规定。

表5　水位和水温观测台检查设备配置要求

设备名称	技术要求	数量	备注
测钟	测钟接触井水面时，必须发出清脆响声	1个	用于井水位检查；也可用半导体水位仪、探针式水位仪等替代
测 绳	测绳材质刚度大，至少每1 m有固定标记	1根	
钢卷尺	钢卷尺刻度水大于1 mm，长度不小于1 m	1条	
温度计	刻度0.01 ℃	1个	用于自流井水温检查

7.3　辅助设备配置要求

水位和水温观测台站，一般应配置雨量计与气压计，在自流井上还宜配置流量计等辅助观测仪器，其技术指标与数量，应符合表6的规定。

表6　辅助观测仪器配置要求

仪器名称	主要技术指标	数量	备　注
雨量计	测量范围：0 mm/h～100 mm/h	1个	当台站间距小于50 km时，可每2个台站配置1个
	分辨力：不大于0.1 mm		
	最大允许误差：不大于0.5 mm		
	采样率：不小于1次每小时		
气压计	测量范围：500 hPa ～1 100 hPa	1个	当台站间距小于100 km时，可每2个台站配置1个
	分辨力：不大于0.1 hPa		
	最大允许误差：±0.2% F. S		
	采样率：不小于1次每小时		
流量计	测量范围：0 m^3/d ～1000 m^3/d	1个	自流井中使用
	最大允许误差：±0.25% F. S		
	长期稳定性：优于±1%		
	采样率：不小于1次每小时		

8　资料归档

8.1　资料归档的基本要求

台站建设完成后，应提交完整的建台资料和相关图件的原件，在省（自治区、直辖市）地震工作部门或机构技术档案室归档，并将复制件报中国地震局备案。

8.2　观测场地勘选报告

观测场地勘选报告应包括下列内容：

a）勘选区的地理位置（经纬度应准确至0.01′）和行政属地；

b）勘选过程和主要勘选人员情况；

c）勘选区的地层岩性、地质构造、水文地质、地形地貌、气象及其他自然条件；

d）区域的地质和水文地质概况的说明，附台站外围20 km×20 km范围内水文地质图或区域地质图（比例尺不小于1:200000）和5 km×5 km范围内地形图（比例尺不小于1:50000）；

e）台站周围的干扰源调查记录；

f）观测场地的综合性评价、勘选结论。

8.3　台站建设报告的内容

台站建设报告中包括观测井与观测室建设及仪器设备配置，主要包括下列内容：

a）观测井的柱状图及其基本参数；

b）观测层的深度段、初见水位、稳定水位、水温；

c）观测井抽水试验记录；

d）观测含水层的影响半径（*R*值）与渗透系数（*K*值）计算及其结果；

e）观测井水质分析报告；

f）台站平面布置图（标明建筑物名称、用途及管线埋设与走向）；

g）井房与仪器室平面图和设备布置图；

h）防雷地网的布置与接地电阻测值；

i）供电、通迅设施说明；

j）仪器设备说明；

k）对观测工作的建议。

附　录　A
（规范性附录）
观测层渗透系数计算

A.1　计算要求

观测层渗透系数（K）的计算，依据观测井抽水试验的结果。

A.2　计算方法

A.2.1　根据不同类型的抽水试验及其结果，可选择下列不同的计算方法。

A.2.2　单井稳定流抽水，抽水井的 $Q-S$ 关系曲线呈直线时：

a）抽水井为完整井（井孔揭穿整个含水层）时，观测层渗透系数可按下式计算：

$$K = \frac{Q}{2\pi SM}\ln\frac{R}{r} \qquad \cdots\cdots\cdots(A.1)$$

式中：

Q —— 抽水井抽水量，单位为三次方米每天（m^3/d）；

S —— 抽水井水位降深，单位为米（m）；

M —— 含水层厚度，单位为米（m）；

r —— 抽水井半径，单位为米（m）；

R —— 抽水影响半径，单位为米（m）。

b）抽水井为非完整井（井孔只揭露部分含水层）时，观测层渗透系数可按下式计算：

$$K = \frac{Q}{2\pi SM}\left(\ln\frac{R}{r} + \frac{M-L}{L}\ln\frac{1.12M}{\pi r}\right) \qquad \cdots\cdots\cdots(A.2)$$

式中，L 为被井孔揭露的含水层厚度，其余同 A.2.1a）。

A.2.3　多井稳定流抽水，抽水井为完整井，观测孔中 $S-\lg r$ 关系曲线呈直线时，观测层渗透系数可按下式计算：

$$K = \frac{Q}{2\pi SM(S_1 - S_2)}\lg\frac{r_2}{r_1} \qquad \cdots\cdots\cdots(A.3)$$

式中：

S_1、S_2—— 在观测孔 $S-\lg r$ 关系曲线的直线段上任意两点的纵坐标值，单位为米（m）；

r_1、r_2—— 分别对应于 S_1 与 S_2 点的横坐标上 r 值（观测孔到抽水井的距离），单位为米（m）。

A.2.4　单井非稳定流抽水，抽水井为完整井时，观测层渗透系数可按下式计算：

$$K = \frac{Q}{2\pi SM(S_2 - S_1)}\lg\frac{t_2}{t_1} \qquad \cdots\cdots\cdots(A.4)$$

式中：

S_1、S_2—— 抽水井 $S-\lg t$ 关系曲线的直线段上任意两点的纵坐标值，单位为米（m）；

t_1、t_2—— 分别对应于 S_1 与 S_2 点的横坐标上 t 值（抽水持续时间长度），单位为分（min）。

A.2.5　利用停止抽水后的水位恢复曲线进行计算时：

a）停止抽水前井水位已稳定时，观测层渗透系数可按下式计算：

$$K = \frac{2.3Q}{4\pi Mm_i e^{r/B}} \qquad \cdots\cdots\cdots(A.5)$$

式中：

m_i—— 抽水井的 $S-\lg t$ 关系曲线上拐点处的斜率；

r——抽水井到观测孔的距离，单位为米（m）；

B——越流系数，r/B 值可在有关水文地质函数表上查得。

b）停止抽水前井水位未稳定时，观测层渗透系数可按下式计算：

$$K = \frac{Q}{4\pi Ms}\ln\left(1 + \frac{t_k}{t_T}\right) \qquad \cdots\cdots\cdots (A.6)$$

式中：

s——水位恢复时剩余下降值，单位为米（m）；

t_k——抽水开始到停止抽水的时间长度，单位为分（min）；

t_T——抽水停止后水位恢复过程持续的时间长度，单位为分（min）。

附 录 B
（规范性附录）
观测井基本情况表

B.1 格式与内容

观测井基本情况表的格式与内容列于表 B.1。表 B.1 的大小，根据填写内容的多少，可分为两种：210 mm×295 mm 和 420 mm×295 mm。

B.2 填表要求

填写表 B.1 时应注意如下事项：

a）井孔柱状图中地层的划分，应按 GB 50027—2001 附录 B 中表 B.1 的规定分界、系、统、阶（组）。

b）井孔结构图应表示出井深、井径及其变化、过水断面深度及其类型；地层柱状图应表示出各地层的主要岩性，岩性符号应按 GB 50027—2001 附录 C 中 C.1 的规定。

c）岩性简述，应对各地层主要岩石的基本特性（颜色、组分、结构与构造等）作出简要描述，特别是对其空隙发育情况及含水情况作较详细的说明。

d）自然环境与干扰源，应按 GB/T 19531.4—2004 有关规定作出简要说明。

e）构造部位，应依据 1:200000 至 1:50000 比例尺的地质图、构造地质图或水文地质图，说明观测井在构造单元中的位置，特别是与活动断裂的关系。

f）水文地质条件，主要说明观测层地下水的补给、径流、排泄条件及观测井在其中的位置。

g）井区地质简图，应附可说明观测井外围地层与地质构造基本特征的图件，图件范围至少要包括观测井外围 5 km 半径的区域。

h）井孔结构中井径，在有套管的井段按其内径大小分段填写，若为裸孔段时直接填写钻孔直径及其深度段；止水情况说明止水措施及其效果。

i）其他必要说明中，除填写上述各栏的内容之外，有必要说明的问题，如井内有掉入物等。

表 B.1 ________观测井基本情况表

________地震局________台________井

<table>
<tr><td rowspan="2">地层年代</td><td rowspan="2">层底深度/m</td><td rowspan="2">井孔结构与地层柱状图</td><td rowspan="2">岩性简述</td><td>成井单位</td><td></td><td rowspan="4">井孔结构</td><td>井深/m</td><td>井(套管)内径/mm</td><td></td><td></td><td></td></tr>
<tr><td>成井日期</td><td>年 月 日</td><td></td><td>深度段/m</td><td></td><td></td><td></td></tr>
<tr><td rowspan="16"></td><td rowspan="16"></td><td rowspan="16"></td><td rowspan="16"></td><td>行政区</td><td>县 镇(乡) 村</td><td>过水断面类型</td><td>设置深度/m</td><td colspan="3">止水情况</td></tr>
<tr><td>经纬度</td><td>东经 北纬</td><td>裸孔/射孔/滤管</td><td></td><td colspan="3"></td></tr>
<tr><td>孔口标高/m</td><td></td><td rowspan="5">观测含水层</td><td>深度段/m</td><td></td><td colspan="2">钻孔涌水量/(m^3/h)</td><td></td></tr>
<tr><td rowspan="2">自然环境与干扰源</td><td rowspan="2"></td><td>揭露厚度/m</td><td></td><td colspan="2">降深/m</td><td></td></tr>
<tr><td>地层岩性</td><td></td><td colspan="2">单位涌水量/(L/s·m)</td><td></td></tr>
<tr><td rowspan="2">构造部位</td><td rowspan="2"></td><td rowspan="2">地下水埋藏类型</td><td rowspan="2"></td><td colspan="2">渗透系数/(m/d)</td><td></td></tr>
<tr><td colspan="2">影响半径/m</td><td></td></tr>
<tr><td rowspan="2">水文地质条件</td><td rowspan="2"></td><td rowspan="9">地下水物理化学特征</td><td>色</td><td></td><td colspan="3">其他必要说明</td></tr>
<tr><td>味</td><td></td><td colspan="3" rowspan="8"></td></tr>
<tr><td colspan="2" rowspan="2">井区地质简图
比例尺</td><td>嗅</td><td></td></tr>
<tr><td>透明度</td><td></td></tr>
<tr><td colspan="2" rowspan="5"></td><td>矿化度/(g/L)</td><td></td></tr>
<tr><td>pH 值</td><td></td></tr>
<tr><td>水化学类型</td><td></td></tr>
<tr><td>水温/℃</td><td></td></tr>
<tr><td>其他特性</td><td></td></tr>
</table>

填表人：________ 审核人：________ 填表日期：________年________月________日

附　录　C
（资料性附录）
传感器固定装置

C.1　装置的用途

为了确保吊入井下的水位传感器与水温传感器的深度固定不变，在各类观测井的井口端应设置传感器固定装置。

C.2　装置的构成

传感器固定装置由两个半圆环状带耳的不锈钢套环、四组固定套环用的螺栓与螺母及一个固定传感器吊绳用的横杆与固定螺母构成（图 C.1）

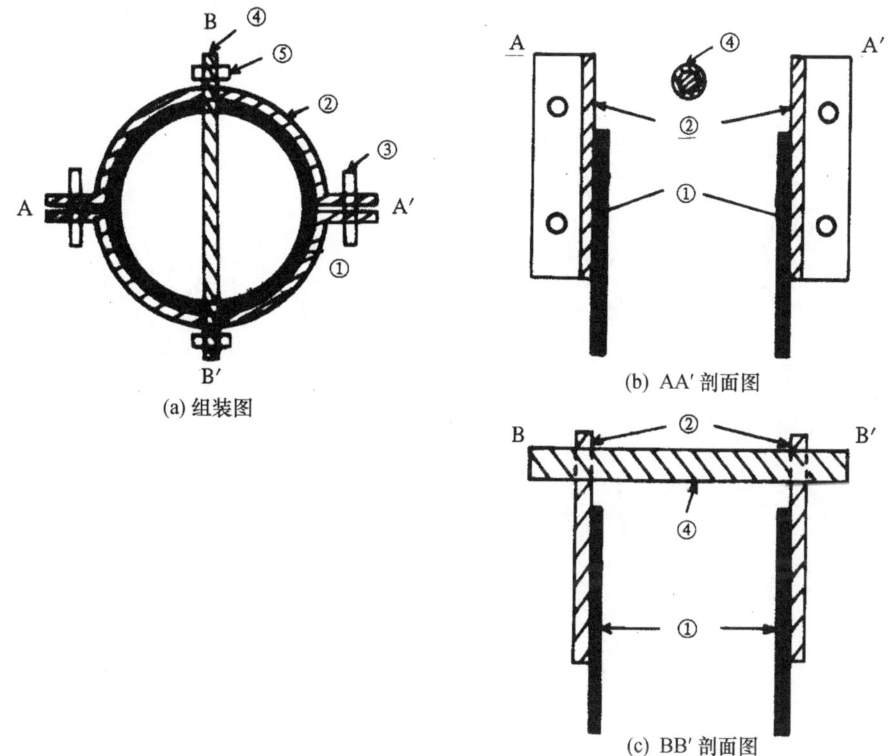

注：① 井口套管；
② 套管外套环；
③ 夹紧外套环用的螺杆与螺母；
④ 横杆；
⑤ 横杆螺母。

图 C.1　传感器固定装置示意图

C.3　装置的主要部件及技术要求

a）套管外套环：两个带耳的半圆形套环，用厚 3 mm 以上的不锈钢片制作，其内径与套管外径一致；耳上各设两个圆孔，用于把两环用螺栓夹紧；

b）夹紧外套环用的螺栓与螺母：螺栓直径大于等于10 mm，钢质；

c）横杆：固定水位与水温传感器吊绳用，表面光滑的不锈钢棒，直径大于等于20 mm，两端设有丝扣；

d）横杆螺母：把横杆固定在外套环上用。

附　录　D
（资料性附录）
自流井的井口泄流装置

D.1　装置的构成

自流井的井口泄流装置，如图 D.1 所示。

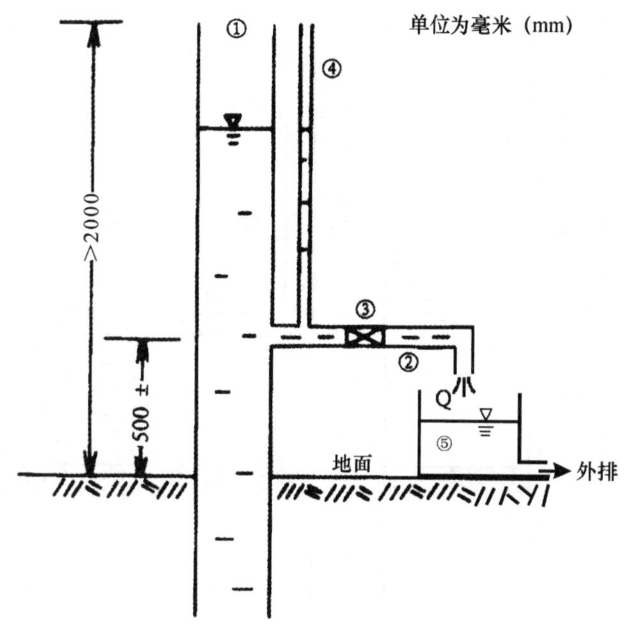

注：① 观测井；
② 泄流管；
③ 控流阀；
④ 测压管；
⑤ 泄流池。

图 D.1　自流井的井口泄流装置示意图

D.2　装置的技术要求

D.2.1　泄流管应水平横接在井管上，管径大小应根据泄流量大小而定，一般为 10 mm ~ 100 mm。

D.2.2　泄流管上应设置阀门，用于调控泄流量，其调定位置应稳定不变。

D.2.3　由泄流管排出的水，须经泄流池再排出井房外。

D.2.4　泄流管中宜设置流量计或在管口设置便于测量流量的装置。

D.2.5　泄流管以上的井口段高度应大于 1.5 m。

附　录　E
（资料性附录）
高温热水自流井的副井管装置

E.1　装置的构成

高温热水自流井的副井管装置，如图E.1所示。

单位为毫米（mm）

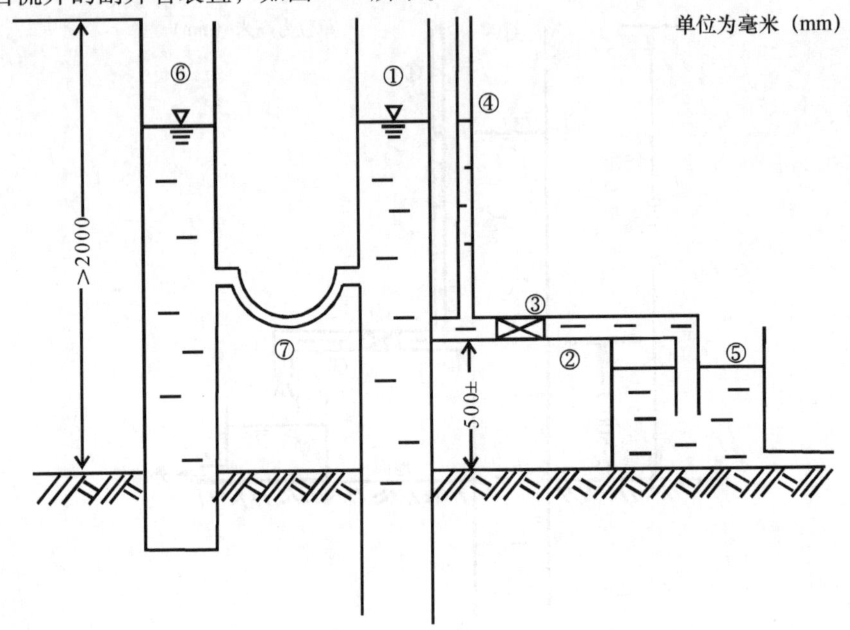

注：① 主井管；
　　② 泄流管；
　　③ 控流阀；
　　④ 测压管；
　　⑤ 泄流池；
　　⑥ 副井管（观测水位用）；
　　⑦ 连通管。

图E.1　高温热水自流井的副井管装置示意图

E.2　装置的技术要求

E.2.1　副井管的数量，一般为1个，但水温大于等于80℃时可设两个。

E.2.2　副井管与主井管的管径及井口高度应保持一致。

E.2.3　副井管与主井管之间，应有连通管相连。

E.2.4　有关泄流观测装置的要求，与本附录D中D.2的要求一致。

E.2.5　泄流管的排水口宜伸入泄流池中，以防泄流管口被沉淀物缩径。

附　录 F
（资料性附录）
观测室及其布局

F.1　井房与仪器室合为一间房的台站，其内外布局的基本要求示于图 F.1。

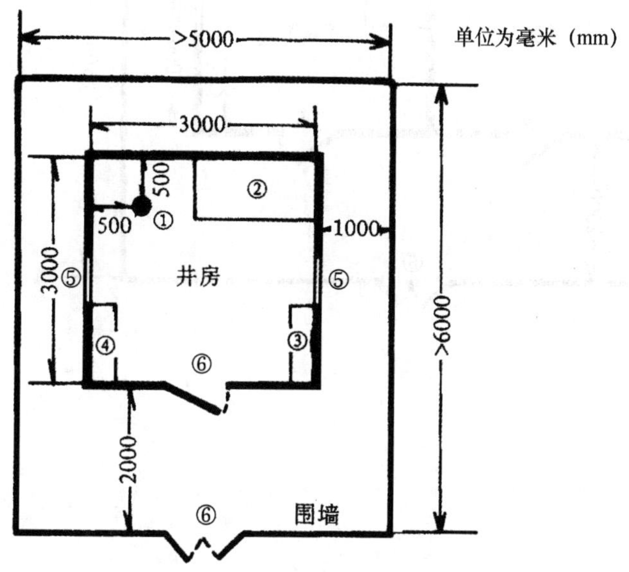

注：① 观测井；
② 仪器平台；
③ 办公桌；
④ 工具资料柜；
⑤ 门窗；
⑥ 大门。

图 F.1　井房及其内外布局示意图

F.2　井房与仪器室分为两间房的台站，其内外布置的基本要求示于图 F.2。

单位为毫米（mm）

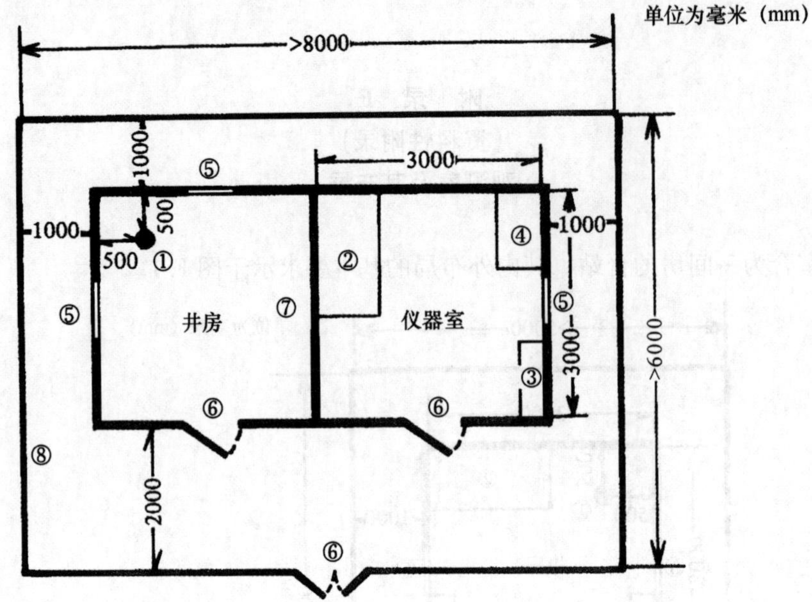

注：① 观测井；
② 仪器平台；
③ 办公桌；
④ 工具资料柜；
⑤ 窗户；
⑥ 大门；
⑦ 隔墙；
⑧ 围墙。

图 F.2 井房与仪器室及其内外布局示意图

参 考 文 献

地质矿产部水文工程地质技术方法研究队. 水文地质手册. 北京：地质出版社，1998.
付子忠，刘永铭等. 地热前兆方法原理和实践. 国家地震局科技监测司（内部资料）. 1992.
国家地震局编. 地震地下水动态观测规范. 北京：地震出版社，1989.
国家地震局编. 地热前兆观测规范（试行）. 国家地震局内部资料. 1992.
国家地震局科技监测司. 地震地下流体观测技术. 北京：地震出版社，1995. 71 ~ 87
汪成民，王铁城，车用太等. 中国地震地下水动态观测网. 北京：地震出版社，1990. 20 ~ 24
中国地震局编. 地震及前兆数字观测技术规范（地下流体观测）. 北京：地震出版社，2001.
中国地震局监测预报司编. 地震地下流体数字观测技术. 北京：地震出版社，2002. 15 ~ 21

ICS 91.120.25
P 15
备案号：17212—2006

中华人民共和国地震行业标准

DB/T 20.2—2006

地震台站建设规范　地下流体台站
第2部分：气氡和气汞台站

Specification for the construction of seismic station
Underground fluid station
Part 2: Gas radon and gas mercury observatory

2006-02-20 发布　　2006-05-01 实施

中国地震局 发布

前　言

本部分是《地震台站建设规范》系列标准中“地下流体台站”的第2部分。该系列标准结构及名称预计如下：

地震台站建设规范　测震台站（DB/T 16—2006）

地震台站建设规范　强震动台站（DB/T 17—2006）

地震台站建设规范　地磁台站（DB/T 9—2004）

地震台站建设规范　地电台站　第1部分：地电阻率台站（DB/T 18.1—2006）

地震台站建设规范　地电台站　第2部分：地电场台站（DB/T 18.2—2006）

地震台站建设规范　重力台站（DB/T 7—2003）

地震台站建设规范　地形变台站　第1部分：洞室地倾斜和地应变台站（DB/T 8.1—2003）

地震台站建设规范　地形变台站　第2部分：钻孔地倾斜和地应变台站（DB/T 8.2—2003）

地震台站建设规范　地形变台站　第3部分：断层形变台站（DB/T 8.3—2003）

地震台站建设规范　全球定位系统连续观测台站（DB/T 19—2006）

地震台站建设规范　地下流体台站　第1部分：水位和水温台站（DB/T 20.1—2006）

地震台站建设规范　地下流体台站　第2部分：气氡和气汞台站（DB/T 20.2—2006）

……

本部分的附录A为规范性附录，附录B、附录C、附录D、附录E为资料性附录。

本部分由中国地震局提出。

本部分由全国地震标准化技术委员会（SAC/TC 225）归口。

本部分起草单位：中国地震局预测研究所、中国地震局地壳应力研究所、中国地震局地质研究所、甘肃省地震局、安徽省地震局。

本部分主要起草人：陈华静、刘耀炜、孙天林、车用太、高安泰、张朝明、陆斌。

地震台站建设规范　地下流体台站
第2部分：气氡和气汞台站

1　范围

本部分规定了地下流体台站中气氡和气汞观测台站的场地勘选、观测井与观测室建设、观测设备配置和资料归档的要求。

本部分适用于地下流体台站中气氡和气汞观测台站的建设与改造。

2　规范性引用文件

下列文件中的条款通过本部分的引用而成为本部分的条款。凡是注日期的引用文件，其随后所有的修改单（不包括勘误的内容）或修订版均不适用于本部分，然而，鼓励根据本部分达成协议的各方研究是否可使用这些文件的最新版本。凡是不注日期的引用文件，其最新版本适用于本部分。

GB 913 — 1985　汞

GB/T 18207.2 — 2005　防震减灾术语 第2部分：专业术语

GB/T 19531.4 — 2004　地震台站观测环境技术要求 第4部分：地下流体观测

GB 50011 — 2001　建筑抗震设计规范

GB 50027 — 2001　供水水文地质勘察规范

GB 50057 — 1994　建筑物防雷设计规范

DB/T 3 — 2003　地震及地震前兆测项分类与代码

DB/T 6 — 2003　氡气固体源检定规程

DZ/T 0182 — 1997　测汞仪通用技术条件

EJ 528　核仪器基本安全要求

3　术语和定义

GB/T 18207.2 — 2005 和 DB/T 3 — 2003 确立的以及下列术语和定义适用于本部分。

3.1

气氡　gas radon

地下水中逸出气和溶解气中的氡。

3.2

气汞　gas mercury

地下水中逸出气和溶解气中的汞。

3.3

观测井　observation well

用于氡或汞浓度观测的井孔。

3.4

观测泉　observation spring

用于氡或汞浓度观测的泉点。

3.5

热水井　thermal water well

井水温度高于 20 ℃的观测井。

3.6

井、泉口装置　well - head or spring - head assembly

用于氡或汞浓度观测的专用装置，由引水管、脱气（集气）装置、冷却装置和引气管等组成。

3.7

引水管　conduction water tube

从井（泉水）口到脱气装置的输水管道。

3.8

引气管　conduction gas tube

从脱气装置到测量仪器之间的输气管道。

3.9

地热异常区　geothermal abnormal area

地温梯度大于地壳平均地温梯度（3 ℃/ 100 m）的地区。

3.10

流量稳定系数　flux stabilization coefficient

井（泉）水的年最小流量与年最大流量之比。

4　观测场地勘选

4.1　地质构造条件

观测场地的地质构造条件宜选择在：

—— 活动断裂带上或其两侧，优先选择在活动断裂带的端点、拐点及与其他断裂交汇的部位；

—— 地热异常区；

—— 能观测到深源气体的地区。

4.2　地形地貌条件

观测场地的地形地貌条件应避开：

—— 山洪通道、风口、落地雷区；

—— 地面强烈沉降区、地面塌陷区、地裂缝发育区。

4.3　水文地质条件

观测场地的水文地质条件应符合下列要求：

—— 自流井含水层应具有承压性；

—— 观测含水层渗透系数应在 0.01 m/d ~ 10.00 m/d 之间；

—— 观测泉类型应为上升泉，观测泉的流量稳定系数应大于 0.5，观测泉出露的引水口流量应大于 0.1 L/s；

—— 地下水的总矿化度应小于 3 g/L。

4.4　观测环境条件

观测环境应符合以下条件：

—— 应考虑本地区的经济建设和社会发展的长远规划及其可能对观测环境造成的影响；

—— 应具备观测工作正常进行所需的电力、通信、交通等条件；

—— 应避开水资源的强烈开发区和化学污染区，台站观测环境应符合 GB/T 19531.4 — 2004 第 5.3.3 条、5.3.4 条、5.3.5 条、5.3.6 条及 5.5.3 条的要求。

4.5　观测量背景值

观测量背景值应符合以下条件：

—— 用于气氡浓度观测的井、泉水中的水氡背景值应大于或等于 10 Bq/L；

——用于气汞浓度观测的井、泉水中的水汞背景值应大于或等于2 ng/L。

5 观测井

5.1 观测井的结构要求

观测井的结构参见附录B，并应符合下列要求：

——观测含水层上部井段应下设套管并采取止水措施；

——观测含水层段为松散岩层时应设滤水管，滤水管下段应设有井底沉砂管，沉砂管管长应大于5 m；

——观测井深度应大于100 m，井内径应不小于99.5 mm。

5.2 井口装置和泉口装置类型

井口装置和泉口装置宜根据观测井（泉）的类型，可选择下列不同装置：

——自流冷水井口（或泉口）应采用鼓泡式水气分离装置或溅落式水气分离装置，示意图参见附录C.1和附录C.2；

——自流热水井口（或泉口）应采用卧式自然水气分离装置或溅落式水气分离装置，示意图参见附录C.3；

——非自流井应采用浮动罩式集气装置，示意图参见附录C.4；

——冷水井口（或泉口）装置与观测仪器连接示意图参见附录D.1；

——热水井口（或泉口）装置与观测仪器连接示意图参见附录D.2。

5.3 井口装置和泉口装置要求

水气分离装置和集气装置的集气空间体积应不小于500 mL。

5.4 井口和泉口引水管要求

引水管应满足下列要求：

——观测泉有多个出水口时，引水管应埋设在涌水量最大的出水口；

——引水管道内径应保证满管流水；

——引水管道长度应小于10 m；

——引水管流量应不小于泄流管流量的1/4。

5.5 井口和泉口引气管长度要求

从井口装置出气口至观测仪器进气口之间连接管长度应小于2 m。

6 观测室

6.1 观测室组成

由井（泉）房和仪器室组成，其结构见附录E 。

6.2 仪器室环境

仪器室环境温度应保持在0 ℃ ~40 ℃之间，相对湿度应小于80% 。

6.3 观测室建设

观测室应按下列要求建设：

——井（泉）房建筑面积应不小于9 m^2；

——仪器室使用面积应不小于15 m^2；

——观测室内净高应不低于2.7 m；

——内墙立面应保持光洁，地面应铺防滑地板砖；

——观测室应设220 V ±22 V 电源；

——交流电、通信线路应分开走线，并分设线盒；

——观测室、电源、通讯设施、仪器设备均应设避雷装置，其装置应符合GB 50057—1994的要求；

—— 观测室应具有防盗、防潮、防尘等措施；

—— 对于含有腐蚀性或有害气体组分的观测井和观测泉，井、泉房应与仪器室隔开；

—— 观测室的抗震设计应符合 GB 50011 — 2001 对乙类建筑的规定。

6.4 放射性观测室

对于具有放射性校准功能的观测室，应修建独立的标准源储藏室，储藏室的安全要求应符合 EJ 528的有关规定。

7 设备配置

7.1 主要测量设备

主要测量设备及其技术指标见表1、表2。

表1 氡（Rn）浓度测量仪技术指标

设备名称	数量	主要技术指标	备 注
测氡仪	2台	检出限：0.1 Bq/L 灵敏度：不小于90（脉冲/Bq）/（L/min） 计数容量：1 ~ 10^6 个脉冲 仪器年稳定度：小于 ±10% 采样率：不小于1次每小时	定点连续气氡浓度观测 备用仪器1套
氡气固体源	1套	符合 DB/T 6 — 2003 的有关要求	测氡仪定期校准

表2 汞（Hg）浓度测量仪技术指标

设备名称	数量	主要技术指标	备 注
测汞仪	2台	零点漂移：不大于0.008 10^{-10} m/30 min 检出限：0.01 ng 测试精度：相对误差不大于5% 线性：汞标准曲线的相关系数 r 不小于 0.995 采样率：优于1次每小时 采样量：1 L ~ 5 L 数据	定点连续气汞浓度观测 备用仪器1套 依据 DZ/T 0182 — 1997
标准汞源	1套	一号汞（Hg－1），汞的纯度不小于 99.999%。依据 GB 913—1985 标准	测汞仪的校准

7.2 辅助设备

辅助设备及其技术指标见表3。

表3 辅助设备

设备名称	数量	主要技术指标	功能与用途
井（泉）口装置	1套		井（泉）水脱气与集气
数字化温度仪	1套	范围 -30 ℃ ~ 50 ℃，分辨力 0.01 ℃	测环境温度
数字化湿度仪	1套	范围 0% ~ 90%，分辨力 1%	测环境湿度
数字化气压仪	1套	分辨力 0.1 hPa	测环境气压
数字化雨量计	1套	分辨力 0.1 mm	测降水量

8 资料归档

8.1 资料归档要求

台站建设完成后，完整的建台资料和相关图件（原件）交所属省（自治区、直辖市）地震工作部门或机构技术档案室归档，并将复制件报中国地震局备案。归档资料应包括勘选报告、建设报告。

8.2 勘选报告

勘选报告应包括下列内容：

—— 任务来源（包括立项报告及有关的批复）；

—— 观测井（泉）的地理位置（经纬度准确至0.01′，高程准确至10 m）和行政属地；

—— 勘选过程和主要勘选人员情况；

—— 台站及观测场地的地质构造、水文地质、地形地貌、植被、气象及其他自然条件（附相关图件）；

—— 观测井（泉）附近存在的干扰源调查记录；

—— 观测井（泉）试观测记录；

—— 观测场地的综合性评价、勘选结论及其建议。

—— 台站地理位置图及其经纬度（准确到0.01′）和海拔高程（准确到10 m）；

—— 台区的地质和水文地质概况，观测点10 km×10 km范围内水文地质图或区域地质图（比例尺不小于1:200000）和1 km×1 km范围内地形图（比例尺不小于1:50000）；

8.3 建设报告

建设报告应包括下列内容：

—— 施工设计及施工过程基本情况；

—— 施工过程中有关问题的处理情况；

—— 井位地质素描图；

—— 观测井的柱状图及其基本参数；

—— 台站平面布局图（标明建筑物名称、用途及管线埋设与走向）；

—— 观测室平面图和设备布局图；

—— 观测点附近主要干扰源；

—— 记录建设过程的录像、照片等资料；

—— 观测井使用证明材料、土地占用批准文件和相关合同、票据的复印件；

—— 仪器购置有关资料；

—— 对观测工作的建议；

—— 台站竣工验收文档。

附 录 A
(资料性附录)
观测井基本情况汇总表

A.1 观测井基本情况表的格式与内容列于表 A.1。

A.2 表 A.1 填写注意事项:

a)地层的划分，应按《中国地层表》（全国地层委员会，1998）的规定分宇、界、系、统、阶(组)。

b)井孔结构中，应表示出井深、井径及其变化、过水段面深度及其类型；地层柱状图中，应表示出各地层的主要岩性，岩性符号应按 GB 50027—2001 附录 C 中 C.1 的规定绘制。

c)岩性简述中，应对各地层主要岩石的基本特性（颜色、组分、结构与构造等）作出简要描述，特别是对其空隙发育情况及含水情况要作说明。

d)自然环境与干扰源中，应按 GB/T 19531.4—2004 有关规定作出简要说明。

e)构造部位中，应用 1:50 000 至 1:200 000 比例尺的地质图、构造地质图或水文地质图，说明观测井在构造单元中的位置，特别是与活动断裂的关系。

f)水文地质条件中，说明观测井在地下水补给、径流、排泄系统中的位置。

g)井区地质简图，应附可说明观测井外围地层与地质构造基本特征的图件，图件范围至少要包括观测井外围 5 km 半径的区域。

h)井孔结构中，井（套管）直径在有下设套管的井段按其内径大小分段填写，若为裸孔段时直接填写钻孔直径及其深度段；止水情况说明止水措施及其效果；井斜应写明多少深度段内井斜值为多少度。

i)水化学特性中，水化学类型由摩尔浓度百分比超过25%的离子分阴、阳离子按大小分别命名；微量元素指 F，Br，I，Sr，B，Li 等；深源气体指 H_2，He，CO_2，CH_4 等；其他栏中，若有各类同位素测试时，填写测试结果。

j)其他必要说明中，填写上述各栏的内容之外，有必要说明的问题，如井内有掉入物等。

表 A.1 ____________观测井基本情况

____________地震局____________台____________井

地层年代	层底深度/m	井孔结构与地层柱状图	岩性简述	成井单位		井孔结构	井深/m	井(套管)内径/mm		
				成井日期	年 月 日			深度段/m		
				行政区	县 镇(乡) 村		过水断面类型	设置深度/m	止水情况	井斜情况
				经纬度	东经 北纬		裸井/射孔/滤水管			
				孔口标高/m		观测含水层	深度段/m		钻孔涌水量/(m^3/h)	
				自然环境与干扰源			揭露厚度/m		降深/m	
							地层岩性		单位涌水量/(L/s·m)	
							地下水埋藏类型		渗透系数/(m/d)	
				构造部位		地下水物理化学特征	水化学类型		其他必要说明	
				水文地质条件			矿化度/(g/L)			
				井区地质简图 比例尺 1:200000			pH 值			
							主要微量元素			
							主要深源气体			
							侵蚀性 CO_2			
							水温/℃			
							其他			

填表人:____________ 审核人:____________ 填表日期:________年______月______日

附 录 B
(资料性附录)
自流井观测井结构示意图

单位为毫米(mm)

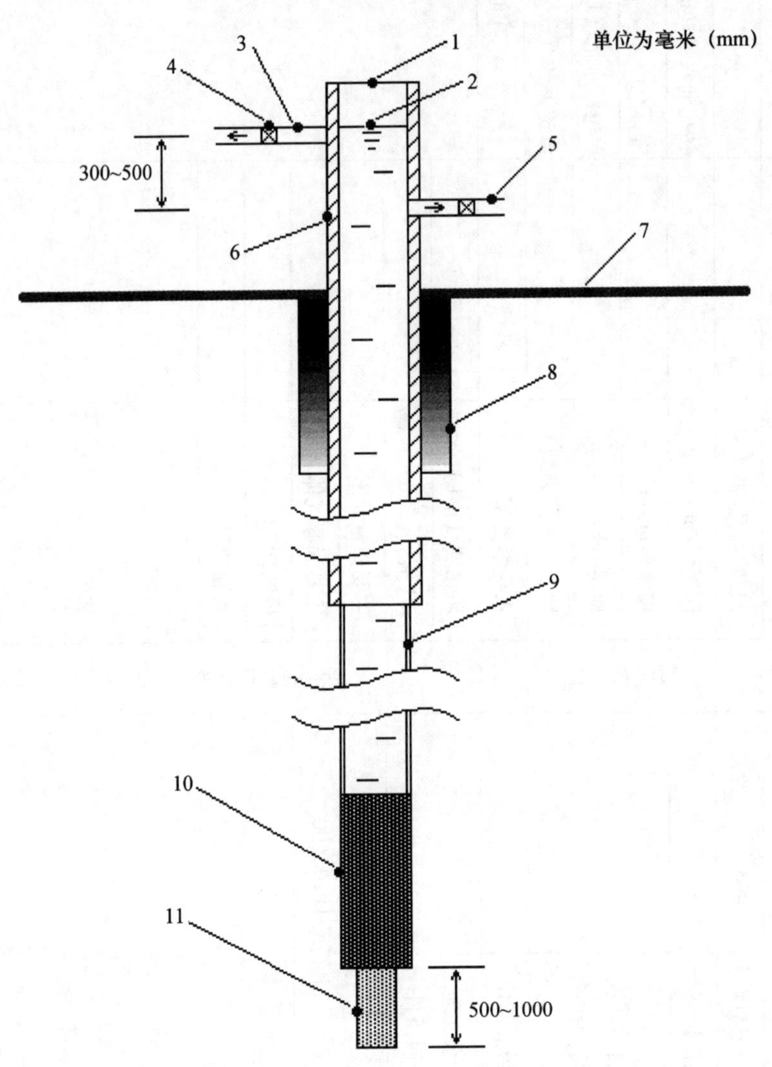

1 —— 观测井口;
2 —— 水面;
3 —— 泄流管;
4 —— 控流阀;
5 —— 引水管;
6 —— 套管;
7 —— 地面;
8 —— 充填混凝土;
9 —— 止水管;
10 —— 滤水管;
11 —— 沉砂管。

图 B.1 自流井观测井结构示意图

附　录　C
（资料性附录）
井口（或泉口）集气（脱气）装置示意图

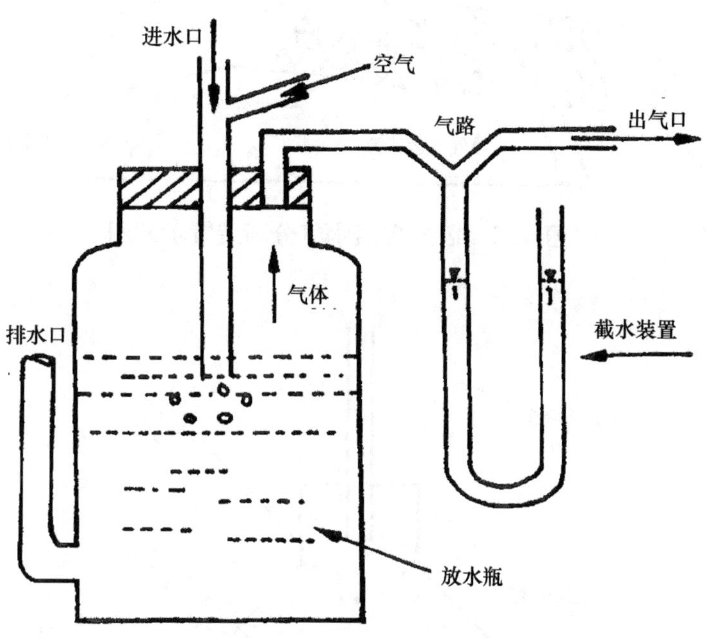

图 C.1　鼓泡式水气分离装置示意图

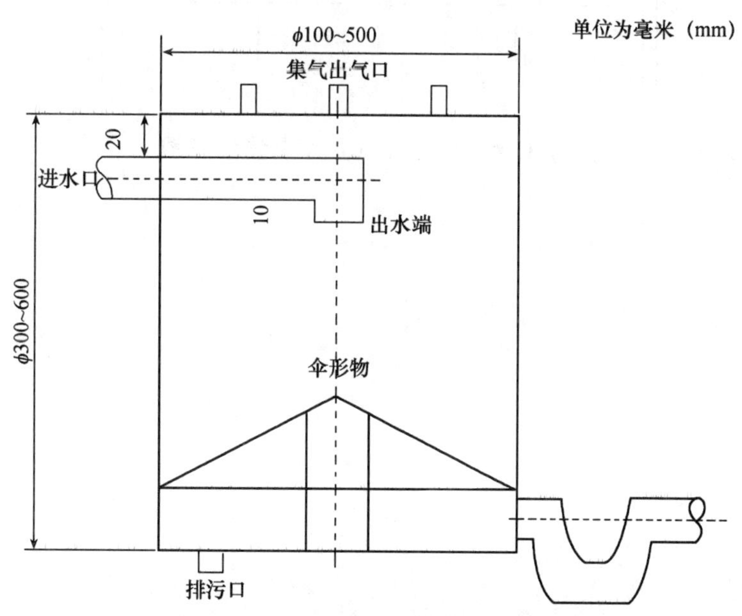

图 C.2　溅落式水气分离装置示意图

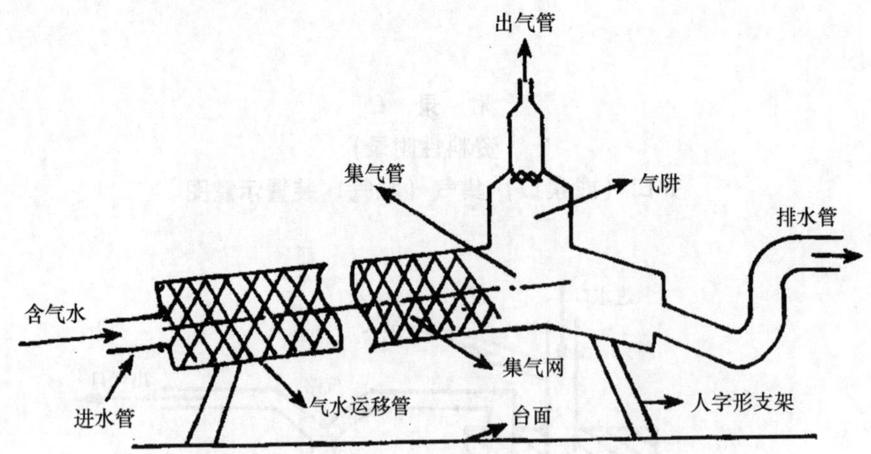

图 C.3　卧式自然水气分离装置示意图

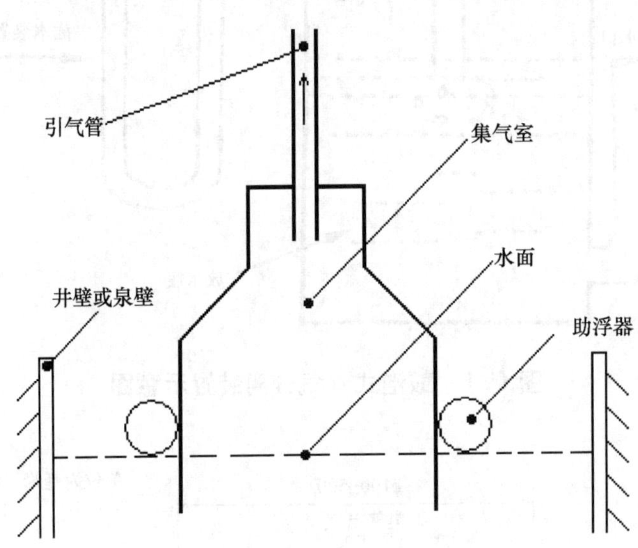

图 C.4　浮动罩式集气装置示意图

附　录　D
（资料性附录）
井口（或泉口）装置与观测仪器连接示意图

单位为毫米（mm）

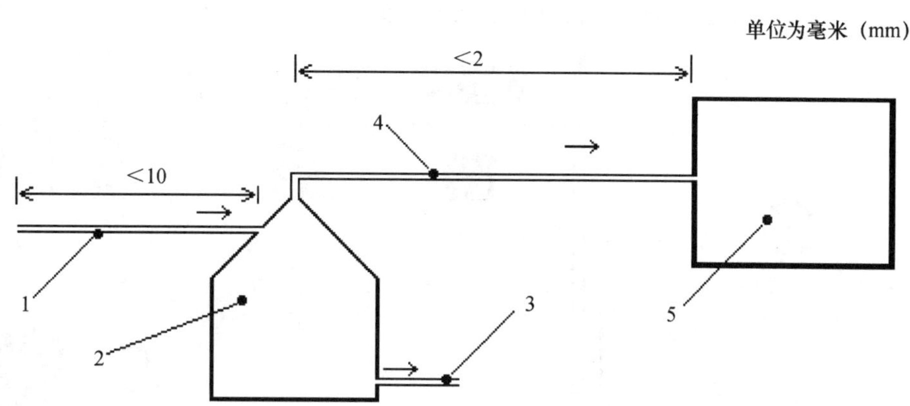

1——引水管；
2——集气室或水气分离室；
3——出水管；
4——引气管；
5——观测仪器。

图 D.1　冷水井口（或泉口）装置与观测仪器连接示意图

单位为毫米（mm）

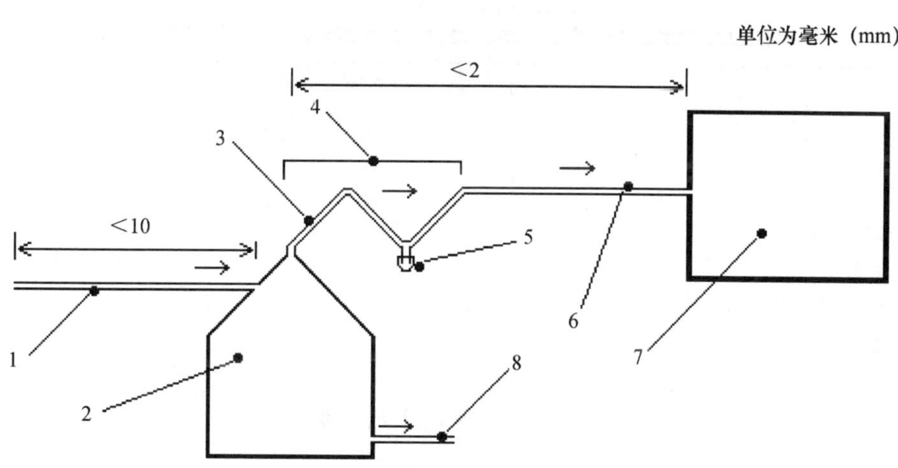

1——引水管；
2——集气室或水气分离室；
3——引气-冷却管；
4——冷却装置；
5——冷凝水排出管；
6——引气管；
7——观测仪器；
8——出水管。

图 D.2　热水井口（或泉口）装置与观测仪器连接示意图

附 录 E
(资料性附录)
观测室示意图

单位为毫米（mm）

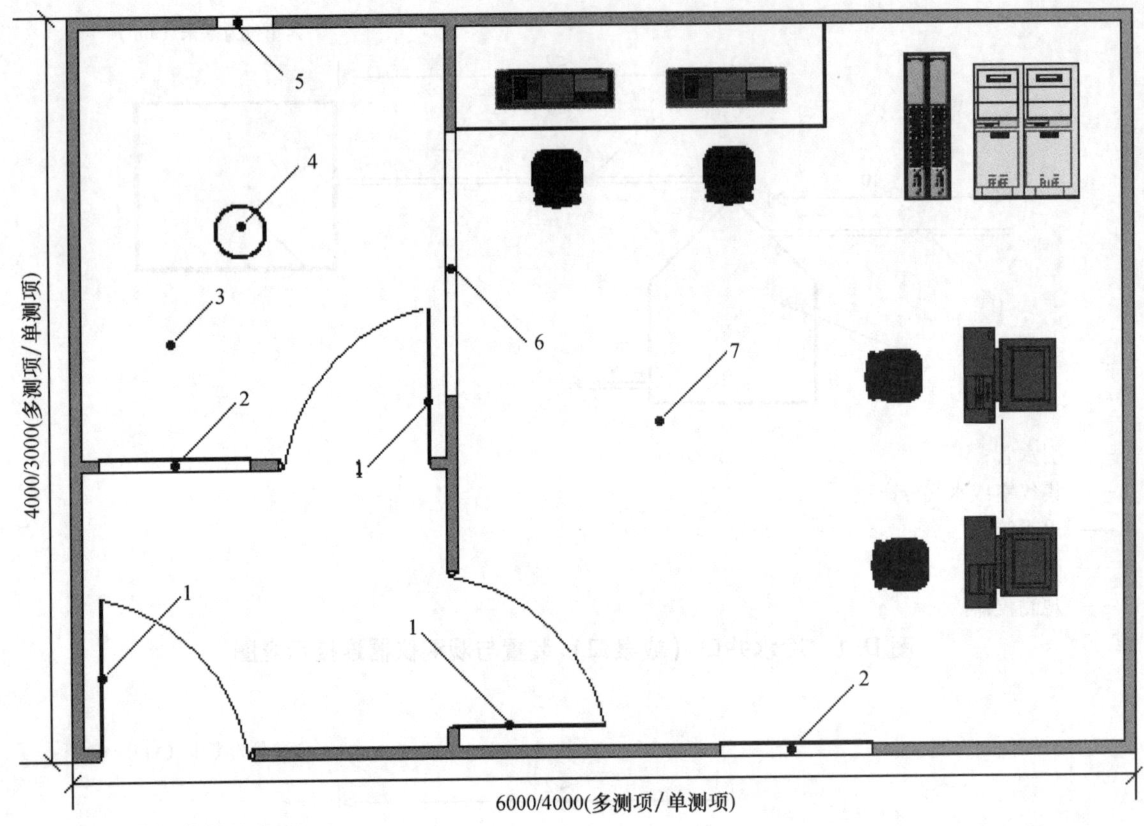

1 —— 门；
2 —— 窗；
3 —— 井房或泉房；
4 —— 井口或泉口；
5 —— 排气孔（安装换气扇）；
6 —— 玻璃隔断；
7 —— 仪器室。

图 E.1 观测室示意图

参 考 文 献

国家地震局科技监测司．地震地下水手册．北京：地震出版社，1995.

国家地震局科技监测司．地震地下流体观测技术．北京：地震出版社，1995.

中国地震局．地震及前兆数字观测技术规范（地下流体观测）．北京：地震出版社，2000.

ICS 91.120.25
P 15

中华人民共和国地震行业标准

DB/T 21—2007

地震观测仪器进网技术要求 常用技术参数表述与测试方法

Technical requirements of instruments in network for earthquake monitoring – The description of common technical parameter and test method

2007-03-14 发布 2007-06-01 实施

中国地震局 发布

前　言

本标准是《地震观测仪器进网技术要求》系列标准中的一项。该系列标准结构及名称预计如下：

地震观测仪器进网技术要求　常用技术参数表述与测试方法(DB/T 21 — 2007)

地震观测仪器进网技术要求　地震仪(DB/T 22 — 2007)

地震观测仪器进网技术要求　地电观测仪　第1部分：直流地电阻率仪

地震观测仪器进网技术要求　地电观测仪　第2部分：地电场仪

地震观测仪器进网技术要求　地磁观测仪　第1部分：磁通门磁力仪

地震观测仪器进网技术要求　地磁观测仪　第2部分：质子矢量磁力仪

地震观测仪器进网技术要求　地壳形变观测仪　第1部分：倾斜仪

地震观测仪器进网技术要求　地壳形变观测仪　第2部分：应变仪

地震观测仪器进网技术要求　重力仪(DB/T 23 — 2007)

地震观测仪器进网技术要求　地下流体观测仪　第1部分：压力式水位仪

地震观测仪器进网技术要求　地下流体观测仪　第2部分：测温仪

地震观测仪器进网技术要求　地下流体观测仪　第3部分：闪烁测氡仪

……

本标准的附录A、附录B为规范性附录。

本标准由中国地震局提出。

本标准由全国地震标准化委员会(SAC/TC 255)归口。

本标准起草单位：中国地震局地震预测研究所、中国地震局地球物理研究所、湖北省地震局、中国地震局地壳应力研究所。

本标准主要起草人：赵家骝、毛桐恩、薛兵、吕宠吾、周勋、宁立然、周振安、席继楼。

引 言

地震观测仪器进网指地震观测仪器连接进入地震监测网络技术系统，地震监测网络技术系统是由专门用于地震监测活动的地震台站观测环境、仪器传感器以及数据采集、传输、存储和分析处理系统组成。这里所指地震监测网络包括国家地震监测网、省级地震监测网、市县地震监测网和专用地震监测网。

观测仪器的技术参数是衡量仪器性能特性的主要依据，也是观测资料质量的基本保证。由于种种原因目前地震观测仪器的技术参数尚不规范，主要表现在：有的仪器技术参数不全，缺少一些关键的技术参数；有些技术参数由于在定义上的不明确而造成了混淆，同一技术参数在不同仪器中含义不一样；技术参数的表述不一致；同一类技术参数的测试方法不一致，测试数据处理方法及结论的表述不一致等。

以上问题造成地震观测仪器的测试结果不统一，不易判别仪器质量的优劣，在仪器的使用、质检、验收、检定及同类仪器性能比较等需要衡量仪器的技术性能时遇到了困难。为了解决对不同学科多种地震观测仪器中相同技术指标在认识、解释、测试方法上的差异，保证用同样的标准(定义、测试方法)衡量各地震观测仪器的性能特性；保证地震观测资料的科学性、准确性、可比性；为计量监督提供科学、统一、法定的计量保证，特编制本标准。

地震观测仪器进网技术要求
常用技术参数表述与测试方法

1 范围

本标准规定了地震观测仪器进网常用技术参数的定义、表述及测试方法。

本标准适用于地震观测仪器的设计、生产、使用、维护、引进和质量监督。

2 规范性引用文件

下列文件中的条款通过本标准的引用而成为本标准的条款。凡是注日期的引用文件，其随后所有的修改单(不包括勘误的内容)或修订版均不适用于本标准，然而，鼓励根据本标准达成协议的各方研究是否可使用这些文件的最新版本。凡是不注日期的引用文件，其最新版本适用于本标准。

JJF 1059 — 1999　测量不确定度评定与表示

3 术语和定义

下列术语和定义适用于本标准。

3.1

实验标准(偏)差　experimental standard deviation

对同一被测量做 n 次测量，表征测量结果分散性的量 s。

$$s = \sqrt{\frac{\sum_{i=1}^{n}(x_i - \bar{x})^2}{n-1}}$$

[JJF 1001 — 1998，定义 5.8]

3.2

测量不确定度　uncertainty of measurement

表征合理地赋予被测量之值的分散性，与测量结果相联系的参数。

注 1：此参数可以是诸如标准偏差或其倍数，或说明置信水准的区间的二分之一宽度。

注 2：测量不确定度由各个分量组成。其中一些分量可用测量列结果的统计分布估算，并用实验标准偏差表征。另一些分量则可用基于经验或其他信号假定概率分布估算，也可用标准偏差表征。

注 3：测量结果应理解为被测量之值的最佳估计，而所有的不确定度分量均贡献给了分散性，包括那些由系统效应引起的(如：与修正值和参考测量标准有关的)分量。

[JJF 1001 — 1998，定义 5.9]

3.3

标准不确定度　standard uncertainty

以标准偏差表示的测量不确定度。

[JJF 1001 — 1998，定义 5.10]

3.4

扩展不确定度　expanded uncertainty

确定测量结果区间的量，合理赋予被测量之值分布的大部分可望含于此区间。

注：扩展不确定度有时也称展伸不确定度或范围不确定度。

[JJF 1001 — 1998，定义 5.14]

3.5

合成标准不确定度　combined standard uncertainty

当测量结果是由若干个其他量的值求得时，按其他各量的方差或(和)协方差算得的标准不确定度。

注：它是测量结果标准差的估计值。

[JJF 1059 — 1999，定义 2.15]

3.6

包含因子　coverage factor

为求得扩展不确定度，对合成标准不确定度所乘之数字因子。

注 1：包含因子等于扩展不确定度与合成标准不确定度之比。

注 2：包含因子有时也称覆盖因子。

[JJF 1001 — 1998，定义 5.15]

3.7

自由度　degrees of freedom

在方差计算中，自由度为和的项数减去对和的限制数，记为 v。自由度反映了相应标准不确定度的可靠程度。

[JJF 1059 — 1999，定义 2.18]

3.8

独立　independence

如果两个随机变量的联合概率分布是它们每个概率分布的乘积，那么这两个随机变量是统计独立的。

注：如果两个随机变量是独立的，那么它们的协方差和相关系数等于零，但反之不一定成立。

[JJF 1059 — 1999，定义 2.23]

3.9

偏差　deviation

一个值减去其参考值。

[JJF 1001 — 1998，定义 5.17]

3.10

修正值　correction

用代数法与未修正测量结果相加，以补偿其系统误差的值。

注 1：修正值等于负的系统误差。

注 2：由于系统误差不能完全获知，因此这种补偿并不完全。

注 3：为补偿系统误差，而与未修正测量结果相乘的因子称为修正因子。

注 4：已修正的测量结果即使具有较大的不确定度，但可能仍十分接近被测量的真值(即误差甚小)，因此，不应把测量不确定度与已修正结果的误差相混淆。

[JJF 1059 — 1999，定义 2.21]

3.11

绝对误差　absolute error

测定值和真值之间的代数差。

注 1：一个量的“真值”是理想的概念，一般是不确知。在不至于误解时，可以将“真值”理解为“约定真值”。

注 2：绝对误差是误差的一种表示方法，它表示误差本身的大小。

注 3：绝对误差有单位和符号(正，负)，其单位和测定值相同。

[JJF 1023 — 1991，定义 4.1]

3.12

相对误差　relative error

绝对误差与真值的比。

注1：在实际计算时，往往以约定真值代替真值。

注2：相对误差是误差的另一种表示方法，它表示测量的准确程度。

注3：相对误差通常以百分数表示。

[JJF 1023 — 1991，定义4.2]

3.13

(电测量器具的)引用误差　fiducial error

测量仪表的(绝对)误差与仪表规定的基值之比。

注1：引用误差也是误差的一种表示方法，它表示仪器的优劣。

注2：对指示仪表，以“用基值百分数表示的误差”来作为引用误差，在这些仪表中，通常以有效范围的上限为基值。

[JJF 1023 — 1991，定义4.3]

3.14

线性度　linearity

校准曲线与规定直线的一致程度。

注：线性度分为独立线性度、端基线性度和零基线性度。当仅称线性度时，是指独立线性度。

[GB/T 13983 — 1992，定义4.44]

3.15

满度值　full - scale value

各量程上限所代表的被测量值。

[GB 11933.1 — 1989，定义2.96]

3.16

频率响应　frequency response

在线性系统中，输出信号的傅里叶变换与相应输入信号的傅里叶变换之比。

[GB/T 13983 — 1992，定义4.81]

3.17

谐波含量　harmonic content

一个非正弦周期函数中减去基波分量所得到的函数。

[GB 11464 — 1989，定义8.16]

3.18

相对谐波含量　relative harmonic content

谐波含量的有效值与非正弦函数的有效值之比。

[GB 11464 — 1989，定义8.17]

3.19

最大允许误差　maximum permissible error

由标准、技术规范等所规定的仪器仪表误差的极限。

注：同义词——误差极限。

[GB/T 13983 — 1992，定义4.37]

3.20

线性度误差　linearity error

校准曲线与规定直线之间的最大偏差。

[GB/T 13983 — 1992，定义4.48]

3.21

分辨力　resolution

仪器仪表指示装置可有意义地辨别被指示量两邻近值的能力。

[GB/T 13983 — 1992，定义 4.52]

3.22

测量范围　measuring range

按规定准(精)确度进行测量的被测量的范围。

[GB/T 13983 — 1992，定义 4.4]

3.23

输入电阻　input resistance

一般是指工作状态下从输入端看进去的输入电路的等效电阻，用输入电压的变化值和相应的输入电流的变化值之比表示。

[JJG 315 — 1983 附录 1，定义 22]

3.24

零电流　zero current

由仪器(表)内部电路引起的、在被测电路中流过的电流。

它等效于在输入电压为零时，使仪器的输出指示减小到零需给仪器输入端注入的方向相反的电流。

[JJF 1023 — 1991，定义 2.18]

3.25

共模抑制比　common mode rejection ratio(*CMRR*)

施加在规定参考点和输入端(用规定电路把输入端连在一起)之间的电压与为了产生相同输出而在输入端所需的电压之比。

[GB 11464 — 1989，定义 9.16]

3.26

串模抑制比　series mode rejection ratio(*SMRR*)

使输出信息发生给定变化的串模电压与能产生相同的被测量电压之比。

[GB 11464 — 1989，定义 9.17]

3.27

点漂　point drift

在规定的工作条件下，对应一个恒定的输入在规定的时间内的输出变化。

[GB/T 13983 — 1992，定义 4.55]

3.28

零点漂移　zero drift

简称零漂，范围下限值上的点漂。当下限值不为零值时亦称为始点漂移。

[GB/T 13983 — 1992，定义 4.56]

3.29

(仪器)噪声　(instrument)noise

仪器自身产生的可能叠加在被测信号上的一定频率范围内的能量。

4　技术参数的表述

4.1　最大允许误差

4.1.1　表述方法

最大允许误差 E_{max} 由式(1)表示。

$$E_{max} = a\%R + b\%FS + C \qquad \cdots\cdots(1)$$

式中：

R——读数（显示值）；

FS——满度值；

C——具有量纲的常数，可以为零。

注：如果式(1)仅有第一项，$a\%$为相对误差；如果式(1)仅有第二项，$b\%$为引用误差。

4.1.2 限定条件

保证仪器不应超出最大允许误差所需的温度、湿度、气压、电源电压、电源频率、观测场地等条件，以及在上述条件下本参数应符合技术要求的时间范围。

4.2 线性度误差

4.2.1 表述方法

用最大偏差与满度值的百分比 $d\%$ 表示。

注：对多量程仪器，若每个量程的线性度误差不一致，需逐量程给出。

4.2.2 限定条件

仪器线性度误差应符合技术要求所需的温度、湿度、气压、电源电压、电源频率等条件，以及在上述条件下本参数应符合技术要求的时间范围。

4.3 分辨力

4.3.1 表述方法

用一个与被测量相同量纲的数值表示。

4.3.2 限定条件

仪器分辨力应符合技术要求所需的温度、湿度、气压、电源电压、电源频率等条件。

4.4 幅频特性

4.4.1 表述方法

采用输出信号幅度与输入信号幅度的比值相对信号频率的解析函数或列表数据（曲线）表示。

4.4.2 限定条件

仪器幅频特性应符合技术要求所需的电源电压、电源频率等条件，以及本参数所适用的频率范围。

4.5 测量范围

4.5.1 表述方法

4.5.1.1 用仪器可测量的最大值和最小值表示：

——自动量程仪器：最大值用仪器的最大量程的上限表示，最小值用仪器的最小量程的下限表示；

——手动量程仪器：用各量程的最大值和最小值分别表示。

4.5.1.2 用仪器的动态范围表示：

——自动量程仪器：用仪器可测量最大值和最小值之比值的分贝值表示：

$$动态范围 = 20\lg\frac{最大值}{最小值}\ (\mathrm{dB}) \qquad \cdots\cdots(2)$$

——手动量程仪器：各量程分别计算，以各量程中动态范围的最小值为准。

4.5.2 限定条件

仪器测量范围应符合技术要求所需的电源电压、电源频率等条件。

4.6 输入电阻和零电流（仅对输入信号为电压的仪器）

4.6.1 表述方法

输入电阻采用不小于某一电阻值表示（如：不小于 10 MΩ）；零电流采用不大于某一电流值表示（如：不大于 10^{-9} A）。

4.6.2 限定条件

仪器输入电阻和零电流应符合技术要求所需的温度、湿度、气压、电源电压、电源频率等条件。

4.7 相对谐波含量(总谐波失真度)

4.7.1 表述方式

用谐波含量的有效值与非正弦函数的有效值之比值的百分比表达，具体计算方法见式（3）。

$$\nu = \frac{\sqrt{\sum_{i=2}^{n} V_i^2}}{\sqrt{\sum_{i=1}^{n} V_i^2}} \times 100\% \qquad \cdots\cdots(3)$$

式中：

ν—— 相对谐波含量；

V_i—— 第 i 次谐波的有效值。

4.7.2 限定条件

仪器相对谐波含量应符合技术要求所需的电源电压、电源频率等条件。

4.8 共模抑制比(*CMRR*)（仅对输入信号为电压的仪器）

4.8.1 表述方法

采用共模电压与共模电压影响比值的分贝值表示：

$$CMRR = 20\lg \frac{V_C}{|V_1 - V_0|} \ (\mathrm{dB}) \qquad \cdots\cdots(4)$$

式中：

V_C—— 共模扰动电压值；

V_0—— 无共模扰动时的测量值；

V_1—— 有共模扰动时的测量值。

4.8.2 限定条件

仪器共模抑制比应符合技术要求所需的温度、湿度、气压、电源电压、电源频率、共模扰动电压的最大允许幅值、适用的频率(如：直流、有一定偏差的点频、一定的频率范围等)等条件。

4.9 串模抑制比(*SMRR*)

4.9.1 表述方法

采用串模电压与串模电压影响比值的分贝值表示，同时给出串模电压的频率或频率范围。

$$SMRR = 20\lg \frac{V_s}{|V_1 - V_0|} \ (\mathrm{dB}) \qquad \cdots\cdots(5)$$

式中：

V_s—— 串模扰动电压；

V_0—— 无串模扰动时的测量值；

V_1—— 有串模扰动时的测量值。

4.9.2 限定条件

仪器串模抑制比应符合技术要求所需的温度、湿度、气压、电源电压、电源频率、串模扰动电压的最大允许幅值、适用的频率(如：有一定偏差的点频、一定的频率范围)等条件。

4.10 零点(始点)漂移

4.10.1 表述方式

用一定时间段内的漂移量表示(如：1 毫伏每月)。

4.10.2 限定条件

仪器零点(始点)漂移应符合技术要求的时间范围、温度、湿度、气压、电源电压、电源频率、始点(当仪器下限不是零值时应给出仪器的始点的数值,若有多个始点值应分别给出)等条件。

4.11　仪器噪声

4.11.1　表述方法

用一定频率范围的噪声幅度谱密度表示(如：在 10 Hz ~ 300 Hz 范围内谱密度为 1 nV/$Hz^{1/2}$)。

4.11.2　限定条件

仪器噪声应符合技术要求所需的电源电压、电源频率、观测场地环境、适用的频率范围(如：限指 10 Hz ~ 300 Hz 范围内)、仪器工作所处的状态(如：给定信号源的内阻)等条件。

5　技术参数的测试方法

5.1　最大允许误差的测试方法

5.1.1　测试设备连接

测试设备连接如图 1 所示。

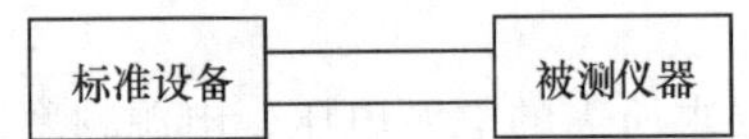

图 1　最大允许误差测试设备连接示意图

5.1.2　测试环境和测试时间

5.1.2.1　标准仪器(提供标准值的计量设备或标准器具)应在保证其正常工作所规定的温度、湿度、气压、电磁环境以及测量场地环境等条件下使用；被测仪器所处环境应符合其需要或规定的条件；标准仪器和被测仪器应在规定的环境中放置规定的时间；标准仪器和被测仪器应按各自的要求预热。

5.1.2.2　测试时间可在最大允许误差规定的时间范围内任意时间进行，一般宜在仪器校准后时间范围的初期、中期、末期进行。

5.1.3　标准值的选取

5.1.3.1　标准值应具备示值和修正值、扩展不确定度和包含因子。在测试时其示值应作为给定真值。如果标准值是由两个以上独立的标准值导出的，则每个标准值应有示值和修正值、扩展不确定度和包含因子。导出过程应按 JJF 1059 — 1999 第 5 章的规定进行，导出运算应符合附录 A 的规定，示值和扩展不确定度的数值应符合附录 B 的有效数字和有效位数表达方法。

5.1.3.2　对单一量程的仪器，宜在量程范围内选取从 0 至满度值的 11 个点，即按量程满度值的 10% 间隔选取测试值。

5.1.3.3　对多量程的仪器，每个量程均应按 5.1.3.2 条规定的方法选取。

5.1.3.4　当标准值不能覆盖仪器的量程时，应按所能提供的标准值选取。

5.1.4　测试过程(以一个标准值为例)

对一个标准值 x_R(修正值为 b)，其扩展不确定度为 U_N(包含因子为 k)，仪器在规定采样率下，连续测量 n(n 取 10 为宜)次，记录 n 个测量结果(x_i)，$i=1, 2, 3, \cdots, n$ 记录于表 1。

5.1.5　平均值、偏差值、测量值不确定度和最大误差的计算

平均值 $\bar{x}$ 的计算公式如下：

$$\bar{x} = \frac{1}{n}\sum_{i=1}^{n} x_i \quad \cdots\cdots(6)$$

标准偏差 S_x 的计算公式如下：

$$S_x = \sqrt{\frac{\sum_{i=1}^{n}(x_i - \bar{x})^2}{(n-1)}} \quad \cdots\cdots(7)$$

表 1　最大允许误差测试记录表

测试时间：　　　　　　　　　　　　　　　　　　　　　　第　　页/共　　页

标准值		显示值					最大误差 $\lvert\Delta x_{max}\rvert = \Delta x + U_x$（单位）	最大允许误差 $\lvert E_{max}\rvert$（单位）	备注
示值/修正值 x_R/b（单位）	扩展不确定度/包含因子 U_N/k（单位）	单次值 x_i（单位）		平均值 $\bar{x}$（单位）	偏差值 $\Delta x = \bar{x} - x_R - b$（单位）	扩展不确定度 U_x（单位）			
		1							
		2							
		3							
		4							
		5							
		6							
		7							
		8							
		9							
		10							
		1							
		2							
		3							
		4							
		5							
		6							
		7							
		8							
		9							
		10							

偏差值 Δx 的计算公式如下：

$$\Delta x = \bar{x} - x_R - b \tag{8}$$

测量值扩展不确定度 U_x 为：

$$U_x = 2\sqrt{S_x^2 + (0.29\delta_x)^2 + (U_N/k)^2} \tag{9}$$

式中：

δ_x—— 仪器的分辨力；

K—— 若标准值没有给出 k，k 可取 $\sqrt{3}$（按均匀分布对待）。

最大误差 $|\Delta x_{max}|$ 为：

$$|\Delta x_{max}| = |\Delta x| + U_x \qquad (10)$$

5.1.6 测试结果的判定

按仪器的最大允许误差指标计算的最大允许误差 E_{max}，对每一个标准值的测量应满足 $|\Delta x_{max}| \leqslant |E_{max}|$。

5.2 线性度误差测试方法

5.2.1 测试设备的连接

测试设备的连接见第 5.1.1 条。

5.2.2 测试环境和测试时间

测试环境和测试时间要求同第 4.2.2 条的规定。

5.2.3 测试点的选取

每一量程，至少应选取从零至满度值均匀分布的 11 个点，即按满度值的 10% 间隔选取测试点。

5.2.4 测试过程

对每一个标准值 x，测量 n 次（宜选 $n=10$），获得数据组 y_j，$j=1，2，3，\cdots，n$，求得 (y_j) 的平均值作为测量示值 y_i：

$$y_i = \frac{1}{n}\sum_{j=1}^{n} y_j \qquad (11)$$

按第 5.2.3 条选取 11 个标准值，按上述操作，获得标准值 x 的集合 (x_i) 和测量示值 y 的集合 (y_i)，$i=1，2，3，\cdots，11$。

5.2.5 数据处理

5.2.5.1 计算拟合直线

测量示值 y 和标准值 x 的线性拟合关系为：

$$y = a + bx \qquad (12)$$

$$\bar{x} = \frac{1}{n}\sum_{i=1}^{n} x_i \qquad (13)$$

$$\bar{y} = \frac{1}{n}\sum_{i=1}^{n} y_i \qquad (14)$$

$$a = \bar{y} - b\bar{x} \qquad (15)$$

$$b = L_{xy}/L_{xx} \qquad (16)$$

$$L_{xx} = \sum_{i=1}^{n}(x_i - \bar{x})^2 \qquad (17)$$

$$L_{xy} = \sum_{i=1}^{n}(x_i - \bar{x})(y_i - \bar{y}) \qquad (18)$$

5.2.5.2 计算线性偏差值 Δy_i

按 5.2.4 条选取的 11 个值分别计算线性偏差 Δy_i

$$\Delta y_i = y_i - (a + bx_i) \qquad (19)$$

式中：

(Δy_i) 集合中绝对值的最大值为 Δy_{max}，$i=1，2，3，\cdots，11$。

5.2.5.3 测试结果的判定

设技术要求的线性度误差为 $d\%$，若 $|\Delta y_{max}| \leqslant (d\% \times$满度值)，则为合格。

5.3 分辨力的测试方法

5.3.1 分辨力测试的测试点

分辨力应在仪器的最高分辨力量程(最小量程)进行。

5.3.2 测试设备的连接

测试设备的连接如图 2。

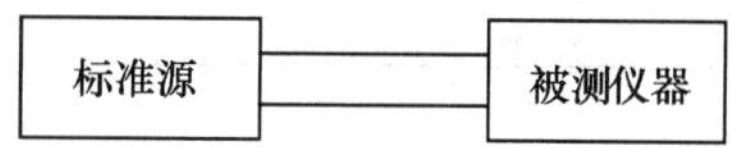

图2 仪器分辨力测试设备连接示意图

5.3.3 测试环境

测试环境的要求应符合 4.3.2 条的规定。

5.3.4 测试点选取

测试点宜选在满度值的 10%、50% 和 90% 附近，共计三个测点。

5.3.5 测试步骤（以一个测点为例）

5.3.5.1 被测仪器的最低位显示值是稳定的调节标准源上比测量仪器分辨力高一级的位，使被测仪器的末位显示值刚刚稳定，再以被测仪器的分辨力为步进量，依次递增(递减)。递增(递减)的次数以 5 次为宜。显示值随着标准值依次递增(减)即为合格。

5.3.5.2 被测仪器的最低位显示值是不稳定的(在最大允许误差范围内)调节标准源输出，增加(减少)一个被测仪器分辨力的输出量 x，读取 n 个被测仪器的显示值 y_j，$j=1, 2, 3, \cdots, n$。n 以 10 为宜。计算 y_j 的平均值 y_i 及 $|y_i - y_{i+1}|$ 与 x 的比值 R_i

$$y_i = \frac{1}{n}\sum_{j=1}^{n} y_j \qquad (20)$$

$$R_i = |y_i - y_{i+1}|/x \qquad (21)$$

连续递增 x $\frac{n}{2}$ 次，再递减 $\frac{n}{2}$ 次，读取相应读数，获得数组 $R_i(i=1, 2, 3, \cdots n)$。

若所有 R_i 的值均在 0.5 ~ 1.5 范围内，即为满足要求。

5.3.5.3 按 5.3.4 条的规定选定 3 个值，并按 5.3.5.1 条或 5.3.5.2 条的规定操作，均能满足要求，则为合格。

5.4 幅频特性的测试方法

5.4.1 测试线路

测试设备连接如图 3。

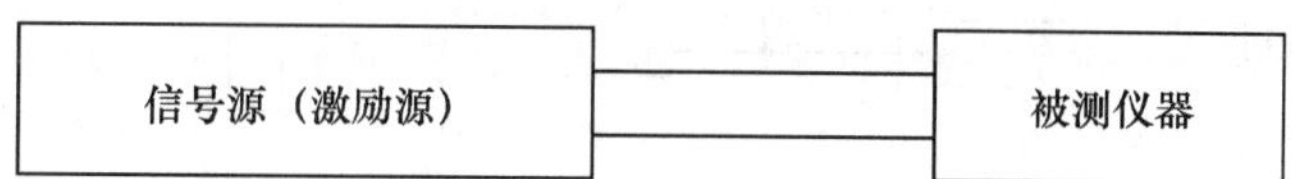

注：信号源(激励源)技术要求：应能提供单一频率正弦波信号，频率稳定度优于 1%。

图3 幅频特性测试设备连接示意图

5.4.2 测试频率 f_i 的选取

在测试频带范围内至少取 11 个频点，在频率范围外的 f_L 和 f_H 附近至少取二个频点。

5.4.3 测试过程

由信号源输出不同频率的信号 f_{in}，其幅度为 V_{in}；仪器输出信号的幅度为 V_{out}，记入表 2 并对每一个输入频率计算 $k = V_{out}/V_{in}$ 值。

表2 幅频特性测试记录

f_{in}									
V_{in}									
V_{out}									
k									

5.4.4 测试结果的判定

表2的记录和计算结果符合或优于仪器技术指标给出的数据则为合格。

5.5 测量范围的测试方法

测试方法：在可测量的最大值和最小值二个测点上进行最大允许误差的测试，若最大允许误差符合要求则为合格。

5.6 相对谐波含量(总谐波失真度)的测试方法

5.6.1 测试线路

测试设备连接如图4。

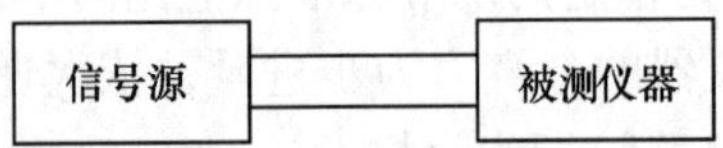

注：信号源的相对谐波含量(失真度)应小于被测仪器相对谐波含量(失真度)的1/3。

图4 相对谐波含量测试设备连接示意图

5.6.2 测试频率的选择

选择仪器通频带的几何中值。若仪器的通频带为$f_L - f_H$，则测试频率$f_0 = \sqrt{f_L \cdot f_H}$。

5.6.3 测试过程

信号源输出频率f_0，将仪器输出数据进行FT变换获得信号的幅度谱，按式(3)计算相对谐波含量(总谐波失真度)ν。

5.6.4 测试结果的判定

如ν不大于仪器技术要求规定的值，则为合格。

5.7 输入电阻和零电流的测试方法(仅对输入信号为电压的仪器)

5.7.1 测试线路

测试线路图如图5。

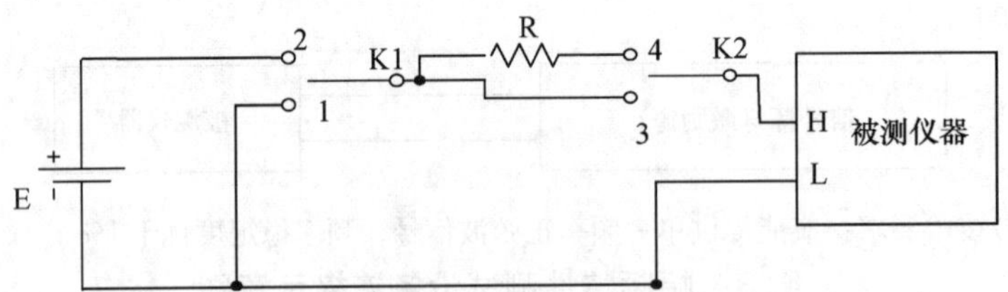

注：E为稳定电压源，R取$(10^5 \sim 10^7)\Omega$。

图5 仪器输入电阻测试线路图

5.7.2 测试过程

当K1、K2处在下列位置时，分别读取被测仪器的不同指示数：

——K1置于1，K2置于3时，指示值为U_{13}；

——K1置于1，K2置于4时，指示值为U_{14}；

——K1置于2，K2置于3时，指示值为U_{23}；

——K1 置于 2，K2 置于 4 时，指示值为 U_{24}。

5.7.3 数据处理

根据上述读数，按式(22)和式(23)计算出被测仪器的输入电阻 R_i 和零电流 I_0：

$$R_i = \frac{U_{24} - U_{14}}{(U_{23} - U_{24}) - (U_{13} - U_{14})}R \qquad (22)$$

$$I_0 = (U_{14} - U_{13})/R \qquad (23)$$

5.8 直流共模抑制比($CMRR_d$)的测试方法(仅对输入信号为电压的仪器)

5.8.1 测试设备的连接

测试设备连接如图 6。

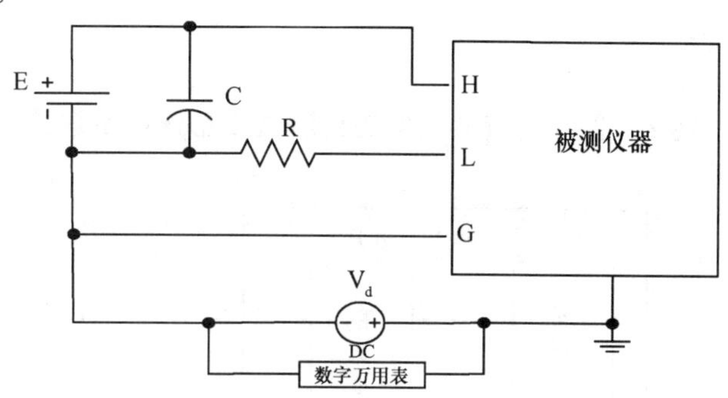

注：

E——附加被测直流电压，可取仪器量程满度值的 10%；

C——0.47 μF 的无感电容；

R——失衡电阻，取 1 kΩ；

V_d——可调直流电压源。

图 6 仪器直流共模抑制比测试设备连接示意图

5.8.2 测试步骤

测试步骤如下：

a）调节 V_d，使 V_d 输出为 0，读取被测仪器显示值 V_0；

b）调节 V_d，使 V_d 输出达到仪器所允许的最大直流共模电压 $V_{d1\,max}$，读取被测仪器显示值 V_1；

c）V_d 反向，使 V_d 输出达到仪器所允许的最大直流共模电压 $V_{d2\,max}$，读取被测仪器显示值 V_2。

5.8.3 计算直流共模抑制比 $CMRR_d$

$$CMRR_{d1} = 20\lg \frac{V_{d1\,max}}{|V_1 - V_0|}\ (\mathrm{dB}) \qquad (24)$$

$$CMRR_{d2} = 20\lg \frac{V_{d2\,max}}{|V_2 - V_0|}\ (\mathrm{dB}) \qquad (25)$$

直流共模抑制比 $CMRR_d$ 为 $CMRR_{d1}$ 和 $CMRR_{d2}$ 中的最大值。

5.9 交流共摸抑制比 $CMRR_a$ 的测试方法

5.9.1 测试设备的连接

测试设备连接如图 7，其中的测试用可调交流信号 V_{AC} 可采用一般的低频信号发生器经升压产生，如图 8 所示。

5.9.2 交流信号源频率的确定

交流共模抑制比一般是针对某一特定频率或某一频段，如被测仪器无特别指定，交流信号频率的相对误差应不超过 ±1%。

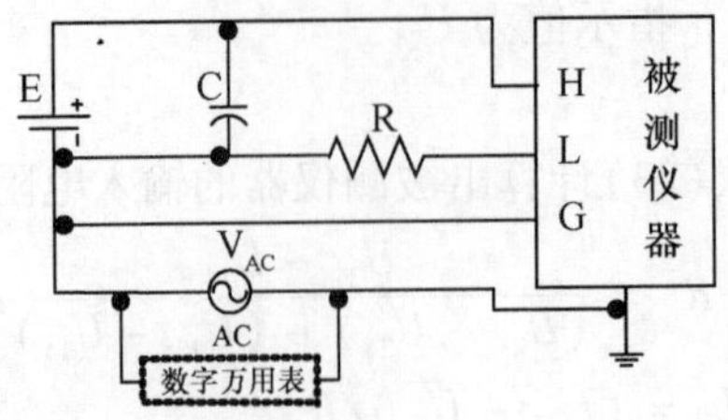

注：

E —— 附加被测直流电压，可取仪器量程满度值的 10%；

C —— 0.47 μF 的无感电容；

R —— 失衡电阻，取 1 kΩ；

V_{AC} —— 可调交流信号源。

图7 仪器交流共模抑制比测试设备连接示意图

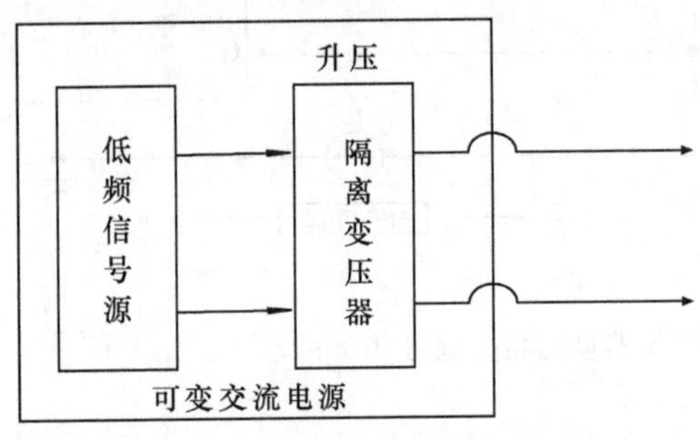

图8 由低频信号源构成可变交流电源的示意图

5.9.3 测试步骤

测试步骤如下：

a）调节交流信号源输出为 0，被测仪器的显示值为 V_0；

b）调节交流信号源输出（峰值）达到被测仪器的最大允许交流共模电压 V_p，被测仪器的显示值为 V_1。

5.9.4 交流共模抑制比 $CMRR_a$ 的计算

被测仪器的交流共模抑制比 $CMRR_a$ 为：

$$CMRR_a = 20\lg \frac{V_P}{|V_2 - V_0|} \text{ (dB)} \qquad \cdots\cdots(26)$$

5.10 交流串模抑制比 $SMRR_a$ 的测试方法

5.10.1 测试线路

测试线路如图 9 所示。

5.10.2 交流信号频率的选取

交流串模抑制比，一般是针对某一特定的频率（如：50 Hz）。若被测仪器技术指标无特别指定，交流信号的频率误差应不超过 1%。

5.10.3 附加被测直流电压 E 的选取

E 宜为被测仪器量程满度值的 10% ~50%。

5.10.4 测试步骤

测试步骤如下：

a）交流信号发生器输出为零，读取被测仪器示值 V_0；

b）调节交流信号发生器输出，使被测仪器的示值有明显变化，读取交流串模电压 V_{AC}（有效值）和

仪器示值 V_1。

注：V_{AC}的峰值与E的和应不超过被测仪器当时的工作量程。

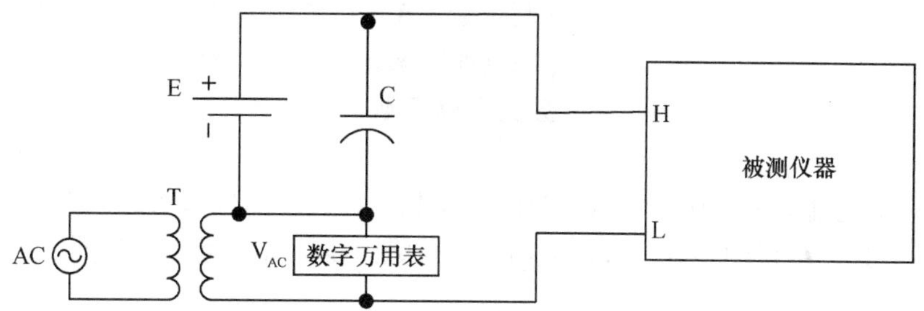

注：

AC —— 交流信号发生器；

T —— 隔离变压器；

V_{AC} —— 交流串模电压。

图9　仪器交流串摸抑制比测试线路图

5.10.5　交流串模抑制比 $SMRR_a$ 的计算

交流串模抑制比 $SMRR_a$ 为

$$SMRR_a = 20\lg\frac{\sqrt{2}V_{AC}}{|V_1 - V_0|}\ (\text{dB}) \qquad \cdots\cdots(27)$$

5.11　零点漂移的测试方法

5.11.1　测试条件

测试条件应符合4.10.2条给定的条件。

5.11.2　测试过程

仪器对给定的零点(或始点)进行测量，记录仪器的读数为 D_0。保持仪器为开机状态，经过给定的时间 T 后仪器再对给定的零点(或始点)进行测量，记录仪器的读数为 D_1；若仪器有多个始点，则对每个始点均应重复上述测试过程。

5.11.3　测试数据处理

仪器在 T 时间段的漂移为 $D_1 - D_0$，用$(D_1 - D_0)/T$表述漂移量。

5.11.4　测试结果的判定

若对应零点(或每个始点)在4.10.2条规定的时间段内 $D_1 - D_0$都符合4.10.1条的要求则为合格。

5.12　仪器噪声的测试方法

5.12.1　测试条件

测试条件应符合4.11.2条给定的条件。

5.12.2　测试过程

a）仪器处于4.11.2条所规定的工作状态，如仪器输入端接规定的电阻；

b）进行数据采集，采样率为给定频率范围最高频率的5倍以上，采集时间为给定频率范围最低频率的倒数的10倍以上。

5.12.3　数据处理

对采集信号进行快速傅里叶分析，计算出给定频率范围内的幅度谱密度。

5.12.4　测试结果的判定

5.12.3条中计算出的幅度谱密度符合仪器指标中给定的技术要求则为合格。

附 录 A
（规范性附录）
数据运算规则

A.1 多个近似数（不超过10个）作加、减运算时，小数位数较多的近似数，只需比小数位数最少的近似数多保留一位。而计算结果的小数位数，应与小数位数最少的那个近似数相同。

例如：

$$
\begin{aligned}
&1\,425.4+343.1+11.243+9.7427\\
\approx&1\,425.4+343.1+11.24+9.74\\
=&1\,789.48\\
\approx&1\,789.5
\end{aligned}
$$

A.2 若参加运算的各数属同一数量级，且第一位数的大小相差较大时，为避免第一位数小的那个数的相对误差过大，可将其有效位数多保留一位。

A.3 两个近似数作乘、除运算时，有效位数较多的近似数，比有效位数少的多保留一位，计算结果应保留与有效位数少的那个数相同的有效位数。例如：

$$3.142\times2.4\approx3.14\times2.4=7.536\approx7.5$$

A.4 在近似数作乘方或开方运算时，计算结果的有效位数与原来近似数（被乘方或开方数）的有效位数相同。

A.5 在三角函数的运算中，函数值的位数应随角度误差的减小而增多，当角度误差为10″，1″，0.1″及0.01″时，对应的函数值位数应为5，6，7及8位。

A.6 作对数运算时，n 位有效数字的数据应采用 n 位或 $(n+1)$ 位对数表。

A.7 如运算所得的数据还要进行再运算，则该数据的有效位数可比应截取的位数暂时多保留一位数字。

A.8 表示误差范围的参数，如测量不确定度、标准差等，其有效位数一般为一位，最多为两位。

附 录 B
（规范性附录）
有效数字和有效位数

B.1 一个正确有效的测量数据，只允许最后一位不准确。

B.2 一个数据，从第一个非“0”的数字开始，到(包括)最后一位唯一不准确的数字为止，都是有效数字，有效数字的位数，叫做有效位数。

B.3 有效位数后面的数字，即多余的位数，应按下列数据修约规定处理：

a）拟舍弃的数字最左一位小于5时舍去。如34.945修约成3位则为34.9(拟舍弃的数字为45，最左一位为4)。

b）拟舍弃的数字最左一位大于5时(包括等于5而其后还有非“0”的数字)则进1，即保留的末位数再加1。如34.965修约成3位则为35.0(不能写成35)。

c）拟舍弃的数字最左一位恰好等于5(其后没有数字或皆为“0”)，则看“5”前面的数字为奇数时去5进1，为偶数时去5不进，即使数据的末位数总是偶数。如573.5及74 650，都修约成三位则分别为574和746×10^2。

B.4 近似数右边带有若干个“0”的数字，应写成$a\times10^n$形式($1\leqslant a<10$)，有效位数由a确定，如2.40×10^3和2.4×10^3分别表示为有3位和2位有效数字。

参 考 文 献

GB 3100 ~ 3102 — 1993 《量和单位》
GB/T 6592 — 1996 《电工和电子测量设备性能表示》
GB 11464 — 1989 《电子测量仪器术语》
GB 11933. 1 — 1989《地质仪器术语 通用术语》
GB/T 13970 — 1992 《数字仪表基本参数系列》
GB/T 13983 — 1992 《仪器仪表基本术语》
JJF 1001 — 1998 《通用计量术语及定义》
JJF 1023 — 1991 《常用电学计量名词术语》
JJG 315 — 1983 《直流数字电压表》
国家质量技术监督局计量司组编，《测量不确定度评定与表示指南》宣贯教材，北京：中国计量出版社，2000
国家质量技术监督局计量司组编，测量不确定度评定和表示指南，北京：中国计量出版社，2000
国家质量技术监督局计量司组编，通用计量术语及定义解释，北京：中国计量出版社，2001
梁晋文等，误差理论与数据处理，8 ~ 9，北京：中国计量出版社，2001

ICS 91.120.25
P 15

中华人民共和国地震行业标准

DB/T 22—2007

地震观测仪器进网技术要求
地震仪

Technical requirements of instruments in network for earthquake monitoring - Seismograph

2007-03-14 发布 2007-06-01 实施

中国地震局 发布

前 言

本标准是《地震观测仪器进网技术要求》系列标准中的一项。该系列标准结构及名称预计如下：

地震观测仪器进网技术要求　常用技术参数表述与测试方法(DB/T 21 — 2007)

地震观测仪器进网技术要求　地震仪(DB/T 22 — 2007)

地震观测仪器进网技术要求　地电观测仪　第1部分：直流地电阻率仪

地震观测仪器进网技术要求　地电观测仪　第2部分：地电场仪

地震观测仪器进网技术要求　地磁观测仪　第1部分：磁通门磁力仪

地震观测仪器进网技术要求　地磁观测仪　第2部分：质子矢量磁力仪

地震观测仪器进网技术要求　地壳形变观测仪　第1部分：倾斜仪

地震观测仪器进网技术要求　地壳形变观测仪　第2部分：应变仪

地震观测仪器进网技术要求　重力仪(DB/T 23 — 2007)

地震观测仪器进网技术要求　地下流体观测仪　第1部分：压力式水位仪

地震观测仪器进网技术要求　地下流体观测仪　第2部分：测温仪

地震观测仪器进网技术要求　地下流体观测仪　第3部分：闪烁测氡仪

……

本标准的附录A为规范性附录，附录B为资料性附录。

本标准由中国地震局提出。

本标准由全国地震标准化技术委员会(SAC/TC 225)归口。

本标准起草单位：中国地震局地震预测研究所、云南省地震局、中国地震局地球物理研究所、地壳应力研究所。

本标准主要起草人：薛兵、朱小毅、童汪练、杨建思、李海亮。

引　言

地震仪是一种重要的地震观测仪器，为震情监测、大震速报，为地震学、地球物理学的基础研究提供观测数据。地震仪的技术指标影响观测数据的质量，而其技术参数的表述方式则直接影响观测数据的使用。对同一项技术参数采用不同的测试和数据处理方法有可能得到不一致的结果，从而影响地震仪技术参数表述的一致性和可对比性，给观测数据的使用造成困难。因此，规范地震仪的技术参数及其表述，规范技术参数的测试方法对于地震仪的检定和使用具有重要意义。为了规范地震仪的技术参数，规范技术参数的表达方式和测试方法，保证观测资料的科学性、准确性、可比性，特编制本标准。

地震仪一般包括地震计和数据采集器两个相对独立的部分，根据目前通用地震计、数据采集器的技术指标，结合当前地震观测技术发展水平，确定地震仪的进网技术要求。纳入本标准的技术参数包括地震计技术参数，数据采集器技术参数以及整机功能要求。

地震观测仪器进网技术要求 地震仪

1 范围

本标准规定了地震观测仪器中地震仪进网的功能要求、技术指标、测试方法及环境适用性。

本标准适用于地震仪的设计、生产、使用、维护、引进和质量监督。

2 规范性引用文件

下列文件中的条款通过本标准的引用而成为本标准的条款。凡是注日期的引用文件，其随后所有的修改单(不包括勘误的内容)或修订版均不适用于本标准，然而，鼓励根据本标准达成协议的各方研究是否可使用这些文件的最新版本。凡是不注日期的引用文件，其最新版本适用于本标准。

GB/T 6587.1 — 1986 电子测量仪器环境试验总纲

GB/T 6587.2 — 1986 电子测量仪器温度试验

GB/T 6587.3 — 1986 电子测量仪器湿度试验

GB/T 6587.4 — 1986 电子测量仪器振动试验

GB/T 6587.5 — 1986 电子测量仪器冲击试验

DB/T 13 — 2000 地震计接口

DB/T 21 — 2007 地震观测仪器进网技术要求 常用技术参数表述与测试方法

JJG 298 — 2005 中频标准震动台(比较法)检定规程

3 术语和定义

下列术语和定义适用于本标准。

3.1

地震仪 seismograph

记录地面运动(位移、速度和加速度)的仪器。

[GB/T 18207.2 — 2005，定义 8.1.1]

3.2

地震计 seismometer

将地面运动量转换成电压量的设备。

3.3

短周期地震仪 short period seismograph

工作频带的低频端在 0.5 Hz ~ 1 Hz 内，高频端在 20 Hz 或 20 Hz 以上的地震仪。

[GB/T 19531.1 — 2004，定义 3.1.5]

3.4

宽频带地震仪 broadband seismograph

工作频带的低频端在 0.01 Hz ~ 0.05 Hz 内，高频端在 20 Hz 或 20 Hz 以上的地震仪。

[GB/T 19531.1 — 2004，定义 3.1.6]

3.5

甚宽频带地震仪 very broadband seismograph

工作频带的低频端在 0.003 Hz ~ 0.01 Hz 内，高频端在 20 Hz 或 20 Hz 以上的地震仪。

[GB/T 19531.1 — 2004，定义 3.1.7]

3.6

数据采集器　data acquisition device

将地震计输出的模拟电压信号转换成数字量并记录的装置。

3.7

横向灵敏度　transverse sensitivity

传感器在与其灵敏轴垂直的方向被激励时的灵敏度。

[GB/T 2298 — 1991，定义 5.22]

3.8

横向灵敏度比　transverse sensitivity ratio

直线传感器的横向灵敏度与沿灵敏轴方向的灵敏度之比。

[GB/T 2298 — 1991，定义 5.23]

3.9

寄生共振频率　parasitic resonance frequency

地震计作受迫振动时，除弹性悬挂系统外，出现共振时的频率。

3.10

量程　range

满足规定误差极限的测量范围。测量范围的最大值或最小值即为量程的上限值或下限值。

[GB/T 13978 — 1992，定义 3.4.3]

3.11

满量程　full scale range

量程的最大值。

3.12

传递函数　transfer function

在规定的条件范围内，表达输入量与相应输出量间关系的函数。

[GB/T 13983 — 1992，定义 4.84]

3.13

谐波含量　harmonic content

一个非正弦周期函数中减去基波分量所得到的函数。

[GB/T 11464 — 1989，定义 8.16]

3.14

总谐波失真度　total harmonic distortion

谐波含量的有效值与非正弦函数的有效值之比。

3.15

校准　calibration

在规定条件下，通过向地震计输入已知电流信号来检测地震计参数的操作。

3.16

校准常数　calibration constant

地震计摆体运动加速度与校准线圈输入激励电流之比。

3.17

触发　trigger

记录器从等待状态转变为记录状态。

[DB/T 10 — 2001，定义 3.1.15]

3.18

触发条件 trigger condition

从等待状态转变为记录状态的条件。

[DB/T 10 — 2001，定义 3.1.16]

3.19

事件 event

满足触发条件的一个记录。

[DB/T 10 — 2001，定义 3.1.17]

3.20

通道 channel

一个测点通常记录三个正交分量的运动，即一个垂直方向的运动和两个互相垂直的水平方向的运动。每一个分量对应一个通道。

[DB/T 10 — 2001，定义 3.1.18]

3.21

阈值触发 threshold trigger

通道采样数据的绝对值大于某一预定的值(阈值)时，该通道满足触发条件。

[DB/T 10 — 2001，定义 3.1.19]

3.22

短项平均 short term average

在宽度给定的较短的滑动时间窗内，通道采样数据绝对值的滑动平均。

注：较短的滑动时间窗是相对于长项平均时间窗宽度来说的，一般小于长项平均时间窗宽度的五分之一。

3.23

长项平均 long term average

在宽度给定的较长的滑动时间窗内，通道采样数据绝对值的滑动平均。

注：较长的滑动时间窗是相对于短项平均时间窗宽度来说的，一般大于短项平均时间窗宽度的五倍。

3.24

短长项均值比触发 STA /LTA trigger

短项平均与长项平均的比超过某一预定的值时，该通道满足触发条件。

3.25

高端截止频率 upper cut - off frequency of pass - band

通带的最大响应衰减 -3 dB 所对应的最大频率。

3.26

低端截止频率 lower cut - off frequency of pass - band

通带的最大响应衰减 -3 dB 所对应的最小频率。

4 地震计

4.1 主要技术指标

地震计主要技术指标应符合表 1 的要求。

表 1　地震计主要技术指标

序号	项　目	技术指标	测试条件
1	满量程	不应小于 0.01 m/s（1 Hz） 不应小于 0.008 m/s（5 Hz）	振动台测试
2	最大输出信号	不应小于 ±20 V（1 Hz） 不应小于 ±16 V（5 Hz）	振动台测试
3	灵敏度	标称值不应小于 2 000 V·s/m	振动台测试，测试频率 5 Hz
4	最大允许误差	不应大于 3% 满量程	振动台测试，测试频率 5 Hz
5	线性度误差	应小于 0.01%	采用标准电流驱动校准线圈方法测试，测试频率 5 Hz
6	总谐波失真度	应小于 0.01%	采用标准电流驱动校准线圈方法测试，测试频率 2 Hz
7	横向灵敏度比	应小于 0.01	振动台测试，测试频率 5 Hz
8	噪声水平	短周期地震计：应小于 NLNM （在频带 2 Hz ~ 10 Hz 内）； 宽频带地震计：应小于 NLNM （在频带 0.05 Hz ~ 5 Hz 内）； 甚宽频带地震计：应小于 NLNM （在频带 0.03 Hz ~ 5 Hz 内）	在 I 类台基测震台站测试
9	校准常数	应大于 $8\ m \cdot s^{-2}/A$，小于 $12\ m \cdot s^{-2}/A$	振动台测试，测试频率 5 Hz
10	最低寄生共振频率	应大于 100 Hz	振动台测试
11	频带宽度	短周期地震计：低频端在 0.5 Hz ~ 1 Hz 内，高频端在 20 Hz 或 20 Hz 以上； 宽频带地震计：低频端在 0.01 Hz ~ 0.05 Hz 内，高频端在 20 Hz 或 20 Hz 以上； 甚宽频带地震计：低频端在 0.003 Hz ~ 0.01 Hz 内，高频端在 20 Hz 或 20 Hz 以上	振动台或标准信号源法测试
12	工作环境	温度 −15 ℃ ~ 50 ℃ 相对湿度 10% ~ 98%	
注：地球低噪声模型 NLNM 参考值参见附录 B。			

4.2　功能要求

4.2.1　输出信号方式

地震计的信号输出应采用双端差分平衡输出方式，包括输出“正”与输出“负”，并带有信号地线。

4.2.2　传递函数

应按照以下方式提供地震计的传递函数：

a）解析表达式或零极点列表；

b）按频率给出振幅和相位的列表。

4.2.3　信号过载保护

运行状态下，地震计应能够承受二倍满量程的输入信号，并能够在大信号过去之后的一段时间内自动恢复到正常工作状态；恢复时间不应超过地震计自振周期的 10 倍。

4.2.4 锁摆功能

地震计应具有锁摆和解锁机构，或无需锁摆即可安全运输。锁摆和解锁机构可以外置操作，或遥控操作。

4.2.5 水平调整功能

地震计应具有水平调整机构以及用于指示是否水平的水准泡。

4.2.6 摆体零位调整功能

宽频带地震计和甚宽频带地震计应具有摆体零位调整功能。

4.2.7 摆体零位输出

甚宽频带地震计应具有摆体零位指示信号输出，用于监视摆体零位偏移情况。

4.2.8 安装方位指示

对于三分向一体的地震计，应具有安装方位基准线或基准面，或其他用于在安装时对准地理北极的装置。

4.2.9 地震计的信号输出接口

地震计的信号输出接口应符合 DB/T 13 — 2000 的要求。

5 数据采集器

5.1 主要技术指标

数据采集器主要技术指标应符合表 2 的要求。

表 2 数据采集器主要技术指标

序号	项 目	技术指标
1	信号输入方式	双端平衡差分输入
2	满量程	±5 V、±10 V、±20 V 可程控选择
3	输入阻抗	应大于等于 100 kΩ
4	最大允许误差	应小于满量程的 1%
5	总谐波失真度	应小于 0.003%
6	线性度误差	应小于 0.003%
7	共模抑制比	应大于 90 dB（采样率为 50 样本数每秒）
8	零输入噪声（有效值）	±5 V 量程：应小于 1.3×10^{-6} V（采样率为 50 样本数每秒） ±10 V 量程：应小于 2.5×10^{-6} V（采样率为 50 样本数每秒） ±20 V 量程：应小于 5.0×10^{-6} V（采样率为 50 样本数每秒）
9	时间同步误差	应小于 1 ms
10	时钟漂移率	应小于 0.000 1%
11	数字滤波器	FIR 数字滤波器，具有最小相移特性和线性相移特性 通带波动应小于 0.1 dB 阻带衰减应大于 130 dB
12	采样率	50 样本数每秒、100 样本数每秒、200 样本数每秒，可程控选择
13	频带宽度	20 Hz、40 Hz、80 Hz
14	数据存储容量	应大于等于 1 GByte
15	校准信号输出最大值	应大于等于 5 mA
16	校准信号最大允许误差	应小于 1%
17	工作环境	温度 −15 ℃ ~50 ℃，相对湿度 10% ~98%

5.2 功能要求

5.2.1 校准信号发生器

数据采集器应具有内置的校准信号发生器，可通过指令方式和定时方式启动输出阶跃波信号、正弦波信号，且输出的信号可编程设定。

5.2.2 时间服务

数据采集器应具有内部计时时钟，并采用协调世界时(UTC)；应具有标准时间信号输入接口或内置授时信号接收单元，内置授时信号接收单元宜采用卫星定位接收机。

5.2.3 事件触发功能

数据采集器应内置触发算法，具有短长项均值比触发、阈值触发和定时触发功能，且触发算法的参数可程控设定。

5.2.4 数据记录功能

应具有可选的连续记录观测数据方式和事件记录方式，在数据记录中应有采样时刻标记。

5.2.5 通信接口

应具有 RS-232 兼容串行通信接口和以太网接口，具有 TCP/IP 联网功能。

5.2.6 实时数据传输功能

应具有通过串行接口或网络接口输出实时数据的功能，输出的实时数据应有采样时刻标记。

6 地震仪整机功能要求

6.1 组网功能

通过以太网接口或异步串行接口，实现地震仪本地/远程组网通信的功能，传输数据、信息和控制命令。

6.2 运行状态监测

地震仪应具有运行状态监测功能，监测量包括：供电电压、运行环境温度、校时信息和计时误差、宽频带地震计摆体零位，使用内置授时信号接收单元时监测授时单元的运行状态。

6.3 日志记录功能

地震仪应具有日志记录功能，日志记录内容包括：运行状态监测信息、事件触发信息、校准操作启动和完成信息、数据存储空间使用信息、工作参数的改变信息、用户访问信息、运行启动和故障恢复的时间。

6.4 远程监控功能

依靠通信网络，能够远程监控地震仪的运行。地震仪的监控功能有：查询与设置工作参数、查询当前运行状态监测量、获取日志记录文件、获取事件触发数据、控制校准操作并获取校准数据、控制地震计调整摆体零位。

6.5 报警功能

当出现供电异常、事件触发、自诊断故障、数据存储器溢出情况时，应能产生报警信号，并向预定地址发送报警信息；从严重故障中恢复运行时，能向预定的地址发送报警信息。

6.6 掉电保护和自动恢复功能

地震仪的工作参数和已经记录的数据，在出现掉电故障时能够保持不变。在供电恢复时，仪器能够自动恢复运行。

6.7 供电

地震仪采用 +12 V 单电源直流供电，在 9 V ~ 15 V 的供电电压范围内应能正常工作。

7 主要技术指标的测试

7.1 测试用仪器和测试环境要求

7.1.1 测试用仪器

测试用仪器应符合表3的要求。

表3 测试用仪器及要求

<table>
<tr><th rowspan="2">序号</th><th colspan="2">检验用仪器</th></tr>
<tr><th>名 称</th><th>技术要求</th></tr>
<tr><td>1</td><td>振动台测试系统</td><td>频率范围不应小于 0.1 Hz ~ 120 Hz
失真度低于3%</td></tr>
<tr><td>2</td><td>标准信号源</td><td>失真度应小于 0.01%
最大允许误差应小于 0.2%</td></tr>
<tr><td>3</td><td>标准时钟</td><td>具有时、分、秒脉冲输出功能，时间误差应小于 1 ms</td></tr>
<tr><td colspan="3">注：标准信号源宜具有电流输出，或者使用电压输出，并在输出回路中串接大于 10 kΩ 的标准电阻，输出电流按照输出电压除以电阻值计算。</td></tr>
</table>

7.1.2 测试环境

测试环境应符合下列条件：

a）温度应在 15 ℃ ~25 ℃范围内；

b）相对湿度应小于 75%；

c）测试环境应符合 JJG 298 — 2005 中第5章的“通用技术要求”的规定。

7.2 最大允许误差的测试

7.2.1 测试设备连接图

测试在振动台上进行。对于地震仪，采用个人计算机记录测试数据，测试设备连接图见图1；对于地震计，可直接利用振动台测试系统读取测试结果，测试设备连接图见图2；对于数据采集器，应采用标准信号源进行测试，测试设备连接图见图3。

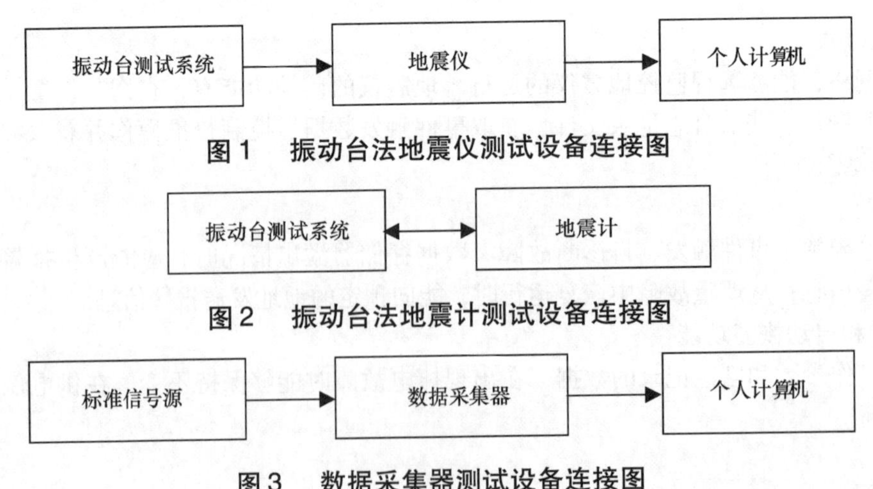

图1 振动台法地震仪测试设备连接图

图2 振动台法地震计测试设备连接图

图3 数据采集器测试设备连接图

7.2.2 测试信号的选择

振动台的振动频率可选为 5 Hz，波形为正弦波，信号振幅应分别设定为满量程的 10%、20%、30%、40%、50%、60%、70%、80%、90%、100%。

7.2.3 测试步骤

应按下列步骤进行测试：

a）将被测地震仪或地震计平稳放在振动台台面中心，其灵敏轴应与振动方向相平行，将地震仪或地震计调整到工作状态；

b）对每一个标准振幅值，应重复测试10次。对于地震仪，每次记录采样数据的持续时间不少于5 s，求出地震仪输出信号振幅值；对于地震计，可直接由振动台测试系统读取被测地震计输出信号幅值；

c）对于数据采集器，用标准信号源输出的电压信号代替振动信号进行测试。

7.2.4 数据处理

根据7.2.3条规定的步骤获得的数据，按DB/ T 21 — 2007中第5.1.5条的规定计算最大允许误差。对于地震计或地震仪，最大允许误差符合表1第4项的规定为合格；对于数据采集器，最大允许误差符合表2第4项的规定为合格。

7.3 线性度误差的测试

7.3.1 测试设备连接图

测试在振动干扰小的平台上进行。对于地震仪或数据采集器，都需要采用个人计算机记录测试数据，数据采集器测试的设备连接图见图3，地震仪测试的设备连接图见图4；对于地震计，需要使用独立的数据采集器采集地震计的输出信号，测试设备连接图见图5。

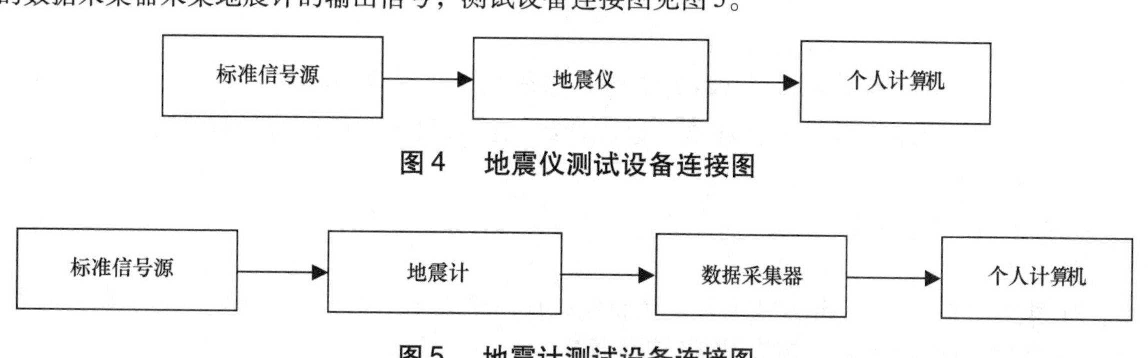

图4 地震仪测试设备连接图

图5 地震计测试设备连接图

7.3.2 测试信号的选择

测试信号的频率可选为5 Hz，波形为正弦波。测试幅值选择为满量程的10%、20%、30%、40%、50%、60%、70%、80%、90%、100%。

7.3.3 测试步骤

应按下列步骤进行测试：

a）将被测地震仪或地震计安放在平台上，将地震仪或地震计调整到工作状态；

b）将标准信号源的输出连接到地震仪或地震计的校准信号输入端，调整标准信号源输出信号的幅度，使得地震仪或地震计的输出达到满量程，记录标准信号源的输出幅度 x 和被测仪器的输出幅值 y；然后依次减小标准信号源输出信号为 x 的90%、80%、70%、60%、50%、40%、30%、20%、10%，记录被测仪器的输出幅值 y_i。

7.3.4 数据处理及结果评定

根据7.3.3条规定的步骤获得的测试数据 y_i，按DB/T 21 — 2007中第5.2.5条的规定计算线性度误差。对于地震计或地震仪，线性度误差符合表1中第5项的规定为合格；对于数据采集器，线性度误差符合表2中第6项的规定为合格。

7.4 总谐波失真度的测试

7.4.1 测试设备连接图

测试在振动干扰小的平台上进行。对于数据采集器，测试设备连接图见图3；对于地震仪，采用个人计算机记录测试数据，测试设备连接图见图 4；对于地震计，使用独立的数据采集器采集地震计的输出信号，测试设备连接图见图 5。

7.4.2 测试信号的选择

测试信号的频率可选为 2 Hz，波形为正弦波。测试幅值为满量程的 50%。

7.4.3 测试步骤

应按下列步骤进行测试：

a）将被测地震仪或地震计安放在平台上，将地震仪或地震计调整到工作状态；

b）将标准信号源的输出连接到地震仪或地震计的校准信号输入端，调整标准信号源输出信号的幅度，使得地震仪或地震计的输出达到满量程，记录被测仪器输出的采样数据。

7.4.4 数据处理

从记录数据中截取连续 10 000 个样点的数据，经谱分析后求出基波及各次谐波的幅度，谱分析时可使用 Hanning 窗函数，按式(1)计算总谐波失真度。

$$\nu = \frac{\sqrt{\sum_{i=2}^{n} V_i^2}}{\sqrt{\sum_{i=1}^{n} V_i^2}} \times 100\% \qquad \cdots\cdots(1)$$

式中：

ν——总谐波失真度，单位为百分比；

V_i——第 i 次谐波幅度，如果被测对象是地震仪，单位为米每秒每二分之一次方赫兹（$\mathrm{ms^{-1}/\sqrt{Hz}}$）；如果被测对象是地震计或数据采集器，单位为伏每二分之一次方赫兹（$\mathrm{V/\sqrt{Hz}}$）；

n——可分辨的谐波数量。

7.4.5 结果评定

对于地震计或地震仪，总谐波失真度的测试结果应符合表 1 中第 6 项的规定；对于数据采集器，总谐波失真度的测试结果应符合表 2 中第 5 项的规定。

7.5 幅频特性的测试

7.5.1 振动台法测试

7.5.1.1 测试设备连接图

测试在振动台上进行。对于地震仪，采用个人计算机记录测试数据，测试设备连接图见图 1。对于地震计，可直接利用振动台测试系统读取测试结果，测试设备连接图见图 2。

7.5.1.2 测试信号频率的选择

测试频率点数不少于 10 个，按照以下规则选择频率点：

a）应覆盖被测地震计的观测频带，应包括 2 Hz、5 Hz，以及地震仪或地震计高端截止频率和低端截止频率这四个频点；

b）在地震仪高端截止频率和低端截止频率附近的频率点宜选择密一些；

c）根据振动台的能力，可以只对大于 0.1 Hz 的频率点进行测试；

d）测试信号的幅值宜选择为被测仪器满量程的 50%。

7.5.1.3 测试步骤

应按下列步骤进行测试：

a）将被测地震仪或地震计平稳放在振动台台面中心，其灵敏轴应与振动方向相平行，将地震仪或地震计调整到工作状态。

b）对于地震仪，每次记录采样数据的持续时间不少于 5 s，求出地震仪输出信号振幅值；对于地震计，可直接由振动台测试系统读取被测地震计输出信号幅值。对每一个频率点，应重复测试三次，记录测试结果。

7.5.1.4 数据处理

对每一个频率点的三次测量结果计算平均值，记为 Y_i。设频率为 5 Hz 时对应的输出记为 Y_{5Hz}，则用分贝数表示的归一化的幅频特性由式(2)计算：

$$A_i = 20\lg(Y_i / Y_{5Hz}) \qquad \cdots\cdots(2)$$

式中：

Y_i——第 i 个频率点输出幅值，如果被测对象是地震仪，单位为米每秒(m/s)；如果被测对象是地震计，单位为伏(V)；

Y_{5Hz}——频率为 5 Hz 时的输出幅值，如果被测对象是地震仪，单位为米每秒(m/s)；如果被测对象是地震计，单位为伏(V)；

A_i——归一化幅频特性值，单位为分贝(dB)。

7.5.2 标准信号源测试法

7.5.2.1 测试设备连接图

测试在振动干扰小的平台上进行。对于数据采集器，测试设备连接图见图 3；对于地震仪，采用个人计算机记录测试数据，测试设备连接图见图 4；对于地震计，使用独立的数据采集器采集地震计的输出信号，测试设备连接图见图 5。

7.5.2.2 测试信号频率的选择

对于地震仪和地震计，测试频率点数不少于 18 个，频率点的选择按照以下规则：

a）应覆盖被测地震计的观测频带，应包括 2 Hz、5 Hz，以及地震仪或地震计高端截止频率和低端截止频率这四个频点；

b）在地震仪或地震计的上限频率和下限频率附近，频率点的选择宜加大密度；

c）测试信号的幅值宜选择为被测仪器满量程的 50%。

对于数据采集器，测试频率点数不少于 10 个，频率点的选择应包含 5 Hz，建议选择被测频带上限的 0.04、0.1、0.2、0.35、0.4、0.5、0.6、0.8、0.9、1.0、1.2 等频率点，测试信号的幅值宜选择为被测仪器满量程的 50%。

7.5.2.3 测试步骤

应按下列步骤进行测试：

a）将被测设备(数据采集器、地震仪和地震计之一)安放在振动干扰小的平台上，并将其调整到工作状态；

b）对于地震仪或地震计，将标准信号源的输出连接到地震仪或地震计的校准信号输入端；对于数据采集器，将标准信号源的输出连接到数据采集器的信号输入端。改变标准信号源输出信号的频率，以 5 Hz 频率为测试的参考频率，记录每一个频率点标准信号源的输出幅度 x_i 和被测仪器的输出幅值 y_i。

7.5.2.4 数据处理

按下列步骤进行数据处理：

a）按照式(3)计算 Y_i：

$$Y_i = k y_i \cdot F_i / x_i \qquad \cdots\cdots(3)$$

式中：

Y_i——第 i 个频率点相对输出幅值，被测对象是地震仪，单位为米每秒(m/s)；被测对象是地震计，单位为伏(V)；

y_i——第 i 个频率点被测仪器输出幅值，被测对象是地震仪，单位为米每秒(m/s)；被测对象是地震计，单位为伏(V)；

x_i——第 i 个频率点标准信号源输出幅值，单位为安培(A)；

F_i——第 i 个频率点标准信号源输出信号频率，单位为赫兹(Hz)；

k——常数，可取值为 1，单位为赫兹(A/Hz)；

b）按照式(2)计算归一化幅频特性。

7.5.2.5 结果评定

对于地震仪或地震计，幅频特性符合表 1 第 11 项规定的为合格；对于数据采集器，幅频特性符合表 2 第 13 项规定的为合格。

7.6 整机的噪声测试

7.6.1 测试设备连接图

对于地震仪，采用个人计算机记录测试数据，测试设备连接图见图 6；对于地震计，使用独立的数据采集器采集地震计的输出信号，测试设备连接图见图 7。

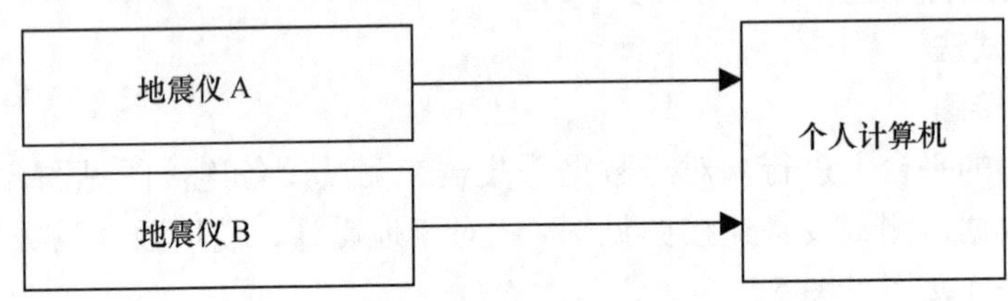

图 6 地震仪噪声测试设备连接图

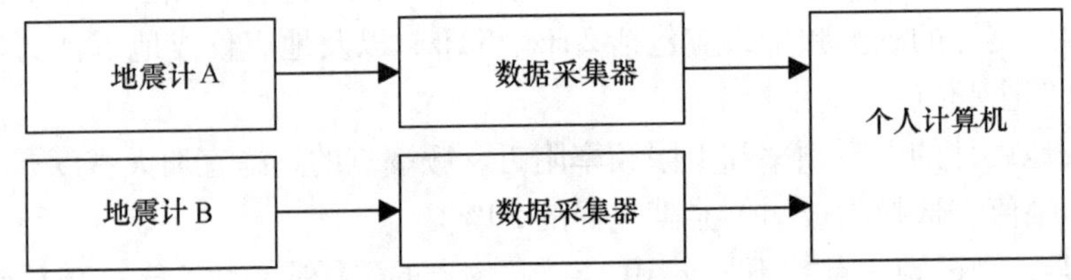

图 7 地震计噪声测试设备连接图

7.6.2 测试方法

应按下列步骤进行测试：

a）应选择背景噪声小的台站测试地震计噪声；

b）将相同型号的两台被测仪器紧靠着安装在台基上，方向相同。将地震仪或地震计调整到工作状态；

c）两台仪器同时连续记录 24 h 的观测数据，选取干扰小的相同时间段、相同观测分向、同样长度一小时的连续数据，按照附录 A 所述方法计算噪声谱。

7.6.3 结果评定

噪声测试结果符合表 1 第 8 项规定的为合格。

7.7 校准常数的测试

7.7.1 测试设备连接图

测试设备连接图同 7.3.1 条的规定。

7.7.2 测试信号的选择

测试信号的频率可选为 5 Hz，波形为正弦波。测试信号的幅值宜为满量程的 50%。

7.7.3 测试步骤

应按下列步骤进行测试：

a）将被测地震仪或地震计安放在平台上，并将其调整到工作状态；

b）将标准信号源的输出串接 10 kΩ 的电阻后连接到地震仪或地震计的校准信号输入端，调整标准信号源输出信号的幅度，使得地震仪或地震计的输出达到满量程的50%，记录标准信号源的输出幅度和被测仪器的输出幅值。

7.7.4 数据处理

对于地震仪，按照式(4)计算校准常数；对于地震计，按照式(5)计算校准常数。

$$S_C = 2\pi F(R_S + R_C)Y / V_{in} \qquad \cdots\cdots(4)$$

$$S_C = 2\pi F(R_S + R_C)V_{out} / (SV_{in}) \qquad \cdots\cdots(5)$$

式中：

S_C—— 校准常数，单位为米每二次方秒每安培(ms^{-2}/A)；

F—— 输入信号频率，单位为赫兹(Hz)；

R_S—— 串接的标准电阻阻值，单位为欧姆(Ω)；

R_C—— 校准线圈内阻，单位为欧姆(Ω)；

Y—— 地震仪的输出幅值，单位为米每秒(m/s)；

V_{out}—— 地震计输出电压幅值，单位为伏(V)；

V_{in}—— 输入信号幅值，单位为伏(V)；

S—— 地震计的灵敏度，单位为伏秒每米(V·s/m)。

7.7.5 结果评定

校准常数的测试结果符合表1第9项规定的为合格。

7.8 时间同步误差与时间漂移的测试

7.8.1 测试设备连接图

地震仪或数据采集器的时间准确度包含时标准确度和守时准确度两项指标，测试设备连接图见图8。

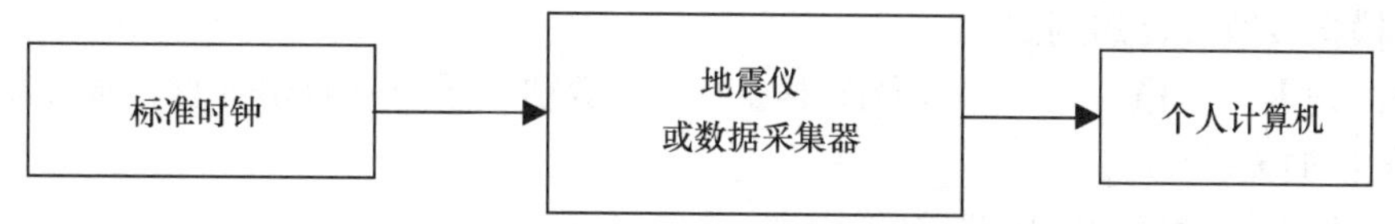

图8 时间准确度测试设备连接图

7.8.2 测试信号的选择

使用标准时钟输出的分号脉冲作为测试信号。

7.8.3 时间同步误差测试方法

7.8.3.1 测试时，设定地震仪或数据采集器的采样率为最高采样率。

7.8.3.2 在地震仪与标准时间信号完成校时后，记录不少于10 s的采集数据。在个人计算机上分析该记录数据，找出分号脉冲起始点，读出该点的时间码，该时间码与整分时刻的偏差即为地震仪时钟误差。读出10次时钟误差，选择其中最大的作为时间准确度的测试结果。时钟同步误差符合表2中第9项规定的为合格。

7.8.4 时钟漂移率测试方法

测试时，设定地震仪或数据采集器的采样率为最高采样率。

在地震仪与标准时间信号完成校时后，断开标准授时信号或关闭内置授时信号接收单元，继续工作6 h，记录不少于10 s的采集数据。在个人计算机上分析该记录数据，找出分号脉冲起始点，读出该点的时间码，该时间码与整分时刻的偏差即为地震仪时钟误差。读出10次时钟误差，选择其中最大值按照式(6)计算漂移率：

$$T_d = T_e / (6 \times 3600) \qquad \cdots\cdots(6)$$

式中：

T_d—— 时钟漂移率；

T_e—— 读出的最大时间漂移量，单位为秒(s)。

时间漂移率符合表2第10项规定的为合格。

7.9 地震计灵敏度的测试

7.9.1 测试设备连接图

测试设备连接图见图2。

7.9.2 测试信号的选择

测试信号的频率可选为5 Hz，波形为正弦波。测试信号幅值宜选择为满量程的50%。

7.9.3 测试步骤

应按下列步骤进行测试：

a) 将被测地震计平稳放在振动台台面中心，其灵敏轴应与振动方向相平行，将地震计调整到工作状态；

b) 记录振动台输出信号的速度值，在振动台测试系统中按照电压值读取地震计的输出电压值。

7.9.4 数据处理

按照式(7)计算地震计的灵敏度。

$$S_s = V_s/Y_s \qquad \cdots\cdots(7)$$

式中：

S_s—— 地震计的灵敏度，单位为伏秒每米(V·s/m)；

V_s—— 地震计的输出电压，单位为伏(V)；

Y_s—— 振动台的输出速度值，单位为米每秒(m/s)。

7.9.5 结果评定

地震计灵敏度的测试结果符合表1中第3项的规定为合格。

7.10 地震计横向灵敏度比的测试

7.10.1 将被测地震计平稳放在振动台台面中心，其灵敏轴与振动方向相垂直，按照第7.9节所述方法求出地震计的横向灵敏度 S_T。

7.10.2 地震计横向灵敏度比应按照式(8)计算。

$$R_{ST} = \frac{S_T}{S_s} \times 100\% \qquad \cdots\cdots(8)$$

式中：

R_{ST}—— 地震计的横向灵敏度比；

S_T—— 地震计的横向灵敏度，单位为米每秒(m/s)。

7.10.3 结果评定

测试结果符合表1中第7项的规定为合格。

7.11 地震计最低寄生共振频率的测试

7.11.1 测试设备连接图

测试设备连接图见图2。

7.11.2 测试方法

7.11.2.1 将被测地震计平稳放在振动台台面中心，其灵敏轴应与振动方向相平行，将地震计调整到工作状态。

7.11.2.2 振动台的输出幅度宜设定为满量程的10%。用扫频方法使振动台在50 Hz～150 Hz之间振动，监视地震计的输出并寻找共振峰，记录最低共振峰对应的振动频率，即为最低寄生共振频率。

7.11.2.3 如找不到共振峰，可认定地震计最低寄生共振频率的测试结果符合表1中第10项的规定。

7.12 数据采集器零输入噪声测试

7.12.1 数据采集器的输入端短路，记录数据，取2 000个采样点按照式(9)统计噪声均方根值 N_{RMS}作为零输入噪声。

$$N_{RMS} = \sqrt{\frac{\sum_{i=1}^{N}(X_i - X_0)^2}{N-1}} \qquad \cdots\cdots(9)$$

式中：

N_{RMS}—— 数据采集器的噪声均方根值，单位为伏(V)；

X_i—— 第 i 个采样值，单位为伏(V)；

N—— 计算 N_{RMS} 的有效采样值总数；

X_0—— N 个采样值的平均值，单位为伏(V)。

7.12.2 对数据采集器提供的每一种采样率都要测试零输入噪声。数据采集器零输入噪声的测试结果符合表2第8项的规定为合格。

7.13 数据采集器共模抑制比的测试

7.13.1 测试设备连接图

测试设备连接图见图3。

7.13.2 测试信号的选择

选择50 Hz的正弦波，幅度为满量程。

7.13.3 测试步骤

应按下列步骤进行测试：

a）数据采集器的同相输入端和反相输入端短接，将标准信号源的输出加到数据采集器短接的信号输入端和信号地之间；

b）设置数据采集器的采样率为200 样本数每秒，采集并记录数据。

7.13.4 数据处理及结果评定

数据采集器共模抑制比按照式(10)计算，符合表2中第7项规定的结果为合格。

$$CMRR = 20\lg\left(\frac{V_{out}}{V_{in}}\right) \qquad \cdots\cdots(10)$$

式中：

$CMRR$ —— 共模抑制比；

V_{in}—— 标准信号源输出电压幅值，单位为伏(V)；

V_{out}—— 数据采集器输出电压幅值，单位为伏(V)。

8 环境试验

8.1.1 温度试验

应按 GB/T 6587.1 — 1986 规定的对Ⅲ组仪器的要求进行试验，方法详见 GB/T 6587.2 — 1986，对于地震计温度试验结果应符合表1中第12项的规定，对于数据采集器温度试验结果符合表2中第17项规定的为合格。

8.1.2 湿度试验

应按 GB/T 6587.1 — 1986 规定的对Ⅲ组仪器的要求进行试验，方法详见 GB/T 6587.3 — 1986，对于地震计湿度试验结果符合表1中第11项规定的为合格，对于数据采集器湿度试验结果符合表2中第17项规定的为合格。

8.1.3 振动试验

应按 GB/T 6587.1 — 1986 规定的对Ⅲ组仪器的要求进行试验，方法详见 GB/T 6587.4 — 1986。

8.1.4 冲击试验

应按 GB/T 6587.1 — 1986 规定的对Ⅲ组仪器的要求进行试验，方法详见 GB/T 6587.5 — 1986。

附　录　A
（规范性附录）
地震计噪声测试及计算方法

A.1　测试框图

地震计噪声测试的关键在于去除测试环境振动噪声的影响。图 A.1 所示的测试模型框图假定使用完全相同的两台地震计，它们的传递函数是一致的，传递函数的离散性将使得到的地震计噪声偏大。实际上使用同厂家同一个型号的两台地震计进行测试，能够得到比较好的结果。

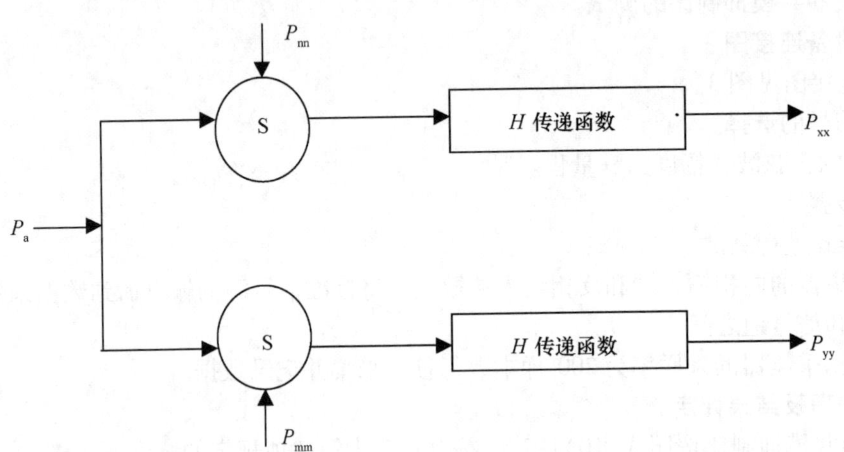

注：

P_a—— 地震计输入端地动噪声功率谱密度(PSD)，未知值；

P_{nn}、P_{mm}—— 分别为两台地震计噪声功率谱密度，未知值；

H—— 地震计传递函数；

P_{xx}、P_{yy}—— 分别为记录数据信号的噪声功率谱密度；

P_{xy}—— 两个地震计输出数据的互功率谱密度。

图 A.1　地震计噪声测试模型原理框图

A.2　模型等式关系

根据图 A.1 模型框图，各点噪声功率谱之间的关系为：

$$P_{xx} = |H|^2(P_a + P_{nn}) \qquad \text{(A.1)}$$

$$P_{yy} = |H|^2(P_a + P_{mm}) \qquad \text{(A.2)}$$

两个系统互功率谱密度 P_{xy}：

$$P_{xy} = H^2 P_a \qquad \text{(A.3)}$$

根据上述等式关系，可以导出以下关系：

$$P_{nn} = \frac{P_{xx}}{|H|^2} - \frac{P_{xy}}{|H|^2} \qquad \text{(A.4)}$$

$$P_{mm} = \frac{P_{yy}}{|H|^2} - \frac{P_{xy}}{|H|^2} \qquad \text{(A.5)}$$

式(A.4)和(A.5)中，从系统 1 与系统 2 的噪声输出信号和系统的传递函数 H，就可以测定输出信号的噪声功率谱密度 P_{nn}、P_{mm}，以及两个系统的互谱密度 P_{xy}，从而可以分别计算系统 1 与系统 2 的噪声功率谱密度。

在实际测量中引入相干函数(γ)：

$$\gamma^2 = \frac{|P_{xy}|^2}{P_{xx}P_{yy}} \quad \cdots\cdots(A.6)$$

则地震计自噪声 P_{nn}、P_{mm}：

$$P_{nn} = \frac{P_{xx}}{|H_1|^2}(1-\gamma) \quad \cdots\cdots(A.7)$$

$$P_{mm} = \frac{P_{yy}}{|H_2|^2}(1-\gamma) \quad \cdots\cdots(A.8)$$

式(A.7)与式(A.8)中的 H_1、H_2 分别为两台地震计的传递函数。图 A.1 所示的模型中假设两台地震计的传递函数完全相同，但实际上不可能，所以在计算地震计噪声谱的式(A.7)与式(A.8)中分别用 H_1、H_2 代替 H。

附　录　B
（资料性附录）
地球噪声模型

本部分直接引用由美国 USGS 的 J. Peterson 及其研究小组，观测和研究的全球正常地球噪声得到的地球高噪声新模型 NHNM 和地球低噪声新模型 NLNM，以噪声功率谱表示（图 B.1）。具体数值见表 B.1 和表 B.2。

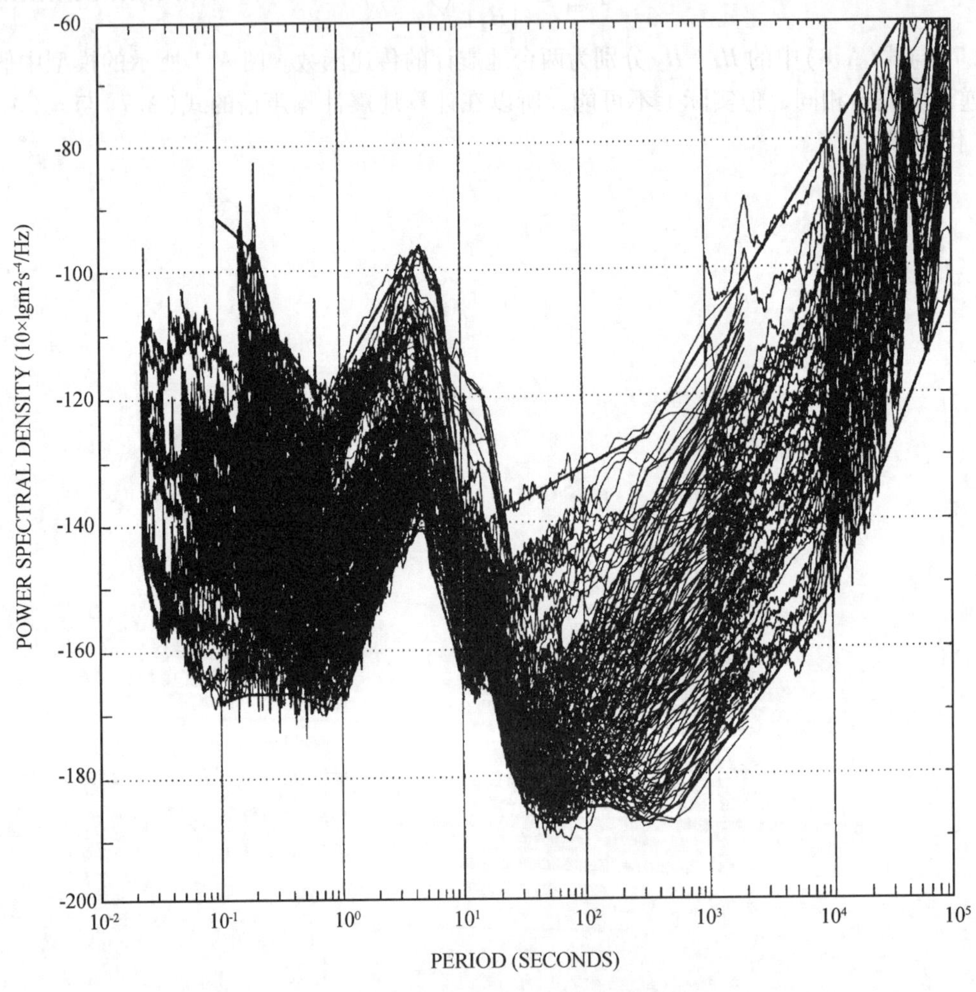

图 B.1　地球噪声模型（Peterson，1993）

表 B.1　地球高噪声新模型（NHNM）加速度功率谱密度和速度功率谱密度

T/s	ρ_a/（m^2s^{-4}/Hz）	ρ_a/dB	ρ_v/（m^2s^{-2}/Hz）	ρ_v/dB
0.10	7.1×10^{-10}	−91.5	1.8×10^{-13}	−127.5
0.22	1.8×10^{-10}	−97.4	2.2×10^{-13}	−126.5
0.32	8.9×10^{-12}	−110.5	2.3×10^{-14}	−136.4
0.80	1.0×10^{-12}	−120.0	1.6×10^{-14}	−137.9

表 B.1（续）

T/s	ρ_a/（m^2s^{-4}/Hz）	ρ_a/dB	ρ_v/（m^2s^{-2}/Hz）	ρ_v/dB
3.80	1.6×10^{-10}	−98.0	5.8×10^{-11}	−102.4
4.60	2.2×10^{-10}	−96.5	1.2×10^{-10}	−99.2
6.30	7.9×10^{-11}	−101.0	8.0×10^{-11}	−101.0
7.90	4.5×10^{-12}	−113.5	7.1×10^{-12}	−111.5
15.40	1.0×10^{-12}	−120.0	6.0×10^{-12}	−112.2
20.00	1.4×10^{-14}	−138.5	1.4×10^{-13}	−128.4
354.80	2.5×10^{-13}	−126.0	8.0×10^{-10}	−91.0
10000	9.7×10^{-9}	−80.1	2.5×10^{-2}	−16.1
100000	1.4×10^{-5}	−48.5	3.6×10^{3}	35.5

表 B.2 地球低噪声新模型（NLNM）加速度功率谱密度和速度功率谱密度

T/s	ρ_a/（m^2s^{-4}/Hz）	ρ_a/dB	ρ_v/（m^2s^{-2}/Hz）	ρ_v/dB
0.10	1.6×10^{-17}	−168.0	4.1×10^{-21}	−203.9
0.17	2.1×10^{-17}	−166.7	1.6×10^{-20}	−198.1
0.40	2.1×10^{-17}	−166.7	8.7×10^{-20}	−190.6
0.80	1.2×10^{-17}	−169.2	1.9×10^{-19}	−187.1
1.24	4.3×10^{-17}	−163.7	1.7×10^{-18}	−177.8
2.40	1.4×10^{-15}	−148.6	2.0×10^{-16}	−157.0
4.30	7.8×10^{-15}	−141.1	3.6×10^{-15}	−144.4
5.00	7.8×10^{-15}	−141.1	4.9×10^{-15}	−143.1
6.00	1.3×10^{-15}	−149.0	1.1×10^{-15}	−149.4
10.00	4.2×10^{-17}	−163.8	1.0×10^{-16}	−159.7
12.00	2.4×10^{-17}	−166.2	8.7×10^{-17}	−160.6
15.60	6.2×10^{-17}	−162.1	3.8×10^{-16}	−154.2
21.90	1.8×10^{-18}	−177.5	2.2×10^{-17}	−166.7
31.60	3.2×10^{-19}	−185.0	7.9×10^{-18}	−171.0
45.00	1.8×10^{-19}	−187.5	9.1×10^{-18}	−170.4
70.00	1.8×10^{-19}	−187.5	2.2×10^{-17}	−166.6
101.00	3.2×10^{-19}	−185.0	9.7×10^{-17}	−160.9
154.00	3.2×10^{-19}	−185.0	1.8×10^{-16}	−157.2
328.00	1.8×10^{-19}	−187.5	4.9×10^{-16}	−153.1
600.00	3.5×10^{-19}	−184.4	3.2×10^{-15}	−144.8
10 000	6.5×10^{-16}	−151.9	3.5×10^{-14}	−87.9
100 000	4.9×10^{-11}	−103.1	1.2×10^{-2}	−19.1

参 考 文 献

GB/T 2298 — 1991 《机械振动与冲击术语》

GB/T 10084 — 1988 《振动、冲击数据分析和表示方法》

GB/T 11464 — 1989 《电子测量仪器术语》

GB/T 13978 — 1992 《数字多用表通用技术条件》

GB/T 13983 — 1992 《仪器仪表基本术语》

GB/T 18207.2 — 2005 《防震减灾术语 第2部分：专业术语》

GB/T 19531.1 — 2004 《地震台站观测环境技术要求 第1部分：测震》

DB/T 10 — 2001 《数字强震动加速度仪》

Jon Peterson，1993，Observation and Modeling of seismic background noise，Open－File Report，93～322，USGS

Charles R. Hutt，September 1990，Standards for Seismometer Testing A Progress Report，Albuquerque Seismological Laboratory，USA

Peter Bormann，2002，IASPEI New Manual of Seismological Observatory Practice，Geo Forschungs Zentrum Potsdam（GFZ）

ICS 91.120.25
P 15

中华人民共和国地震行业标准

DB/T 23—2007

地震观测仪器进网技术要求
重力仪

Technical requirements of instruments in network for earthquake monitoring – Gravimeter

2007-03-14 发布　　2007-06-01 实施

中国地震局 发布

前　言

本标准是《地震观测仪器进网技术要求》系列标准中的一项。该系列标准结构及名称预计如下：

地震观测仪器进网技术要求　常用技术参数表述与测试方法(DB/T 21 — 2007)

地震观测仪器进网技术要求　地震仪(DB/T 22 — 2007)

地震观测仪器进网技术要求　地电观测仪　第 1 部分：直流地电阻率仪

地震观测仪器进网技术要求　地电观测仪　第 2 部分：地电场仪

地震观测仪器进网技术要求　地磁观测仪　第 1 部分：磁通门磁力仪

地震观测仪器进网技术要求　地磁观测仪　第 2 部分：质子矢量磁力仪

地震观测仪器进网技术要求　地壳形变观测仪　第 1 部分：倾斜仪

地震观测仪器进网技术要求　地壳形变观测仪　第 2 部分：应变仪

地震观测仪器进网技术要求　重力仪(DB/T 23 — 2007)

地震观测仪器进网技术要求　地下流体观测仪　第 1 部分：压力式水位仪

地震观测仪器进网技术要求　地下流体观测仪　第 2 部分：测温仪

地震观测仪器进网技术要求　地下流体观测仪　第 3 部分：闪烁测氡仪

……

本标准的附录 A、附录 B、附录 C、附录 D、附录 E 和附录 F 均为资料性附录。

本标准由中国地震局提出。

本标准由全国地震标准化技术委员会(SAC/TC 225)归口。

本标准主要起草单位：中国地震局地震研究所、中国地震局地球物理研究所。

本标准的主要起草人：刘冬至、郑金涵、李树德、李辉、刘端法、姚植桂、邢灿飞、项爱民、蒋幼华。

地震观测仪器进网技术要求
重力仪

1 范围

本标准规定了地震观测仪器中陆地型系列重力仪进网的使用条件、功能要求、技术指标和检测方法。

本标准适用于重力仪的设计、生产、使用、维护、引进和质量监督。

2 规范性引用文件

下列文件中的条款通过本标准的引用而成为本标准的条款。凡是注日期的引用文件，其随后所有的修改单(不包括勘误的内容)或修订版均不适用于本标准，然而，鼓励根据本标准达成协议的各方研究是否可使用这些文件的最新版本。凡是不注日期的引用文件，其最新版本适用于本标准。

GB/T 15464 — 1995 仪器仪表包装通用技术条件

DB/T 7 — 2003 地震台站建设规范 重力台站

JJF 1001 — 1998 通用计量术语及定义

3 术语和定义

下列术语和定义适用于本标准。

3.1

绝对重力仪 absolute gravimeter

能直接确定测点重力加速度值(绝对重力值)的仪器。

3.2

相对重力仪 relative gravimeter

只能测量不同测点间重力加速度差值或同一测点上不同时间重力加速度差值的仪器。

3.3

标称范围 nominal range

测量仪器的操纵器件调到特定位置时可得到的示值范围。

3.4

[重力仪]测程 (gravimeter)span

重力仪标称范围上下极限之差。

3.5

仪器常数 instrument constant

为给出被测量的重力值或用于计算被测量的重力值，必须与重力仪直接示值相乘的系数。

注：重力仪的仪器常数通常称为格值。

3.6

光学(位移)灵敏度 optical sensitivity

重力仪的光学指示位移量与相应被观测重力差之比值。

3.7

电子灵敏度 electronic sensitivity

重力仪的电输出变化量与相应被观测重力差之比值。

3.8

漂移 drift

重力仪输入—输出特性随时间的缓慢变化。

3.9

静态漂移 static drift

重力仪在某一固定测点(如：重力台站)连续观测时(不移动仪器)的漂移。

3.10

动态漂移 dynamic drift

一段时间内(不少于8 h)，重力仪在不同测点间连续移动观测状态下的漂移。

3.11

混合漂移 compositive drift

重力仪处于动态、静态交替状态下的漂移。

3.12

静电反馈 electrostatic feedback

根据重力仪测量机构偏离零位的反馈信号，用静电力使其自动归零的方法在重力仪器上简称静电反馈。

3.13

(静电反馈)比例因子 proportional factor(of electrostatic feedback)

为给出被测量重力值或用于计算被测量的重力值，必须与重力仪静电反馈直接示值相乘的系数。

3.14

段差 segment difference

重力测量中，任意相邻两个点间的重力值之差。

4 技术要求

4.1 重力仪的分类

地震重力测量按观测对象分为绝对重力测量和相对重力测量，按观测方式分为固定(台站)连续观测和流动(定期重复)观测。不同的观测对象和观测方式应使用不同类型的仪器，见表1。

表1 地震观测重力仪的分类

重力仪类型	相对重力仪			绝对重力仪
	弹簧型		超导型	落体型
观测方式	固定	流动	固定	固定、流动
观测对象	地球重力场的潮汐变化及非潮汐变化	地球重力场的非潮汐变化	地球重力场的潮汐变化及长周期变化	重力基准点的绝对重力值

4.2 使用条件

4.2.1 环境条件

地震重力测量的各类型仪器应满足表2所列工作环境要求。

表 2　环境参数范围

环境要素	相对重力仪			绝对重力仪
	弹簧型		超导型	落体型
	固定观测	流动观测		
环境温度	0 ℃ ~40 ℃	-10 ℃ ~40 ℃	<37 ℃	15 ℃ ~25 ℃
相对湿度	≤90%			
大气压力	60 000 Pa ~ 106 000 Pa			

4.2.2　电源条件

地震重力测量的各类型仪器应满足表 3 中的电源参数要求。

表 3　重力仪工作的电源条件

电源类别	相对重力仪			绝对重力仪
	弹簧型		超导型	落体型
	固定观测	流动观测		
直流（DC）	10.2 V ～ 13.8 V			
交流（AC）	198 V ～ 242 V，50 Hz			

4.2.3　用于流动地震重力测量的各类型仪器其他使用条件

4.2.3.1　功耗、重量和外形尺寸

用于流动地震重力测量的各类型仪器宜满足表 4 中的参数要求。

表 4　重力仪的功耗、重量和外形尺寸

参数类型	相对重力仪	绝对重力仪
功耗	≤50 W	
仪器重量	≤15 kg	单箱小于 80 kg
外形尺寸	≤400 mm(长) ×300 mm(宽) ×400 mm(高)	

4.2.3.2　包装

用于流动地震重力测量的各类型重力仪，其包装除应符合 GB/T 15464 — 1995 的规定外，仪器在包装运输条件下，整体结构应能承受环境温度的变化和运输振动的冲击。其中高温应为 +50 ℃，低温应为 -20 ℃，运输途中瞬间颠簸幅度应在 ±200 mm 范围内。

4.3　重力仪的性能指标

4.3.1　仪器常数（格值）

重力仪应有格值。

4.3.2　重力仪的测程

重力仪的测程应满足表 5 的要求。

表5　重力仪的测程范围　　单位：10^{-5} m·s^{-2}

测程类别	相对重力仪			绝对重力仪
	弹簧型		超导型	落体型
	固定观测	流动观测		
直接测程	≥4	≥200	≥1	≥6 000
间接测程	≥6 000	≥6 000	≥6 000	

注1：直接测程是指重力仪不需测程调节装置可达到的测量范围。
注2：间接测程是指重力仪利用测程调节装置调节后可达到的测量范围。

4.3.3　分辨力和重复性标准差

分辨力和重复性标准差应符合表6的要求。

表6　各系列重力仪的分辨力、重复性指标要求　　单位：10^{-5} m·s^{-2}

参数类别	相对重力仪			绝对重力仪
	弹簧型		超导型	落体型
	固定观测	流动观测		
分辨力	≤0.001	≤0.010	≤0.000 1	≤0.001
重复性标准差	≤0.005	≤0.020	≤0.001	≤0.005

4.3.4　准确度和精度

重力仪的准确度和精度应满足表7所列的技术指标。

表7　各系列重力仪准确度和精度要求　　单位：10^{-5} m·s^{-2}

参数类别	相对重力仪			绝对重力仪
	弹簧型		超导型	落体型
	固定观测	流动观测		
准确度	≤ ±0.003	≤ ±0.030	≤ ±0.001	≤ ±0.005
精度	≤ ±0.001	≤ ±0.015	≤ ±0.000 5	≤ ±0.003

4.3.5　弹簧类重力仪的漂移

4.3.5.1　静态漂移

绝对值不应大于 0.003×10^{-5} m·s^{-2}/h。

4.3.5.2　动态漂移

绝对值不应大于 0.010×10^{-5} m·s^{-2}/h。

4.3.5.3　混合漂移

绝对值不应大于 1×10^{-5} m·s^{-2}/月。

4.3.6　抗磁场干扰

绝对值不应大于 0.125×10^{-8} m·s^{-2}/(A·m^{-1})。

注：安培每米(A·m^{-1})表示磁场强度，与废止使用的奥斯特(Oe)换算关系为：1 Oe ≈79.58 A·m^{-1}。

4.3.7 抗气压影响

气压阶跃变化对重力仪观测结果影响的绝对值不应大于 1×10^{-8} m·s^{-2}/kPa；气压突变影响的绝对值不应大于 0.5×10^{-8} m·s^{-2}/kPa。

4.3.8 静电反馈装置的技术指标

4.3.8.1 比例因子

重力仪的静电反馈装置应有比例因子。

4.3.8.2 线性测程范围

线性测程范围不应小于 2.0×10^{-5} m·s^{-2}。

4.3.8.3 线性度误差

线性度误差不应大于0.5%。

4.4 重力仪的功能要求

4.4.1 光学测量系统

具有光学测量系统的重力仪，其光学瞄准装置应具有调焦功能，目镜光学放大系数不应小于10；光学(位移)灵敏度应可调。

4.4.2 重力仪置平装置的角值显示器应符合表8的规定。

表8 重力仪的倾斜在角值显示器上的显示要求

角值显示器类型	倾斜的反应方式	重力仪的类型	
		固定型	移动型
直交型管状水泡	水泡位移	≤30″/2 mm	≤50″/2 mm
双偏电流表	电表指针偏离	≤30″/2 mm	≤50″/2 mm
数字电表	电表数字的变化	≤6″/1 LSD	≤10″/1 LSD
注：LSD(least significant digit)即电表最小有效读数。			

4.4.3 重力仪的控温装置

带有控温装置的重力仪，其控温分辨力应优于0.01℃；控温区域温度变化的绝对值不应大于0.1℃。

4.4.4 电子输出接口

用于地震重力台站固定观测的重力仪，电子输出应具备通讯接口。通讯接口可以是RS232C、USB、CANBUS或TCP/IP协议接口中的任一种。

5 技术指标的检测

5.1 重力仪格值的校准

5.1.1 校准方式

重力基线是检定和校准重力仪格值、传递国家标准的基准。重力仪的格值校准宜优先采用重力基线校准的方法进行。对不适宜采用重力基线方法校准的重力仪可采用比测校准的方法进行。

5.1.2 基线校准

重力仪格值长基线校准结果的相对精度不应低于 1.5×10^{-5}；短基线校准结果的相对精度不应低于 5.0×10^{-5}。校准方法及检测资料的处理参见附录A。

5.1.3 比测校准

5.1.3.1 校准场地、条件与方法

被校准的重力仪可以移动时，比测校准可选择有长期连续观测并已知高精度潮汐因子的台站进行；

当被校准的重力仪移动有困难时，可用具有校准格值、且精度等级高于被校准仪器的重力仪用于传递国家标准与其进行比测校准，对比观测时间为 1 ~3 个月。

5.1.3.2 校准计算与结果评定

通过二台重力仪的对比观测或台站已知的标准潮汐因子，获得被校准仪器在该台站测得的潮汐因子。根据已知的标准潮汐因子和测得的潮汐因子，反算被校准仪器的视面板格值(整个系统的格值)。校准观测计算的 M_2 波潮汐因子的均方误差应小于 ±0.001。

5.2 重力仪测程的检测

5.2.1 间接测程的检测

通过仪器测程调节装置的调整，在任何(陆地)测点上重力仪的输出能正常示值即为合格。

注：地球陆地上任意两点间的重力差值都不大于 $6\,000\times10^{-5}\ \mathrm{m\cdot s^{-2}}$。

5.2.2 直接测程的检测

5.2.2.1 固定观测型(台站)仪器的检测

固定观测型仪器的检测场地宜符合 DB/T 7 — 2003 的要求。

安置好重力仪，调整测程调节装置使仪器的输出接近零(不小于零)，记录仪器的输出值 R_L；再调整测程调节装置，使仪器的输出增加，记录仪器的输出 R_h；按式(1)计算 ΔG。ΔG 不小于直接测程为合格。

$$\Delta G = (R_h - R_L) \times C \quad \cdots\cdots(1)$$

式中：

C——重力仪的格值。

5.2.2.2 流动观测型仪器的检测

检测场地宜符合下列要求：两测站间距离不大于 30 km，重力差不小于 $200\times10^{-5}\ \mathrm{m\cdot s^{-2}}$，周围无振动干扰(宜在重力仪格值校准场选择两基线点进行)。

在重力值高的一点上，调整测程调节装置使被检测仪器的输出接近零(不小于零)，记录仪器的输出 R_h；再将被检测仪器移至重力值低的一点上，记录仪器的输出 R_L；按式(1)计算 ΔG。ΔG 不小于直接测程为合格。

5.3 分辨力和重复性标准差的检测

5.3.1 分辨力的检测

5.3.1.1 检测场地与环境

固定观测型仪器的检测场地宜符合 DB/T 7 — 2003 的要求；流动观测的仪器的检测场地宜选在环境温度变化小，周围无振动干扰，地基较稳定的室内。检测时间宜在大潮期间固体潮变化速率快的时段。

5.3.1.2 检测

调整固定观测型(台站)仪器的采样频率，使其每分钟输出一检测记录值，每组检测记录不少于 10 个；对于流动观测的仪器宜每 10 min 获取一观测值，每组观测值宜不少于六个。

在固体潮上升和下降时间段各进行一组检测。

5.3.1.3 检测结果评定

观测值应随固体潮理论值同步递增或者递减，按式(2)计算比例系数 K_i。当 $0.5 \leqslant K_i \leqslant 1.5$($i=1, 2, 3, \cdots, n-1$)时，检测结果评定为合格。

$$K_i = \frac{(R_{i+1} - R_i) \times C}{T_{i+1} - T_i} \quad \cdots\cdots(2)$$

式中：

R_i、R_{i+1}—— 重力仪各相邻观测值；

C—— 重力仪的格值；

T_i、T_{i+1}—— 重力仪观测值获取时刻(min)的固体潮理论值，$i=1, 2, 3, \cdots, n-1$；

n —— 重力仪观测值的个数。

5.3.2 重复性标准差的检测

5.3.2.1 检测场地与条件

检测场地宜符合下列要求：环境温度变化小，周围无振动干扰，地基较稳定的室内地点。

检测宜在重力固体潮变化缓慢的时段进行(农历每月初八或二十二日、固体潮曲线平坦的时段)。

5.3.2.2 检测

重复性的检测应按照 JJF 1001 — 1998 的要求，在相同条件下，短时间内(不长于 1 h)多次对同一测点重复进行测量，检测仪器提供相近示值的能力。重力仪重复性用检测示值的标准差表示。

每次测量前应重新安置仪器并获取一个观测值 R_i(仪器的示值)。所有观测应由同一观测员执行，相邻观测的时间间隔宜为 5 min ~ 10 min。观测值的数量不应少于六个。

5.3.2.3 检测的计算与结果评定

将观测值 R_i 转换成重力值、经固体潮改正后得到 g_i，重复性标准差 σ 按式(3)计算。当结果符合 4.3.3 条规定的要求时为合格。

$$\sigma = \sqrt{\frac{\sum_{i=1}^{n}(g_i - \bar{g})^2}{n-1}} \qquad \cdots\cdots(3)$$

式中：

$\bar{g} = \frac{1}{n}\sum_{i=1}^{n} g_i$；

n——观测值的个数。

5.4 准确度和精度的检测

重力仪的准确度和精度的检测可在重力仪格值校准时进行，格值短基线校准的观测中误差 m 即为重力仪的观测精度；由于基线值是约定真值，此处的中误差 m 也就是重力仪的准确度，参见附录 A。

5.5 静态零点漂移检测

5.5.1 测试场地与条件

检测场地宜符合下列要求：环境温度变化小，周围无振动干扰，地基较稳定的室内地点。

5.5.2 检测

将仪器安置好后固定不动。整个检测期间保持重力仪的纵、横水准器处于正确位置；测量机构应处于自由运动状态(开摆状态)。重力仪须经 24 h ~ 48 h 稳定观测，待漂移率趋于稳定后再持续观测 48 h 以上。采样间隔不应大于 60 min。

5.5.3 数据处理

将观测值经固体潮改正后绘出仪器的静态零漂曲线，在曲线上选择线性度较好、连续时间不少于 36 h 的试验数据段计算出重力仪的平均静态零漂率。仪器零漂曲线应接近线性，静态漂移检测的记录、计算表格及漂移曲线图的绘制参见附录 B。

5.6 重力仪动态零点漂移的检测

5.6.1 测试场地与条件

检测场地宜符合下列要求：测站间距离不大于 30 km，重力差不小于 $50 \times 10^{-5}\ \mathrm{m \cdot s^{-2}}$，周围无振动干扰，测站间环境温差小(宜在重力仪格值校准场选择)。

5.6.2 检测

使用正式作业时的运输工具，按 A→B→A→B…测点的顺序重复进行观测(也可以在数个测点上按 A→B→C→…→C→B→A→B→C→…→C→B→A→…顺序重复观测)，持续观测时间不得少于 8 h。

5.6.3 检测结果的计算与评定

对各测站的各次观测值进行固体潮改正后绘出仪器的动态零点漂移曲线，计算平均动态零漂率。

其结果满足4.3.5.2条的规定时为合格。

动态漂移检测的记录、计算表格及漂移曲线图的绘制参见附录C。

动态漂移的检测可与重力仪格值的短基线校准一起进行。

5.7 重力仪混合零点漂移的检测

5.7.1 测试场地与条件

检测基点宜符合下列要求：环境温度变化小，周围无振动干扰，地基较稳定的室内观测点。

5.7.2 检测

仪器出测前在检测基点进行观测；野外测量工作完成后(野外测量的天数宜多于30 d)仍在同一检测基点进行观测，对两次观测值进行固体潮改正后得到仪器的混合零点漂移和观测的时间差；计算混合零点漂移率，其结果应满足4.3.5.3条的规定。

5.8 环境磁场的变化对重力仪观测值影响的检测

5.8.1 不同方向的环境磁场对重力仪观测结果影响的检测

检测出对重力仪观测值影响最显著的外加磁场的方向。检测方法、记录、计算表格及曲线绘制参见附录D。

5.8.2 环境磁场强度变化对重力仪观测结果影响的检测

检测方法、记录、计算表格及曲线绘制参见附录D。

5.9 大气压变化对重力仪观测值影响的检测

5.9.1 气压阶跃变化对重力仪观测结果影响的检测

检测方法及资料的处理参见附录E。

5.9.2 气压突变对重力仪观测结果影响的检测

检测方法及资料的处理参见附录E。

5.10 静电反馈装置的检测

5.10.1 比例因子的校准

5.10.1.1 校准方法

重力仪静电反馈装置比例因子的校准应用测量重力基线的方法进行。在不具备重力基线的地方，允许采用相对校准的方法进行。

5.10.1.2 基线观测校准

在重力基线上选择适合于静电反馈装置线性测程的测段进行基线观测校准，校准方法及资料的处理详见附录F。校准的比例因子F_i的组间最大互差不应大于0.002×10^{-5} m·s^{-2}/ LSD。

5.10.1.3 相对校准

利用重力仪本身弹性系统的测量功能对静电反馈装置进行比例因子的校准，校准结果可取多组校准的平均值，各组校准的比例因子间的最大互差不应大于0.002×10^{-5} m·s^{-2}/ LSD。校准记录、计算参见附录F。

5.10.2 线性测程的检测

线性测程的检测可与静电反馈装置比例因子的校准同时进行。比例因子校准曲线的线性段两端对应的重力差即是静电反馈装置的线性测程，参见图F.1。

5.10.3 线性度误差的检测

在静电反馈装置的检测中，按式(4)和式(5)计算线性度误差和残差。

$$\delta = \frac{\Delta y_{\max}}{\Delta y_{FS}} \% \qquad \cdots\cdots(4)$$

$$\Delta y_i = y_i - (a + bx_i) \qquad \cdots\cdots(5)$$

式中：

δ——线性度误差；

Δy_{FS}—— 静电反馈装置线性测程最大值；

Δy_{max}—— Δy_i 集合中最大值；

Δy_i—— 各样本点与拟合直线的残差；

y_i、$(a+bx_i)$参见附录F，$i=1$，2，3，…，$n-1$。

附　录　A
（资料性附录）
重力仪格值的基线校准

A.1　重力仪格值校准的原则

重力基线是校准重力仪格值、传递国家标准的基准。重力仪的格值校准应优先采用测量重力基线的方法进行。

A.2　校准基线的选择

重力基线分：长基线、短基线和垂直基线（特殊的短基线）。长基线选用2000 国家重力基本网中的：哈尔滨—北京—西安—昆明测线上与仪器工作区域相关的测段。短基线宜选用北京灵山、江西庐山两条。重力长基线、短基线应有精度优于 $5\times10^{-8}\ \mathrm{m\cdot s^{-2}}$ 的基准点作控制。每隔 3 a ~ 5 a 应用高精度的绝对重力仪进行一次复测，以保证重力基线的准确性并检验其稳定性。直接测程 $300\times10^{-5}\ \mathrm{m\cdot s^{-2}}$ 以上的重力仪在长基线进行校准；直接测程 $300\times10^{-5}\ \mathrm{m\cdot s^{-2}}$ 以下（含 $300\times10^{-5}\ \mathrm{m\cdot s^{-2}}$）以及用于台站固定观测的重力仪可用短基线进行校准。

A.3　校准观测及资料处理

A.3.1　长基线校准

重力仪在长基线上进行校准时，基本点（机场点）间需乘飞机进行往返观测，至少要取得三个合格的单程测量结果；基本点与基准点间乘汽车进行往返观测，至少要取得四个合格的单程测量结果。重力仪格值校准的相对精度不应低于 1.5×10^{-5}。

校准格值按式（A.1）计算：

$$C = \Delta G/(\Delta R + \Delta R_1 + \Delta R_2) \qquad \text{(A.1)}$$

式中：

ΔG —— 两基准点间的绝对重力值之差；

ΔR —— 经固体潮、仪器高、气压等各项改正后，重力仪在两基本点间观测的平均示值差；

ΔR_1，ΔR_2 —— 经固体潮、仪器高、气压等各项改正后，重力仪的两基准点分别与相应基本点间观测的平均示值差。

校准观测的中误差 m 和格值校准结果的相对精度分别按式（A.2）、（A.3）计算：

$$m = \pm\sqrt{\frac{[VV]}{n(n-1)}} \qquad \text{(A.2)}$$

式中：

V —— 各测段上重力仪单程段差单个观测值与基线值之差；

n —— 重力仪单程段差观测值的总个数。

$$M = m/\Delta G \qquad \text{(A.3)}$$

A.3.2　短基线校准

在短基线校准时，仪器在被选测点间进行往返观测，至少要取得八个合格的单程测量结果。校准结果的相对精度不应低于 5.0×10^{-5}。校准格值按式（A.4）计算：

$$C = \Delta g/\Delta R \qquad \text{(A.4)}$$

式中：

Δg —— 基线上被选测点间的重力值之差；

ΔR —— 经固体潮、仪器高、气压等各项改正后，重力仪在测点间观测的平均示值差。

校准观测的中误差 m 和格值校准结果的相对精度 M 分别按式(A.2)、(A.5)计算：

$$M = m / \Delta g \qquad \cdots\cdots (A.5)$$

附 录 B
(规范性附录)
重力仪动态检测记录、计算表格及检测曲线绘制图例

B.1 重力仪静态零点漂移检测记录、计算宜采用表 B.1 所示形式进行,检测曲线的绘制参见图 B.1。

表 B.1 重力仪静态漂移检测记录计算表

仪器型号:	试验时间	试验地点	大地经度	大地纬度	正常高	观测者:		
	年 月 日		° ′	° ′	(m)	记录者:		
日期 (月.日)	时间 t (时:分)	时间差 Δt $\Delta t_i=(t_{i+1}-t_i)$h	读数 R $10^{-8}\ \mathrm{m\cdot s^{-2}}$	观测值 g (g=读数×格值) $10^{-8}\ \mathrm{m\cdot s^{-2}}$	固体潮 T $10^{-8}\ \mathrm{m\cdot s^{-2}}$	改正后观测值 G ($G=g-T$) $10^{-8}\ \mathrm{m\cdot s^{-2}}$	漂移 ΔG ($\Delta G_i=G_{i+1}-G_i$) $10^{-8}\ \mathrm{m\cdot s^{-2}}$	漂移率 D ($D=\Delta G/\Delta t$) $10^{-8}\ \mathrm{m\cdot s^{-2}}$/h
	t_1	Δt_1	R_1	g_1	T_1	G_1	ΔG_1	D_1
	t_2	Δt_2	R_2	g_2	T_2	G_2	ΔG_2	D_2
	t_3	Δt_3	R_3	g_3	T_3	G_3	ΔG_3	D_3
…	…	…	…	…	…	…	…	…
	t_{n-1}	Δt_{n-1}	R_{n-1}	g_{n-1}	T_{n-1}	G_{n-1}	ΔG_{n-1}	D_{n-1}
	t_n		R_n	g_n	T_n	G_n		
平均零漂率计算	直接计算:$D=\sum_{i=1}^{n-1}\lvert D_i\rvert/(n-1)$ 线性回归:$Y=a+bX$,($G\rightarrow Y$,$t\rightarrow X$,$D\rightarrow b$,$a=\overline{Y}-b\overline{X}$,$b=l_{xy}/l_{xx}$) $l_{xx}=\sum_{i=1}^{n}X_i-\frac{1}{n}(\sum_{i=1}^{n}X_i)^2$, $l_{xy}=\sum_{i=1}^{n}X_iY_i-\frac{1}{n}(\sum_{i=1}^{n}X_i)(\sum_{i=1}^{n}Y_i)$							
注:观测值的总个数 n 应大于48。								

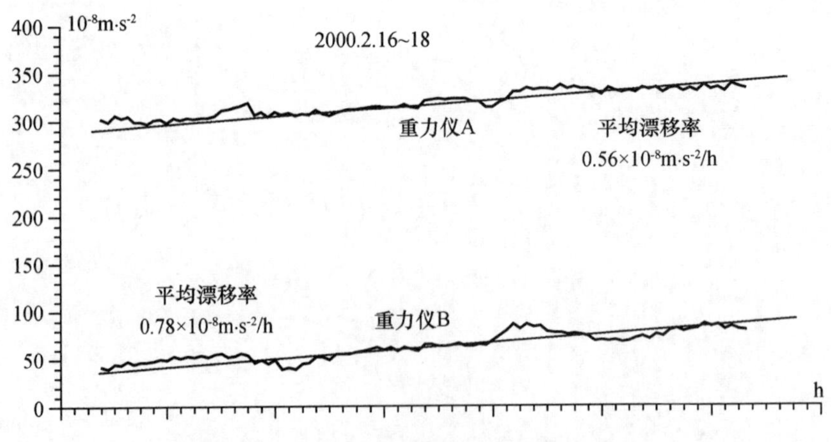

图 B.1 重力仪静态漂移曲线(示例)

附　录　C
（资料性附录）
重力仪动态检测记录、计算表格及检测曲线绘制图例

C.1　重力仪动态零点漂移检测记录、计算宜采用表 C.1 所示形式进行，漂移曲线的绘制参见图 C.1。

表 C.1　重力仪动态漂移检测记录、计算表

仪器型号:		试验时间	试验地点	大地经度	大地纬度	正常高	观测者:
		年　月　日		°　′	°　′	(m)	记录者:
时间 t （时：分）	时间差 Δt $(\Delta t_i = t_{i+1} - t_i)$h	读数 R	观测值 g （g = 读数 × 格值） 10^{-8} m·s^{-2}	固体潮 T 10^{-8} m·s^{-2}	改正后观测值 G $(G = g - T)$ 10^{-8} m·s^{-2}	漂移 ΔG $(\Delta G_i = G_{i+1} - G_i)$ 10^{-8} m·s^{-2}	漂移率 D $(D = \Delta G/\Delta t)$ 10^{-8} m·s^{-2}/h
t_1	Δt_1	R_1	g_1	T_1	G_1	ΔG_1	D_1
t_2	Δt_2	R_2	g_2	T_2	G_2	ΔG_2	D_2
t_3	Δt_3	R_3	g_3	T_3	G_3	ΔG_3	D_3
…	…	…	…	…	…	…	…
t_{n-1}	Δt_{n-1}	R_{n-1}	G_{n-1}	T_{n-1}	G_{n-1}	ΔG_{n-1}	D_{n-1}
t_n		R_n	g_n	T_n	G_n		
平均零漂率计算		直接计算：$D = \sum_{i=1}^{n-1} \lvert D_i \rvert/(n-1)$ 线性回归：$Y = a + bX$，$(G \to Y,\ t \to X,\ D \to b)$					
注：观测值的总个数 n 应大于 48。							

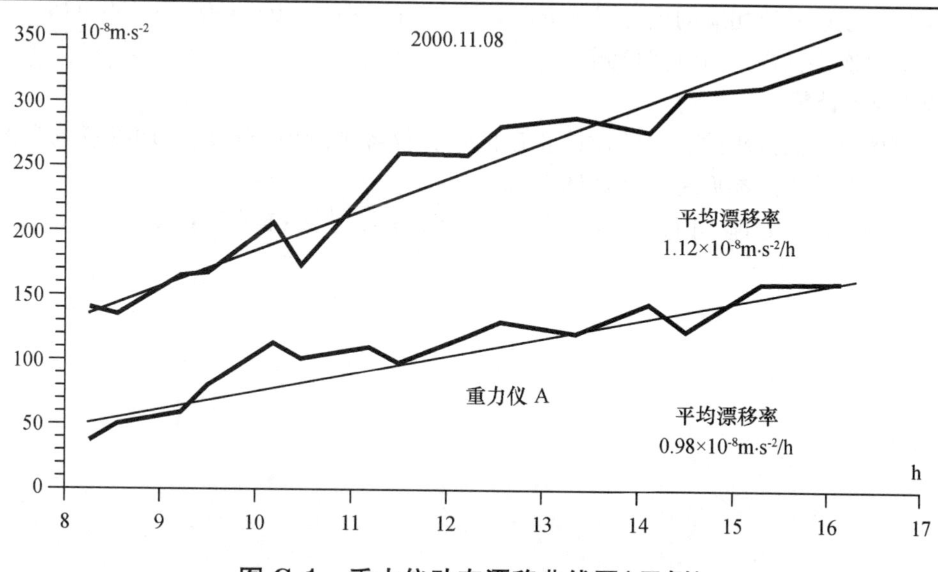

图 C.1　重力仪动态漂移曲线图（示例）

附 录 D
（资料性附录）
环境磁场对重力仪观测值影响的检测

D.1 检测设备与条件

用可旋转的亥姆霍兹线圈产生单向磁场，在一定空间范围内，其强度和方向可调。磁场强度调节范围：$0\ \mathrm{A\cdot m^{-1}} \sim 240\ \mathrm{A\cdot m^{-1}}$，方向在0° ~ 360°间任意变化。

D.2 不同方向的环境磁场对重力仪观测值影响的检测

D.2.1 检测程序

将仪器按磁北极方向安置在亥姆霍兹线圈中心部位的检测台上。调节流经线圈的电流，使其在水平方向产生磁场强度恒定为$80\ \mathrm{A\cdot m^{-1}}$的外加磁场。待仪器状态稳定后开始检测。

每次以30°的间隔旋转亥姆霍兹线圈改变外加磁场的磁极方向，旋转变化范围为：0° ~ 360°；每改变一次外加磁场方向，读取一组相应的重力仪观测值。检测共进行两测回，第一测回顺时针旋转线圈，第二测回逆时针旋转。

D.2.2 检测结果与计算

对各次观测值进行固体潮改正，绘出改正后的重力仪各观测值与外加磁场对应方向的关系曲线。检测记录、计算表格及曲线图绘制参见表D.1和图D.1。

当发现某一方向的外加磁场对重力仪观测值的影响最显著时，固定该方向再进行磁场强度变化对重力仪观测值影响的检测。

D.3 环境磁场强度变化对重力仪观测结果影响的检测

D.3.1 检测程序

将仪器在亥姆霍兹线圈中心部位检测台上按5.8.1条检测出的方向安置，调节流经线圈的电流改变外加磁场的场强。场强变化间隔为$15\ \mathrm{A\cdot m^{-1}}$，整个场强变化范围为$0\mathrm{A\cdot m^{-1}} \sim 105\ \mathrm{A\cdot m^{-1}}$。每改变一次磁场强度，读取一组相应的重力仪观测值。按$0\to15\to\cdots\to105\to90\to\cdots\to0\to15\to\cdots\to105\to90\to\cdots\to0(\mathrm{A\cdot m^{-1}})$次序共进行两测回检测。

D.3.2 检测结果的计算

对各次观测值进行固体潮改正，绘出改正后的重力仪各观测值与对应外加磁场场强的关系曲线。记录、计算表格及曲线绘制参见表D.2和图D.2。

对观测资料进行拟合处理，回归系数不应大于$0.125\times10^{-8}\ \mathrm{m\cdot s^{-2}/(A\cdot m^{-1})}$。

表 D.1　不同方向的环境磁场对重力仪观测值影响检测记录计算表

<table>
<tr><td colspan="2" rowspan="2">仪器型号：</td><td>试验时间</td><td>试验地点</td><td>大地经度</td><td>大地纬度</td><td>外加磁场强度</td><td>观测者：</td></tr>
<tr><td>年　月　日</td><td></td><td>°　′</td><td>°　′</td><td>A · m⁻¹</td><td>记录者：</td></tr>
<tr><td>时间 t
（时：分）</td><td>外加磁场方向
°</td><td>重力仪读数 R</td><td>观测值 g
（g = 读数 × 格值）
10^{-8} m · s^{-2}</td><td>固体潮 T
10^{-8} m · s^{-2}</td><td>改正后观测值 G
（G = g − T）
10^{-8} m · s^{-2}</td><td colspan="2">观测值的变化 ΔG
（$\Delta G_i = G_{i+1} - G_i$）
10^{-8} m · s^{-2}</td></tr>
<tr><td>t_1</td><td>0</td><td>R_1</td><td>g_1</td><td>T_1</td><td>G_1</td><td colspan="2">ΔG_1</td></tr>
<tr><td>t_2</td><td></td><td>R_2</td><td>g_2</td><td>T_2</td><td>G_2</td><td colspan="2">ΔG_2</td></tr>
<tr><td>t_3</td><td></td><td>R_3</td><td>g_3</td><td>T_3</td><td>G_3</td><td colspan="2">ΔG_3</td></tr>
<tr><td>…</td><td>…</td><td>…</td><td>…</td><td>…</td><td>…</td><td colspan="2">…</td></tr>
<tr><td>t_{n-1}</td><td></td><td>R_{n-1}</td><td>g_{n-1}</td><td>T_{n-1}</td><td>G_{n-1}</td><td colspan="2">ΔG_{n-1}</td></tr>
<tr><td>t_n</td><td></td><td>R_n</td><td>g_n</td><td>T_n</td><td>G_n</td><td colspan="2"></td></tr>
<tr><td colspan="2">试验结果的
计算与评定</td><td colspan="6"></td></tr>
<tr><td colspan="8">注：观测值的总个数 n 应大于48。</td></tr>
</table>

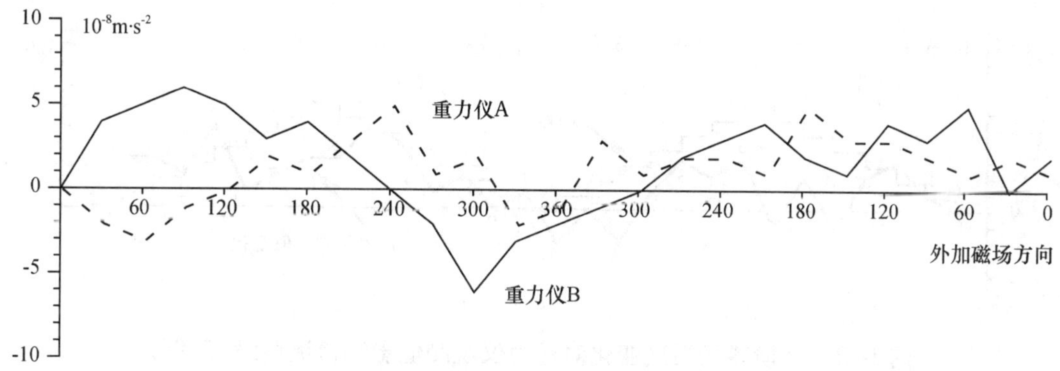

图 D.1　不同方向的环境磁场对重力仪观测值影响检验曲线（示例）

表 D.2 环境磁场强度变化对重力仪观测值影响检测的记录计算表

仪器型号：		试验时间	试验地点	大地经度	大地纬度	外加磁场方向	观测者：
		年 月 日		° ′	° ′	°	记录者：
时间 t （时：分）	外加磁场强度 A/m	重力仪读数 R	观测值 g （g = 读数 × 格值） 10^{-8} m·s^{-2}	固体潮 T 10^{-8} m·s^{-2}	改正后观测值 G （$G = g - T$） 10^{-8} m·s^{-2}	观测值的变化 ΔG （$\Delta G_i = G_{i+1} - G_i$） 10^{-8} m·s^{-2}	
t_1		R_1	g_1	T_1	G_1	ΔG_1	
t_2		R_2	g_2	T_2	G_2	ΔG_2	
t_3		R_3	g_3	T_3	G_3	ΔG_3	
…	…	…	…	…	…	…	
t_{n-1}		R_{n-1}	g_{n-1}	T_{n-1}	G_{n-1}	ΔG_{n-1}	
t_n		R_n	g_n	T_n	G_n		
试验结果的计算与评定							
注：观测值的总个数 n 应大于48。							

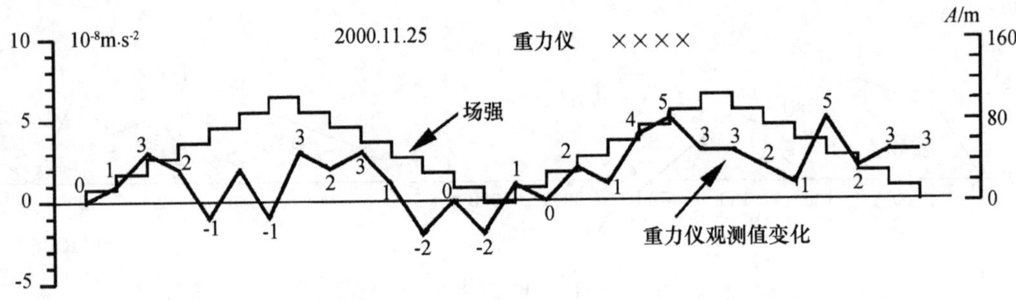

图 D.2 环境磁场强度变化对重力仪观测值影响检测曲线（示例）

附 录 E
(资料性附录)
大气压力变化对重力仪观测值影响的检测

E.1 检测设施与条件

在基础稳定、周围无振动干扰的低压舱中对重力仪进行检测。舱内气压可调范围：101 325 Pa ~ 60 000 Pa；舱内气压稳压精度优于 ±100 Pa /h；气压测试精度优于 ±50 Pa。在可调范围内，一次全程范围的气压调节时间小于 15 min。舱内应具备通讯、供电及低散热的照明设施。

E.2 气压阶跃变化对重力仪观测结果影响的检测

E.2.1 检测程序

模拟仪器在不同海拔高度工作时，检测大气压力变化对重力仪观测值产生的影响。

在气压舱内安置好重力仪。检测时从常压开始，让舱内气压每次以 -6 500 Pa 的间隔阶跃变化，气压累计变化量到达 -32 500 Pa(约相当于 3 000 m 高差引起的大气压力变化)；然后再每次以 6 500 Pa 的间隔反向阶跃变化至常压。舱内每次气压调节时间不应大于 2 min。各次阶跃变化的时间间隔为 15min ~ 20 min，气压每跃变一次后重力仪相应地进行一次观测。记录计算参见表 E.1。

E.2.2 检测结果的计算

对各次观测值进行固体潮改正，绘出重力仪各次观测值改正后的结果与对应舱内气压值的关系曲线。检测曲线图绘制参见图 E.1。对检测资料进行拟合处理。

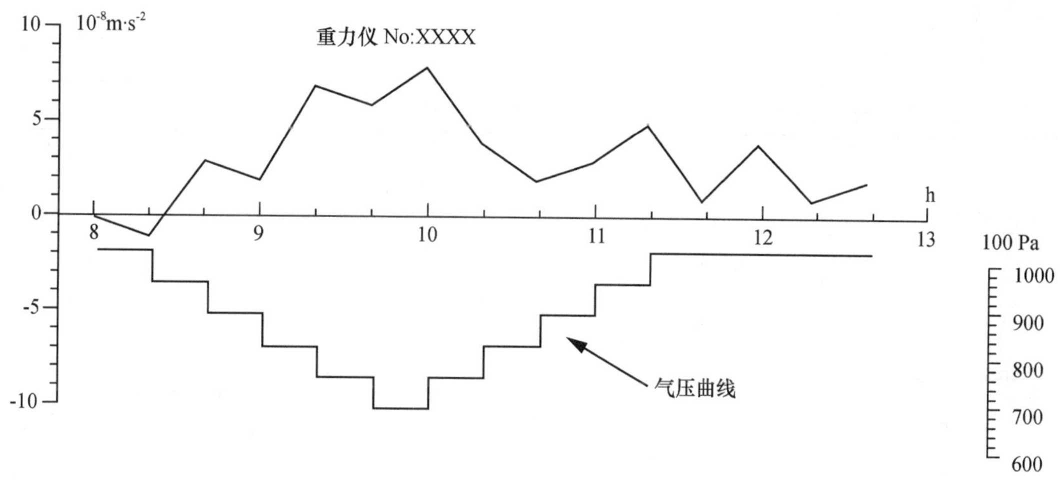

图 E.1 气压阶跃变过程对重力仪观测值的影响检测曲线(示例)

E.3 气压突变对重力仪观测结果影响的检测

E.3.1 检测程序

该检测是观测气压突变时重力仪观测值是否受其影响，影响时间是否有滞后现象。用以确定各台重力仪搭乘飞机作长距离联测时，在飞机降落后是否能立即进行观测。

在气压舱内安置好重力仪。先进行 1 h 静态观测，其间每隔 15 min ~ 20 min 观测一次；然后让气压舱内气压从常压(约 101 325 Pa)在短时间内(不大于 15 min)“突降”32 500 Pa；在低气压状态下对仪器进行二小时静态检测，其间每隔 15 min ~ 20 min 观测一次。然后让气压舱内气压反向“突变”增至常压(变化时间不大于 15 min)，此时再连续进行 1 h 的观测，观测间隔同上。记录计算表格参见表 E.1。

E.3.2　检测结果的计算

对各次观测值进行固体潮改正，绘出改正后的重力仪各次观测值与舱内气压值对应的关系曲线，参见图 E.2。对检测资料进行拟合处理。

表 E.1　气压变化对重力仪观测值影响检测的记录计算表

仪器型号：	试验时间	试验地点	大地经度	大地纬度	场地环境气压	观测者：
	年　月　日		°　′	°　′	100Pa	记录者：

时间 t（时：分）	舱内气压 P 100 Pa	重力仪读数 R	观测值 G（G = 读数 × 格值）10^{-8} m · s^{-2}	固体潮 T 10^{-8} m · s^{-2}	改正后观测值 G（$G = g - T$）10^{-8} m · s^{-2}	观测值的变化 ΔG（$\Delta G_i = G_{i+1} - G_i$）$10^{-8}$ m · s^{-2}
t_1	P_1	R_1	g_1	T_1	G_1	ΔG_1
t_2	P_2	R_2	g_2	T_2	G_2	ΔG_2
t_3	P_3	R_3	g_3	T_3	G_3	ΔG_3
…	…	…	…	…	…	…
t_{n-1}	P_{n-1}	R_{n-1}	g_{n-1}	T_{n-1}	G_{n-1}	ΔG_{n-1}
t_n	P_n	R_n	g_n	T_n	G_n	
试验结果的计算与评定						

注：观测值的总个数 n 应大于 48。

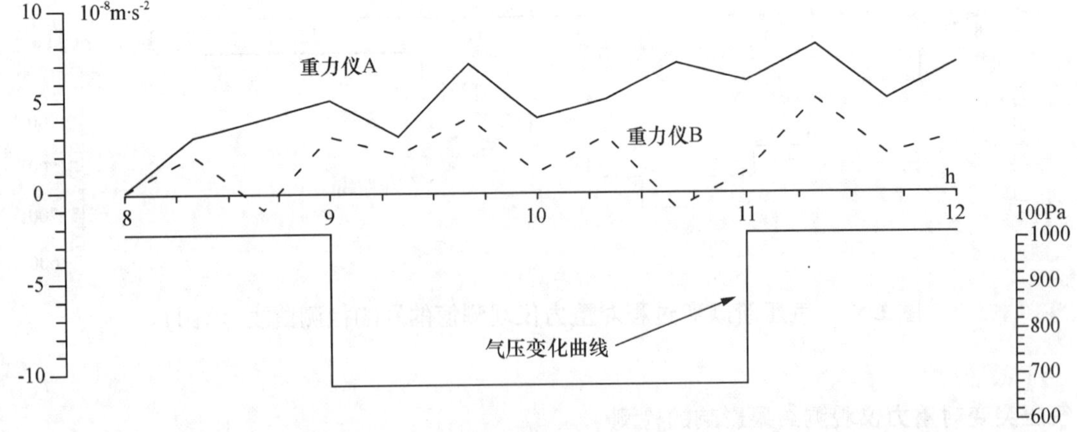

图 E.2　气压突变过程对重力仪观测值的影响检测曲线(示例)

附 录 F
(资料性附录)
重力仪静电反馈比例因子的校准及线性度误差的检测

F.1 校准方法的选择

应使用测量基线的方法对重力仪静电反馈装置的比例因子进行校准。在不具备重力基线的地方，允许采用相对校准的方法进行。

F.2 基线法校准

F.2.1 校准场地与条件

重力仪静电反馈装置比例因子的校准可利用垂直基线测量完成。垂直基线是传递国家标准的基准。基线各测站间的重力差一般是垂直高差形成，基线最大段差不应小于 20×10^{-5} m·s^{-2}，相邻测站间重力差一般为 1×10^{-5} m·s^{-2}，基线还应具备五至六段重力差为$(0.15\sim0.2)\times10^{-5}$ m·s^{-2}的连续小段差测段。各测站基准值的精度应优于 $\pm5\times10^{-8}$ m·s^{-2}。

F.2.2 校准步骤

重力仪静电反馈装置在垂直基线上进行校准测量时，在小段差测段上按地震重力测量规范的技术要求逐段进行往返测量，每个测段至少要取得六个合格的单程测量结果。

F.2.3 校准资料的计算与结果评定

按式(F.1)、(F.2)计算比例因子 F_i 的校准结果：

$$F_i = \Delta g_i/\Delta V_i \qquad \cdots\cdots(F.1)$$

式中：

Δg_i—— 基线上被测各段的重力段差；

ΔV_i—— 经固体潮改正后，重力仪静电反馈装置测定的各基线点间平均示值(电压)差。

$$F = \sum_{i=1}^{n} F_i/n \qquad \cdots\cdots(F.2)$$

在各小段差测段上校准的比例因子 F_i间的最大互差不应大于0.002×10^{-5} m·s^{-2}/ LSD。对校准比例因子进行线性回归。在线性测程范围内，线性度误差应小于等于0.5%。

F.3 相对校准

F.3.1 校准场地与条件

静电反馈装置比例因子利用其挂载重力仪自身进行校准称为相对校准。其挂载重力仪的格值应有合格的校准结果。

选择环境温度变化小，周围无振动干扰，地基较稳定的室内地点作为校准场地。将重力仪安置好后不再移动，整个校准期间保持重力仪的纵、横水准器处于正确位置。

F.3.2 校准步骤

利用重力仪的测量机构将静电反馈装置的输出示值调到其线性动态范围的下端(或上端)，待静电反馈装置的输出示值稳定后，记录此时重力仪测量机构的示值、静电反馈的输出示值和记录时间。用重力仪的测量机构改变 0.1×10^{-5} m·s^{-2}左右的重力变化使静电反馈的输出示相应反向变化，大约1 min后，记录此时重力仪的测量机构的示值、静电反馈的输出示值和记录时间。重复以上步骤，直到静电反馈装置的输出示值到其线性动态范围的上端(或下端)。

为了保证校准结果的可靠性，上述校准步骤至少要重复三次。

F.3.3 校准结果的计算与评定

比例因子的校准结果可取多次校准的平均值，各次校准的比例因子 F_i 间的最大互差应小于等于 $0.002\times10^{-5}\ \mathrm{m\cdot s^{-2}}$/ LSD，线性度误差应小于等于 0.5% 。校准记录、计算及线性度误差检测参见表 F.1，校准曲线的绘制参见图 F.1。

表 F.1 重力仪静电反馈比例因子相对校准的记录和计算表

仪器型号：	校准日期	试验地点	大地经度	大地纬度	环境温度	观测者：	
	年 月 日		° ′	° ′	℃	记录者：	
时间 t （时：分）	仪器读数 R	固体潮 T $10^{-8}\ \mathrm{m\cdot s^{-2}}$	改正后观测值 G（$G=R\times$格值$-T$） $10^{-8}\ \mathrm{m\cdot s^{-2}}$	反馈输出 mV	输入变化 DG （$DG_i=G_{i+1}-G_i$） $10^{-8}\ \mathrm{m\cdot s^{-2}}$	输出变化 DV （$DV_i=V_{i+1}-V_i$）mV	比例因子 F （F = DG/DV） $10^{-8}\ \mathrm{m\cdot s^{-2}/mV}$
t_1	R_1	T_1	G_1	V_1	DG_1	DV_1	F_1
t_2	R_2	T_2	G_2	V_2	DG_2	DV_2	F_2
t_3	R_3	T_3	G_3	V_3	DG_3	DV_3	F_3
…	…	…	…	…	…	…	…
t_{n-1}	R_{n-1}	T_{n-1}	G_{n-1}	V_{n-1}	DG_{n-1}	DV_{n-1}	F_{n-1}
t_n	R_n	T_n	G_n	V_n			
比例因子计算	线性回归计算：$Y=a+bX$ $(Y_i\to G_i,\ X_i\to V_i,\ b\to F)$，$(a=\overline{Y}-b\overline{X},\ b=l_{xy}/l_{xx})$ $l_{xx}=\sum_{i=1}^{n}X_i-\frac{1}{n}(\sum_{i=1}^{n}X_i)^2$，$l_{xy}=\sum_{i=1}^{n}X_iY_i-\frac{1}{n}(\sum_{i=1}^{n}X_i)(\sum_{i=1}^{n}Y_i)$						
注：观测值的总个数 n 应大于48。							

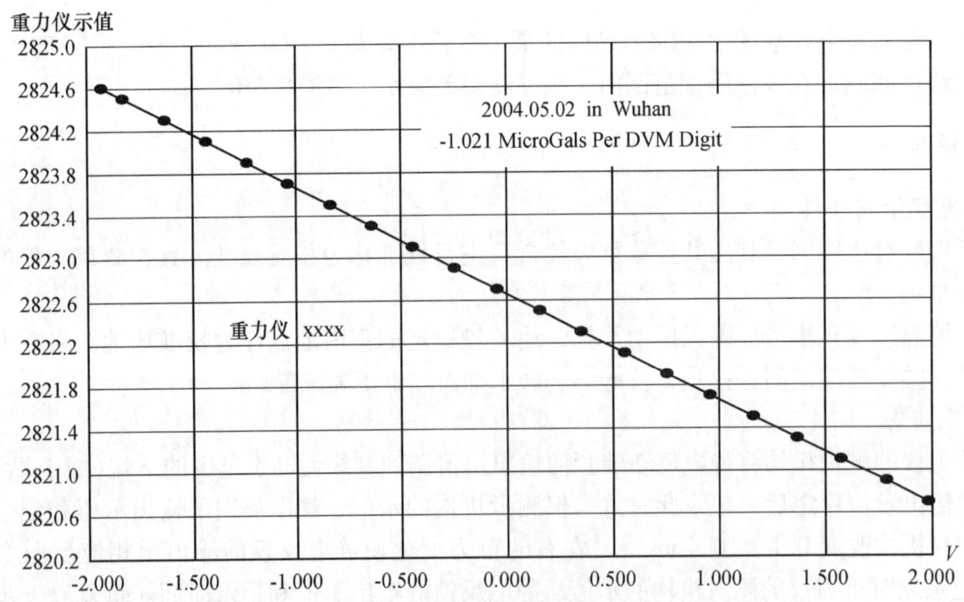

图 F.1 重力仪静电反馈比例因子的校准曲线（示例）

参 考 文 献

[德] Wolfgang Torge 著，徐菊生 等译，重力测量学，北京：地震出版社，1993
GB/T 18207.2 — 2005《防震减灾术语 第2部分：专业术语》
国家测绘局，国家一等重力测量规范，北京：测绘出版社，1987
国家地震局，地震重力测量规范，北京：地震出版社，1997
李瑞浩，监测预报研究的重力仪研制问题，地壳形变与地震，1988，8(1)：59 ~ 64
刘冬至 等，便携式重力固体潮数字化数据采集系统，大地测量与地球动力学，2004，24(3)：113 ~ 116
刘冬至 等，《2000 国家重力基本网》短基线的检定与分析，大地测量与地球动力学 2002，22(4)：61 ~ 65
刘冬至 等，静电反馈在重力测量中的应用，地壳形变与地震，1994，14(3)：57 ~ 64
刘冬至，绝对与相对重力同步比测中的拉科斯特重力仪标定，地壳形变与地震，1998，18(1)：88 ~ 94
罗星辉 等，测定重力仪气压改正系数的低压舱，地壳形变与地震，1985，5(1)：43 ~ 47
中国地震局，地震及前兆数字观测技术规范 地壳形变观测(试行)，北京：地震出版社，2001
朱仲芬 等，测定磁场对重力观测值影响的实验装置，地壳形变与地震，1985，5(1)：49 ~ 53

参 考 文 献

[illegible]

ICS 91.120.25
P 15

中华人民共和国地震行业标准

DB/T 24—2007

震例总结规范

Specification for earthquake case summarization

2007-06-05 发布 2007-10-01 实施

中国地震局 发布

前　言

本标准的附录 A 为规范性附录，附录 B 和附录 C 为资料性附录。

本标准由中国地震局提出。

本标准由全国地震标准化技术委员会(SAC/TC 225)归口。

本标准起草单位：中国地震局地震预测研究所、中国地震台网中心。

本标准主要起草人：陈棋福、张肇诚、车时、郑大林、刘桂萍、粟生平。

引　言

为了完整而客观地积累地震震例的科学资料、研究成果和实践经验，根据国家防震减灾的需要和相关学科的需求，制定本标准。

地震震例资料和研究成果是研究地震和探索地震预测预报的宝贵财富，但历史积累的这些震例资料的详细程度和可靠性不一、科学深度有别，使用和研究起来比较困难，特别是难于进行系统的对比和综合分析研究。1986 年以来经过三批中国震例的系统研究，形成了较为成熟的《震例研究和报告编写规范》（中震测［2000］068 号文），已出版的《中国震例》（1966～1999）共八册，编入中国 1966 年开展地震预报探索以来的 200 多次破坏性地震震例，在震例数量、资料的翔实程度及规范性上均为国际上独有，得到国内外学者的重视。以上工作为本标准的制定提供了经验和基础。

震例总结工作包容面很广，既有资料性和实践性的内容，又有很强的研究和探索性。前者要求尽可能全面、客观地积累震例的科学资料，后者具有灵活性和创新性，随着科技与实践的进步而发展。根据我国地震预报探索实践和国家防震减灾发展需求，本标准以震例的资料收集为重点，规定了震例总结的基本内容与要求，提出了资料分析与总结的框架和震例总结报告的编写结构等三个循序渐进的层次，以提高震例总结的史料性和科学性。

震例总结规范

1 范围

本标准规定了震例总结的基本要求、资料收集与分析的主要内容以及成果表达形式。

本标准适用于震例总结和研究工作。

2 规范性引用文件

下列文件中的条款通过本标准的引用而成为本标准的条款。凡是注日期的引用文件，其随后所有的修改单(不包括勘误的内容)或修订版均不适用于本标准，然而，鼓励根据本标准达成协议的各方研究是否可使用这些文件的最新版本。凡是不注日期的引用文件，其最新版本适用于本标准。

GB 17740 — 1999 地震震级的规定

GB/T 17742 中国地震烈度表

GB/T 18208.3 — 2000 地震现场工作 第3部分：调查规范

3 术语、定义和符号

3.1 术语和定义

下列术语和定义适用于本标准。

3.1.1

震例 earthquake case

一次或一组破坏性(或强有感)地震的资料和研究成果的汇集。

3.1.2

震例资料 earthquake case information

与震例有关的地震地质、震害、地震参数、地震序列、地震前兆异常、预测预报和应急响应等资料，包括原始资料及分析与研究成果。

3.1.3

震例总结 earthquake case summarization

对地震震例资料进行全面地系统收集、研究和科学概括。

3.1.4

震例报告 research report of an earthquake case

地震震例总结产出的成果报告。

3.1.5

地震前兆 earthquake precursor

地震前出现的与该地震孕育和发生相关联的现象。

[GB/T 18207.1 — 2000，定义3.2.1]

3.1.6

地震前兆异常 earthquake precursory anomaly

地震前出现的，有别于正常变化背景的、可能与该地震孕育和发生相关联的异常变化。

3.1.7

地震宏观异常 earthquake - related macroscopic anomaly

可被人的感官直接觉察到的，可能与地震发生有关的水文、生物、气象等各种自然界的反常现象，如井(泉)水异常、动植物习性异常、天气异常、地象异常和电磁现象等。

[修改 GB/T 18208.3 — 2000 的定义 3.6]

3.1.8

[地震]前兆测项　observation item for earthquake precursor

为提取地震前兆信息，用仪器观测获取相应的地球物理量或地球化学量的方法或方法门类。

[修改 DB/T 3 — 2003 的定义 3.1]

3.1.9

[地震前兆]异常项目　earthquake - precursor anomaly item

出现异常的地震前兆测项或经独立方法处理确定的异常参数，包括地震学异常项目及地震学以外的其他异常项目。

3.1.10

地震预测　earthquake prediction

对未来地震的发生时间、地点和震级进行估计和推测。

[GB/T 18207.1 — 2000，定义 3.2.4]

3.1.11

地震预报　earthquake forecast

向社会公告可能发生地震的时域、地域、震级范围等信息的行为。

[GB/T 18207.1 — 2000，定义 3.2.10]

3.1.12

地震台(站)　earthquake - monitoring station

地震观测点或开展地震观测和地震科学研究的基层机构。

[GB/T 18207.1 — 2000，定义 3.2.17]

3.1.13

地震监测台网　earthquake - monitoring network

由若干地震台组成的地震观测系统。

[GB/T 18207.1 — 2000，定义 3.2.20]

3.1.14

固定观测　stationary observation

在地震台(站、点)，用固定仪器按固定时间间隔和方法进行的长期连续观测。

3.1.15

定点流动观测　repeated observation at fixed sites

在一定区域内的固定观测点(线)上，对一定地球物理量或地球化学量进行巡回的重复测量。

3.1.16

地震构造　seismotectonics

与地震孕育和发生有关的地质构造。

[GB 17741 — 2005，定义 3.1]

3.1.17

发震构造　seismogenic structure

能够产生一定震级地震的、具有明确几何结构形态和物质组成的地质构造。按发震构造的运动学特征或震源力学性质，可划分为正断层、逆断层、走滑断层和盲断层—褶皱等。

[GB/T 18208.3 — 2000，定义 3.11]

3.1.18

地震断层　earthquake fault

地震时发生破裂或错动形成的断层，它们是先存断层再次黏滑错动在地表的反映，或者是在一定的区域应力场作用下伴随着地震的发生而形成的新生断层。

[GB/T 18208.3 — 2000，定义 3.14]

3.1.19

特大地震　great earthquake

8 级和 8 级以上的大地震。

[GB/T 18207.1 — 2000，定义 3.1.19]

3.1.20

大[地]震　large earthquake

7 级≤震级<8 级的地震。

[修改 GB/T 18207.1 — 2000 的定义 3.1.18]

3.1.21

强震　strong earthquake

6 级≤震级<7 级的地震。

3.1.22

中强震　intermediate - strength earthquake

5 级≤震级<6 级的地震。

3.1.23

强有感地震　strongly felt earthquake

震中附近的人普遍能够强烈感觉到的地震。

注：一般震中烈度在 V 度以上。

3.2 符号

下列符号适用于本标准：

Δ —— 震中距，单位为千米(km)；

h —— 震源深度，单位为千米(km)；

M —— GB 17740 — 1999 规定的地震震级；

M_S —— 面波震级；

M_L —— 近震震级；

m_b —— 体波震级；

M_w —— 矩震级；

M_0 —— 地震矩，单位为牛顿米(N·m)；

M_{xx}、M_{yy}、M_{zz}、M_{xy}、M_{yz}、M_{zx} —— 地震矩张量的不同分量；

$M-t$ —— 地震震级随时间变化图；

$N-t$ —— 地震频度随时间变化图；

φ_N —— 纬度，单位为度(°)；

λ_E —— 经度，单位为度(°)。

4 基本规定

4.1 基本条件

4.1.1　发生在我国境内的、有观测资料的、震级 $M \geqslant 5$ 的主震应进行震例总结，$M \geqslant 5$ 余震及强有感地震也可进行震例总结。

4.1.2 地震震级 M 的确定应符合 GB 17740 — 1999 的规定。

4.1.3 地震烈度的评定应符合 GB/T 17742 的规定。

4.2 研究区域

4.2.1 研究区域应包括震中区及邻近地区，并按以下原则确定：

a）特大地震应以震中为圆心半径 800 km 的区域作为基本研究区域；

b）大地震应以震中为圆心半径 500 km 的范围为基本研究区域；

c）强震应以震中为圆心半径 300 km 的区域作为基本研究区域；

d）中强震和强有感地震应以震中为圆心半径 200 km 的范围作为基本研究区域。

4.2.2 研究区域可根据实际资料情况予以扩大，并应严格按确定的区域进行全面的资料收集与研究。

4.3 资料收集和整理要求

震例总结的资料收集和整理，应满足下列基本要求：

a）地震发生后应立即着手震例资料的积累收集；

b）收集研究区域内与该次或该组地震有关的全部资料，尤其是震前有可靠记录的观测资料，亦可根据实际情况收集地震研究区域外的重要资料；

c）全面收集整理相关的资料和已有文献，并列入资料和文献目录；

d）震例总结使用的地震前兆测项的数据资料质量，凡有观测规范的测项应符合有关观测规范的规定（参见参考文献[17]~[28]）。震前应有完整的观测数据，震后至少应有两年以上的资料；

e）震例总结所收集整理的重要数据和资料均应核实；成功的地震预测或地震预报（对主震或强余震）、减灾实效、重要事实应提供有效的证明材料或文件。

4.4 震例总结工作的规定

震例总结应按下列规定开展：

a）应对收集到的资料和成果进行全面、客观的系统分析研究，应审核地震前兆观测资料和发震构造的分析以及重要事实和结论，可开展专题研究；

b）应按本标准第 11.1 条至第 11.16 条的要求和顺序编写震例报告；报告应是前人和编写人对本次（组）地震震例总结成果的集中表达，代表最新研究成果，并应对被否定或争议较大的重大地震前兆异常和问题加以说明；

c）震例总结的主要资料和成果，包括最终报告、专题研究报告、工作总结及重要的中间小结和资料，应交主管部门或所在单位归档。

5 地震监测台网概况与前兆测项资料分析

5.1 地震前兆固定观测台（点）及观测项目

地震前兆固定观测台（点）及资料整理要求如下：

a）应包括研究区域内的全部专业台站（点）的观测资料，有较长期观测资料的非专业台站（点）也应列入；

b）应给出研究区域测震台网的监测能力；

c）应进行测震以外各项地震前兆观测资料质量的类别评价，观测资料质量类别（简称资料类别）划分为以下三类：

1）Ⅰ类资料，符合观测规范要求，并能清晰地区分正常和异常变化；

2）Ⅱ类资料，基本符合观测规范要求，并能区别正常和异常变化；

3）Ⅲ类资料，不符合观测规范要求，且不能区别正常和异常变化。

d）列入固定观测台（点）的非专业台站（点）其观测资料质量类别应符合Ⅰ类、Ⅱ类资料要求。

e）应按照附录 A 中表 A.5 及其说明要求填写“固定前兆观测台（点）与观测项目汇总表”，该表应汇总收集到的全部地震前兆观测台（点）、测项和资料情况等；

f）应绘制“测震台站分布图”和“测震以外固定前兆观测项目分布图”；绘图要求应符合本标准第 11.16.2 条的规定。

5.2　地震前兆定点流动观测项目

定点流动观测项目及资料整理要求如下：

a）应包括研究区域内的所有定点流动观测项目；

b）宜绘制流动观测项目的测线/测区分布图。

5.3　强震动观测及地震前后流动观测情况

强震动观测和地震前后增设的流动观测，其资料整理要求如下：

a）应收集强震动观测及流动观测情况，写成纪要；

b）宜给出相应的强震动观测及流动观测分布图和表。

6　区域和震中附近地区地震地质条件评价

6.1　区域和震中附近地区应大于地震研究区域，宜根据地质构造情况加以确定。

6.2　应收集、整理震中附近地区及区域地震地质资料和研究成果。地震地质资料应包括地震构造、深部构造、区域形变场和历史地震资料等。

6.3　应收集正式出版或公布的本次地震前的历史地震资料，并整理研究区域自有地震记载以来的全部破坏性地震事件。

6.4　根据收集资料编制主要断裂和历史地震分布图，图中宜包括：

a）构造分区及主要地震构造，宜区别其活动时代，$M \geqslant 7$ 地震宜给出区域地质构造略图，图件可采用 1: 1 000 000 或更小比例尺；

b）第四纪以来活动断层的性质和运动特性；

c）现代构造应力场的主应力方向；

d）破坏性地震震中，并注明全部或主要地震的震级和发震日期及资料起止年代；

e）标注出可能的发震构造或发震断层。

6.5　按第 11.4 条要求进行文字小结。概括地震地质背景条件，分析收集的地震构造和地球物理场资料与地震活动的关系，宜给出确定发震构造或发震断层的依据。

7　地震基本参数及地震序列分析

7.1　地震基本参数

7.1.1　地震基本参数及标注要求如下：

a）地震基本参数应包括：发震日期、发震时刻、震中位置、震级、震源深度、震中地名、结果来源，宜包括国家台网给出的矩震级、应力降等参数；

b）应收集不同单位，尤其是国家台网和国际权威地震机构对本地震基本参数的测定结果；

c）按照附录 A 中表 A.1 及其说明的要求列表给出主震的基本参数。

7.1.2　震源参数及其分析要求如下：

a）震源参数应包括：矩张量解或震源机制解的图和表（见附录 A 表 A.2 和表 A.3）及必要的文字说明；

b）应收集不同单位，尤其是国内外权威地震机构给出的震源参数；

c）应根据地质构造、烈度特征、余震分布、地表破裂、节线位置等分析指出地震主破裂面及其与发震构造的关系；

d）宜包括震源破裂面的方位、大小、滑动尺度、破裂持续时间、滑动矢量，破裂的方向性特征等。

7.2 地震序列

地震序列目录和分析，应符合下列要求：

a）根据区域台网的地震监测能力和观测精度、地震震中集中分布区域和时段、地震的最高烈度并参考地质构造等，应编制一份可反映序列全貌的完整而可靠的地震序列目录；

b）对地震序列的分析应包括：序列震中的空间分布、序列类型、$M-t$、$N-t$、蠕变曲线、频度衰减系数、b 值等。

7.3 文字小结

7.3.1 按第 11.3 条的要求对地震基本参数作文字小结。

7.3.2 按第 11.6 条的要求对地震序列作文字小结。

8 地震影响场和震害评述

8.1 应按 GB/T 18208.3 — 2000 规定收集地震现场调查的结果和相关的强震动观测记录。

8.2 地震烈度和灾害调查资料，应包括以下内容：

a）各烈度区的划分原则及主要破坏特征，含宏观震中的详细地理坐标、地震烈度调查点分布图、地震烈度等震线图，以及其他相关资料；

b）各类房屋在不同烈度区的破坏程度及其比例；

c）受到地震影响的省（自治区、直辖市）、市（州、盟、地区）、县（自治县、旗、县级市）名称及人口数量，地震造成的死亡、重伤、轻伤人数和需安置人员数等结果；

d）地震造成的直接经济损失和间接经济损失等灾害损失评估结果及其说明；

e）宜给出地震的峰值加速度分布图。

8.3 应在分析、核实有关资料的基础上，按第 11.5 条的要求进行文字小结。

9 震前预测、预防和震后响应概述

9.1 调查并核实地震的预测、预报过程。成功的预测或预报（包括主震或强余震）应收集当时的记录和证明材料，宜提供地震发生地人民政府主管部门的证明和近场强震动记录。

9.2 调查并核实抗震设防情况，着重预测或预报后的震前预防和地震应急对策措施。

9.3 调查并核实地震应急响应情况，应参照防震减灾对策进行总结分析。

9.4 核实地震现场工作（含现场监测预报）情况。

9.5 应在核实、分析有关资料和事实的基础上，按第 11.10 条的要求进行文字小结。

10 地震前兆异常分析

10.1 地震前兆异常资料的收集与整理，应包括下列内容：

a）本省（自治区、直辖市）和邻省（自治区、直辖市）研究区域内的地震前兆异常资料的收集、复核、分析与再研究；

b）本省（自治区、直辖市）和邻省（自治区、直辖市）研究区域外的地震前兆异常资料的收集、核实与研究；

c）文献中地震前兆异常资料的收集、分析与再研究。

10.2 应根据地震前兆异常的持续时间、显著程度、重现性和干扰排除等定量或定性的判据，对研究确定的地震前兆异常进行可靠性评定。地震前兆异常的可靠性，划分为以下三个等级：

a）1 —— 可靠；

b）2 —— 较可靠；

c）3 —— 可供参考。

10.3 对研究确定的地震前兆异常，按时间阶段分为长期异常、中期异常、短期异常和临震异常，以及非确定性异常共五个类别。其定义和符号规定为：

a）长期异常(L)——出现在地震前五年以上的长期趋势背景性异常；

b）中期异常(M)——震前半年以上至五年出现的趋势性异常；

c）短期异常(S)——震前延续一个月以上至六个月的短期异常；

d）临震异常(I)——震前一个月内出现的异常；

e）非确定性异常(U)——远离规定的震中距范围以外，或据现有认识水平一时无法解释，以及非常规观测的、值得研究的其他可靠的异常现象。

10.4 应按照附录A中表A.4和表A.6及其说明的要求分别填写“地震前兆异常登记表”和“测震以外固定前兆观测项目与异常统计表”。表A.6中应仅列入研究区域内经作者分析并在总结报告中使用的全部固定前兆观测项目和异常项目。已出版有专著的震例仍应填表。

10.5 应绘制测震以外固定前兆观测项目异常分布图，其比例尺和异常项目的位置应与测震以外固定前兆观测项目分布图一致，其异常项目应与附录A表A.6一致。宏观异常较多时，可给出宏观异常分布图。

10.6 应总结地震前兆异常的基本情况，按第11.8条的要求进行文字小结。

10.7 应综合分析地震前兆异常特征，并应按第11.9条的要求进行文字小结。

11 震例报告的编写

11.1 震例报告的结构

附录C给出了一个震例报告的实例。震例报告的基本结构如下，可视实际情况增减或合并：

a）前言；

b）测震台网及地震基本参数；

c）地震地质背景；

d）地震影响场和震害；

e）地震序列；

f）震源参数和地震破裂面；

g）地震前兆观测台网及前兆异常；

h）地震前兆异常特征分析；

i）震前预测、预防和震后响应；

j）结论与讨论；

k）参考文献目录；

l）参考资料目录；

m）中英文对照的摘要；

n）报告附件。

11.2 前言

概要介绍该次(组)地震的宏观和微观参数、震中烈度和震害简况，震前预测预防和震后考察、监测及灾害评估工作等概况，历史地震及此次地震有无特殊性，震例的研究历史和此次研究的主要进展，以及文中将要讨论的重要科学或实践问题。

11.3 测震台网及地震基本参数

给出地震发生前的研究区域测震台网情况(附测震台站分布图)、地震前后布设的流动测震台网情况(附流动台网分布图)、研究区域的地震监测能力和地震定位精度、主震或重要地震的基本参数表及其说明。

11.4 地震地质背景

简要介绍大地构造位置、深部构造条件、区域形变场概貌、历史地震活动、主要构造与断裂的活动性、与发震构造及地震断层有关的资料和问题等，宜选取公认或争议较少的资料与观点。应给出震中附近主要断裂及历史地震震中分布图，可根据实际资料绘制其他有关图件。

11.5 地震影响场和震害

简要介绍地震现场调查给出的宏观震中、烈度分布和灾害评估与调查等的结果，以及相关的地震动参数资料（含地震动观测简况及分布图）。

11.6 地震序列

简要介绍地震序列的基本情况。用同一比例尺给出前震和余震震中分布图、地震序列类型的判定、地震序列 $M-t$ 图、$N-t$ 图、b 值图、蠕变曲线、频度衰减系数（p 值和 h 值），列表给出能反映序列全貌的较大地震目录。应根据测震台网监测能力、观测精度及序列的实际情况，给出全序列资料，对直接前震不考虑震级下限。

11.7 震源参数和地震破裂面

列表给出地震矩张量解（附录 A 表 A.2）或震源机制解（附录 A 表 A.3），附相关文字说明。如有不同的解，则分别列出，并给出第一条解的图。结合地震构造、地震影响场、地震序列和地表破裂等特征，分析地震主破裂面及其与发震构造的关系。宜结合震源破裂特征的图件分析地震破裂过程。

11.8 地震前兆观测台网及前兆异常

在深入分析研究的基础上，给出台网和地震前兆异常的基本情况（含统计数字）。以图表为主，附简要说明，客观、准确地反映地震前兆异常的情况、资料及地震前兆异常的可靠性，应包括以下两部分：

a）简要介绍研究区内固定前兆观测台网和流动前兆观测台网的总体情况，给出测震以外观测台站、项目和台项的数量分布（附录 A 表 A.6）。给出研究区内测震以外固定前兆观测台站或项目的分布图，分布图应与附录 A 表 A.6 一致。宜给出流动前兆观测项目的测线/测区分布图，若流动前兆观测项目少则可并入“固定前兆观测项目分布图”。如震前或震后有增设测震以外其他前兆观测的情况，亦宜进行简介，并附测线/点分布图。

b）给出测震以外固定前兆观测项目异常分布图。应在附录 A 表 A.4 中给出地震前兆异常的总体情况并加以必要的文字说明，已在震例专著上发表过的地震前兆异常，在地震前兆异常登记表中可只给出处不附图，增加的新异常应附图。应给出地震前兆异常分析的方法、计算处理时使用的参数值和可靠性的说明，在最新研究中被否定或争议较大的重大地震前兆异常应给出文字说明。尤其应注意总结震前发现和判定的有文字记录的有关地震前兆异常，说明出处，并在附录 A 表 A.4 备注栏中注明；震前用于震情判定而震后被否定的重要地震前兆异常亦应总结。

11.9 地震前兆异常特征分析

11.9.1 应综合分析地震前兆异常，简要给出主要特征与讨论要点（如时、空、强演化特征），包括使用新理论、新方法取得的某些结果。宜给出地震前兆异常综合曲线，提出有依据的看法和待研究的问题。

11.9.2 宜进行与其他震例的对比分析，结合异常台项和异常台站的统计分析（据附录 A 表 A.6），探讨地震前兆异常的共性与差异。

11.9.3 宜结合地震活动大形势和区域活动背景进行分析，对成组地震活动过程中发生的地震和震前发现的地震前兆异常应重点回顾分析。

11.10 震前预测、预防和震后响应

简要介绍地震预测、地震预报、应急响应、救援和抗震设防等方面的重要情况和工作过程，包括对强余震的监测情况等。

11.11 结论与讨论

概述主要结论，总结主要经验教训、值得探讨的科学和工作问题及启示。

11.12　参考文献和参考资料目录

参考文献和参考资料目录应符合下列要求：

a）已公开出版的列入参考文献目录，未发表的内部资料列入参考资料目录，按报告中引用的先后顺序编号排列；

b）报告中直接引用他人资料、图件和工作结果时均应注明出处，并应列入参考文献和参考资料目录，排在前面；

c）查阅、研究过的，与本次震例总结工作有关联的但未引用的文献和未发表的内部资料均应列入参考文献目录和参考资料目录，排在后面；

d）参考文献编号为［1］、［2］、［3］……，条款格式为：作者或单位，标题，书名或期刊名，页码，出版年号。参考资料编号为 1）、2）、3）……，条款格式为：作者或单位，标题，报告保存单位或某专业会议资料，报告完成日期、报告形式（注明是打印件、油印件、铅印件或手稿）。其实际样式参见附录 C 相关部分。

11.13　中英文对照的摘要

总结该震例的全部研究结果，结论性地概述该震例报告的主要内容。基本内容为：地震基本参数、宏观震中、震中烈度、人员伤亡和经济损失；地震序列类型和概况、震源机制和地震主破裂面及发震断层（或发震构造）；观测台网及地震前兆异常情况（给出研究区内观测台网情况、异常项目及项次数、地震前兆异常的基本特征）；预测、预报、预防及震后工作情况等；本总结的进展与问题。

11.14　填写震例数据库表格

震例总结所收集整理的重要数据和资料，应填写中国震例数据库的入库表格（附录 A 表 A.7 ~ 表 A.14）。

11.15　报告附件

以下表格材料可作为报告附件：

a）附件一：固定前兆观测台（点）与观测项目汇总表（附录 A 表 A.5）和测震以外固定观测项目与异常统计表（附录 A 表 A.6）；

b）附件二：震例数据库有关表格（附录 A 表 A.7 ~ 表 A.14）；

c）附件三：成功预测或预报、减灾实效、重要事实的证明材料和文件。

11.16　震例报告的其他规定与要求

11.16.1　报告正文

报告正文应符合以下要求：

a）震例报告名称应为“某年某月某日某地某级地震”；地名应取地震震中所在的县（自治县、旗、县级市）或城区名，特殊情况时可取重要的标志性地貌，如山峰、山口名；年月日和震级用阿拉伯数字表示（以下同）；

b）震例报告用通用软件录入，版式参考附录 C；

c）震例报告各章节的序号层次为一、二、三、……，1、2、3、……，（1）、（2）、（3）……，①、②、③……；

d）震例报告的摘要、图名和表名应译成英文，译法请参考附录 B 表 B.2 及附录 C；

e）已出版的《中国震例》中使用过的地震前兆异常项目名称见附录 B，与附录 B 表同样内容的地震前兆异常项目，不应使用其他名称；表里没有列出的新异常项目，其名称自定，并应给出简介和说明；

f）文和图中烈度等级一律用大写罗马数字表示。

11.16.2　图、表

图、表应符合以下要求：

a）图表编号一律使用阿拉伯数字（即表 1、表 2、表 3……；图 1、图 2、图 3……），按在报告中出现的先后顺序编号；图表的次一级编号为 a、b、c……；

b）震例报告的图件必须工整清晰，所有图件应在排版插入报告的同时，在报告后另附全套供制图用的图件；文中若使用缩小图及手绘图时，应附原比例尺清绘件或供清绘用图件；计算机绘制的图件需提供图件文件的电子文档；

c）地震前兆异常曲线图应包括原始图件和经过处理后用以认证异常的图件；如原始图件无需处理可识别异常，只需原始图件；异常曲线的绘制应以能清晰、客观表达异常过程为原则，并应能显示震后变化，宜按如下约定作图：

1）长期异常 —— 用月、年均值作图，宜给出长时间的完整资料；

2）中期异常 —— 用五日、旬或月均值作图，宜取异常前一至两年的资料以显示正常背景(亦可用小比例尺曲线给出多年观测资料)；

3）短期异常 —— 用日、五日均值或旬均值作图，宜取异常前半年至一年的资料以显示背景(亦可用小比例尺给出更长时间曲线)；

4）临震异常 —— 用日或若干小时观测值作图，宜取异常前一至两个月资料以显示背景变化(亦可用小比例尺更长时间曲线)。

d）图件使用时间坐标系时，横坐标为时间轴，年、月、日、时的标示放在相应的刻度上，观测值(或均值)应点在相应时间刻度上；纵坐标应标出所观测的物理量及其单位。曲线图上的点一般用实线连接，如果有资料空缺区间，则应断开连接线；

e）平面分布图的比例尺和图幅据实际需要确定，图面不宜负担过重；图上应标示线比例尺。观测台站及前兆测项的常用图例符号应按表 1 采用，对表中未作规定的项目，其图例可自行设计，并在图例栏中标明；

f）主要断裂及历史地震分布图上应注明资料起止年代，断层编号用①、②、③……，历史地震的标注应采用表 1 中的符号，表 1 中未统一规定的图例要给出；

g）震源机制解宜采用下半球投影，图中标注初动方向、震中位置、节线、P、T、$N(B)$、X、Y 轴的出地点，标示符号见表 1 和附录 C；

h）绘制台站、前兆测项、前兆异常项目分布图时，台站和项目稀少者，可合并成一张固定观测项目和异常项目分布图，一个台同时有数字记录和模拟记录的测震观测项目应在图上分别标出，算作一个台；其他固定观测项目多者可绘制台站分布图；图中台站命名的县(镇)名及其地理位置用符号“○”标出，测震台或固定前兆观测项目符号应标在台站经纬度坐标上(多个项目则环绕台站经纬度坐标标出)，图中应标出 100 km、200 km、300 km、500 km、800 km 等震中距圈。

表 1　图件常用图例

序号	符号	名　称	序号	符号	名　称
1		微观震中 instrumental epicenter	18	E	地电 geoelectricity
2		宏观震中 macroscopic epicenter	19	ρ_s	视(地)电阻率 apparent resistivity
3	震级/年.月.日	历史地震标注 historical earthquake	20	V_{SP}	大地电场(自然电位) spontaneous potential
4	▲	地震台站(不分观测项目时使用) earthquake – monitoring station	21	M	地磁 geomagnetism
5	△	模拟记录测震台 analog seismic station	22	Mz	垂直磁场强度 vertical magnetic intensity
6		数字测震台 digital seismic station	23	M_D	磁偏角 magnetic declination
7	●	初动向上 first motion (up)	24	Rn	具体标示的地球化学项目(圈内符号用相应化学组分符号标示) marked geochemical item
8	○	初动向下 first motion (down)	25	Ch	不作具体标示或一个以上地球化学项目 unmarked geochemical items
9	⊗	震源机制 —— *P* 轴 *P* axis of focal mechanism	26	W_E	水电导度 conductivity of groundwater
10	⊙	震源机制 —— *T* 轴 *T* axis of focal mechanism	27	W	水位 water level
11	+	标示震源机制的震中位置 epicenter for focal mechanism	28	W_Q	水流量 water – flow quantity
12		水准 leveling	29	W_C	水温 water temperature
13		基线 base line	30	Gc	地温 ground temperature
14	D	断层蠕变 fault creep	31	σ	应力应变 stress strain
15	T	地倾斜 tilt	32		验潮站 tidal gauge station
16	G	重力 gravity	33		电磁扰动(电磁波) electromagnetic disturbance
17		宏观异常 macroscopic anomaly			

注 1：此表已规定的图例不需在报告图件的图例栏中重复给出；未规定的图例，可按有关学科惯例或自行设计，并在图例栏中给出。

注 2：当图面负担过重时使用综合图标，如 M、E、Ch。

附　录　A
（规范性附录）
震例总结用表

表 A.1　地震基本参数

编号	发震日期	发震时刻	震中位置（°）		震级				震源深度 h/km	震中地名	结果来源
	年 月 日	时 分 秒	φ_N	λ_E	$M(M_S)$	M_L	m_b	M_W			
1											
2											
3											
…											

注 1：地震基本参数应收集齐全，尤其要注意包括中国地震局正式报告的参数。

注 2：如有不同来源给出不同参数，则按可靠程度在表中自上而下分别列出，并在结果来源栏内注明文献资料编号。

注 3. 编写人认为最合理的参数放在第一条，在报告中统一采用。

表 A.2　地震矩张量解

编号	节面Ⅰ			节面Ⅱ			矩张量						地震矩 M_0	矩震级 M_W	结果来源
	走向	倾角	滑动角	走向	倾角	滑动角	M_{xx}	M_{yy}	M_{zz}	M_{xy}	M_{yz}	M_{zx}			
1															
2															
3															
…															

注：如有不同来源给出不同的解，则分别列出，并注明结果来源的文献资料编号；编写人认为最合理的解列在第一条。

表 A.3　震源机制解

编号	节面Ⅰ			节面Ⅱ			P 轴		T 轴		$N(B)$ 轴		X 轴		Y 轴		结果来源
	走向	倾角	滑动角	走向	倾角	滑动角	方位	仰角	方位	仰角	方位	仰角	方位	仰角	方位	仰角	
1																	
2																	
3																	
…																	

注：如有不同来源给出不同的解，则分别列出，并注明结果来源的文献资料编号；编写人认为最合理的解列在第一条；利用 P 波初动测定的震源机制解，应给出初动矛盾符号比。

表 A.4 地震前兆异常登记表

序号	异常项目	台站(点)或观测区	分析方法	异常判据及观测误差	震前异常起止时间	震后变化	最大幅度	震中距 Δ/km	异常类别及可靠性	图号	异常特点及备注
1											
2											
3											
4											
5											
6											
7											
8											
…											

注1：一条异常一个序号；不同判别方法分辨出的同一异常应列在一个序号下，但提高了异常的可靠性；同一观测曲线在不同阶段出现不同的异常，应分别占有序号。

注2：异常项目——定义见3.19，名称参见附录B所列，必要时在括号内注明观测仪器或方法；在统计本表的异常次数时所用的异常项次，指的是异常项目出现异常的次数，以台(点)上独立观测或经过独立方法处理得到的单个异常资料为1个项次，同一异常项目出现几次异常计为几项次。

注3：地震学异常项目排在前面，其他异常项目条款按项目和震中距近远顺序填写。

注4：分析方法指绘制日值或日均值图、五日均值图、差值曲线、距平曲线及其他能够显示异常形态的各种分析方法，应在此栏给出分析时采用的时空计算窗和滑动窗参数。

注5：异常判据及观测误差栏中给出异常的定性或定量判据，短临异常和实测资料应给出观测误差或均方误差。

注6：震前异常起止时间应标“起~止”两个时间点，如异常至发震时尚未结束，则不给出终止时间，以“~”结束。

注7：震后变化栏用简要文字和数字表达，如异常在震后结束，则在此栏给出异常结束时间。

注8：异常最大幅度用与方法和判据相应的习惯方法表示。

注9：异常类别及可靠性栏标示属于L、M、S、I、U中哪一类异常，用右下角标注明其可靠性，如M_3为可供参考的中期异常；U类异常在右侧用L、M、S、I注明异常阶段，只记录可靠的(1)和较可靠的(2)异常，如UI_1为可靠的U类临震异常。

注10：可靠的各种宏观异常作为一个观测项目登记，记在一个序号下，里面再进一步分类登记，在备注栏中或文字中简要说明日期、数量、分布等概况，给出宏观异常考察报告文献资料编号。

注11：图号栏给出异常图件在报告中的异常图编号，或引用专著中该图件的编号(如图23[9]，为文献[9]中的图23)。

注12：异常特点及备注栏中简明指出异常的特点，并注明参考文献或资料；震前发现和判定的异常在此栏中注明。

表 A.5 固定前兆观测台(点)与观测项目汇总表

<table>
<tr><td rowspan="2">序号</td><td rowspan="2">台站(点)
名称</td><td colspan="2">经纬度(°)</td><td rowspan="2">测项</td><td rowspan="2">资料类别</td><td rowspan="2">震中距
Δ/km</td><td rowspan="2">备　　注</td></tr>
<tr><td>φ_N</td><td>λ_E</td></tr>
<tr><td>1</td><td></td><td></td><td></td><td></td><td></td><td></td><td></td></tr>
<tr><td>2</td><td></td><td></td><td></td><td></td><td></td><td></td><td></td></tr>
<tr><td>3</td><td></td><td></td><td></td><td></td><td></td><td></td><td></td></tr>
<tr><td>4</td><td></td><td></td><td></td><td></td><td></td><td></td><td></td></tr>
<tr><td>5</td><td></td><td></td><td></td><td></td><td></td><td></td><td></td></tr>
<tr><td>…</td><td></td><td></td><td></td><td></td><td></td><td></td><td></td></tr>
</table>

分类统计	0 km < Δ ≤100 km	100 km < Δ ≤200 km	200km < Δ ≤300 km	300 km < Δ ≤500 km	500 km < Δ ≤800 km	总数
测项数 N						
台项数 n						
测震单项台数 a						
形变单项台数 b						
电磁单项台数 c						
流体单项台数 d						
综合台站数 e						
综合台中有测震项目的台站数 f						
测震台总数 a + f						
台站总数 a + b + c + d + e						
备注						

注1：一个台编一个序号，按震中距从近到远排序，研究区域以外的台不编号；分类统计范围根据具体震例确定的研究区域确定，可增列更远范围的栏目(见第4.2.2条)。

注2：地震前兆观测项目定义见3.1.8条，简称测项，不同台的相同观测项目算作一个测项，不累计计算；观测台项——以台站为单元计算观测项目，简称台项，不同台的相同项目累计计算；测项数——统计范围内测项的数目；台项数——统计范围内所有台站(点)台项数的累计数。

注3：综合台站——具有一个以上测项的地震台；测震单项台——仅进行测震单项观测的地震台；其他单项台——仅有测震以外其他单一测项的地震台。

注4：测震台站分布图上的台站应与本表一致，在同一台站的所有数字和模拟的测震项目应在图上和表中的项目名称后标出(图例见表1)，并计作一个台；地磁台的总强度、垂直分量和偏角各算一个测项，在图和表上应同时给出，同一量的相对与绝对观测算为一个测项；地电阻率和自然电位各作为一个测项；在一个台上同时有摆式地倾斜和连通管观测时，算作两个地倾斜台项，分别用括号注明“摆式”和“连通管”；应变分钻孔应变、体应变和断层应变，在备注栏里注明仪器型号。

表 A.6　测震以外固定前兆观测项目与异常统计表

序号	台站(点)名称	测项	资料类别	震中距 Δ/km	按震中距 Δ 范围进行异常统计																								
					0 km<Δ≤100 km					100 km<Δ≤200 km					200 km<Δ≤300 km					300 km<Δ≤500 km					500 km<Δ≤800 km				
					L	M	S	I	U	L	M	S	I	U	L	M	S	I	U	L	M	S	I	U	L	M	S	I	U
1																													
2																													
3																													
…																													
分类统计	台项	异常台项数																											
		台项总数																											
		异常台项百分比(%)																											
	观测台站(点)	异常台项数																											
		台项总数																											
		异常台项百分比(%)																											
	测项总数(　)																												
	观测台站总数(　)																												
备　注																													

注 1：一个台编一个序号，按震中距从近到远排序，研究区域以外的台不编号；异常统计范围根据具体震例确定的研究区域而定，可增列更远范围的栏目(见 4.2.2 条)。

注 2：表 A.5 中“资料类别”为Ⅰ类和Ⅱ类者原则上均应填入此表；但是，虽然“资料类别”为Ⅰ类和Ⅱ类而在此次总结中没有分析使用者不应填入此表。如某一观测项目在某一阶段观测资料质量为Ⅰ、Ⅱ类，某一阶段为Ⅲ类，Ⅲ类阶段的资料不作统计(空格)。

注 3：L、M、S、I 栏中，有异常项目在栏中划“√”；无异常划“—”；目前有争议者划“?”；无资料则空格；后两者不计入台站和台项总数。

注 4：U 类异常，在 U 栏中填异常阶段符号，在相应的异常阶段栏中划“√”。

注 5：表 A.4 中研究区域内固定观测的异常项目、项次和异常阶段应与本表中的一致；测震以外固定观测项目分布图上的测项应与本表一致。

注 6：异常台项——观测台上出现异常的测项，有几个测项出现异常计为几个异常台项；异常台站——有一个以上测项出现异常的观测台即为异常台站；异常台项数——各台异常台项的累计数；异常台站数——异常台站的累计数。

注 7：异常百分比取整数(小数点后 4 舍 5 入)。

表 A.7　地震参数表

序号	数据项中文名	填入项	备　注
1	地震编号		××××（不填）
2	主震编号		×（不填）
3	发震日期		年月日
4	发震时刻		时分秒
5	震中纬度		×××.××（°）
6	震中经度		××.××××（°）
7	震源深度 h		×××（km）
8	地震震级 M[注]（面波震级 M_S）		×.×
9	近震震级 M_L		×.×
10	体波震级 m_b		×.×
11	矩震级 M_W		×.×
12	震中烈度		大写罗马数字表示
13	宏观震中纬度		×××.××（°）
14	宏观震中经度		××.××××（°）
5	宏观震源深度		×××（km）
16	地名编号		邮政编码
17	地名		省（自治区、直辖市）县（市），最多 15 个汉字
注：地震震级 M 指 GB 17740 — 1999 规定的地震震级。			

表 A.8　地震构造背景

序号	数据项中文名	填入项	备　注
1	地震编号		××××（不填）
2	主震编号		×（不填）
3	大地构造单元编号		D×××（不填）
4	地壳构造		最多 45 个汉字
5	深部构造		最多 30 个汉字
6	区域形变场		最多 40 个汉字
7	震中附近地质构造		最多 40 个汉字
8	主震断层活动性		最多 30 个汉字
9	孕震构造		最多 10 个汉字
10	发震构造		最多 15 个汉字
11	发震断层		最多 15 个汉字

表 A.9　震害统计表

序号	数据项中文名	填入项	备　注
1	地震编号		××××（不填）
2	主震编号		×（不填）
3	宏观震中		写到最小的代表地名，最多15个汉字
4	等震线形态		形态并注明长轴方向，最多20个汉字
5	极震区面积		×××（km^2）
6	极震区长轴(直径)		××.×（km）
7	极震区短轴(直径)		××.×（km）
8	有感面积		×××××（km^2）
9	有感范围		最多35个汉字，注明各边界的代表地名
10	主震地裂缝		最多30个汉字，方向、长度、宽度及力学性质等
11	其他地表破坏		最多30个汉字，有无滑坡、陷坑、喷水冒砂等其他地表破坏现象
12	其他重大破坏		最多30个汉字
13	伤亡总人数		单位：人
14	死亡总人数		单位：人
15	房屋破坏总间数		单位：间
16	房屋破坏面积		单位：m^2
17	直接经济损失		单位：万元
18	间接经济损失		单位：万元
19	经济损失总额		单位：万元

表 A.10 地震序列

序号	数据项中文名	填入项	备　注
1	地震编号		×××× （不填）
2	主震编号		× （不填）
3	前震类别		×（1. 有前震序列；2. 单个前震；3. 无前震）
4	前震开始时间		年月日
5	最大前震震级		×. ×
6	次大前震震级		×. ×
7	前震序列 b 值		×. ×
8	前震序列 h 值		×. ×
9	前震与主震的最近距离		××× （km）
10	最大余震发生时间*		年月日
11	最大余震震级		×. ×
12	次大余震震级		×. ×
13	余震序列 b 值		×. ××
14	余震序列 h 值		×. ××
15	余震序列 p 值		×. ××（可分段给出）
16	$E_{主}/E_{总}$		×. ××
17	地震序列号		×××× （不填）
18	地震序列类型		×（1. 主震余震型；2. 震群型；3. 孤立型）
19	余震分布形态		最多 25 个汉字，说明余震分布的形态及优势分布方向等
* 如多个相同，取第一个。			

表 A. 11 震源机制解

序号	数据项中文名	填入项	备 注
1	地震编号		××××（不填）
2	主震编号		×（不填）
3	节面Ⅰ：走向		×××. ×（°）
4	节面Ⅰ：倾角		××. ×（°）
5	节面Ⅰ：滑动角		××. ×（°）
6	节面Ⅱ：走向		×××. ×（°）
7	节面Ⅱ：倾角		××. ×（°）
8	节面Ⅱ：滑动角		××. ×（°）
9	*P*轴：方位		×××. ×（°）
10	*P*轴：仰角		××. ×（°）
11	*T*轴：方位		×××. ×（°）
12	*T*轴：仰角		××. ×（°）
13	*N*(*B*)轴：方位		×××. ×（°）
14	*N*(*B*)轴：仰角		××. ×（°）
15	*X*轴：方位		×××. ×（°）
16	*X*轴：仰角		××. ×（°）
17	*Y*轴：方位		×××. ×（°）
18	*Y*轴：仰角		××. ×（°）
19	使用初动符号总数		
20	矛盾符号比		0. ×××
21	方法		最多16个汉字
22	资料来源		最多11个汉字，填入文献号或测定人所在单位
23	测定人		最多10个汉字
24	主破裂面		最多5个汉字
25	断层错动方式		最多10个汉字

表 A.12　地震矩张量解

序号	数据项中文名	填入项	备　注
1	地震编号		××××（不填）
2	主震编号		×（不填）
3	节面Ⅰ：走向		×××.×（°）
4	节面Ⅰ：倾角		××.×（°）
5	节面Ⅰ：滑动角		××.×（°）
6	节面Ⅱ：走向		×××.×（°）
7	节面Ⅱ：倾角		××.×（°）
8	节面Ⅱ：滑动角		××.×（°）
9	矩张量：M_{xx}		×.×e+××（N·m）
10	矩张量：M_{yy}		×.×e+××（N·m）
11	矩张量：M_{zz}		×.×e+××（N·m）
12	矩张量：M_{xy}		×.×e+××（N·m）
13	矩张量：M_{yz}		×.×e+××（N·m）
14	矩张量：M_{zx}		×.×e+××（N·m）
15	地震矩 M_0		×.××e+××（N·m）
16	矩震级 M_W		×.×
17	使用地震台站数		
18	使用地震波形数		
19	分析方法		最多16个汉字
20	资料来源		最多11个汉字，填入文献号或测定人所在单位
21	分析波段		
22	测定人		最多10个汉字
23	主破裂面		最多5个汉字
24	断层错动方式		最多10个汉字

表 A. 13　历史地震情况记录

序号	数据项中文名	填入项	备　注
1	地震编号		××××（不填）
2	主震编号		×（不填）
3	历史地震统计范围		最多 30 个汉字，宜给出经纬度
4	历史地震统计开始时间		年
5	历史地震统计结束时间		年
6	历史地震最大震级		×. ××
7	历史最大地震		最多 30 个汉字
8	历史地震最高烈度		×××
9	历史最高烈度地震		最多 30 个汉字
10	$M_S \geq 6$ 历史地震次数		××（次）
11	$M_S \geq 5$ 历史地震次数		××（次）

表 A. 14　预测预报情况登记表

序号	数据项中文名	填入项	备　注
1	地震编号		××××（不填）
2	主震编号		×（不填）
3	预报单位名称		最多 11 个汉字
4	预报人		最多 10 个汉字
5	预报依据		最多 50 个汉字
6	预报时间开始		年月日
7	预报时间结束		年月日
8	预报最大震级		×. ×
9	预报最小震级		×. ×
10	预报地点		最多 20 个汉字
11	预报区南界纬度		××. ×××（°）
12	预报区北界纬度		××. ×××（°）
13	预报区东界经度		×××. ×××（°）
14	预报区西界经度		×××. ×××（°）
15	提出预报时间		年月日
16	预报效果		最多 15 个汉字
17	证明附录名称		最多 40 个汉字

附　录　B
（资料性附录）
地震前兆异常项目名称一览表

表 B.1　地震前兆异常项目名称一览表（中文）

学　科	异　常　项　目　名　称
地震学	地震条带、地震活动分布（时间、空间、平静或增强）、地震空区（段）、前兆震（群）、前震活动、地震窗、缺震、震群活动、诱发前震、地震成组、地震迁移 地震频度、b 值、应变释放（能量释放）、h 值、地震时间间隔、小震调制比、波速（波速比）、地震应力降 τ、P 波初动符号矛盾比、环境应力值 τ_0、介质因子（Q 值）、小震综合断层面解、振幅比、地震波形、断层面总面积（$\sum(t)$）、地震尾波持续时间比 τ_H/τ_V、地震尾波衰减系数 a、S 波偏振、地震强度因子 Mf 值、地震非均匀度 GL 值、η 值、D 值、地震活动性综合指标 A 值、地震集中度 C、地震活动度 S、地脉动 地震节律、地震活动熵（Q^t、Q^N、Q^Σ）、震情指数（$A(b)$）值、衰减速率 p、空间集中度 C_1、地震活动度 γ、震级容量维（D^0 值）、算法复杂性（$C(n)$、Ac）、空区参数 σ_H、带状集中度 C_B、E、N、S 三项指标、模糊地震活动度 Sy、地震缺信量（I_q）、有震面积数
地壳形变	地倾斜（摆式、连通管） 定点水准（短水准）、水准测量（长水准）、流动水准、海平面 定点基线（短基线）、流动基线 断层蠕变、测距、GPS（水平、垂直） 定点重力、流动重力 钻孔应变（压容应变、振弦应变）、体积应变、断层应变（伸缩） 钻孔应力（电感应力、钢弦应力）
地电和地磁	地磁 Z 分量（Z 变化、日变低点位移、日变畸变、幅差） 磁场总强度 磁偏角 流动地磁 视（地）电阻率、大地电场（自然电位） 电磁扰动（电磁波） 热红外（长波辐射 OLR、亮温）、大气电位
地下流体	井水位、湖水位 水温 水（泉）流量、石油井动态 氡（水、气、土）、汞（水、气、土）；CO_2、He、H_2、O_2、N_2、Ar、H_2S、CH_4、气体总量；SiO_2；K^+、Li^+、Ca^{2+}、Mg^{2+}、CL^-、F^-、HCO_3^-、SO_4^{2-}；总硬度、pH 值、水电导、水微电流
综合	综合统计指标（异常项数、异常台项比）、前兆信息熵（H）
其他	宏观现象 地温、气压、气温、干旱、旱涝

表 B.2　地震前兆异常项目名称一览表（英文）

The list of earthquake precursory items

Subject	Precursory items
seismology	seismic band, earthquake distribution (temporal, spatial, quiescence or activation), seismic gap (segment), precursory earthquake (swarm), foreshock activity, seismic window, earthquake deficiency, earthquake - swarm activity, induced foreshock, earthquake clusting, earthquake migration; earthquake frequency, b value, strain release (energy release), h value, time interval between earthquakes, regulatory ratio of small earthquakes, wave velocity (wave velocity ratio), co-seismic stress drop τ, sign-contradiction ratio of P-wave first motions, ambient stress τ_0, quality factor (Q value), composite fault plane solution of small earthquakes, amplitude ratio, seismic waveform, total area of fault planes ($\sum(t)$), seismic coda wave sustained time ratio τ_H/τ_V, attenuation coefficient a of seismic coda wave, S wave polarization, seismic intensity factor Mf-value, degree of seismic inhomogeneity (GL value), η value, D value of seismicity, comprehensive index A of seismic activity, degree of seismic concentration C, degree of seismic activity S, microtremor; earthquake rhythm, seismicity entropy (Q^t, Q^N, Q^Σ), exponential of earthquake situation ($A(b)$) value, attenuation rate p, spacial concentration C_1, degree of seismic activity γ, fractal dimension of magnitude capacity D^0, algorithmic complexity ($C(n)$, Ac), parameter of seismic gap (σ_H), band concentration C_B, "E, N and S" elements, fuzzy degree of seismic activity Sy, seismic information deficiency (I_q), number of areas of earthquake occurrence
deformation	tilt (pendulum, tube) fixed leveling (leveling of short route), leveling (leveling of long route), mobile leveling, sea level fixed baseline (short baseline), mobile base-line fault creep, ranging, GPS (horizontal, vertical) fixed-point gravity, roving gravity borehole strain (piezo-capacity strain, vibrating-string strain), volumetric strain, strain of fault (extensometer) borehole stress (electric induction stress, steel-string stress)
geoelectricity and geomagnetism	vertical magnetic intensity (Z variation of geomagnetism, low-point drift of daily variation of geomagnetism, distortion of daily variation of geomagnetism, amplitude difference of geomagnetism) total intensity of geomagnetism magnetic declination roving geomagnetism apparent resistivity (ρ_S), spontaneous potential (V_{SP}) electromagnetic disturbance thermal infrared (outgoing longwave radiation (OLR), brightness temperature), atmospheric electric potential
ground water	well water level, lake water level water temperature (spring) water-flow quantity, variation of oil well radon content in (groundwater, air, soil); mercury content in (groundwater, air, soil); CO_2, He, H_2, O_2, N_2, Ar, H_2S, CH_4, total amount of gas in groundwater; SiO_2; K^+, Li^+, Ca^{2+}, Mg^{2+}, CL^-, F^-, HCO_3^-, SO_4^{2-}; total water hardness, pH value, water conductivity、microscopic electricity in groundwater
comprehensive	comprehensive statistic (anomalous item number, ratio of anomalous station items), precursory information entropy (H)
Others	macroscopic phenomena ground temperature, atmospheric pressure, atmospheric temperature, drought, waterlogging

附　录　C
（资料性附录）
震例总结报告实例

C.1　说明

限于各次地震的实际资料、可能达到的研究程度和工作条件，具体地震的总结报告不一定能涵盖《规范》的全部要求和内容。为帮助更好地理解并实施本规范，在此给出了参考性的震例报告实例。

本震例报告实例是根据高国英、王海涛编撰的《1996 年 3 月 19 日新疆维吾尔自治区阿图什 6.9 级地震》（原文参见陈棋福主编的《中国震例》（1995 ~ 1996），第 353 ~ 370 页，北京：地震出版社，2002），按照本标准对原文进行了局部的修改和补充，并编辑加工而成。

C.2　1996 年 3 月 19 日新疆维吾尔自治区阿图什 6.9 级地震震例报告

1996 年 3 月 19 日新疆维吾尔自治区阿图什 6.9 级地震

前　言

1996 年 3 月 19 日 23 时 00 分，新疆维吾尔自治区阿图什市东北发生 6.9 级地震。新疆维吾尔自治区地震局台网测定的微观震中为 40°00′N、76°46′E，宏观震中为 39°57′N、77°05′E，震中烈度达Ⅸ度。这次地震有感范围很大，阿克苏、巴楚、喀什等地均强烈有感。地震造成 24 人死亡，128 人受伤，直接经济损失 3.87 亿元。

6.9 级地震发生的柯坪块体西端是新疆主要的强震活动区，在震中以西约 45 km 处，曾发生过 1902 年阿图什 $8\frac{1}{4}$级大震。震中附近地震观测台站较少，300 km 范围内共有地震台 7 个。震前出现 8 个异常项目的 13 条前兆异常。

1996 年 3 月 19 日阿图什 6.9 级地震发生在区域地震活动相对平静的背景下，震后在离 6.9 级地震约 70 km 的伽师，1997 年 1 月 21 日开始发生了罕见的伽师强震群活动，1 月 21 日 ~4 月 16 日共发生 6 级地震 7 次。两次地震虽不属同一构造，但是否存在内在联系，还有待进一步的研究。

阿图什 6.9 级地震发生在中期预测和年度确定的地震危险区内，且在震前提出了 3 个月的短期预测意见，在 5.2 级强余震发生前向当地政府提出了较好的临震预测意见。

本研究报告是在有关文献和资料的基础上[1]~[16],1)~8)经过重新整理资料和分析研究而完成的。

一、测震台网及地震基本参数

图 1 给出了震中 300 km 范围内的地震台分布，所有 7 个地震台均有测震观测，在研究时段内基本可达到 $M \geqslant 2.5$ 地震不遗漏。100 km 内仅有阿图什和喀什测震台；100 km ~ 200 km 分别有阿合奇、巴楚、乌恰三个测震台；200 km ~ 300 km 有乌什和塔什库尔干测震台。震中西南属南天山地震带与西昆仑地震带交汇部位，是新疆的地震监测能力相对较弱地区。

表 1 列出了不同来源给出的这次地震基本参数，经对比分析，认为新疆地震维吾尔自治区局经重新修订后的震中位置更为精确，因此，此次地震基本参数取表 1 中编号 1 结果。

表1 阿图什6.9级地震基本参数

Table 1 Basic parameters of the *M* 6.9 Atushi earthquake

编号	发震日期	发震时刻	震中位置		震级 M	震源深度/km	震中地名	结果来源
	年 月 日	时 分 秒	φ_N	λ_E				
1	1996 3 19	23 00 25	40°00′	76°46′	6.9	17	阿图什	新疆地震局修订[1]
2	1996 3 19	23 00 25	40°08′	76°38′	6.9	28	阿图什	新疆地震局1)
3	1996 3 19	23 00 26	40°14′	76°39′	6.8	24	阿图什	BJI 2)
4	1996 3 19	23 00 26	40°12′	76°36′	6.8	24	阿图什	[2]
5	1996 3 19	23 00 25	40.01′	76.71°	6.2	25		ISC

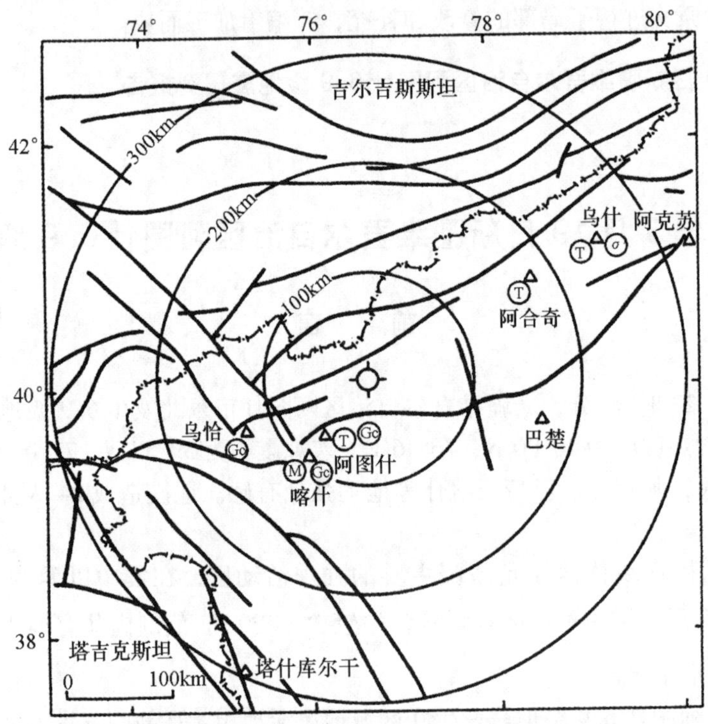

图1 阿图什6.9级地震前震中附近地震台站及观测项目分布图

Fig. 1 Distribution of earthquake-monitoring stations around the epicentral area before the *M* 6.9 Atushi earthquake

二、地震地质背景

1996年3月19日阿图什6.9级地震发生在塔里木块体的塔里木北缘活动带麦丹塔格—克孜尔塔格晚古生代陆缘地块与塔里木地块交接部位[3]，其附近地区主要断裂分布见图2。

在1°×1°布格重力异常图上，阿图什地震发生在围绕塔里木中央隆起(巴楚隆起)的南北向的重力梯度带上，梯度为 $-1.04\times10^{-5}\ m/s^2\cdot km$，布格重力异常为 $-250\times10^{-5}\ m/s^2$[4]。在地壳Moho面等深线图上处在围绕帕米尔地壳坳陷向上隆起的过渡带，地壳厚47 km。

1955～1988年大地水准测量反映本区域受印度洋板块向欧亚板块挤压的影响，以2 mm/a以上的速率在隆起，隆起走向为北东东向[5]。据全球定位系统(GPS)观测，1995～1998年南天山正受到北北西向的挤压，喀什相对吉尔吉斯斯坦比什凯克水平挤压，速率达19.3 mm/a[6]。

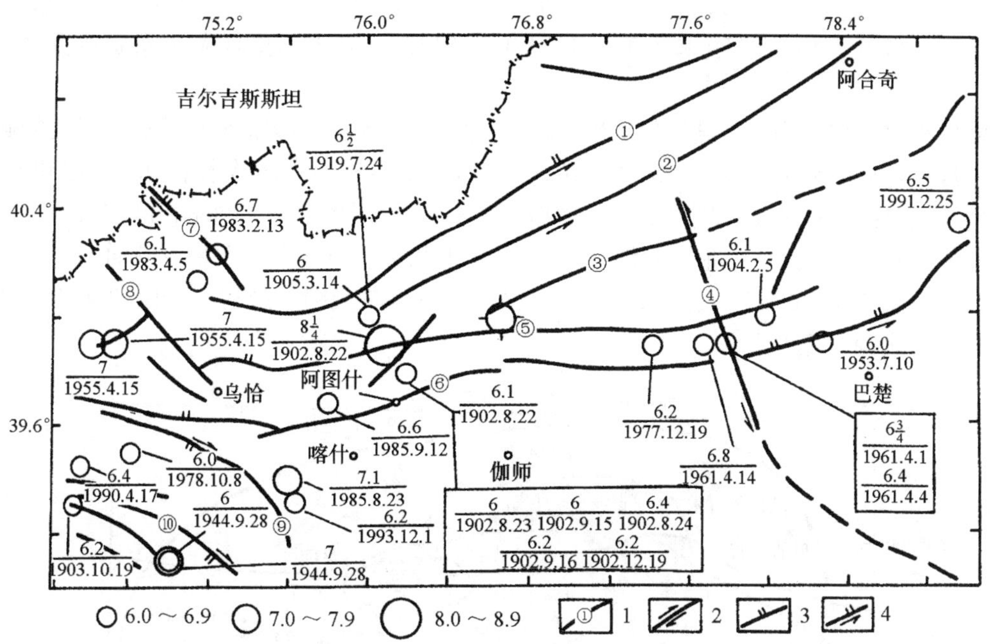

图例说明：1. 断层编号；2. 走滑断层；3. 逆走滑断层；4. 逆断层、逆掩断层

断裂名称：①麦丹塔格断层；②卡拉铁克壳断层；③哈拉峻断层；④普昌断层；⑤托特拱拜孜－阿尔帕勒克断裂；⑥柯坪断层；⑦塔拉斯－费尔干纳断层；⑧库孜贡断层；⑨卡兹喀尔阿尔特断裂；⑩马尔坎苏－奥依塔克断层

图 2　阿图什附近地区主要断裂及历史地震震中分布图

Fig. 2　Major faults and distribution of historical earthquakes around Atushi area

阿图什 6.9 级地震发生在新疆地震区南天山地震带西段阿赖山—柯坪一带。该段强震频度高、强度大，是新疆境内活动最强烈的地震带(段)，强震基本上呈东西向展布。距 1996 年 3 月 19 日阿图什 6.9 级地震最近的历史地震，也是该区最大的历史地震即 1902 年 8 月 22 日阿图什 $8\frac{1}{4}$ 级地震，二者相距约 45 km(图 2)。1996 年 3 月 19 日阿图什 6.9 级地震等震线围绕托特拱拜孜－阿尔帕勒克断裂分布，托特拱拜孜－阿尔帕勒克断层在奥兹格尔塔乌南麓断层面倾向 NNW，倾角 26°，下更新统西域组砾岩逆掩于晚更新世(地质年龄为 19 100 ± 1 500 a. B. P. ～25 000 ± 1 900 a. B. P.)砂砾石层之上，将西域砾岩垂直断错 8 m，垂直活动速率为 0.42 mm/a[7]。

三、地震影响场和震害[8]

据现场实地考察及调查资料，本次地震宏观震中为 39°57′N、77°05′E。震中区烈度为Ⅸ，等震线呈东西向椭圆形分布(图 3)。

Ⅸ度区：分布在阿图什市通古孜阿格孜一带，呈近东西走向的椭圆形，其长轴 27.5 km，短轴 10 km，面积约 215.9 km^2。Ⅸ度区位于无居民点的山区，区内地震崩塌倒石及山体酥裂、滑坡沿构造线状分布。通古孜阿格孜大沟及南北向许多条支沟内崩塌倒石多处堵塞冲沟，倒石一般约 500 m^3 ～600 m^3，最大的可达 1 000 多立方米，地震滚石最大直径达5 m ～8 m。冲沟两侧的许多山头酥裂，产生 10 cm ～20 cm 宽的裂缝。在通古孜阿格孜大沟南岸山坡上分布有规模较大、近东西向展布的塌陷体。河漫滩上许多老的崩塌滚石地震时开裂。

Ⅷ度区：包括伽师县的卧里托乎拉克乡、古尔鲁克乡、西克尔镇和阿图什市格大良的库如提喀等地。Ⅷ度区长轴走向近东西、长 75 km，短轴长 30 km，面积 1 550.4 km^2。区内Ⅰ类房屋多数损坏、倒塌，水库大坝和公路出现裂缝，在地下水位较高的地区出现大面积喷砂冒水现象。

卧里托乎拉克乡大多数房屋为Ⅰ类土木结构房屋，因位于地下水位较高、地表土盐碱化现象严重、土质条件差的地区，成为此次地震破坏最严重的乡。全乡22 915间房屋，倒塌和严重破坏的就有22 500多间，死亡24人，伤128人(其中重伤11人)。学校院内及麦田出现大面积喷砂冒水，损坏了农田及庭院。

西克尔镇绝大多数房屋为土木结构的房屋，此次地震几乎使所有房屋均出现不同程度的破坏，卫生院6间土木结构房屋的前墙倒塌，后墙角开裂；镇中学面积4 372 m^2 的砖木结构教室遭到严重破坏，承重墙及隔墙普遍开裂，部分土木结构的房屋倒塌，其中有45间房屋全部倒塌和严重破坏。西克尔水库大坝有300 m出现滑塌、裂缝，最大裂缝宽0.5 m、长十几米，裂缝中有大量泥砂涌出。从西克尔到通古孜阿格孜大桥长24 km的314国道路面上纵、横向出现许多裂缝、鼓包。公路两侧的护坡出现裂缝和塌陷，部分过水洞产生变形。

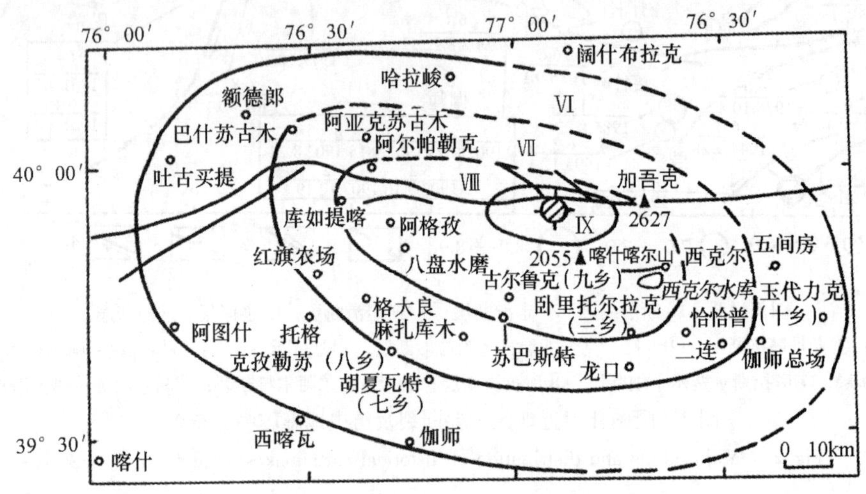

图3 阿图什6.9级地震烈度等震线图

Fig. 3 Isoseismal map of the M 6.9 Atushi earthquake

Ⅶ度区：包括巴什苏古木、红旗农场、格大良乡和克孜勒苏乡等，呈近东西走向的椭圆形，长轴长103 km，短轴长55 km，面积2 680.7 km^2。区内大多数房屋遭到不同程度的破坏。红旗农场场部有土木结构房屋172间，面积5 160 m^2，其中倒塌14间，严重破坏120间，两项约占78%；大部分砖混结构房屋被严重破坏。格大良乡政府土木结构房屋部分倒塌或严重破坏，许多砖混结构房屋受到中等破坏。克孜勒苏乡中学、小学大部分砖混结构的教室、实验室、办公室、学生宿舍受到破坏；土木结构的教室、学生宿舍均受到中等破坏。伽师总场一连、二连有182户人家，910多间房屋，均为土木结构，其中倒塌30间，严重破坏90间，另外倒塌圈棚4座。

Ⅵ度区：包括阿图什市区、吐古买提乡、哈拉峻乡、伽师县城等地，呈走向东西的椭圆形，其长轴150 km，短轴80 km，面积4 973 km^2。区内Ⅰ类房屋少数倒塌或局部损坏，部分房屋出现不同程度的裂缝。阿图什市政府砖混结构办公楼有主楼4层，两边侧楼3层，在主楼扶壁柱与墙体连接处出现轻微裂缝；院内有两栋24间单层土木结构办公室(面积720 m^2)，一面纵墙外闪，屋顶下沉，墙体出现许多裂缝。市第二小学锅炉房15 m高的铁管烟筒倾斜。伽师总场场部一土木结构面积700 m^2 的粮仓部分顶塌，招待所砖木结构的女儿墙倒塌。

Ⅴ度区范围内多数房屋基本完好，部分房屋受到轻微破坏。受到损坏的个别房屋原来就属老旧危房或施工质量有问题。

此次地震有感范围很大，阿克苏、巴楚、喀什等地均强烈有感。地震造成阿图什市和伽师县约20个乡镇、牧场与团场房屋遭到不同程度的破坏和损失，死亡24人，伤128人，死亡牲畜2 700多头，造成直接经济损失3.87亿元。

四、地震序列

阿图什6.9级地震发生在区域地震活动相对平静的背景下，震前无明显前震活动。主震后截至1996年6月20日，定出$M \geq 2.0$以上地震震中69次，其中5.0~5.9级1次；4.0~4.9级2次；3.0~3.9级12次；2.0~2.9级54次。表2给出了$M \geq 4.0$的地震序列目录。

表2　阿图什6.9级地震序列目录($M \geq 4.0$)

Table 2　Catalogue of the M 6.9 Atushi earthquake sequence ($M \geq 4.0$)

编号	发震日期			发震时刻			震中位置		震级 M	震源深度/km	震中地名	结果来源
	年	月	日	时	分	秒	φ_N	λ_E				
1	1996	03	19	23	00	25	40°00′	76°46′	6.9	28	阿图什	1)
2	1996	03	19	23	12	30	40°08′	76°42′	4.2	51		
3	1996	03	20	08	14	51	40°06′	76°47′	4.1	40		
4	1996	03	22	16	26	36	40°10′	76°46′	5.2	28		

从6.9级地震序列分布图(图4)可以看出，余震全部分布在主震东侧约40 km范围内，余震分布与近东西走向的等震线方向一致。因这次地震震源破裂为单侧破裂[9~10]，故余震由西向东沿主震破裂方向强度逐步衰减。

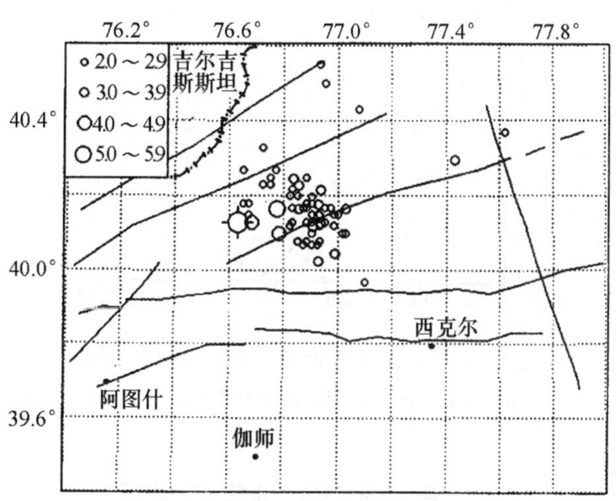

图4　阿图什6.9级地震序列分布

Fig. 4　Distribution of the M 6.9 Atushi earthquake sequence

由余震序列的$M-t$图(图5)看出，余震主要集中发生在前4天内，多数为3级地震。序列中最大余震为3月22日5.2级强余震，之后，$M \geq 3.0$以上地震迅速衰减，最后一次4级余震发生在4月27日。

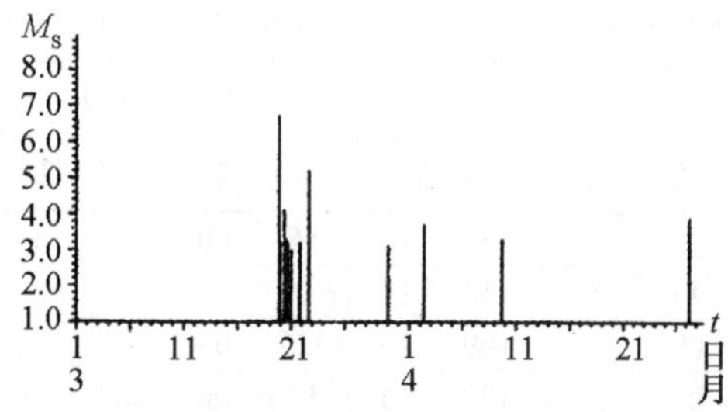

图5　阿图什6.9级地震序列$M-t$图

Fig. 5　$M-t$ diagram of the M 6.9 Atushi earthquake sequence

地震序列频次分布(图6)表明，3 月 22 日 5.2 级强余震后，序列逐步衰减，5 月上旬以后震区很少有余震发生。

余震序列 b 值为 0.63(图7)，接近南天山地震带平均为 0.70 的背景 b 值。序列 p 值为 1.06，h 值为 1.0，主震释放能量占全序列能量的 99.6%，主震与最大余震震级相差 1.6。根据地震类型的判别指标，阿图什 6.9 级地震为主震－余震型。

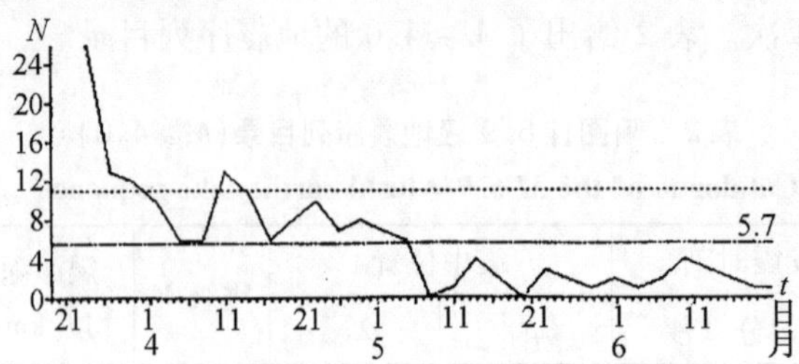

图6　阿图什 6.9 级地震序列频次分布

Fig. 6　Variation of earthquake frequency of the *M* 6.9 Atushi earthquake sequence

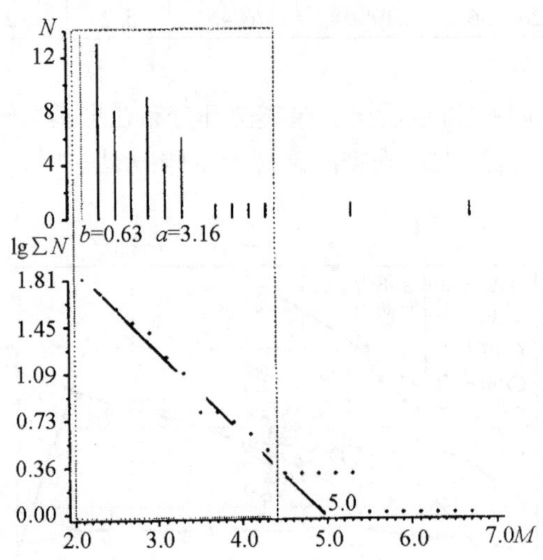

图7　阿图什 6.9 级地震序列 b 值拟合曲线

Fig. 7　b - value fitting curve for the *M* 6.9 Atushi earthquake sequence

五、震源参数和地震破裂面

根据收集的新疆区域台网清晰的 P 波初动符号 27 次，测定了这次 6.9 级地震的震源机制解(表 3 和图 8a)，矛盾符号比 0.27。

表3　阿图什 6.9 级地震的震源机制解

Table 3　Focal mechanism solutions of the *M* 6.9 Atushi earthquake

序号	节面Ⅰ			节面Ⅱ			*P* 轴		*T* 轴		*N*(*B*)轴		*X* 轴		*Y* 轴		结果来源
	走向	倾角	滑动角	走向	倾角	滑动角	方位	仰角	方位	仰角	方位	仰角	方位	仰角	方位	仰角	
1	65		60	10		40	128	10	16	60	228	28	100	46	332	27	高国英
2	48	78	62	252	111	30	155	17									[9]
3	72	81	66	273	109	26	169	20	325	68	75	8					HRV
4	63	111	62	203	55	34	137	15	12	66	233	19					USGS
5	72		50	52		42	153	5	38	79	245	10					[10]
6	84	80	64	286	110	27	181	19	334	69	88	9					[11]

此次地震震源断错为倾滑逆断层。根据阿尔帕勒克断裂走向(近EW)以及极震区烈度分布和余震分布、形变特征分析认为，近东西走向的节面Ⅰ为断层面。主压应力P轴方位128°，仰角接近水平，张应力T轴几乎垂直。由震源机制解结果分析，此次地震可能是塔里木地块在向北的挤压过程中，地块西北端产生NW向的挤压作用形成的。何玉梅等[9]使用全球数字地震台网(GDSN)宽频带P波数据，利用波形拟台和有限断层的全局混合反演方法研究了此次阿图什地震的震源破裂时空过程。结合地质构造、余震分布及地震宏观考察资料，综合理论图的分析和试错的结果，表明此次地震是一次具有逆倾和较小走滑分量的由西向东的单侧破裂事件，地震震源深度为13 km，震源持续时间为15 s。破裂面上的滑动分布主要由两部分构成(图9)：初始破裂0.3 m对应较小上升时间0.8 s；而最大滑动尺度1.0 m则位于破裂方向上离初始点约25 km处，相应的上升时间为3.5 s。这和其他研究者[1]得出的微观震中与宏观震中出现明显差异，相距约30 km的结果相吻合，说明微观震中与宏观震中之间的差异主要是由震源的破裂性质引起。

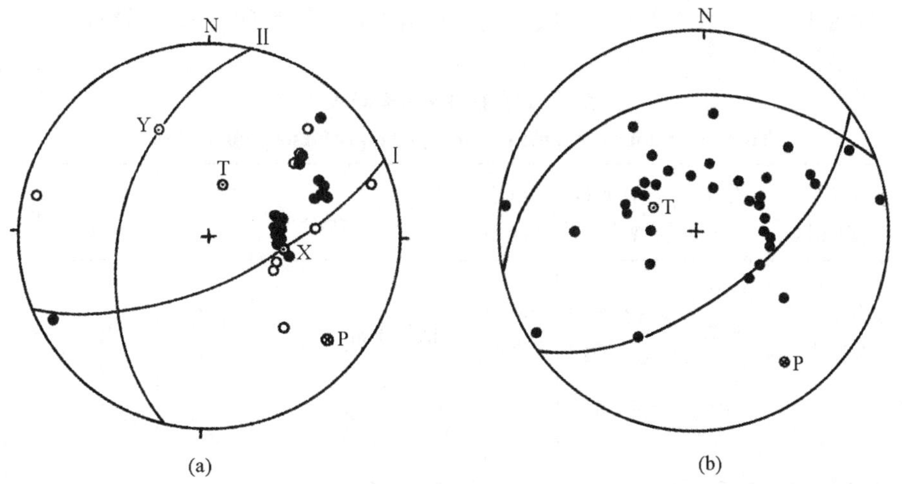

图8　由新疆区域台网(a)和全球数字地震台网(b)[9]获得的阿图什6.9级地震震源机制解

Fig. 8 Focal mechanism solutions of the M 6.9 Atushi earthquake from P wave records by the Xinjiang regional network (a) and the Global Digital Seismograph Network (b) (b is after He et al., 2001)

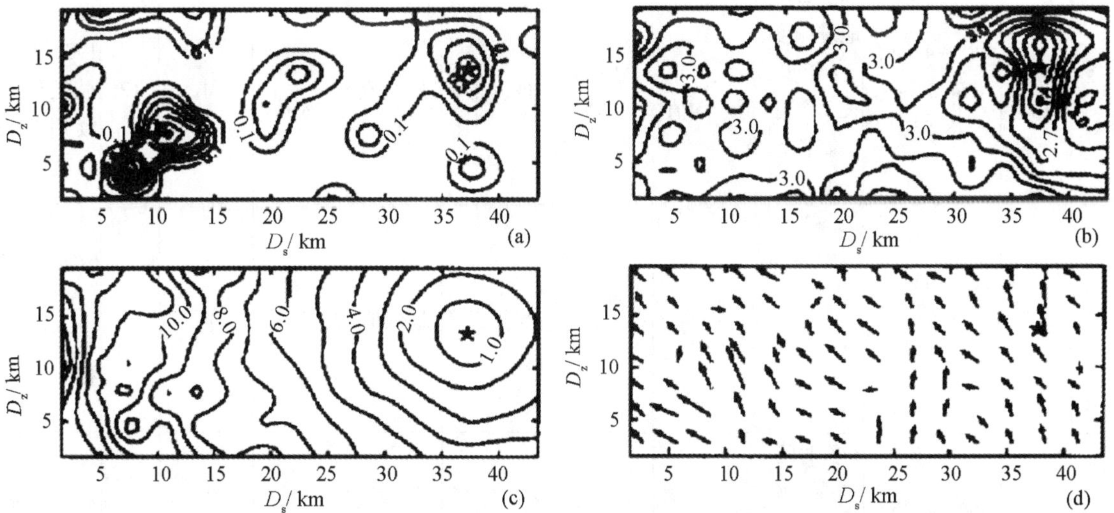

(a) 最后滑动振幅在断层面上的分布(m)；(b) 上升时间(间隔0.4s)；(c) 破裂前锋(间隔1.0s)；(d) 滑动矢量；星号表示震源；D_s与D_z分别为沿断层倾向与走向的长度

图9　阿图什6.9级地震的震源滑动尺度、滑动方向、上升时间及破裂时间分布[8]

Fig. 9　The slip vectors, risetimes and rupture times for a finite fault

1996 年 3 月 19 日阿图什 6.9 级地震等震线围绕托特拱拜孜－阿尔帕勒克断裂分布。等震线衰减情况和震源破裂过程都显示地震自西向东破裂[8~10]，说明发震构造应是托特拱拜孜－阿尔帕勒克（乌恰）断裂。

六、地震前兆观测台网及前兆异常

震中附近地区的地震台站及观测项目分布见图 1。地震发生在柯坪块体西端，区内台站主要沿南天山西段构造走向分布，在震中北部无台站分布。

在震中 300 km 以内共有 7 个地震台，均设有测震观测。此外，5 个台站有其他前兆观测，包括地倾斜、钻孔应变、地磁场强度 Z、磁偏角 D 和地温等观测项目。在 0 km～100 km、101 km～200 km、201 km～300 km 距离内分别有地震台站 2 个、3 个和 2 个，其中测震以外前兆观测台站 2 个、2 个和 1 个，观测项目分别为 4 项、2 项和 2 项。此次地震前共出现 8 个异常项目 13 条异常（表 4）。

表 4　地震前兆异常登记表

Table 4　Summary table of earthquake precursory anomalies

序号	异常项目	台站（点）或观测区	分析方法	异常判据及观测误差	震前异常起止时间	震后变化	最大幅度	震中距/km	异常类别及可靠性	图号	异常特点及备注
1	地震活动增强	震中 200 km 范围内	$M \geqslant 4.0$ 地震 $M-t$ 图	4 级地震活动增强	1994.9～1995.5	恢复正常		震中周围	M_1	10	震前 1 年多 4 级地震活动增强
2	地震平静	38°～42°N，74.5°～78.5°E	$M \geqslant 3.0$ 地震空间分布	$M \geqslant 3.0$ 地震异常平静	1993～1996.3	地震发生在空段内		震中周围	M_1	11	震前震中以西约 100 km 内 $M \geqslant 3$ 地震异常平静，并形成空段
3	地震频度	38°～42°N，74.5°～78.5°E	$M \geqslant 2.5$ 地震频度（1 年步长 3 个月窗长滑动）	持续 3 年低于均值	1992.4～1995.4	恢复正常	最低值	震中周围	M_1	12	异常幅度达 1980 年以来最低值，持续时间长、幅度大
4	缺震	38°～42°N，74.5°～78.5°E	$M \geqslant 2.5$ 缺震分析（1 年步长 3 个月窗长滑动）	持续一年低于均值	1995.1～1996.1	恢复正常	最低值	震中周围	M_1	13	6 级地震都发生在低值异常恢复过程中
5	b 值	38°～42°N，74.5°～78.5°E	b 值时间扫描（$M \geqslant 2.5$，1 年步长 3 个月窗长滑动）	$b<0.8$ 持续近一年	1995.1～12	恢复正常	最低值	震中周围	M_1	14	低 b 值异常达最低值恢复发震

表4（续）

序号	异常项目	台站(点)或观测区	分析方法	异常判据及观测误差	震前异常起止时间	震后变化	最大幅度	震中距/km	异常类别及可靠性	图号	异常特点及备注
6	小震调制比 R_m	38°～42°N，74.5°～78.5°E	小震调制比（M≥2.5，1年步长3个月窗长滑动）	R_m＞0.27	1994.1～1996.3	异常继续	0.4	震中周围	M_1	15	1993.12 疏附6.2级地震后，异常继续发展，且变化幅度最大，6.9级地震后异常继续
7	地倾斜（石英摆）	阿图什	单分量5日均值	速率变化不稳	1994.1～1995.1	基本恢复	1×10^{-4} rad	70	M_3	16	打破年变、异常方向背向未来震中
8	地倾斜（石英摆）	阿图什	日均值矢量	矢量方向转向	1996.3.15～	没有恢复	1.3×10^{-6}	70	I_2	17	矢量方向突然转向
9	地倾斜（石英摆）	阿合奇	日均值矢量	打破年变形态，速率减小，方向异变	1995年春～	恢复正常		180	M_1	18	连续两年打破年变规律，震前出现明显的拐弯、打结
10	地倾斜（石英摆周记）	乌什	日均值矢量	打破正常年变	1995.4～6月中旬	基本恢复		250	M_1	19	矢量方向打破正常年变，与正常年变方向相反
11	地倾斜（石英摆日记）	乌什	单分量速率	速率明显增大	1996.1～	恢复	0.02″	250	S_2	20	两分量速率出现同步变化，速率明显增大
12	地倾斜（石英摆日记）	乌什	单分量速率	短临突跳	1996.3.4～14	恢复	0.04″	250	I_2	20	在速率变化基础上，出现较大幅度突跳
13	钻孔应变（压容）	乌什	N52°E元件旬均值	打破正常年变，年变幅度增大	1994.1～1995.9	仍不正常		250	M_2	21	持续时间长、异常幅度大，峰值相位滞后2个月

需要说明的是，1996 年 3 月 19 日阿图什 6.9 级地震后，1997 年 1 月 21 日开始，在此次地震约 70 km处又发生了伽师强震群，故各种前兆观测资料终止时间均取为 1996 年底。

1. 地震学异常

此次地震前，在距震中 200 km 范围内，1994 年 9 月至 1995 年 5 月 4.0 级以上地震活动出现增强过程(图 10)，先后发生 7 次 4 级地震，地震主要分布在震中以东地区；1993 年 6 月开始至震前，显示出明显的平静异常。分析震中周围地区不同时段内 3 级以上地震活动的空间分布(图 11)，可见 1990 ~ 1992 年在震中以西至 76°E 附近发生多次 3 级地震，显示出该区正常的地震活动水平。但 1993 年至阿图什 6.9 级地震前 3 年多时间内，在 76°E 附近无 3 级以上地震活动，震中附近形成地震空段，6.9 级地震就发生在空段内。对震中周围地区(38° ~ 42°N，74.5° ~ 78.5°E) $M \geqslant 2.5$ 地震进行地震参数时间序列分析，以 1 年为步长、3 个月为窗长滑动计算。地震频次持续近 3 年低值异常(图 12)；由缺震曲线分析(图 13)，该区域 3 次 6 级地震前缺震异常较为显著，6.9 级地震前 1995 年开始出现明显的缺震现象，震前达最低值；b 值时间扫描分析(图 14)，震前存在一年多较明显的低 b 值异常，低值异常恢复过程中发震，震后恢复正常；小震调制比异常较为显著(图 15)，1993 年 12 月疏附 6.2 级地震后，异常并没有恢复，持续两年的异常发展过程，6.9 级地震发生后仍维持高值，1997 年 1 月又发生伽师强震群。

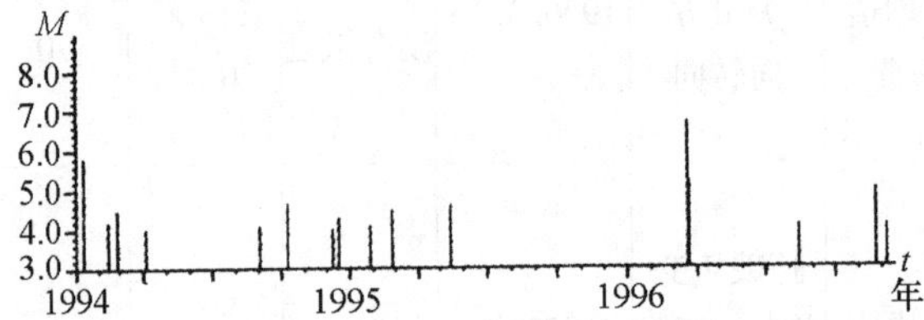

图 10　阿图什 6.9 级地震震中 200 km 范围 1994 ~ 1996 年 $M \geqslant 4.0$ 地震 $M-t$ 图

Fig. 10　$M-t$ diagram for the events ($M \geqslant 4.0$) within 200km of the M6.9 Atushi earthquake from 1994 to 1996

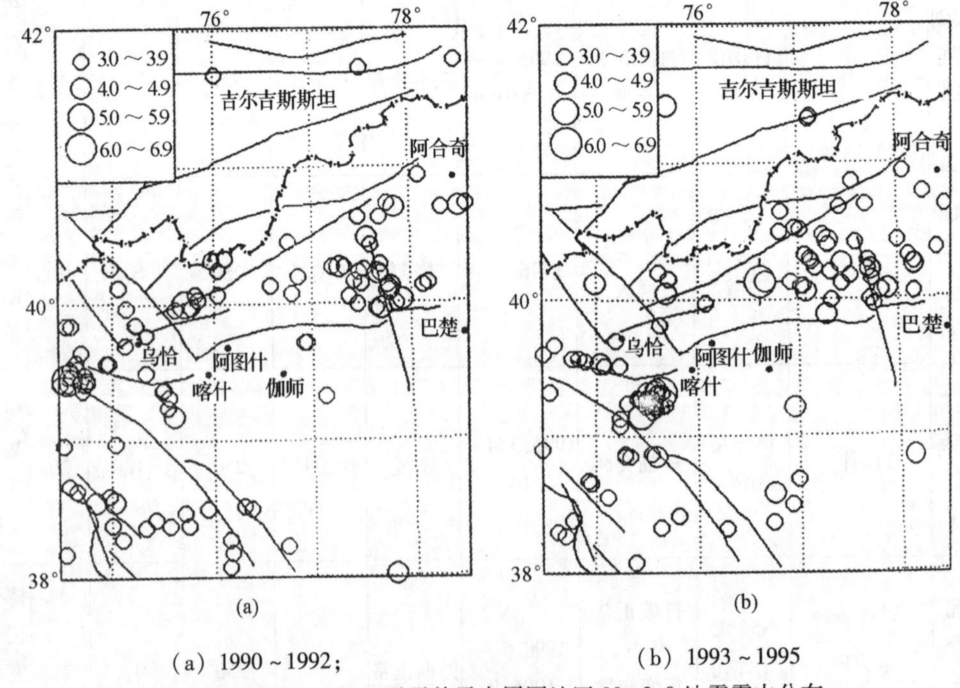

（a）1990 ~ 1992；　（b）1993 ~ 1995

图 11　阿图什 6.9 级地震震前震中周围地区 $M \geqslant 3.0$ 地震震中分布

Fig. 11　Distribution of the $M \geqslant 3.0$ earthquakes around the epicenter before the M 6.9 Atushi earthquake

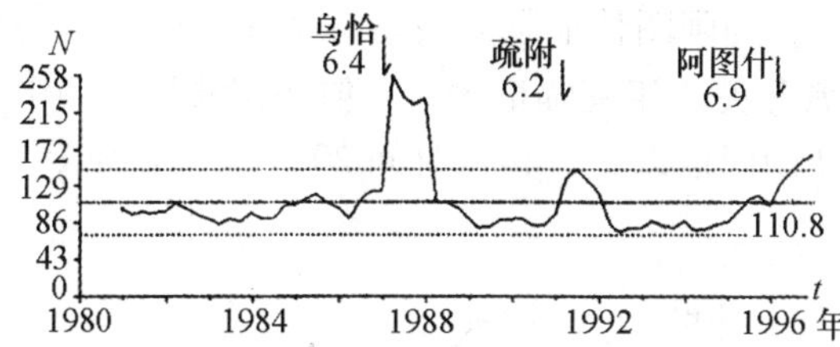

图 12　阿图什 6.9 级地震震中周围地区 1980 年以来 $M\geqslant2.5$ 地震频次变化曲线

Fig. 12　Variation of $M\geqslant2.5$ earthquake frequency around the M 6.9 Atushi earthquake since 1980

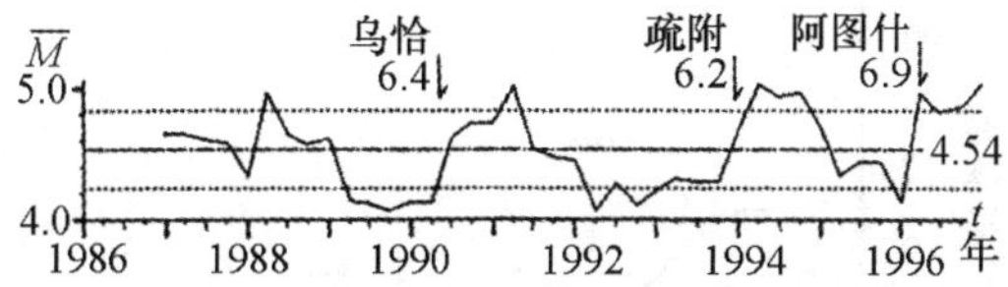

图 13　阿图什 6.9 级地震震中周围地区 1986 年以来缺震曲线($M\geqslant2.5$)

Fig. 13 Curve of $M\geqslant2.5$ earthquake deficiency around the M 6.9 Atushi earthquake since 1986

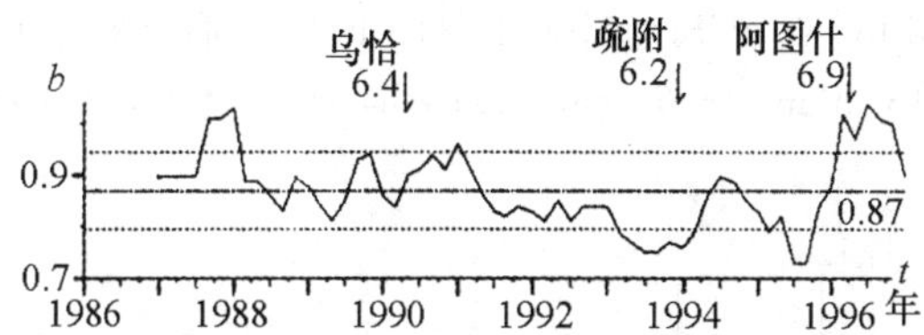

图 14　阿图什 6.9 级地震震中周围地区 1986 年以来 b 值时序曲线($M\geqslant2.5$)

Fig. 14 b - value curve of $M\geqslant2.5$ earthquakes around the M 6.9 Atushi earthquake since 1986

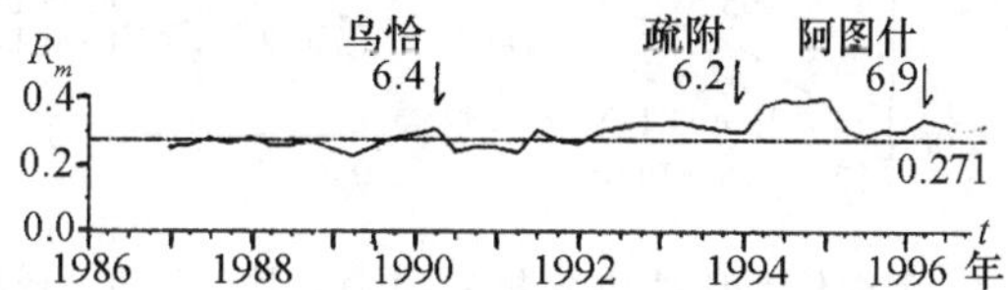

图 15　阿图什 6.9 级地震震中周围地区 1986 年以来小震调制比 R_m 时序曲线

Fig. 15　Curve of regulatory ratio (R_m) of small earthquakes for earth - tide around the M 6.9 Atushi earthquake since 1986

2. 其他前兆观测项目异常[12,13]

在 300 km 范围的 9 台项前兆观测项目中，其中 1995 年 6 月才开始观测的喀什、阿图什、乌恰地温震前无明显变化；喀什地磁震前异常不明显，其他 4 台项前兆观测项目(地倾斜和钻孔应变)震前存在不同程度的异常。

中期异常：乌什台周记石英摆倾斜仪，1995 年 4 月后打破正常年变，矢量方向由南西转为正南，到 6 月中旬后恢复正常的北东方向，秋季的转向(由北东向转向西南)与正常年份转向方向相反(图 19)。阿合奇石英摆倾斜仪 1991 年下半年开始观测，1992 年上半年资料仍处于不稳定变化，下半年开始资料恢复正常年变；1995 ~ 1996 年春季出现转向方向异常，1995 年由正常的北东→西北→西南变为北东→南→西南，1996 年 1 ~ 2 月中旬持续向东南，之后转为正南，阿图什 6.9 级地震后恢复正常(图 18)。阿图什地倾斜从 1993 年下半年开始观测(图 16)，1994 年 1 月 ~ 1995 年 1 月两分量的观测值明显偏离正常方向，最大量级达 1×10^{-4} rad，此趋势异常恢复一年多后，在台站西南 180 km 处发生了阿图什 6.9 级地震，该趋势异常变化与阿图什地震的关系有待深入研究。乌什钻孔应变 N52°E 元件，自 1994 年 1 月以来，测值打破正常年变，年变幅增大，峰值相位滞后了两个月；1995 年 3 月后相位基本恢复正常，但年变幅是正常年变的两倍以上，异常时间 20 个月，异常量级达 1.3×10^{-6}，年底恢复正常(图 21)。

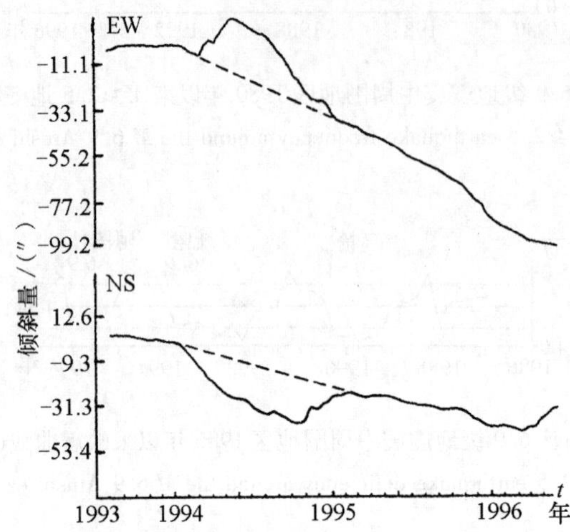

图 16 阿图什地倾斜单分量(5 日均值)曲线变化图

Fig. 16 Curves of 5 – day mean value of tilt at Atushi station

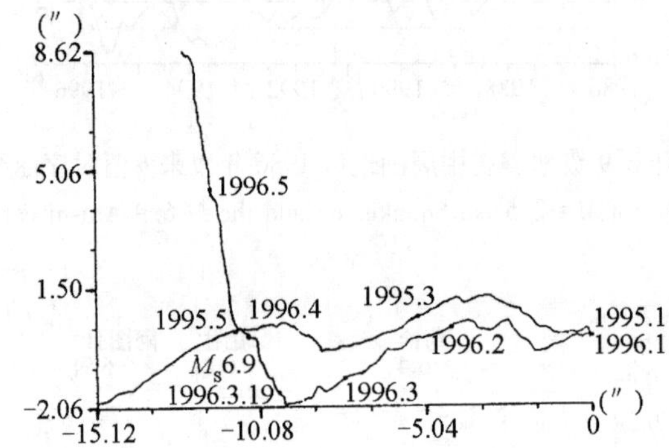

图 17 阿图什地倾斜 1996 年 1 ~5 月日均值矢量合成图

Fig. 17 Composite vector map of daily mean value of tilt at Atushi station from Jan. to May in 1996

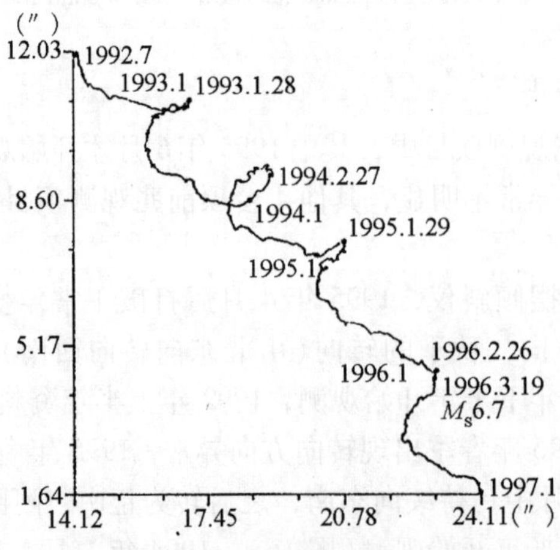

图 18 阿合奇地倾斜矢量合成图

Fig. 18 Composite vector map of tilt at Aheqi station

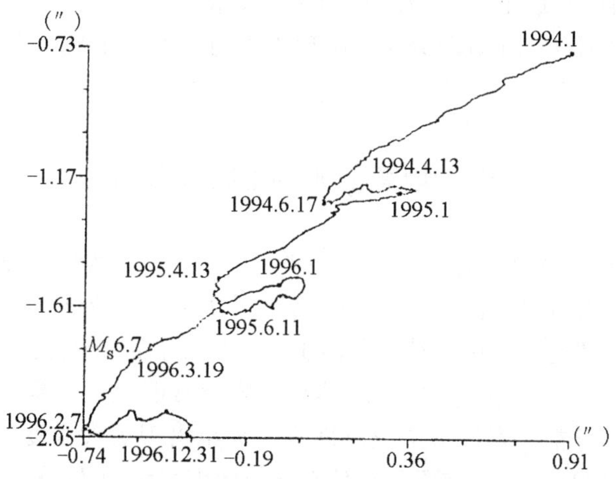

图 19 乌什地倾斜(周记)矢量合成图

Fig. 19 Composite vector map of tilt at Wushi station (weekly record)

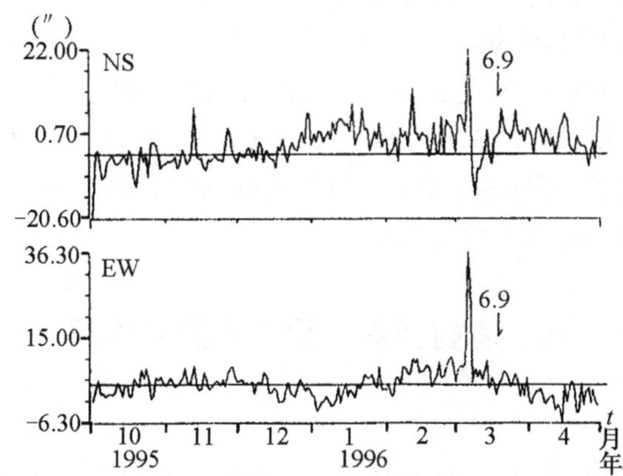

图 20 乌什地倾斜单分量日均值一阶差分曲线

Fig. 20 Curves of one - order difference of daily mean value of tilt at Wushi station

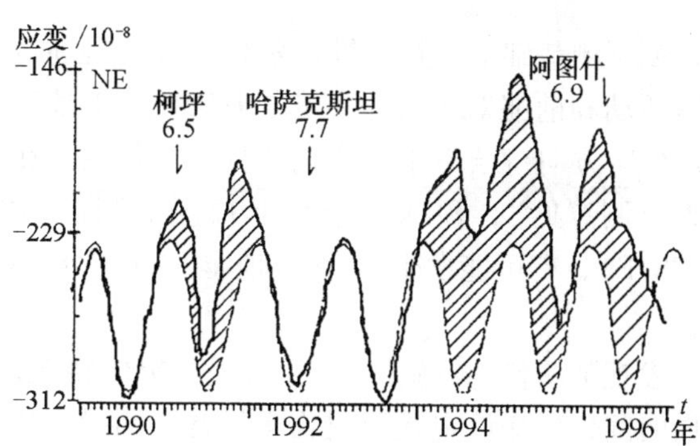

图 21 乌什钻孔应变 N52°E 旬均值曲线

Fig. 21 Curve of 10 - day mean value of borehole strain (N52°E) at Wushi station

短期或临震异常：阿图什地倾斜矢量图在趋势性向西南倾的背景上，1996 年 1 月 11 ~ 17 日转向北西后恢复，3 月 15 日又突然转向北西，与 1995 年同期的地倾斜日均值矢量合成图(图 17)明显不一致。乌什台日记石英摆倾斜仪，震前无明显趋势异常，但由单分量日均值一阶差分曲线可以看出(图 20)，自1996年1月份开始，两单分量出现较为同步的速率变化增大，NS向较为明显，显示出短期异常；在短期异常变化基础上，3月5~14日两分量又出现同步的大幅度突跳，最大幅度达0.04″(图20)，表现出震前临震突变异常。

七、地震前兆异常特征分析

地震学异常：阿图什6.9级地震前1994年至1995年5月，在震中以东地区出现4级地震密集活动，1993年开始在震中周围地区出现持续3年的3级以上地震平静异常现象。震前中等地震活动的时空分布基本异常特征为：4级地震集中活动→震前平静→发震。部分地震活动性参数的时间扫描分析，在震前出现较明显的持续1~3年异常变化，缺震和b值异常明显；小震调制比在1993年12月疏附6.2级地震前就出现两年的异常，震后异常没有恢复，甚至出现更大幅度的变化，阿图什6.9级地震后异常仍持续发展，结果1997年1月在距阿图什6.9级地震东南约70 km处相继发生了伽师6级震群活动。

其他前兆观测资料异常：阿图什6.9级地震虽然发生在监测能力较弱的南天山西段，但在300 km范围内的9台项前兆观测项目中，除了地温和喀什地磁外，其余4个台项前兆观测资料的趋势异常明显。在中期异常背景下，1996年1月份开始，乌什台日记石英摆倾斜仪出现短期速率加快异常；震前十几天伴有观测值的临震突跳现象；离震中最近的阿图什台地倾斜在3月中旬出现较为明显的临震突变异常。其中乌什和阿图什地倾斜的短临异常都出现在3月15日前后，乌什台短临异常出现略早于阿图什台。在观测区域范围内离震中最远的乌什台和最近的阿图什台，同时观测到短临异常突变，一定程度上反映出震中周围地区应力场的不稳定状态。

八、震前预测、预防和震后响应

1. 预测情况

1993~1994年在《新疆地震减灾综合研究》[3)]中，新疆维吾尔自治区地震局对新疆未来5~10年的地震形势进行了全面、系统的研究，划出了未来5~10年新疆6~7级地震危险区。这次6.9级地震就发生在危险区内，中期趋势预测较好。另外，这次6.9级地震也发生在1996年度新疆6~7级地震危险区内，对应较好[4)]。

在中期和一年尺度的中短期预测基础上，新疆维吾尔自治区地震局对危险区及其周围各类异常加强了跟踪分析，密切监视地震活动和前兆观测异常变化，1995年12月底，依据乌什日记倾斜仪出现的速率变化不稳、阿合奇倾斜矢量方向持续不正常变化，且阿图什倾斜在趋势异常背景下速率变化不稳，向中国地震局提出了短期预测意见[5)]，预测“1995年12月25日至1996年3月25日，在乌恰—巴楚地区(39°~41°N，75°~78°E)，有可能发生5~6级地震”。这次地震的短期预测除了震级偏低以外，其他两个要素对应很好。

在震情跟踪分析过程中，发现阿图什地倾斜3月15日矢量突然转向近90°，由南西变为北西。但由于当时处于地倾斜季节转向时间，无法认定是否属临震异常。同时，乌什地倾斜在3月份出现观测值突变，当时分析认为可能存在人为干扰(新换观测员)或仪器故障。对两个台地倾斜的突变现象，当时难以确认异常。地震发生后监测和分析人员重新对资料进行了认真分析，排除人为干扰因素后认为属于异常变化。但由于当时对临震前的一些资料的突变现象认识不足，未能提出临震预测意见。

这次地震的追踪预测从中期到短期可以说是较为成功的，虽然未能实现临震预测，但仍可以从中得到不少的经验和教训。

6.9级地震虽然发生在新疆监测能力薄弱地区，但震前仍然观测到了多项趋势异常和个别的短期或临震异常。只要密切跟踪资料的异常变化过程，对资料进行科学分析、结合地震预测预报实践经验、果断决策，还是有可能实现不同程度的长、中、短、临预测的。

2. 震后趋势判定[14]

地震发生后，中国地震局组织专家与新疆维吾尔自治区地震局业务人员赶赴大震现场，进行现场地震监测预报工作。现场工作组与新疆维吾尔自治区地震局分析预报人员密切跟踪序列的发展，对巴楚、喀什地震台余震序列进行分析，结合该区历史地震活动情况，分别于3月20日和3月21日对震后地震趋势进行初步判定，认为该地震属主震－余震型，未来几天至一周内有发生5.5级左右强余震的可能，建议政府动员危房中的居民立即搬出[6)]。由于当地政府措施得力，在3月22日发生的5.2级强余震中未造成新的人员伤亡。新疆维吾尔自治区地震局对地震类型和强余震作出了准确的判别和预报[7)]。

3. 震害分析[15]

6.9级地震发生后，新疆维吾尔自治区地震局派出工作组赴灾区开展了震害评估工作。在当地政府的大力支持下，工作组与有关部门协同作战，在较短的时间内完成了这次地震的震害评估工作。

此次地震受灾面积较大，Ⅵ度以上(含Ⅵ度)地区面积达9672 km^2，包括伽师县和阿图什市的20个乡镇、牧场和新疆生产建设兵团农三师的两个团场，共59451户、306172人。重灾区在伽师县的卧里托乎拉克乡和古尔鲁克乡、西克尔镇以及阿图什市的格大良乡。

震区处于南天山西段柯坪断块与塔里木盆地衔接地带，北部为山区，南部是山前平原，是地壳差异运动强烈的不稳定地区。北部的山间盆地和南部山前冲积平原土质疏松，土地盐碱化现象严重，特别南部山前平原，地势低洼，地下水位较高，又受西克尔水库的影响，场地条件很差。重灾区大部分都分布在这一地区。

农村房屋遭到了严重破坏。在极震区民房遭到毁坏和严重破坏的达90%左右，特点是毁坏、严重破坏的多，中等或轻微破坏的少，毁坏的房中掉顶的多。这种现象与震区所处地理环境、场地条件和房屋结构有关。场地条件差是地震灾害加重的重要原因之一，在震灾严重地区，土地盐碱化现象严重，一些地区地下水位离地表仅1 m～2 m。另外，农村房屋高、跨度大、房顶房泥过厚，房屋抗震能力差，这也是房屋破坏严重和掉顶多的原因之一。

九、结论与讨论

（1）阿图什6.9级地震发生在柯坪块体西端，柯坪断裂带的阿尔帕勒克断层。地震发生在中等地震集中活动之后，又出现异常平静的背景下，部分地震活动性参数震前存在较为明显的中期异常。研究区域范围内其他前兆观测资料，主要以地倾斜为主的中期异常较为明显，其主要异常特征为矢量方向打破正常年变；从观测到的两个台地倾斜的临震异常形态分析，其特征以突变为主。这次地震前固定前兆观测的异常时空分布显示出由远后近的迹象，也就是离震中最近的台站，异常最后出现。离震中最远的乌什台地倾斜(周记)趋势异常明显；乌什地倾斜日记短期和临震异常显著，且异常幅度也最大。离震中最近的阿图什地倾斜在震前5天出现方向突变异常。在研究区域范围内不同阶段地震异常的时空演化过程，可能表明了震前区域应力场处于一种不稳定状态。另外，这种异常的时空演化过程与我国提出的“源场结合、以场求源”的预测预报思路基本一致，可为进一步较准确预测地震三要素中的地点和时间提供参考。

（2）此次地震发生在新疆维吾尔自治区地震局中期预测和1996年度地震危险区内，地震强度预测较为准确，震前向中国地震局提出了3个月的短期预测意见，对应较好；并在强余震发生前向当地人民政府提出了较好的临震预测意见，取得了一定的社会效益和减灾实效。在6.9级地震前，虽然有两项前兆观测项目出现了突变现象，但一来受到前兆监测能力差的限制，很难真正认识到大震前的突变情况；另由于地震过程的复杂性，在中期异常背景下出现的异常突变，实际上并非都为临震异常；且出现突变异常的3月正是地倾斜资料季节转向时间，观测资料的不稳定性增加了异常认定的困难。

（3）据有关文献[8~10]研究，此次地震震源破裂方式为单向破裂，破裂方向由西向东南扩展。研究还认为，活动地块受构造推动作用导致地震发生。在同一边缘构造断裂带及其附近，破裂扩展的端点和破裂延伸方向的一切受阻地段（弹性应变能积累单元），都是构造驱动和早期破裂引起的应力场高聚集部位。值得注意的是此次地震的破裂方向基本上是1997~1998年伽师强震群震源区。阿图什6.9级地震距伽师强震群约70 km，阿图什6.9级地震和伽师地震虽不属同一构造体系，但都受塔里木地块相对运动的影响，也许是由于断裂引起应力集中，破裂扩展的持续发展，阿图什6.9级地震对伽师地震起到了一个触发作用，为震中迁移所体现。也可能6.9级地震破裂方向与伽师震群彼此存在某种内在的联系。这些初步的认识，还有待进一步深入探讨。

参考文献

杨成荣、刘永廷，1996年阿图什6.9级地震参数与宏观震中，内陆地震，11(2)，154~158，1997。

冯浩，1996年震情，地震，17(3)，325~326，1997。

张良臣，中国新疆板块构造与动力学特征，新疆第三届天山地质矿产学术讨论会，乌鲁木齐：新疆人民出版社，1~14，1995。

殷秀华、史志宏、刘占坡，1°×1°布格重力异常，中国岩石圈地球动力学地图集，北京：地图出版社，1989。

彭树森，大地形变测量所反映的天山最新构造运动，内陆地震，7(2)，136~141，1993。

王晓强、王琪、程瑞忠，伽师及邻近地区GPS地壳形变监测及初步分析，内陆地震，14(3)，200~206，2000。

赵瑞兵、李军、沈军，喀什拗陷北缘活动断裂与古地震初步研究，地震学报，22(3)，327~331，2000。

罗福中、宋和平、寇大兵，1996年3月19日新疆阿图什6.9级地震与发震构造，内陆地震，10(4)，373~378，1996。

何玉梅、郑天愉、单新建，1996年3月19日新疆阿图什6.9级地震：单侧破裂过程，地球物理学报，44(4)，510~519，2001。

高国英、戈树漠、韩月鹏、缑兰兰，1996年3月19日新疆阿图什6.9级地震震源破裂特征的研究，地震，17(3)，290~295，1997。

马淑田、姚振兴、纪晨，1996年3月19日新疆伽师 M_S 6.9地震的震埠机制以及相关问题研究，地球物理学报，40(6)：782~789，1997。

杨马陵、许道尊、王筱荣，1996年3月19日新疆阿图什6.9级地震的追踪预报，内陆地震，12(2)，110~118，1998。

史勇军、杨又陵、孙燕萍，伽师-阿图什6.7级地震阿图什地倾斜异常特征，内陆地震，12(1)，68~72，1998。

杨欣、杨马陵，阿图什6.9级地震序列特征和监测预报，内陆地震，10(4)，366~372，1996。

范芳琴、尹力峰，1996年3月19日阿图什6.9级地震震害与损失，内陆地震，10(4)，380~384，1996。

王筱荣，阿图什6.9级地震前部分测震学参数异常特征及其预报情况，西北地震学报，19(1)，32~37，1997。

参考资料

1）新疆维吾尔自治区地震局，新疆地震目录库(1996)。

2）中国地震局地球物理研究所，中国地震台临时观测报告，1996。

3）朱令人等，新疆地震减灾综合研究，成果研究报告，12，1995。

4）新疆维吾尔自治区地震局，1996年度新疆地震趋势研究报告，卷宗1272，1995.11。

5）新疆维吾尔自治区地震局，1996年新疆地震局报中国地震局中短临地震预报意见卡，卷宗1400。

6）新疆维吾尔自治区地震局，1996年新疆地震局震情监测报告，卷宗1356。

7）新疆维吾尔自治区地震局，1996年3月22日伽师-阿图什5.3级强余震预报，卷宗1362。

8）新疆维吾尔自治区地震局，1996年新疆地震局中短临地震预报意见卡，卷宗1412~1413。

摘　要

1996年3月19日新疆维吾尔自治区阿图什东北发生6.9级地震，宏观震中位于阿图什市东北山区，震中烈度Ⅸ度，极震区呈近东西向的椭圆形。地震造成24人死亡，128人受伤，直接经济损失3.87亿元。

此次地震序列为主震－余震型，最大余震5.2级。余震分布在主震东侧，与极震区长轴走向一致。此次地震是一次具有逆倾和较小走滑分量的由西向东的单侧破裂事件，节面Ⅰ为主破裂面，主压应力P轴方位北西向。破裂面上的滑动分布主要由两部分构成，这与观测到的微观震中与宏观震中相距约30 km的结果相吻合。地震的发震构造为托特拱拜孜－阿尔帕勒克断裂。

震中附近属地震监测能力较弱地区，300 km范围内共有地震观测台7个，均有测震观测项目，但仅5个台有其他前兆观测项目。震前共出现8个异常项目13条异常，其中10条为中期异常，1条短期、2条临震异常。震前震中周围地区出现中等地震集中活动之后，$M \geqslant 3.0$地震异常平静。地震学异常明显，共有6条，其他主要为地倾斜异常。

6.9级地震发生在新疆1996年度的6～7级地震危险区内。震前根据资料的异常变化，向中国地震局提出了3个月的短期预测意见，对应较好。震后趋势判定正确，并在5.2级强余震前向当地人民政府提出正确的临震预测意见，取得了一定的社会效益。本文最后对这次地震震源破裂与1997年伽师地震的相关性进行了初步分析。

Atushi Earthquake of *M* 6.9 on March 19, 1996 in Xinjiang Uygur Autonomous Region

Abstract

An earthquake of *M* 6.9 occurred northeast to Atushi in Xinjiang Uygur Autonomous Region on March 19, 1996. Its macroseismic epicenter was located in the northeastern mountainous area of Atushi. The intensity at the epicenter was Ⅸ. The meizoseismal area was oval-shaped with major axis in EW direction. 24 people were killed, 128 people were injured and the direct economic loss was 387 million Yuan.

The earthquake sequence belonged to mainshock-aftershock type and the magnitude of the largest aftershock was *M* 5.2. Aftershocks distributed east to the main shock as the same direction of the major axis of the meizoseismal area. This event is a unilateral-rupture thrust event with a small strike slip component. Nodal plane Ⅰ was the main rupture surface and the P axis of main compressive stress was in NW direction. The inferred slip distribution contains two major slip sources which is consistent with the 30km difference between the instrumental and macroseismic epicenters. The seismogenic structure was the Tuotegongpazi-Arpaleke fault.

The epicenter and its adjacent area were located in the area with poor monitoring capability in Xinjiang. Within the distance of 300km from the epicenter, there were 7 seismic stations, all of them with seismometric observations, but only 5 with other precursory observation. There were 13 anomalies of 8 observation items before the earthquake. 10 of them were medium term anomalies, 1 of them was short term anomaly and 2 of them were imminent anomalies. After the activity of medium earthquakes at the epicenter and its adjacent area before the earthquake, the events with $M \geqslant 3.0$ were abnormally quiet. The anomalies in seismic activity were quite significant and they were 6 of them. Other anomalies were mainly in tilt.

The *M* 6.9 earthquake occurred in the seismically dangerous area of magnitudes 6～7 in Xinjiang as specified in 1996. Based on abnormal variations before the earthquake, a short-term forecasting for 3 months was submitted to SSB and the earthquake occurred as expected. After the earthquake, the judgement on the seismic activity was correct and a correct imminent prediction was submitted to the local government before the strong aftershock of M 5.2. It gained certain social benefit. At the end of this paper the correlation between the focal rupture of this earthquake and the Jiashi earthquakes in 1997 was analyzed.

报告附件

附件一：

附表一　固定前兆观测台(点)与观测项目汇总表

序号	台站(点)名称	经纬度(°)		测项	资料类别	震中距 Δ/km	备　注
		φ_N	λ_E				
1	阿图什	39.70	76.15	测震△		70	
				地倾斜(摆式)	Ⅱ		
				水温	Ⅱ		
2	喀什	39.50	79.52	测震△		95	
				地磁 Z	Ⅱ		
				地磁 D	Ⅱ		
				水温	Ⅱ		
3	乌恰	39.73	75.23	测震△		125	
				水温	Ⅱ		
4	巴楚	39.77	78.53	测震△		170	
5	阿合奇	40.93	78.45	测震△		180	
				地倾斜(摆式)	Ⅰ		
6	乌什	41.20	79.21	地倾斜(摆式)	Ⅰ	250	
				钻孔应变(压容)	Ⅱ		
				测震△			
7	塔什库尔干	37.78	75.21	测震△		292	

分类统计	0 km < Δ ≤ 100 km	100 km < Δ ≤ 200 km	200 km < Δ ≤ 300 km		总数
测项数 N	5	3	3		6
台项数 n	7	5	4		16
测震单项台数 a	0	1	1		2
形变单项台数 b	0	0	0		0
电磁单项台数 c	0	0	0		0
流体单项台数 d	0	0	0		0
综合台站数 e	2	2	1		5
综合台中有测震项目的台站数 f	2	2	1		5
测震台总数 a + f	2	3	2		7
台站总数 a + b + c + d + e	2	3	2		7
备注					

附表二　测震以外固定前兆观测项目与异常统计表

序号	台站（点）名称	测项	资料类别	震中距 Δ/km	按震中距 Δ 范围进行异常统计																			
					0 km < Δ ≤ 100 km					100 km < Δ ≤ 200 km					200 km < Δ ≤ 300 km					300 km < Δ ≤ 500 km				
					L	M	S	I	U	L	M	S	I	U	L	M	S	I	U	L	M	S	I	U
1	阿图什	地倾斜	Ⅱ	70	—	√	—	√																
		水温	Ⅱ		—	—	—	—																
2	喀什	地磁 Z	Ⅱ	95	—	—	—	—																
		地磁 D	Ⅱ		—	—	—	—																
		水温	Ⅱ		—	—	—	—																
3	乌恰	水温	Ⅱ	125						—	—	—	—											
4	阿合奇	地倾斜	Ⅰ	180						—	√	—	—											
5	乌什	地倾斜	Ⅰ	250											—	√	√	√						
		钻孔应变	Ⅱ												—	√	—	—						
分类统计	台项	异常台项数			0	1	0	1		0	1	0	0		0	2	1	1						
		台项总数			5	5	5	5	／	2	2	2	2	／	2	2	2	2	／					
		异常台项百分比（%）			0	20	0	20	／	0	50	0	0	／	0	100	50	50	／					
	观测台站（点）	异常台项数			0	1	0	1		0	1	0	0		0	1	1	1						
		台项总数			2	2	2	2	／	2	2	2	2	／	1	1	1	1	／					
		异常台项百分比（%）			0	50	0	50	／	0	50	0	0	／	0	100	100	100	／					
	测项总数				4					2					2									
	观测台站总数				2					2					1									
备注																								

附件二：震例数据库表格（略）

附件三：预测预报证明材料

1. 朱令人等，新疆地震减灾综合研究，成果研究报告，12，1995。
2. 新疆维吾尔自治区地震局，1996 年度新疆地震趋势研究报告，卷宗 1272，1995. 11。
3. 新疆维吾尔自治区地震局，1996 年新疆地震局报中国地震局中短临地震预报意见卡，卷宗 1400。
4. 新疆维吾尔自治区地震局，1996 年新疆地震局震情监测报告，卷宗 1356。
5. 新疆维吾尔自治区地震局，1996 年 3 月 22 日伽师－阿图什 5. 3 级强余震预报，卷宗 1362。

参 考 文 献

[1] 中华人民共和国防震减灾法。
[2] 地震预报管理条例。
[3] GB/T 17159 — 1997《大地测量术语》。
[4] GB/T 18207.1 — 2000《防震减灾术语 第1部分：基本术语》。
[5] GB/T 18207.2 — 2005《防震减灾术语 第2部分：专业术语》。
[6] GB 17741 — 2005《工程场地地震安全性评价》。
[7] GB/T 18208.1 — 2006《地震现场工作 第1部分：基本规定》。
[8] GB 18208.2 — 2001《地震现场工作 第2部分：建筑物安全鉴定》。
[9] GB/T 18208.4 — 2005《地震现场工作 第4部分：灾害直接损失评估》。
[10] GB 18306 — 2001《中国地震动参数区划图》。
[11] GB/T 19428 — 2003《地震灾害预测及其信息管理系统技术规范》。
[12] DB/T 3 — 2003《地震及地震前兆测项分类与代码》。
[13] DB/T 4 — 2003《地震台站代码》。
[14] DB/T 5 — 2003《地震地形变数字水准测量技术规范》。
[15] DB/T 11.1 — 2000《地震数据分类与代码 第一部分：基本类别》。
[16] 关于印发《震例研究和报告编写规范》及第三批中国大陆震例研究项目工作安排的通知（中震测［2000］068号）。
[17] 国家地震局，大地形变测量规范，北京：地震出版社，1983。
[18] 国家地震局，地震水文地球化学观测技术规范，北京：地震出版社，1985。
[19] 国家地震局，地倾斜台站观测规范，北京：地震出版社，1986。
[20] 国家地震局，地电台站观测技术规范，北京：地震出版社，1986。
[21] 国家地震局，地震地下水动态观测规范，北京：地震出版社，1989。
[22] 国家地震局，地磁台站观测规范，北京：地震出版社，1990。
[23] 国家地震局，大地形变台站测量规范（短水准测量），北京：地震出版社，1990。
[24] 国家地震局，地震地磁野外测量规范，北京：地震出版社，1990。
[25] 国家地震局，地热前兆观测规范（内部），1992。
[26] 国家地震局，跨断层测量规范，北京：地震出版社，1991。
[27] 中国地震局，地震重力测量规范，北京：地震出版社，1997。
[28] 中国地震局，地震及前兆数字观测技术规范之地震观测（试行），2001，北京：地震出版社。

ICS 91.120.25
P 15
备案号：

中华人民共和国地震行业标准

DB/T 25—2008

地震观测量和单位

Quantities and units for earthquake observation

2008-04-23 发布

2008-08-01 实施

中国地震局 发布

前 言

本标准的附录 A 和附录 B 为资料性附录，附录 C 和附录 D 为规范性附录。

本标准由中国地震局提出。

本标准由全国地震标准化技术委员会(SAC/TC 225)归口。

本标准起草单位：中国地震局地球物理研究所、中国地震台网中心、中国地震局地壳应力研究所。

本标准主要起草人：冯义钧、周克昌、王子影、林云芳、杨玉荣、房明山、欧阳飙、曹学锋、肖承邺、黎益仕、林碧苍。

引　　言

地震观测量和单位是地震观测技术发展、地震信息交流和地震标准制定的一项重要基础性工作。促成制定本标准的主要原因是：

——量和单位的使用不规范，需要在相关国家标准的基础上，提出具体的规定；

——量名称和量符号具有多样性，需要进行统一；

——无量符号的现象突出，需要经过协调一致后，给出确定量符号的方法；

——不能清楚地区分同一物理量在不同学科中的表示，需要通过下标的形式加以区别。

本标准以GB 3100—1993《国际单位制及其应用》、GB 3101—1993《有关量、单位和符号的一般原则》、GB/T 1.1—2000《标准化工作导则　第1部分：标准的结构和编写规则》为主要原则，在调研地震观测量和单位使用现状和分析存在的主要问题的基础上，确定地震观测量和单位使用的一般规定。依据GB 3102—1993(所有部分)《量和单位》、现行的地震标准、全国自然科学名词审定委员会出版的《地球物理学名词》，参考《地震及前兆数字观测技术规范(试行)》，相关的文献、图书中使用的量和单位，经过规范化后，确定地震观测中使用的量和单位。

本标准以地震观测中使用的基本量和单位为主要内容，其中包括直接观测的量、导出量、计算量和地震观测仪器技术指标量。

地震观测量和单位

1　范围

本标准给出了地震观测量和单位的使用规定，测震、强震动观测、地震电磁观测、地震地壳形变观测和地震地下流体观测中使用的量名称、量符号、单位名称和单位符号。

本标准适用于地震观测、地震科学研究与应用等领域，也适用于地震标准、图书、期刊、文献等。

2　规范性引用文件

下列文件中的条款通过本标准的引用而成为本标准的条款。凡是注日期的引用文件，其随后所有的修改单(不包括勘误的内容)或修订版均不适用于本标准，然而，鼓励根据本标准达成协议的各方研究是否可使用这些文件的最新版本。凡是不注日期的引用文件，其最新版本适用于本标准。

GB/T 1.1 — 2000　标准化工作导则　第 1 部分：标准的结构和编写规则

GB 3100 — 1993　国际单位制及其应用

GB 3101 — 1993　有关量、单位和符号的一般原则

GB 3102 — 1993　(所有部分)量和单位

3　术语和定义

下列术语和定义适用于本标准。

3.1

地震观测量　quantities for earthquake observation

在测震、强震动观测、地震电磁观测、地震地形变观测和地震地下流体观测等工作过程中使用的量。

3.2

主体符号　main body of symbol

由拉丁字母或希腊字母表示，且不带有任何角标的量符号。

4　规定

4.1　量的使用规定

4.1.1　地震观测量应采用 GB 3102 给出的量名称和量符号。

4.1.2　地震观测量应使用法定量名称和量符号，不应使用国家标准中废弃的量名称和量符号。法定量名称和非法定量名称对照参见附录 A。

4.1.3　地震观测量符号通常由主体符号和角标组成。主体符号宜采用单个字母表示，主体符号应采用斜体。角标宜采用下标，表示物理量符号的下标和表示数的字母符号应采用斜体，其他下标应采用正体。

4.1.4　当同一量符号表示不同的地震观测领域、方向、位置、状态、性质采用下标加以区别时，应优先采用国际上推荐使用的下标(见附录 B)。当国际上推荐使用的下标不能满足需要时，应采用附录 C 给出的下标。

4.1.5　地震观测仪器技术指标量符号应使用附录 D 中给出的主体符号或由主体符号和下标确定的量符号。当同一主体符号表示不同的观测对象、观测仪器、观测方向时，应采用附录 D 给出的主体符号和附录 C 给出的下标进行组合。例如，“噪声”的主体符号为“*N*”，“地震动”的下标为“em”组合

在一起就确定了“地震动噪声”的量符号“N_{em}”。例如，“灵敏度”的主体符号为“S”，重力仪的下标为“gm”，组合在一起就确定了“重力仪灵敏度”的量符号“S_{gm}”。

4.2 单位的使用规定

4.2.1 地震观测量的计量单位应使用法定计量单位，对非法定计量单位应换算成法定计量单位使用。

4.2.2 地震观测量的计量单位的使用应符合 GB 3100 — 1993 第6章给出的规则。

4.2.3 地震观测量的计量单位应使用计量单位符号，不应使用计量单位的中文符号。在组合单位中不应同时使用计量单位符号和计量单位的中文符号。例如：速度单位不应写成 km/小时，而应写成 km/h。当某些计量单位没有国际符号时，可采用文字叙述的方法。例如，“10 次/s”，可表示为“10次每秒”。

4.2.4 平面角单位“度”、“分”、“秒”的符号，在单独使用时不应加“括号”，例如：“α/°”不应写成“α/(°)”在组合单位中采用（°）、（′）、（″）的形式。例如“（°）/s 不应写成“°/s”（按 GB 3100 — 1993 中表5中的“注1”）。

4.3 图表中“量和单位”的使用规定

图、表中量和单位的表示方法应采用：“量符号/单位符号”或在量的中文名称或参数下方注明计量单位符号的表示方法，不应采用：“量(单位)”、“量，单位”、“量［单位］”的形式，也不应采用：“量的中文名称/单位符号”的形式，示例见表1。

表1　图表中“量和单位”的表示

错误表示	破裂起始深度/km	主破裂正应力/MPa	规格/cm	上仓剖面/m
正确表示1	h/km	σ/MPa		
正确表示2	破裂起始深度 km	主破裂正应力 MPa	规格 cm	上仓剖面 m

4.4 量值范围的规定

在表示“量值范围”时，每个阿拉伯数字后都应注明单位符号或采用加括号的方式。例如：“40～300 km”应表示为：“40 km～300 km”或“（40～300）km”；“40 到 300 km”应表示为“40 km 到 300 km”；“20 ±2 ℃”应表示为：“20 ℃ ±2 ℃”或“（20 ±2）℃”；“10 ×20 mm”应表示为“10 mm × 20 mm”；“220 V ±5%”应表示为“220 ×（1 ±5%）V”或“200 V，具有 ±5% 的相对误差”（按 GB/T 1.1 — 2000 中第 6.6.10 条）。

5 测震量和单位

测震量和单位见表2。

表2　测震量和单位

量的名称	量的符号	单位名称	单位符号	备注
地震震级	M	1		GB 17740 — 1999 规定的震级
地方震级	M_L	1		“地方震级”也称为“近震震级”
体波震级	m_b, M_b, M_B, m_B	1		
面波震级	M_S	1		

表 2（续）

量的名称	量的符号	单位名称	单位符号	备注
矩震级	M_W	1		
持续时间震级	M_D	1		
地动位移	A	微米	μm	GB 17740 — 1999
最大地动位移	A_{max}	微米	μm	GB 17740 — 1999
南北分量地动位移	A_N	微米	μm	GB 17740 — 1999
东西分量地动位移	A_E	微米	μm	GB 17740 — 1999
垂直分量地动位移	A_Z	微米	μm	
地震矩	M_0	牛[顿]米	N · m	
震中距	Δ	度 千米	° km	1° ≈ 111.19 km，远震（1 000 km 以上）采用“°”，近震或区域地震（1 000 km 以下）可采用“km”
震源矩	R	千米	km	
震中经度	λ_E	度	°	
震中纬度	φ_N	度	°	
震中方位角	α	度	°	
震源半径	r	千米	km	
震源深度	h	千米	km	
地动周期	T_W	秒	s	
地噪声水平	N_{rms}	米每秒	m/s	
记录振幅	y	毫米	mm	
地震波传播速度	V	千米每秒	km/s	
地震纵波速度	V_P	千米每秒	km/s	
地震横波速度	V_S	千米每秒	km/s	
地震波走时	t	秒	s	
地震波周期	T	秒	s	
地震波初动半周期	T_s	秒	s	
地震波初动半周期最小值	T_{min}	秒	s	
发震时刻	t_0	秒	s	
到时	t	秒	s	
到时差	Δt	秒	s	
横波到时	t_S	秒	s	
纵波到时	t_P	秒	s	

6 强震动观测量和单位

强震动观测量和单位见表3。

表3 强震动观测量和单位

量的名称	量的符号	单位名称	单位符号	备注
速度	v	米每秒,厘米每秒	m/s, cm/s	
加速度	a	米每二次方秒	m/s^2	
重力加速度	g	米每二次方秒	m/s^2	标准重力加速度：g_n = 9.806 65 m/s^2（标准值），g_n 是一个量
振动周期	T	秒	s	
振动频率	f	赫兹	Hz	
振幅	A	米，厘米，毫米	m, cm, mm	

7 地震电磁观测量和单位

地震电磁量和单位见表4。

表4 地震电磁观测量和单位

量的名称	量的符号	单位名称	单位符号	备注
磁感应强度	B, B_T	特[斯拉]	T	GB 3102.5 — 1993, 5 — 19 $1T = 1N/(A \cdot m) = 1Wb/m^2 = 1V \cdot s/m^2$
地磁场水平分量	H	安[培]每米	A/m	GB 3102.5 — 1993, 5 — 17
地磁场总强度	H_T, F	安[培]每米	A/m	
地磁场北向分量	X	安[培]每米	A/m	
地磁场东向分量	Y	安[培]每米	A/m	
地磁场垂直分量	Z	安[培]每米	A/m	
磁偏角	D	度,分	°,′	
磁倾角	I	度,分	°,′	
地磁场强度增量	ΔH_T, ΔB_T	安[培]每米	A/m	GB/T 18207.2, 4.2
地磁场强度异常	B_{Ta}	安[培]每米	A/m	
温度系数	α_F	纳特[斯拉]每摄氏度	nT/℃	
磁屏蔽因数	S_F, S_m	1		
磁场线圈常数	K_H	安[培]每米安[培]	A/A · m	

表 4(续)

量的名称	量的符号	单位名称	单位符号	备注
磁能积	BH	千焦[尔]每立方米	kJ/m^3	
质子旋磁比	γ_P	每特[斯拉]秒	1/T·s	
退磁系数	N	1		
磁场梯度	∇B_T	纳特[斯拉]每米	nT/m	GB/T 18207.2,4.2
地磁漂移	D_t	度每年	(°)/a	
地磁纬度	Φ_m	度,分	°,′	
地磁纬度差	$\Delta\Phi_m$	度,分	°,′	
地磁经度	Λ_m	度,分	°,′	
地磁经度差	$\Delta\Lambda_m$	度,分	°,′	
地磁余纬度	Θ_m	度,分	°,′	
磁极纬度	Φ_{m0}	度,分	°,′	
磁极经度	Λ_{m0}	度,分	°,′	
标度值	$S,S_H,S_Z,$ S_D	纳特[斯拉]每毫米 分每毫米	nT/mm (′)/mm	
基线值	$H_B,Z_B,$ D_B	纳特[斯拉] 度,分	nT °,′	
地磁年变率	B_{Tann}	纳特[斯拉]每年	nT/a	GB/T 18207.2,4.2
地磁长期变化	B_{Tsv}	纳特[斯拉]每年	nT/a	
太阳静日变化	S_q	纳特[斯拉]	nT	
太阳扰日变化	S_d	纳特[斯拉]	nT	
(磁)暴时变化	D_{st}	纳特[斯拉]	nT	
地磁脉动	P_c,P_i	纳特[斯拉]	nT	
电磁辐射总能量	W,W_0	焦[耳]	J	
电磁辐射总功率	P	瓦[特]	W	
电磁辐射频率	f,v	赫兹	Hz	
附加骚扰电压	V_d	微伏[特]	μV	GB/T 19531.2 — 2004
工频骚扰电压	V_{ind}	毫伏[特]	mV	GB/T 19531.2 — 2004
自然电位	V,φ	伏[特]	V	GB 3102.5 — 1993,5 - 6.1
自然电位差	U,V_{SP}	伏[特]	V	GB 3102.5 — 1993,5 - 6.2
电偶极矩	p	库[仑]米	C·m	GB 3102.5 — 1993,5 - 14
电极化强度	P	库[仑]每平方米	C/m^2	GB 3102.5 — 1993,5 - 13

表 4(续)

量的名称	量的符号	单位名称	单位符号	备注
电导率	γ,σ	西[门子]每米	S/m	GB 3102.5 — 1993,5 - 37
电解质电导率	κ,σ	西[门子]每米	S/m	GB 3102.8 — 1993,8 - 48
电极化率	χ,χ_e	1		GB 3102.5 — 1993,5 - 12
地电场强度	E	伏[特]每米	V/m	GB 3102.5 — 1993,5 - 5
大地电场强度	E_T	伏[特]每米	V/m	GB/T 18207.2,4.3
自然电场强度	E_S	伏[特]每米	V/m	
地电场北向分量	E_Y	毫伏[特]每米	mV/m	
地电场东向分量	E_X	毫伏[特]每米	mV/m	
地电阻率	ρ_x	欧[姆]米	Ω · m	GB 3102.5 — 1993,5 - 36 中电阻率的符号为“ρ”
地电阻率影响系数	S	1		量的名称采用: GB/T 18207.2,4.3
异常低频电磁扰动	D_{em}	毫伏[特]每米	mV/m	
地电静日变化	E_q	毫伏[特]每米	mV/m	
地电扰日变化	E_d	毫伏[特]每米	mV/m	
地电暴	E_{st}	毫伏[特]每米	mV/m	
地电脉动	P_c,P_i	毫伏[特]每米	mV/m	

8 地震地形变观测量和单位

地震地形变观测量和单位见表 5。

表 5 地震地形变观测量和单位

量的名称	量的符号	单位名称	单位符号	备注
重力	W,P,G	牛[顿]	N	GB 3102.3 — 1993,3 - 9.2 此量常称为物体所在地的重力
重力加速度 自由落体加速度	g	米每二次方秒 厘米每二次方秒	m/s^2 cm/s^2	$1\ m/s^2 = 10^2\ cm/s^2$
重力梯度	W	每二次方秒	s^{-2}	
重力垂直梯度	W_z	每二次方秒	s^{-2}	
重力水平梯度	W_x	每二次方秒	s^{-2}	
重力位	U,U_e	牛[顿]米 二次方米每二次方秒	N · m m^2/s^2	

表 5(续)

量的名称	量的符号	单位名称	单位符号	备注
重力加速度异常	Δg	米每二次方秒	m/s^2	
平均重力加速度异常	Δg_{av}	米每二次方秒	m/s^2	
布格重力加速度异常	Δg_B	米每二次方秒	m/s^2	
平均重力加速度值真误差	Δg_n	米每二次方秒	m/s^2	
平均重力加速度值中误差	M_g	米每二次方秒	m/s^2	
重力加速度畸变量	v_g	米每二次方秒	m/s^2	
重力加速度突变量	s_g	米每二次方秒	m/s^2	
基线重力差	Δg_0	米每二次方秒	m/s^2	
长基线校准格值	C_1	1		
短基线校准格值	C_2	1		
沉降率	S_0	毫米每年	mm/a	
断层面倾滑分量	U_d	毫米每年	mm/a	
断层面走滑分量	U_s	毫米每年	mm/a	
高程	H, Z	米	m	
高差	$\Delta H, \Delta Z$	米	m	
M_2 波潮汐因子误差	E_{M2}	1		
地倾斜	φ	度	°	
地倾斜方位角	α	度	°	
地倾斜突变量	s_{ti}	[角]秒	″	
地倾斜畸变量	v_{ti}	[角]秒	″	
线应变	ε, e	1		GB 3102.3 — 1993, 3-16.1
切应变	γ	1		GB 3102.3 — 1993, 3-16.2
体应变	θ	1		GB 3102.3 — 1993, 3-16.3
断层方位角	α_0	度	°	
断层高差	Δh	米	m	
径向潮汐正应力	σ_τ	帕[斯卡],兆帕[斯卡]	Pa, MPa	
倾斜潮汐因子	δ_{gt}	1		
应变潮汐因子	δ_{gs}	1		
断层水准观测误差	E_{ls}	毫米	mm	
高差不符值	Δ	毫米	mm	
水准环线长度	F	米	m	
环线闭合差	W	毫米	mm	

9 地震地下流体观测量和单位

地震地下流体观测量和单位见表6。

表6 地震地下流体观测量和单位

量的名称	量的符号	单位名称	单位符号	备注
水头	h	米	m	选定的基准面位于井水面以下时，该基准面到井水面间的水柱高度
静水位	H_s	米	m	井水无泻流的情况下，指井口固定的基准点至井水面之间的垂直距离，又称水位埋深
动水位	H_d			井水有泻流的情况下，从泻流口中心点至井水面的垂直距离
压力水位	H_P	米	m	传感器的导压孔至井水面间的垂直距离
井压	P_w	帕[斯卡]	Pa	封闭井口内顶面承受的内压力
水柱压力值	P_h	千帕[斯卡]	kPa	传感器的导压孔至井水面间的水体压力
井(泉)水温度	T_W，t_W	摄氏度	℃	井或泉水面以下某一深度的地下水温度，又称水温
井(泉)流量	Q_w	立方米每[小]时 升每秒	m^3/h l/s	自流井或泉在单位时间内流出的水体积
气体流量	q	立方米每天	m^3/d	井口或孔口在单位时间内逸出的气体体积
孔隙压力	P	帕[斯卡]	Pa	1bar = 10^5 Pa 1atm = 101 325 Pa 观测含水层孔隙中某一点的水体压力
地下水矿化度	M	克每升	g/L	
地表温度	T_s	摄氏度	℃	地表以下某一深度的温度值
地温梯度	G，G_g	开[尔文]每米 摄氏度每米	K/m ℃/m	
氡浓度	C (Rn)	贝可[勒尔]每升	Bq/L	单位时间内，单位体积中氡的放射性活度

表6(续)

量的名称	量的符号	单位名称	单位符号	备注
汞浓度	C (Hg)	纳克每升	ng/L	单位时间内,单位体积中汞的质量分数
气体总量	V_g	百分比	%	单位体积水中,气体所占的体积百分比
气体组分浓度	C_g	百分比	%	气体总量中各种组分所占的体积百分比
CO_2 气体释放量	q_i	毫克每天	mg/d	单位时间内,释放出的气体质量
离子组分浓度	C_i	摩尔每升	mol/L	单位体积水中离子的质量分数
水电导率	κ,σ	西[门子]每米	S/m	

附　录　A
（资料性附录）
法定量名称和非法定量名称对照

法定量名称和非法定量名称及其符号对照见表 A.1。

表 A.1　法定量名称和非法定量名称对照表

法定的量		非法定的量	
名　　称	符　　号	名　　称	符　　号
质量 重力	m $W,(P,G)$	重量	W,wt
密度（质量密度）	ρ	重量密度	d,D
重度（重力密度）	r	比重	
相对［质量］密度	d	比重	$d_4^{20},d_{15.6}^{15.6}$
质量流量	q_m	重量流率	G
B 的质量浓度	ρ_B	重量浓度	
B 的质量分数	ω_B	重量分数（重量分率）、重量比、重量百分浓度、含量、体积百分含量	x_W
B 的物质的量浓度	c_B	体积克分子浓度（体积摩尔浓度）、摩尔浓度（容模浓度）、当量浓度	C_M M C_N
正应力 切应力（剪应力）	σ τ	应力	p
线应变 切应变 体应变	ε,e γ θ	应变	ε
粘度（动力粘度）	$\eta,(\mu)$	绝对粘度	η
热力学温度	T,Θ	绝对温度、开尔文温度	T
热流［量］密度 面积热流量	q,φ	传热速度（传热速率）	
电流	I	电流强度	I
B 的体积分数	φ_B	体积比、体积百分浓度	x_v
摩尔气体常数	R	克分子气体常数、气体常数、气体定律常数	R
质量热容	c	比热（热容）	c

表 A.1(续)

法定的量		非法定的量	
名　　称	符　　号	名　　称	符　　号
电解质电导率	κ, σ	比电导	
摩尔电导率	Λ_m	克分子电导率	
焓	H	热函	
摩尔焓	H_m	克分子热函	
摩尔熵	S_m	克分子熵	
注：表 A.1 中的内容根据 GB 3102 — 1993 确定。			

附　录　B
（资料性附录）
国际上推荐使用的下标

国际上推荐使用的下标见表 B.1。

表 B.1　国际上推荐使用的部分下标

含　　义	下　　标
A. 表示科学技术领域	
化学的 chemical	ch
电学的 electric	e
磁学的 magnetic	m
力学的 mechanical	m
热学的 thermal	th
光学的 optical	opt
辐射的 radiation	r
B. 表示量值种类	
峰值 peak value	m
极大值 maximum	max
平均值 average	ar，av
中值 median	med
极小值 minimum	min
瞬时的 instantaneous	i ，inst
局部、当地 local	l，loc
绝对的 absolute	a ，abs
相对的 relative	r ，rel
参考的 reference	ref
误差 error	e ，er
偏差 deviation	D ，dev
修正值 correction	c ，cor
C. 表示波形和信号	
变化的 varying	v ，var
静的 resting	q ，qu
瞬时的，暂时的 transient	t ，trt
共振的 resonance	r，rsn
信号的 signal	s ，sig
失真 distortion	d ，dist

表 B.1(续)

含　义	下　标
D. 表示关系	
相加的 additional	a，ad
剩余的 residual	r，rsd
合成的 resulting	r，rsl
总的 total	t，tot
和 sum	∑，sum
差 diference	Δ，dif
等效的 equivalent	e，eq
同步的 synchronous	s，syn
异步的 asynchronous	as
时间 time	t
同时的 simultaneous	sim
连续的 successive	suc
低的 lower，low	b，i，inf
高的 upper，high	h，s，sup
自身的 self；proper	p
相互的 mutual	m，mut
感应的 induced	i，ind，
直接的 direct	d，dir
间接的 indirect	ind
E. 表示几何学的状态	
轴向 axial	a，ax
径向 radial	r，rad
切向 tangential	t，tan
纵向 longitudinal	l，long
横向 transverse	t，trv
正交 quadrature	q，qua
平行 parallel	//，p，par
垂直 perpendicular	⊥，perp
周围的 ambient	a，amb
外部的 external	e，ext
局部的 local	l，loc
内部的 internal	i，int
F. 表示数值情况	
理想的 ideal	i，id

表 B.1（续）

含　　义	下　　标
名义的、标称的 nominal	n，nom
极限的 limiting	l，lim
标准化的 standardized	s，std
理论的 theoretical	th
实际的 real（true）	r，re
测得的 measured	m，mes
实验的 experimental	exp
计算的 calculated	c，calc
原始的 initial	i，ini
最终的 final	f，fin
稳定态 stationary condition	st
原始、固有 original	or
临界的，转折的 critical	C，cr
内在的 intrinsic	i，intr
真空的 vacuum	v，vac
常规的、正常的 regular	r，reg
扩散的 diffuse	d，dfu
有用的 useful	u，ut
损耗的 loss，dissipation	d，diss
有效的（非均方根含义）effective	e，ef
静态的 static	s，st
动态的 dynamic	d，dyn
G. 表示电路	
输入 in，input	1，in
输出 out，output	2，o
初级 primary	1，p
次级 secondary	2，s
第三级 tertiary	3，ter
短路 short - circuit	k，sc
断路 open circuit	o，oc
串联 series	s，ser
并联 parallel	p，par
负载 load	L
注：表 B.1 采用国际电工委员会（IEC）推荐的部分下标。	

附 录 C
(规范性附录)
地震观测量使用的下标

C.1　地震观测对象使用的下标见表 C.1。

表 C.1　地震观测对象使用的下标

含义	英文	下标
地震动	earthquake motion	em
短周期	short period	sp
中周期	intermediate period	ip
长周期	long period	lp
宽频带	wide band	wb
甚宽频带	very wide band	vd
超宽频带	ultra wide band	ud
强震动	strong motion	sm
地磁场	geomagnetic field	mf
地电场	geoelectric field	ef
地电阻率	earth resistivity	er
电磁扰动	electromagnetic	em
自然电位差	electric potential difference	ed
重力	gravity	gr
地倾斜	groud tilt	gt
地应变	ground stress	gs
断层形变	fault strain	fs
区域形变	regional strain	rs
地面点位移	ground spot displacement	gd
地下水	underground water	uw
地下气	underground gas	ug
地热	terrestrial heat	th
氡	radon	Rn
汞	hydrargyrum	Hg
气象要素	meteorologic fator	mf
水井要素	well factor	wf
注：表 E.1 中(除了气氡和气汞)给出的观测对象采用 GB/T 3 — 2003 的分类。		

C.2 地震观测仪器使用的下标见表 C.2。

表 C.2 地震观测仪器使用的下标

含义	英文	下标
地震仪*	seismograph	s
模拟地震仪*	analogous seismograph	as
数字地震仪*	digital seismograph	ds
长周期地震仪*	long – period seismograph	ls
短周期地震仪*	short period seismograph	ss
宽频带地震仪*	broadband seismograph	bs
甚宽频带地震仪*	very broadband seismograph	vs
超宽频带地震仪*	extra – broadband seismograph	es
强震动加速度仪*	strong motion seismograph	ms
微震仪*	microvibrograph	mv
流动地震仪*	portable seismograph	ps
井下地震仪*	borehole seismograph	hs
海底地震仪	sea seismograph	ss
地磁仪	magnetograph	mg
磁变仪*	variometer	vm
磁通门磁力仪	fluxgate magnetometer	fm
数字地电阻率测量仪*	digital geoelectrical resistivity meter	re
数字地电场测量仪*	digital telluric meter	te
水准仪	leveling instrument	le
倾斜仪*	tiltmeter	ti
伸缩仪*	extensometer	ex
应变仪	strainmeter	st
蠕变仪	creepmeter	cm
重力仪	gravimeter	gm
绝对重力仪	absolute gravimeter	ag
相对重力仪	relative gravimeter	rg
GPS 仪	GPS	G
测距仪	distometer	dm
地下流体测量仪	underground fluid	uf
水位仪	water table recorder	wr
测温仪	temperature indicator	ti
测氡仪	radon scope	rs
测汞仪	mercury vapourmeter	mv
测氦仪	helium monitoring instrument	hm
注：（*）表示采用 GB/T 18207.2 — 2005 中第 8 章给出的术语。		

C.3 地震观测通配下标见表C.3。

表C.3 通配下标

含义	英文	下标
北南向	north - south	ns
东西向	east - west	ew
北东向	north - east	ne
北西向	north - west	nw
垂直向	vertical	vt
短的	short	s
中的	median	m
长的	long	l
随机的	random	r
系统的	systematic	s
混合的	hybrid	h

附　录　D
（规范性附录）
地震观测仪器技术指标量的主体符号

地震观测仪器技术指标量的主体符号见表 D.1。

表 D.1　主体符号表

量名称	主体符号	常用量名称	常用量符号
范围	a	测量范围（量程）	a_m
		动态范围	a_d
		频率范围	a_f
频率	f	附加频率	f_{ad}
		中心频率	f_0
		截止频率	f_c
		平均频率	f_{av}
分辨力	R	数据采集分辨力	R_d
灵敏度	S	输出灵敏度	S_{out}
非线性度	NL		
稳定性	s		
重复性	r		
格值	C		
误差	E	校准格值误差	E_C
		标度值相对误差	E_{rel}
		极限误差	E_{lim}
噪声	N	环境噪声	N_a
漂移	d	零点漂移	d_0
		日漂移	d_d
温度	t	工作温度	t_w
		环境温度	t_a
湿度	H	相对湿度	H_r
		绝对湿度	H_a
抑制比	r	共模抑制比	r_c
		串模抑制比	r_s

参 考 文 献

[1] GB 17740 — 1999《地震震级的规定》

[2] GB/T 18207.2 — 2005《防震减灾术语　第 2 部分：专业术语》

[3] GB/T 19531.1 — 2004《地震台站观测环境技术要求　第 1 部分：测震》

[4] GB/T 19531.2 — 2004《地震台站观测环境技术要求　第 2 部分：电磁观测》

[5] GB/T 19531.3 — 2004《地震台站观测环境技术要求　第 3 部分：地壳形变观测》

[6] GB/T 19531.4 — 2004《地震台站观测环境技术要求　第 4 部分：地下流体观测》

[7] DB/T 2 — 2003《地震波型数据交换格式》

[8] DB/T 5 — 2003《地震地形变数字水准测量技术规范》

[9] DB/T 6 — 2003《氡气固体源检定规程》

[10] DB/T 7 — 2003《地震台站建设规范　重力台站》

[11] 蔡铭生，《法定计量单位使用手册》，中国计量出版社，北京，1988 年

ICS 91.120.25
P 15
备案号：

中华人民共和国地震行业标准

DB/T 26—2008

地震观测仪器分类与代码

Classification and code for earthquake observation instrument

2008-04-23 发布　　2008-08-01 实施

中国地震局 发布

前　言

本标准由中国地震局提出。

本标准由全国地震标准化技术委员会(SAC/TC 225)归口。

本标准由中国地震局地震预测研究所负责起草，中国地震局地球物理研究所、中国地震台网中心、湖北省地震局和安徽省地震局参加起草。

本标准主要起草人：席继楼、赵建和、陈志遥、杨冬梅、陈华静、毛桐恩。

地震观测仪器分类与代码

1 范围

本标准规定了地震观测仪器的分类原则与方法、编码方法，给出了地震观测仪器分类代码。

本标准适用于地震观测仪器信息的管理和应用。

2 规范性引用文件

下列文件中的条款通过本标准的引用而成为本标准的条款。凡是注日期的引用文件，其随后所有的修改单(不包括勘误的内容)或修订版均不适用于本标准，然而，鼓励根据本标准达成协议的各方研究是否可使用这些文件的最新版本。凡是不注日期的引用文件，其最新版本适用于本标准。

GB/T 7027 — 2002 信息分类和编码的基本原则与方法

DB/T 3 — 2003 地震与地震前兆测项分类与代码

3 术语和定义

GB/T 18207. 2 — 2005 及下列术语和定义适用于本标准。

3.1

地震观测 earthquake observation

对地震或地震前兆进行观察与测量。

[GB/T 18207. 1 — 2000 的定义 3. 2. 2]

3.2

地震观测仪器 earthquake observation instrument

在地震观测中，获取特定地球物理量(或化学量)及其随时间变化的专用测量仪器。

4 分类原则与方法

4.1 分类原则

本标准遵循如下分类原则：

a）以地震观测仪器为分类对象；

b）依据地震观测仪器的典型特征和属性进行分类；

c）兼容 DB/T 3 — 2003 的分类原则。

4.2 分类方法

本标准采用 GB/T 7027 — 2002 中给出的线分类法，按照地震观测仪器的学科、所属测项、工作方式以及来源等属性分为四个层级，分别为：

第一层级：按照学科属性分为五个大类，分别为测震、地壳形变、电磁、地下流体和辅助观测；

第二层级：按照所属测项属性分为若干中类，如表 1 ~ 表 5 所示；

第三层级：按照工作方式属性分为七个小类，分别为人工记录、图纸记录、照相记录、模拟观测终端数字化记录、全数字记录、模拟量输出、数据采集输出等；

第四层级：按照来源属性分为四个亚类，分别为国内地震部门、国内其他部门、境外(港、澳、台)及国外。

5 编码方法

5.1 编码结构

本标准采用五层七位数字型编码结构，如图1所示。

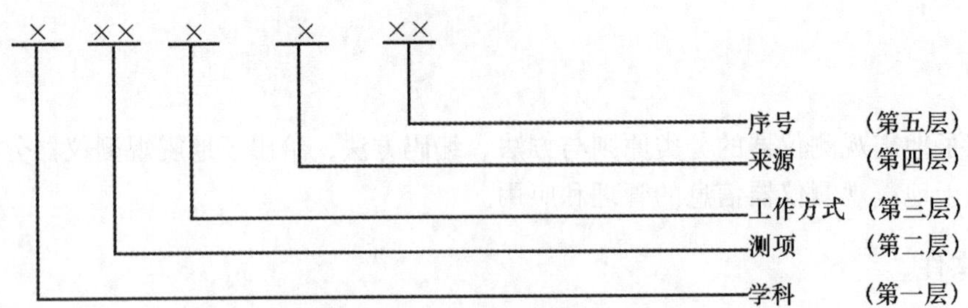

图1 地震观测仪器多层多位码编码结构示意图

5.2 学科代码

学科代码长度为1位，采用DB/T 3—2003的第一层代码，其含义如下：

a）“1”表示“测震”；

b）“2”表示“地壳形变”；

c）“3”表示“电磁”；

d）“4”表示“地下流体”；

e）“9”表示“辅助”。

5.3 测项代码

测项代码长度为两位，兼容DB/T 3—2003第二层和第三层代码，参见表1~表5。其中“90”表示本学科多测项综合性观测仪器或可以用于多测项观测的数据采集系统。

表1 测震学科观测仪器所属测项代码

序号	测项类型	测项代码
1	短周期观测	11
2	中周期观测	12
3	长周期观测	13
4	宽频带观测	14
5	甚宽频带观测	15
6	超宽频带观测	16
7	强震观测	17
8	地震数据采集服务器	90

表2 地壳形变学科观测仪器所属测项代码

序号	测项类型	测项代码
1	绝对重力观测	11
2	相对重力观测	12
3	水平摆倾斜观测	21

表2(续)

序号	测项类型	测项代码
4	垂直摆倾斜观测	22
5	水管倾斜观测	23
6	钻孔倾斜观测	25
7	硐体应变观测	31
8	钻孔应变观测	32
9	体应变观测	33
10	钻孔应力观测	34
11	定点水准观测	42
12	场地水准观测	44
13	场地基线观测	45
14	断层位移观测	47
15	GPS 连续观测	61
16	地壳形变数据采集服务系统	90

表3 电磁学科观测仪器所属测项代码

序号	测项类型	测项代码
1	地磁绝对观测	11
2	地磁相对记录	12
3	直流单极距地电阻率观测	21
4	直流多极距地电阻率观测	22
5	交流地电阻率观测	25
6	地电场观测	41
7	低频电磁扰动观测	51
8	高频电磁扰动观测	52
9	电磁综合观测仪器	90

表4 地下流体学科观测仪器所属测项代码

序号	测项类型	测项代码
1	水位观测	11
2	流量观测	13
3	离子观测	14
4	电导率观测	15
5	氡浓度观测	21
6	汞浓度观测	22
7	氢浓度观测	23

表 4(续)

序号	测项类型	测项代码
8	氡浓度观测	24
9	二氧化碳浓度观测	25
10	气体总量观测	26
11	水温观测	31
12	地温观测	33
13	地下流体综合观测	90

表 5　辅助观测仪器所属测项代码

序号	测项类型	测项代码
1	气象要素综合观测	10
2	气温计	11
3	气压计	13
4	雨量计	14

5.4　工作方式代码

工作方式代码长度为一位，其含义如下：

a）“1” 表示 “人工记录”；

b）“2” 表示 “图纸记录”；

c）“3” 表示 “照相记录”；

d）“4” 表示 “模拟观测终端数字化记录”；

e）“5” 表示 “全数字记录”；

f）“6” 表示 “模拟量输出”；

g）“7” 表示 “数据采集输出”。

5.5　来源代码

来源代码长度为一位，其含义如下：

a）“1” 表示 “国内地震部门”；

b）“2” 表示 “国内其他部门”；

c）“5” 表示 “境外（港、澳、台）”；

d）“7” 表示 “国外”。

5.6　序号代码

序号代码长度为两位，“01” ~ “99”，按照相同学科及测项中具有相同工作方式的仪器，在同类来源系列中进行排序。

6　分类代码表

6.1　测震学科仪器代码表

测震学科仪器代码见表 6。

表 6　测震学科仪器代码

仪器代码	地震观测仪器	工作方式	来源
短周期观测地震仪(111)			
1112101	573 熏烟式短周期地震仪	图纸记录	国家地震局地震仪器厂
1112102	B73 熏烟式短周期地震仪	图纸记录	四川省地震局
1112103	CDM－2 遥测地震仪	图纸记录	四川省地震局
1112104	CDM－3 遥测地震仪	图纸记录	四川省地震局
1112105	D73 短周期地震仪	图纸记录	四川省地震局
1112106	DWD 短周期地震仪	图纸记录	四川省地震局
1112107	DD－1 短周期地震仪	图纸记录	国家地震局地震仪器厂
1112108	DD－2 短周期地震仪	图纸记录	国家地震局地震仪器厂
1112109	DSL－1 单分向短周期地震仪	图纸记录	广东省地震局
1112110	DSL－3 三分向短周期地震仪	图纸记录	广东省地震局
1112111	JD－2 短周期井下地震仪	图纸记录	中国地震局地球物理研究所
1112112	MYD－3 遥测地震仪	图纸记录	中国地震局地球物理研究所
1112201	64 型短周期地震仪	图纸记录	无锡精密仪器厂
1112202	65 型短周期地震仪	图纸记录	北京电子仪器厂
1112203	768 短周期地震仪	图纸记录	上海地质仪器厂
1112204	768 短周期井下地震计	图纸记录	上海地质仪器厂
1112701	GS－13 短周期地震仪	图纸记录	德国 ASKNIA
1115201	TDS 数字地震仪	全数字记录	珠海泰德公司
1116101	BKD－2B 短周期流动台地震计	模拟量输出	北京吉欧特地震装备有限公司
1116102	DJY－Ⅱ短周期地震计	模拟量输出	中国地震局地球物理研究所
1116103	DS－4A 短周期地震计	模拟量输出	北京塞思米克地震科技发展中心
1116104	DS－2A 短周期地震计	模拟量输出	北京市地震局
1116105	FSS－3 短周期地震计	模拟量输出	北京港震机电技术有限公司
1116106	FSS－3B 短周期地震计	模拟量输出	北京港震机电技术有限公司
1116107	FSS－3DBH 短周期井下地震计	模拟量输出	北京港震机电技术有限公司
1116108	FSS－HD 短周期井下地震计	模拟量输出	北京港震机电技术有限公司
1116109	JCV－100 短周期地震计	模拟量输出	北京港震机电技术有限公司
1116110	JCV－104 短周期地震计	模拟量输出	北京港震机电技术有限公司
1116111	JDF－1 短周期井下地震计	模拟量输出	北京市地震局
1116701	CMG－40T－1 短周期地震计	模拟量输出	英国 Guralp 公司
1116702	S－13 短周期地震计	模拟量输出	美国 Geotech 公司
1116703	CMG－3EPS 短周期地震计	模拟量输出	英国 Guralp 公司

表6(续)

仪器代码	地震观测仪器	工作方式	来源
中周期观测地震仪(112)			
1122101	513 中周期地震仪	图纸记录	昆明地震仪器厂
1122102	DK－1 中周期地震仪	图纸记录	国家地震局地球物理研究所
1122103	KS－1 中周期地震仪	图纸记录	四川地震仪器厂
1123101	SK 中周期地震仪	照相记录	四川地震仪器厂
长周期观测地震仪(113)			
1133201	763 长周期地震仪	照相记录	北京科学仪器厂
宽频带观测地震仪(114)			
1146101	DS－3 宽频带地震计	模拟量输出	北京市地震局
1146102	BBAS－60 宽频带地震计	模拟量输出	北京港震机电技术有限公司
1146103	FBS－1 宽频带地震计	模拟量输出	北京港震机电技术有限公司
1146104	FBS－3 宽频带地震计	模拟量输出	北京港震机电技术有限公司
1146105	FBS－3A 宽频带地震计	模拟量输出	北京港震机电技术有限公司
1146106	FBS－3B 宽频带地震计	模拟量输出	北京港震机电技术有限公司
1146107	JDF－2 宽频带井下地震计	模拟量输出	北京塞思米克地震科技发展中心
1146701	BB－13 宽频带地震计	模拟量输出	美国 Geotech 公司
1146702	KS－2000M 宽频带地震计	模拟量输出	美国 Geotech 公司
1146703	CMG－3ESPB 宽频带井下地震计	模拟量输出	英国 Guralp 公司
1146704	CMG－3ESPC 宽频带地震计	模拟量输出	英国 Guralp 公司
1146705	CMG－40T 宽频带地震计	模拟量输出	英国 Guralp 公司
甚宽频带观测地震仪(115)			
1156101	BBVS－120 甚宽频带地震计	模拟量输出	北京港震机电技术有限公司
1156102	CTS－1 甚宽频带地震计	模拟量输出	中国地震局地震研究所
1156701	CMG－3T 甚宽频带地震计	模拟量输出	英国 Guralp 公司
1156702	KS－2000 甚宽频带地震计	模拟量输出	美国 Geotech 公司
1156703	KS－2000M 甚宽频带地震计	模拟量输出	美国 Geotech 公司
1156704	STS－2 甚宽频带地震计	模拟量输出	瑞士 Strckeisen 公司
超宽频带观测地震仪(116)			
1166101	JCZ－1 地震计	模拟量输出	中国地震局地震研究所
1166701	STS－1 超宽频带地震计	模拟量输出	瑞士 Strckeisen 公司
强震动观测地震仪(117)			
1171701	KSG－S－3B 强震仪	人工量测记录	日本
1173101	RDZ 强震仪	照相记录	国家地震局工程力学研究所
1174701	PDR－1 强震仪	模拟观测、终端数字化	美国 Kinemetrics

表6(续)

仪器代码	地震观测仪器	工作方式	来源
1175101	GDQJ－1A 工程强震仪	全数字记录	中国地震局工程力学研究所
1175102	GDQJ－II 数字强震仪	全数字记录	中国地震局工程力学研究所
1175103	GQⅢ－A 工程强震仪	全数字记录	中国地震局工程力学研究所
1175104	SCQ－1 强震仪	全数字记录	中国地震局工程力学研究所
1175105	SMA－100 强震仪	全数字记录	北京港震机电技术有限公司
1175106	GSMA－2400IP 烈度速报强震仪	全数字记录	北京港震机电技术有限公司
1175701	EPISENSOR 强震仪	全数字记录	美国 Kinemetrics
1175702	ETNA 强震仪	全数字记录	美国 Kinemetrics
1175703	HYPOSENSOR 强震仪	全数字记录	美国 Kinemetrics
1175704	K2 强震仪	全数字记录	美国 Kinemetrics
1175705	SSA－2 强震仪	全数字记录	美国 Kinemetrics
1175706	MR－2002 数字强震仪	全数字记录	瑞士 SYSCOM 公司
1176101	SLJ－100 加速度计	模拟量输出	中国地震局工程力学研究所
1176701	CMG－5T 型加速度计	模拟量输出	英国 Guralp 公司
1176702	FBA－23 型加速度计	模拟量输出	美国 Kinemetrics
地震观测数据采集服务器(190)			
1907101	EDAS－24L6 地震数据采集器	数据采集输出	北京港震机电技术有限公司
1907102	EDAS－24L3 地震数据采集器	数据采集输出	北京港震机电技术有限公司
1907103	EDAS－24IP 数据采集服务器	数据采集输出	北京港震机电技术有限公司
1907104	EDAS－24IP－3 地震数采服务器	数据采集输出	北京港震机电技术有限公司
1907105	EDAS－24IP－6 地震数采服务器	数据采集输出	北京港震机电技术有限公司
1907201	TDE－324CI 地震数据采集器	数据采集输出	珠海市泰德企业有限公司
1907701	CMG－24 地震数据采集器	数据采集输出	英国 Guralp 公司
1907702	D－130 地震数据采集器	数据采集输出	美国 REFRACTION 公司
1907703	SMART－24R 数据采集器	数据采集输出	美国 Geotech 公司

6.2 地壳形变学科仪器代码表

地壳形变学科仪器代码见表7。

表7　地壳形变学科仪器代码

仪器代码	仪器型号名称	工作方式	来源
绝对重力观测仪器(211)			
2115701	FG5 型绝对重力仪	全数字记录	美国 Micro－g
相对重力观测仪器(212)			
2121701	LCR－D 型重力仪	人工读数	美国拉科斯特重力仪公司
2121702	LCR－G 型重力仪	人工读数	美国拉科斯特重力仪公司

表7(续)

仪器代码	仪器型号名称	工作方式	来源
2121703	WordenMaster 型重力仪	人工读数	美国 Texas 仪器公司
2122101	100 型重力仪	图纸记录	中国地震局地震仪器厂
2122102	ZSM - Ⅲ重力仪	图纸记录	中国地震局地震仪器厂
2122701	GS - 11 重力仪	图纸记录	德国 ASKNIA
2122702	GS - 15 重力仪	图纸记录	德国 ASKNIA
2122703	GS - 12 重力仪	图纸记录	德国 ASKNIA
2122704	GeoTRG - 1 型重力仪	图纸记录	北美重力仪公司
2122705	LCR - ET 型重力仪	图纸记录	美国拉科斯特重力仪公司
2124101	DZW 重力仪	图纸记录/数字采集	中国地震局地震研究所
2124102	DZY - 2 型海洋重力仪	图纸记录/计算机采集	中国地震局地震研究所
2125701	GWR - OSG 型超导重力仪	全数字记录	美国 GWR
水平摆倾斜观测仪器(221)			
2213101	JB 系列金属水平摆倾斜仪	相纸记录	国家地震局地震研究所
2213102	SQ70 系列石英摆倾斜仪	相纸记录	国家地震局地震仪器厂
2213103	SQ80 石英摆倾斜仪	相纸记录	国家地震局地震仪器厂
2215102	SQ70D 石英摆倾斜仪	全数字记录	中国地震局地震仪器厂
2215103	SSQ 数字石英水平摆倾斜仪	全数字记录	中国地震局分析预报中心
2215104	SSQ - 2 数字石英水平摆倾斜仪	全数字记录	中国地震局分析预报中心
2215105	SSQ - 2I 数字石英水平摆倾斜仪	全数字记录	中国地震局地震预测研究所
垂直摆倾斜观测仪器(222)			
2224101	VS 型垂直摆倾斜仪	模拟观测、终端数字化	中国地震局地震研究所
2225101	GK - 10B 大量程垂直摆	全数字记录	中国地震局地震研究所
2225102	BSQ 数字倾斜仪	全数字记录	中国地震局地壳应力研究所
水管倾斜观测仪器(223)			
2231101	MSQ 水管倾斜仪	人工量测记录	国家地震局地震研究所
2231701	WTT 水管倾斜仪	人工量测记录	日本
2232101	FSQ 水管倾斜仪	图纸记录	国家地震局地震研究所
2234101	DSQ 水管倾斜仪	模拟观测、终端数字化	中国地震局地震研究所
钻孔倾斜观测仪器(225)			
2252101	CZB - 1 竖直摆钻孔倾斜仪	图纸记录	河南省地震局
2254101	CZB - 2 竖直摆钻孔倾斜仪	模拟观测、终端数字化	河南省地震局

表7(续)

仪器代码	仪器型号名称	工作方式	来源
2255101	CZB－2A 竖直摆钻孔倾斜仪	全数字记录	河南省地震局
硐体应变观测仪器(231)			
2311101	JDS－1 石英伸缩仪	人工量测记录	国家地震局地震研究所
2312101	SSY－Ⅱ石英伸缩仪	图纸记录	国家地震局地震研究所
2314101	SS－Y 铟瓦棒伸缩仪	模拟观测、终端数字化	中国地震局地震研究所
2315101	DDY－1 硐体短基线应变观测仪	全数字记录	中国地震局地壳应力研究所
2315102	MCT－3 硐体应变辅助硐温仪	全数字记录	中国地震局地震研究所
钻孔应变观测仪器(232)			
2321101	YR－1 钻孔压容式应变仪	人工量测记录	国家地震局地壳应力研究所
2322101	RZB－1 分量式钻孔应变仪	图纸记录	国家地震局地壳应力研究所
2322102	ZX－79 弦频式钻孔应变仪	图纸记录	河南省地震局
2325101	RZB－Ⅱ分量式钻孔应变仪	全数字记录	中国地震局地壳应力研究所
2325102	RZB－2C 八分量钻孔应变仪	全数字记录	中国地震局地壳应力研究所
2325103	RZB－3 地壳变形宽频带综合观测系统	全数字记录	中国地震局地壳应力研究所
2325104	YRY－2 分量式钻孔应变仪	全数字记录	河南省鹤壁市地办
2325105	YRY－4 分量式钻孔应变仪	全数字记录	河南省鹤壁市地办
体应变观测仪器(233)			
2332101	SQ 体应变辅助测量仪	图纸记录	国家地震局地壳应力研究所
2332102	SQ－2 体应变辅助测量仪	图纸记录	国家地震局地壳应力研究所
2335101	TJ－1 体积式钻孔应变仪	全数字记录	中国地震局地壳应力研究所
2335102	TJ－Ⅱ体积式钻孔应变仪	全数字记录	中国地震局地壳应力研究所
2335701	SACKS－EVERTSON 钻孔应变仪	全数字记录	美国卡耐基研究所
钻孔应力观测仪器(234)			
2341201	PYL－1 高精度应力仪	人工读数记录	中国辐射防护研究院
2341202	PYL－3 高精度应力仪	人工读数记录	中国辐射防护研究院
2342101	CD－2 电感应力仪	图纸记录	国家地震局地壳应力研究所
2342102	LCD－1－2 钻孔应力仪	图纸记录	国家地震局地壳应力研究所
2344101	75－1 地应力仪	模拟观测、终端数字化	中国地震局地质研究所
2345101	4101A 压磁钻孔应力仪	全数字记录	中国地震局地壳应力研究所
2345102	4103 型压磁钻孔应力仪	全数字记录	中国地震局地壳应力研究所
2345103	YZ－1 压磁钻孔应力仪	全数字记录	中国地震局地壳应力研究所
定点水准观测仪器(242)			
2421101	DG－1A 静力水准仪	人工量测记录	国家地震局地震研究所

表7(续)

仪器代码	仪器型号名称	工作方式	来源
2422102	DSQ－J 静力水准仪	图纸记录	国家地震局地震研究所
场地水准观测仪器(244)			
2441701	KoNI007 水准仪	人工量测记录	德国蔡司公司
2441702	N3 水准仪	人工量测记录	德国蔡司公司
2441703	NI002/2A 水准仪	人工量测记录	德国蔡司公司
2441704	NI004 水准仪	人工量测记录	德国蔡司公司
2441705	NIA31 水准仪	人工量测记录	匈牙利
2445701	DINI11 数字水准仪	全数字记录	德国蔡司公司
2445702	DINI12 数字水准仪	全数字记录	德国蔡司公司
2445703	DINI10 数字水准仪	全数字记录	德国蔡司公司
场地基线观测仪器(245)			
2451701	12 米铟钢基线尺	人工量测记录	前苏联
2451702	24 米铟钢基线尺	人工量测记录	前苏联
2451703	AGA6 激光测距仪	人工数字记录	瑞士 AGA 厂
2451704	AGA600 激光测距仪	人工数字记录	瑞士 AGA 厂
2451705	AGA8 激光测距仪	人工数字记录	瑞士 AGA 厂
2451706	DI2002 短程红外测距仪	人工数字记录	瑞士徕卡公司
2451707	WILD－DI20 红外测距仪	人工数字记录	瑞士威特公司
断层位移观测仪器(247)			
2472101	DSJ 断层活动测量仪	图纸记录	中国地震局地壳应力研究所
2472102	DY－1 断层活动测量仪	图纸记录	中国地震局地壳应力研究所
2474101	MD4211BA 水平形变测量仪	模拟观测、终端数字化	中国地震局地壳应力研究所
2474102	MD4412B 垂直形变测量仪	模拟观测、终端数字化	中国地震局地壳应力研究所
2475101	DSG 断层法向分量测量仪	全数字记录	中国地震局地壳应力研究所
2475102	DLG 断层切向分量测量仪	全数字记录	中国地震局地壳应力研究所
2475103	DFG 断层垂直分量测量仪	全数字记录	中国地震局地壳应力研究所
2475104	WD 跨断层形变辅助测温仪	全数字记录	中国地震局地壳应力研究所
GPS 连续观测仪器(261)			
2615701	ASHTECHGPS 接收仪	全数字记录	美国 ASHTECH 公司
2615702	CGRSGPS 卫星接收机	全数字记录	美国 ASHTECH 公司
地壳形变观测数据采集服务系统(290)			
2907101	EP－II 型 IP 采集控制器	数据采集输出	湖北省地震局
2907102	EP－III 型 IP 采集控制器	数据采集输出	湖北省地震局

6.3 电磁学科仪器代码表

电磁学科仪器代码见表8。

表8 电磁学科仪器代码

仪器代码	仪器型号名称	工作方式	来源
地磁绝对观测仪器(311)			
3111101	DTZ-2质子旋进式磁力仪	人工量测记录	国家地震局地球物理研究所
3111102	DTZ-3质子旋进式磁力仪	人工量测记录	国家地震局地球物理研究所
3111103	DTZ-5质子旋进式磁力仪	人工量测记录	国家地震局地球物理研究所
3111104	ZZZ-1质子旋进式磁力仪	人工量测记录	国家地震局地球物理研究所
3111201	CJ6偏角磁力仪	人工量测记录	北京光学仪器厂
3111202	CHD-4质子旋进式磁力仪	人工量测记录	北京地质仪器厂
3111203	CHD-5质子旋进式磁力仪	人工量测记录	北京地质仪器厂
3111204	CHD-6质子旋进式磁力仪	人工量测记录	北京地质仪器厂
3111205	CZM-1质子旋进式磁力仪	人工量测记录	北京地质仪器厂
3111206	CZM-2质子旋进式磁力仪	人工量测记录	北京地质仪器厂
3111207	CTM-DI磁通门经纬仪	人工量测记录	中国科学院地球物理研究所
3111701	3T2KP-NM磁通门地磁经纬仪	人工测量记录	匈牙利
3111702	Askania地磁感应仪	人工量测记录	德国Askania
3111703	DIM-100磁通门经纬仪	人工量测记录	加拿大EDA公司
3111704	G816质子旋进式磁力仪	人工量测记录	美国EG&GGeometric
3111705	G. S. I一等磁力仪	人工量测记录	日本测机舍
3111706	MinGeo磁通门地磁经纬仪	人工测量记录	匈牙利MinGeo环境地球物理公司
3111707	PPM-739C质子旋进式磁力仪	人工量测记录	日本测机舍
3111708	Schmidt标准地磁经纬仪	人工量测记录	德国Askania
3112701	G826质子旋进式磁力仪	图纸记录	美国EG&GGeometric
3112702	G866质子旋进式磁力仪	图纸记录	美国EG&GGeometric
3112703	MBS-2质子旋进式磁力仪	图纸记录	加拿大
3115201	G856微机质子旋进式磁力仪	全数字记录	深圳华隆地球物理仪器厂
3115202	G856AX微机质子旋进式磁力仪	全数字记录	北京核地研环境监测仪器厂
3115702	GSM-10Overhauser磁力仪	全数字记录	加拿大GEMSystems公司
3115703	GSM-19FOverhauser磁力仪	全数字记录	加拿大GEMSystems公司
3115704	GSM-90FOverhauser磁力仪	全数字记录	加拿大GEMSystems公司
3115701	RFP-523FG质子旋进式磁力仪	全数字记录	日本东京大学
地磁相对记录仪器(312)			
3123101	72型地磁记录仪	照相记录	国家地震局工程力学研究所
3123102	CB3地磁记录仪	照相记录	国家地震局地震仪器厂
3123103	CP4地磁记录仪	照相记录	国家地震局地震仪器厂

表8(续)

仪器代码	仪器型号名称	工作方式	来源
3123203	57 型地磁记录仪	照相记录	中国科学院地球物理研究所
3123201	CR - 65 刃口式日变仪	照相记录	北京地质仪器厂
3123202	CR2 - 69 刃口式日变仪	照相记录	北京地质仪器厂
3123701	Godhavn(Z)地磁记录仪	照相记录	丹麦气象研究所
3123702	LaCour 地磁记录仪	照相记录	丹麦气象研究所
3123703	Mating 地磁记录仪	照相记录	德国 Potsdam
3123704	Toepfer(D. H)地磁记录仪	照相记录	德国 Potsdam
3125101	FHDZ - 15 自动化地磁台站系统	全数字记录	中国地震局地球物理研究所
3125102	GM - 3 磁通门磁力仪	全数字记录	中国地震局地球物理研究所
3125103	GM - 4 磁通门磁力仪	全数字记录	中国地震局地球物理研究所
3125104	FHD - 1 质子矢量磁力仪	全数字记录	江苏省地震局
3125105	FHD - 2 质子矢量磁力仪	全数字记录	江苏省地震局
3125106	ZNC 质子矢量磁力仪	全数字记录	江苏省地震局
3125107	ZNC - Ⅱ质子矢量磁力仪	全数字记录	江苏省地震局
3125701	FGE 磁通门磁力仪	全数字记录	丹麦气象研究所
3125702	Flare - plus 自动化地磁台站系统	全数字记录	英国地质调查局(BGS)
3125703	GSM - 19FDOverhauser 磁力仪	全数字记录	加拿大 GEMSystems 公司
3125704	GSM - 10Overhauser 磁力仪	全数字记录	加拿大 GEMSystems 公司
3125705	M390 磁通门磁力仪	全数字记录	日本东京大学
3125706	RFP - 523PR 磁通门磁力仪	全数字记录	日本东京大学
3125707	UCLA - MAG 自动化地磁台站系统	全数字记录	美国加州大学
直流单极距地电阻率观测仪器(321)			
3211201	DDC - 2A 电子自动补偿仪	人工量测记录	重庆地质仪器厂
3211202	DDC - 2B 电子自动补偿仪	人工量测记录	重庆地质仪器厂
3214101	C - ATS 地电仪	模拟观测、终端数字化	广东省地震局
3214102	WDA 地电仪	模拟观测、终端数字化	黑龙江省地震局
3215101	ZD8 地电仪	全数字记录	中国地震局兰州地震研究所
3215102	ZD8A 地电仪	全数字记录	中国地震局兰州地震研究所
3215103	ZD8B 地电仪	全数字记录	中国地震局分析预报中心
3215104	ZD8BI 地电仪	全数字记录	中国地震局地震预测研究所
直流多极距地电阻率观测仪器(322)			
3225101	ZD8MI 地电仪	全数字记录	中国地震局地震预测研究所

表 8(续)

仪器代码	仪器型号名称	工作方式	来源
交流地电阻率观测仪器(325)			
3255701	ACF4 甚低频电磁探测仪	全数字记录	俄罗斯圣彼得堡大学
3255702	GMS06 大地电磁探测仪	全数字记录	德国 Metronix 公司
3255703	N - MT 观测仪	全数字记录	日本
地电场观测仪器(341)			
3415101	ZD9 地电场仪	全数字记录	国家地震局兰州地震研究所
3415102	ZD9A 地电场仪	全数字记录	中国地震局分析预报中心
3415103	ZD9A - Ⅱ 地电场仪	全数字记录	中国地震局地震预测研究所
3415104	ZD9M 地电场仪	全数字记录	中国地震局地震预测研究所
低频电磁扰动观测仪器(351)			
3511101	BJR - 3 电磁场观测仪	人工量测记录	江苏省地震局
3511102	GPG - 3 电磁场观测仪	人工量测记录	江苏省地震局
3511103	MDCB 电磁波观测仪	人工量测记录	江苏省地震局
3511104	DWMJ 电磁场观测仪	人工量测记录	山西省地震局
3511105	DWMJ - 89A 电磁场观测仪	人工量测记录	山西省地震局
3511106	DWMJ - 89B 电磁波观测仪	人工量测记录	山西省地震局
3511201	JD - 03 电磁场观测仪	人工量测记录	云南大学
3511202	ZD - 2 电位滴定仪	人工量测记录	上海雷磁仪器厂
3512101	DC 电磁场观测仪	图纸记录	太重地震台
3512102	DC - Ⅱ 电磁场观测仪	图纸记录	河南省地震局
3512103	DCB - 1 电磁场观测仪	图纸记录	辽中地震台仪器厂
3512104	DJY - 2000A 电磁场观测仪	图纸记录	山西省地震局
3512105	DPJ - Ⅲ 电磁辐射观测仪	图纸记录	江苏省地震局
3512106	GCI - 1A 电磁场观测仪	图纸记录	江苏省地震局
3512107	GS - 1 电磁场观测仪	图纸记录	江苏省地震局
3512201	DBEM 电磁场观测仪	图纸记录	西安市讯控技术研究所
3515101	DCRD - 1 电磁扰动观测仪	全数字记录	中国地震局地壳应力研究所
3515102	DEMS - 1 数字电磁波测量系统	全数字记录	北京市地震局
3515103	EMAOS - L 电磁辐射观测仪	全数字记录	中国地震局分析预报中心
3515104	ULF - 3 电磁场观测仪	全数字记录	江苏省地震局
3515201	CNEM08 - 1 型电扰动仪	全数字记录	廊坊大地工程检测技术有限公司
高频电磁扰动观测仪器(352)			
3522101	DPJ - 1 电磁场观测仪	图纸记录	江苏省地震局
3525101	DJ - 1 电磁波观测仪	全数字记录	中国地震局地球物理研究所
3525201	MDZQY - 1 电磁场观测仪	全数字记录	煤炭科学研究总院

表8(续)

仪器代码	仪器型号名称	工作方式	来源
3525202	MDZQY-2 电磁场观测仪	全数字记录	煤炭科学研究总院
3525203	MDZQY-3 电磁场观测仪	全数字记录	煤炭科学研究总院
电磁综合观测仪器(390)			
3905701	FA-MT94 电磁场观测仪	全数字记录	法国

6.4 地下流体学科仪器代码表

地下流体学科仪器代码见表9。

表9 地下流体学科仪器代码

仪器代码	仪器型号名称	工作方式	来源
水位观测仪器(411)			
4112101	SSC-4 水位仪	图纸记录	天津市地震局
4112102	SW20 水位仪	图纸记录	南阳地震办公室
4112201	DBTP 水动态监测仪	图纸记录	西安市信控技术研究所
4112202	HCJ 水位仪	图纸记录	重庆水文仪器厂
4112203	SW40-1 水位仪	图纸记录	重庆水文仪器厂
4112204	SWG-1 水位仪	图纸记录	上海地质仪器厂
4112205	SZ-1 水位仪	图纸记录	北京地质仪器厂
4112206	红旗-1 水位仪	图纸记录	上海地质仪器厂
4115101	GPR-1 水位仪	全数字记录	中国地震局分析预报中心
4115102	LN-3 数字水位仪	全数字记录	中国地震局分析预报中心
4115103	LN-3A 数字水位仪	全数字记录	中国地震局地震预测研究所
4115104	PSW-01 精密水位仪	全数字记录	中国地震局地震研究所
4115201	SW-5 水位仪	全数字记录	北京康地测控有限公司
4115202	TDE 水位仪	全数字记录	珠海泰德公司
4115203	TDP-1 水位仪	全数字记录	珠海泰德公司
4115204	TDGL-25 水位仪	全数字记录	珠海泰德公司
流量观测仪器(413)			
4131101	SLSJ 系列流量仪	人工量测记录	新疆库尔勒地震办公室
4131201	LW-25 涡轮流量仪	人工量测记录	上海
4131202	XSF-40 流量仪	人工量测记录	上海自动化仪表九厂
4135101	TDL 系列流量仪	全数字记录	天津市地震局
4135201	CZ 系列流量仪	全数字记录	沧州电子仪器厂
离子观测仪器(414)			
4141201	721 分光光度计	人工量测记录	上海第三分析仪器厂
4141202	PHS-2 酸度计	人工量测记录	上海第二分析仪器厂

表9(续)

仪器代码	仪器型号名称	工作方式	来源
4141203	PHS-3C 酸度计	人工量测记录	上海第二分析仪器厂
4141204	PHS-29A 酸度计	人工量测记录	上海
4141205	PHSJ-4 酸度计	人工量测记录	上海雷磁仪器厂
4141206	PXJ-IC 水质观测仪	人工量测记录	上海
4141207	SL-01 离子色谱仪	人工数字记录	成都解放仪器厂
4141208	SY-221 离子色谱仪	人工数字记录	四川仪表九厂
4141701	ICAP9000 原子吸收	人工量测记录	美国
4141702	UV-210A 紫外分光光度计	人工数字记录	日本
4142701	SP9800 原子吸收	图纸记录	英国
4145701	2000 型离子色谱仪	全数字记录	美国 DIONEX 公司
4145702	HLC-601 离子色谱仪	全数字记录	日本东洋睿达公司
电导率观测仪器(415)			
4151201	DDS-11A 电导率仪	人工量测记录	上海第二分析仪器厂
4151202	DDS-12A 数字电导率仪	人工量测记录	肖山科学仪器厂
4151701	CM-30 电导率仪	人工量测记录	日本 TOA 电子株式会社
4155101	DDE-1 大地微电流仪	全数字记录	中国地震局地质研究所
氡浓度观测仪器(421)			
4211101	SD-3B 水氡测量仪	人工量测记录	中国地震局地震预测研究所
4211201	FD-125 测氡仪	人工量测记录	北京 261 厂
4211203	FD-105 测氡仪	人工量测记录	上海电子仪器厂
4211204	FD-105K 测氡仪	人工量测记录	上海电子仪器厂
4211205	FD-118 测氡仪	人工量测记录	上海电子仪器厂
4211206	FD-3017 测氡仪	人工量测记录	上海电子仪器厂
4215101	FD-3A 测氡仪	全数字记录	中国地震局分析预报中心
4215102	SD-1 测氡仪	全数字记录	中国地震局分析预报中心
4215103	SD-2 测氡仪	全数字记录	中国地震局分析预报中心
4215104	SD-3 测氡仪	全数字记录	中国地震局分析预报中心
4215105	SD-3A 测氡仪	全数字记录	中国地震局分析预报中心
4215201	TDR-25 气氡仪	全数字记录	珠海泰德公司
4215701	PM8251A 测氡仪	全数字记录	英国
汞浓度观测仪器(422)			
4221101	RG-BS 水汞测量仪	人工量测记录	中国地震局地震预测研究所
4221201	XG-4 测汞仪	人工量测记录	北京地质仪器厂
4225101	DFG-B 数字测汞仪	全数字记录	中国地震局分析预报中心
4225102	RG-BQZ 智能测汞仪	全数字记录	中国地震局地震预测研究所

表9(续)

仪器代码	仪器型号名称	工作方式	来源
4225201	XG－5 测汞仪	全数字记录	地质矿产部物化探所
4225202	XG－5Z 测汞仪	全数字记录	地质矿产部物化探所
4225203	XG－52A 测汞仪	全数字记录	地质矿产部物化探所
氢浓度观测仪器(423)			
4231201	QDJ－A 气敏地震监测仪	人工量测记录	中科院上海有机化学研究所
4235101	GWK－202 测氢仪	全数字记录	中国地震局地质研究所
氦浓度观测仪器(424)			
4241201	BFS7510 气相色谱仪	人工量测记录	北京北分仪器技术公司
4241202	GP－I 单道 γ 能谱仪	人工量测记录	国营 263 厂
4241203	SP－2304A 气相色谱仪	人工量测记录	北京分析仪器厂
4241204	SP－2305 气相色谱仪	人工量测记录	北京分析仪器厂
4241205	ST－29035E 气相色谱仪	人工量测记录	北京分析仪器厂
4242101	NG－800 质谱计	图纸记录	中国地震局地质研究所
4242201	SP－501 气相色谱仪	图纸记录	鲁南化工仪器厂
4245101	GWK－201 测氦仪	全数字记录	中国地震局地质研究所
4245102	WGK－1 测氦仪	全数字记录	中国地震局地质研究所
二氧化碳浓度观测仪器(425)			
4251201	EY－2 二氧化碳测量管	人工刻度显示记录	北京市劳保研究所
4252201	SQ－206 气敏色谱仪	图纸记录	北京分析仪器厂
4255101	EY－Ⅱ数字 CO_2 测试仪	全数字记录	中国地震局地震研究所
气体总量观测仪器(426)			
4265101	ZCQ－1A 气体流量监测仪	全数字记录	中国地震台网中心
水温观测仪器(431)			
4311201	DTT－IV 高精度测温仪	人工量测记录	煤炭科学研究西安分院
4311202	SWL1－1 温度表	人工量测记录	宁波市慈城三板桥厂
4311203	TD－92 水温仪	人工量测记录	西安讯控技术研究所
4312201	TD96 温度监测仪	图纸记录	西安讯控技术研究所
4315101	SZW－1 数字式温度计	全数字记录	中国地震局地壳应力研究所
4315102	SZW－1A 水温仪	全数字记录	中国地震局地壳应力研究所
4315201	CZ－2001 测温仪	全数字记录	沧州电子仪器厂
4315202	TDT－36 水温仪	全数字记录	珠海泰德公司
地温观测仪器(433)			
4331101	GF－1 地温仪	人工量测记录	河南省新乡市地震局
4331102	SZW－A 地温仪	人工量测记录	中国地震局地壳应力研究所
4331201	TD－9 地温仪	人工量测记录	西安讯控技术研究所

表 9(续)

仪器代码	仪器型号名称	工作方式	来源
4332101	CW - Ⅱ地温仪	图纸记录	河南省新乡市地震局
4332201	WJZ - 3100 地温仪	图纸记录	云南大学
4335201	PN - 4B 测温仪	全数字记录	宽甸县晶体管厂
地下流体综合观测仪器(490)			
4905201	ZKGD3000 地下水数据监测系统	全数字记录	中科光大自动化技术有限公司

6.5 辅助观测仪器代码表

表 10 辅助观测仪器代码

仪器代码	仪器型号名称	工作方式	来源
气象要素综合观测仪器(910)			
9105101	PTH 气象参数测量仪	全数字记录	中国地震局地震研究所
9105102	PTR 雨量气温气压观测仪	全数字记录	中国地震局地震研究所
9105103	RTP - 1 雨量气温气压观测仪	全数字记录	中国地震局地壳应力研究所
9105104	WYY - 1 气象三要素观测仪	全数字记录	中国地震局地壳应力研究所
气温计(911)			
9111201	WJ1 自动温度计	人工量测记录	上海气象仪器厂
9112101	DSY - 1 液位温度计	图纸记录	中国地震局地壳应力研究所
9115201	DJY - 1 - 1 气温计	全数字记录	长春仪器厂
气压计(913)			
9131201	DYM1 水银气压计	人工量测记录	宁波市温度表厂
9131202	DYM3 空盒气压计	人工量测记录	长春气象仪器厂
9132201	DYJ - 1 气压计	图纸记录	吉林省长春市气象仪器
9135701	美国 SETRA 公司气压计	全数字记录	美国 Setra 公司
雨量计(914)			
9141201	SDM6 雨量计	人工量测记录	上海气象仪器厂
9141202	SM1 雨量计	人工量测记录	上海气象仪器厂
9145201	SJ1 虹吸式雨量计	全数字记录	上海气象仪器厂
9145202	SL - 3 雨量感应仪	全数字记录	上海气象仪器厂

参 考 文 献

[1] GB/T 1.1 — 2000《标准化工作导则　第1部分：标准的结构和编写规则》
[2] GB/T 7635.1 — 2002《全国主要产品分类与代码　第1部分：可运输产品》
[3] GB/T 13745 — 1992《中华人民共和国学科分类与代码》
[4] GB/T 14885 — 1994《固定资产分类与代码》
[5] GB/T 18207.2 — 2005《防震减灾术语　第2部分：专业术语》
[6] GB/T 20001.3 — 2001《标准编写规则　第3部分：信息分类编码》
[7] DB/T 3 — 2003《地震及地震前兆测项分类与代码》
[8] DZ 64 — 1988《地质仪器产品分类与代码》

ICS 91.120.25
P 15
备案号：

中华人民共和国地震行业标准

DB/T 27—2008

地震观测仪器质量检验规则

Quality inspection provision for earthquake observation instrument

2008-04-23 发布　　2008-08-01 实施

中国地震局 发布

前　言

本标准由中国地震局提出。

本标准由全国地震标准化技术委员会(SAC/TC 225)归口。

本标准起草单位：中国地震局地壳应力研究所、中国地震局地震预测研究所、中国地震局地球物理研究所。

本标准主要起草人：王兰炜、王子影、赵家骝、冯义钧、朱旭、刘大鹏。

地震观测仪器质量检验规则

1 范围

本标准规定了地震观测仪器(以下简称仪器)质量的检验规则，包括检验分类、检验项目、检验方法和判定规则。

本标准适用于各类地震观测仪器的质量检验。

2 规范性引用文件

下列文件中的条款通过本标准的引用而成为本标准的条款。凡是注日期的引用文件，其随后所有的修改单(不包括勘误的内容)或修订版均不适用于本标准，然而，鼓励根据本标准达成协议的各方研究是否可使用这些文件的最新版本。凡是不注日期的引用文件，其最新版本适用于本标准。

GB/T 2828 — 1981 逐批检查计数抽样程序及抽样表

3 术语和定义

下列术语和定义适用于本标准。

3.1

地震观测仪器 earthquake observation instrument

在地震观测中，获取特定地球物理量(或化学量)及其随时间变化的专用测量仪器。

4 检验分类

4.1 本标准规定的检验分为鉴定检验、出厂检验和例行检验。

4.2 鉴定检验用于确定仪器是否能达到规定的技术指标要求，对本型号仪器的若干样品进行的检验。

4.3 出厂检验用于确定仪器是否达到出厂的技术要求，对出厂的每一台仪器进行的检验。

4.4 例行检验用于确定仪器生产过程中质量是否持续稳定，对成批或连续生产的仪器进行的抽样检验。

5 检验项目和检验设备

5.1 检验项目要求

地震观测仪器应按表1确定的检验项目进行检验。

表1 检验项目

检验项目	鉴定检验	出厂检验	例行检验	检验方法
外观、结构	★	★	★	按照产品标准或有关标准及协议
全部技术指标	★	☆	☆	
主要技术指标	-	★	★	
安全试验	★	★	★	
环境试验	★	☆	★	
运输试验	★	-	☆	
可靠性试验	★	-	★	
特殊环境试验	★	-	★	
注:“★”表示应检验的项目;“☆”表示可选择进行检验的项目;“ - ”表示不进行检验的项目				

5.2 检验设备要求

5.2.1 检验设备应使用质量监督机构批准的或中国地震局主管部门认可的设备。

5.2.2 检验设备应定期在质量监督机构进行检定和校准。

6 鉴定检验

6.1 检验时机

下列时机应进行鉴定检验：

a）新仪器设计定型和生产定型时；

b）正式生产的产品，其结构、工艺、材料有变化，并可能影响产品的性能时；

c）停产超过12个月后又重新生产时。

6.2 合格判据

检验结果中，所有检验项目的技术指标均满足产品标准时，判定为合格。

7 出厂检验

7.1 检验要求

7.1.1 在仪器生产完成后应逐台进行质量检验。

7.1.2 出厂检验应由生产厂商的质量检验部门负责进行，主管部门或订货方也可派代表参加检验。

7.2 合格判据

检验结果中，所有检验项目的技术指标均满足产品标准时，判定为合格。

8 例行检验

8.1 检验时机

下列时机应进行例行检验：

a）常规生产的产品年中；

b）按批生产的产品产量达到标准规定的数量时；

c）出厂检验结果与上次例行检验结果差异较大时；

d）主管部门或国家质量监督机构要求时。

8.2 抽样

8.2.1 例行检验抽样时机应选择在完成批计划生产量的一定数量后，其规定见表2。

表2 例行检验抽样时机

批计划生产量	完成数量
大于50台	大于或等于计划台数的25%
10台~50台	大于10台
小于10台	计划台数

8.2.2 样品的具体抽样方法应按GB/T 2828—1981的规定进行。产品标准中未作规定的，样品应从出厂检验后的合格产品中随机抽取，样品数量应不少于三台。

8.3 缺陷的判定

8.3.1 缺陷分类

产品缺陷按照缺陷的性质分为严重缺陷和一般缺陷。

8.3.2 严重缺陷

下列情况应判定为严重缺陷：

a）对人身安全构成危险；

b）由于设计、工艺等因素造成的故障；

c）严重影响仪器基本功能；

d）仪器性能特性的误差超过规定；

e）性能低于产品标准或有关标准及协议要求；

f）由于某种原因引起仪器的外观、结构变化，妨碍仪器正常操作使用的。

8.3.3 一般缺陷

一般缺陷应按地震观测仪器产品标准中的规定进行判定。

8.4 例行检验过程

8.4.1 合格判据

检验结果中，所有检验项目的技术指标均满足产品标准时，判定为合格。

8.4.2 严重缺陷处理

例行检验中出现严重缺陷应按下列要求进行处理：

a）将受检样品退回生产单位，判断产品出现严重缺陷的原因，对全部产品采取措施返修后重新抽取样机，进行第二次例行检验；

b）若不能准确判断出现严重缺陷(不含第 8.3.2 条的列项 a)的严重缺陷)的原因，应重新抽取样机(抽取的样机数量加倍)重新进行例行检验，若出现同样缺陷，则本次例行检验应判定不合格；

c）若检验中出现第 8.3.2 条的列项 a)的严重缺陷，则本次例行检验应判定为不合格。

8.4.3 一般缺陷处理

a）例行检验中，允许出现的一般缺陷的次数应在产品标准中规定，但在例行检验中允许出现一般缺陷的次数累计不应大于五次。

b）若一般缺陷次数累计超过五次，判定为例行检验不合格。

c）发现缺陷后，允许修复，并将缺陷计入总缺陷数中，在不超过五次的情况下，从该项目起继续试验，并另外抽取备用受试样机，进行该项目试验。

d）在继续检验中，若发现相同的缺陷，则应判定例行检验不合格。若发现与原来不同的缺陷，则计入总缺陷数，经修复后，应重新进行该项目试验。

9 其他规定

9.1 未经出厂检验和例行检验，以及检验不合格的产品不应出厂。

9.2 用于例行检验的样品不应作为合格产品出厂。

9.3 产品库存时间超过产品标准中规定的存放期，应重新进行出厂检验，检验合格后可出厂。

ICS 91.120.25
P 15
备案号：

中华人民共和国地震行业标准

DB/T 28—2008

弱磁感应强度测量仪器检定规程

Calibration code of measuring instruments for magnetic induction of low field

2008-04-23 发布 2008-08-01 实施

中国地震局 发布

前　言

本标准的附录 A、附录 B、附录 C、附录 D、附录 E 和附录 F 为规范性附录，附录 G 和附录 H 为资料性附录。

本标准由中国地震局提出。

本标准由全国地震标准化技术委员会(SAC/TC 225)归口。

本标准起草单位：中国地震局地球物理研究所、中国计量科学研究院。

本标准主要起草人：周勋、滕云田、金惕若、冯义钧、张伟、金海强、王晓美。

弱磁感应强度测量仪器检定规程

1 范围

本标准规定了弱磁感应强度测量仪器的检定内容和检定方法。

本标准适用于磁感应强度的测量范围为 0 nT ~ 70 000 nT 的各种量子磁力仪及磁通门磁力仪的检定。

2 术语、定义和符号

2.1 术语和定义

GB/T 11464 — 1989、GB/T 13983 — 1992、JJF 1094 — 2002、JJF 1001 — 1998 和 JJG 1013 — 1989 中确立的以及下列术语和定义适用于本标准。

2.1.1

量子磁力仪 quantum magnetometer

基于量子磁共振原理，测量磁感应强度大小的仪器。是质子(旋进)磁力仪、欧奥豪泽(Overhauser)磁力仪和光泵磁力仪的总称。

2.1.2

磁通门磁力仪 fluxgate magnetometer

基于磁通门原理测量磁感应强度大小和方向的仪器。

2.1.3

零磁空间 magnetic field free space

采用磁屏蔽技术对地磁场实施屏蔽，产生的磁场强度近似为零的空间。

2.1.4

替代比较法 substitution method for comparison

用标准仪器和被检定的仪器的探头轮换测量同一位置的标准磁感应强度值的方法。

2.1.5

输出噪声 output noise

仪器示值相对输入量值的随机波动。

2.2 符号

下列符号适用于木标准。

B —— 标准线圈中心的磁感应强度，单位为纳特［斯拉］(nT)；

K —— 标准线圈的线圈常数，单位为纳特［斯拉］每毫安［培］(nT/mA)；

V —— 数字电压表的直流电压读数，单位为毫伏［特］(mV)；

R —— 标准电阻的电阻值，单位为欧［姆］(Ω)；

S —— 实验标准偏差；

V_i —— 数字电压表第 i 次测量的电压值；

I_i —— 第 i 次测量时通过标准线圈的电流值；

$\overline{I}$ —— n 次测量的电流平均值；

F_i —— 标准磁感应强度值的第 i 次测量结果；

$\overline{F}$ —— 测量结果的平均值；

F_b —— 标准磁感应强度值；

ΔF —— 量子磁力仪的示值误差；

U_b—— 标准磁感应强度值的测量不确定度；

F_j—— 磁感应强度示值的第 j 次测量结果；

U_j—— 磁感应强度示值的测量不确定度；

U —— 磁感应强度测量值的总不确定度；

B_i—— 磁通门磁力仪输出的磁感应强度的秒采样值；

$\overline{B}$ —— 连续 10 个秒采样值的平均值；

B_n—— 磁通门磁力仪的输出噪声；

B_0—— 标准线圈不通电流时磁通门磁力仪的示值；

B —— 标准线圈通过电流并产生标准磁场时磁通门磁力仪的示值；

B_b—— 标准线圈产生的标准磁场值；

ΔB —— 磁通门磁力仪的示值误差；

δ —— 磁通门磁力仪的示值相对误差。

3 技术要求

3.1 量子磁力仪探头的尺寸应不大于 80 mm × 80 mm × 120 mm，磁通门磁力仪探头的尺寸应不大于 150 mm × 150 mm × 300 mm。

3.2 被检定仪器的技术性能应符合表 1 和表 2 的规定。

表 1 量子磁力仪的技术要求

单位为 nT

内容	技术要求		
准确度等级	0.5	1.0	2.0
测量范围	不小于 20 000 ~ 70 000	不小于 25 000 ~ 65 000	不小于 30 000 ~ 60 000
重复性	0.1	0.3	0.5
最大允许误差	±0.5	±1.0	±2.0

表 2 磁通门磁力仪的技术要求

单位为 nT

内容	技术要求	
测量方式	补偿式	直读式
测量范围	不小于 ±1 000	不小于 ±60 000
噪声（*RMS*）	不大于 0.1	不大于 1.0
最大允许误差	±(0.2% 读数 + 0.1% FS)	±(0.1% 读数 + 0.05% FS)

4 检定条件

4.1 环境条件

4.1.1 环境温度应在 18 ℃ ~ 23 ℃ 范围内。

4.1.2 相对湿度应小于 80%。

4.1.3 室内应具有采用磁屏蔽技术或稳场技术形成的零磁空间。

4.2 检定专用设备和仪器

检定专用设备及仪器的技术指标和数量应符合表3的要求。

表3 检定专用设备及仪器

名称	技术指标	数量
零磁空间	空间尺寸不小于 2 m × 2 m × 2 m，内部剩余磁场强度小于 20 nT，噪声小于 0.01 nT，剩余磁场的稳定性小于 0.3 nT/h	1个
标准线圈	空间尺寸不小于 30 cm × 30 cm × 30 cm，线圈常数不小于 100 nT/mA，磁场的非均匀度：$r = 60$ mm 的球形区小于 1.2×10^{-6}，线圈常数的温度系数小于 1×10^{-5}/℃	1个
工作平台	工作面与线圈轴线平行度误差不大于 30″，水平度误差不大于 30″，垂直（Z 坐标）位置调节范围应大于 60 mm，调节细度 1 mm，水平（X，Y 坐标）位置调节范围应大于 100 mm × 100 mm，调节细度 1 mm	1个
高精度电流源	最大输出电流 1 A，最大负载电阻 50 Ω，调节细度 1 μA，噪声小于 1 μA，稳定度 1×10^{-5}/h，纹波电压小于 10 μV（取样电阻 1 Ω）	2台
标准电阻	标称电阻值 1 Ω，0.002 级，额定功率大于 1 W	1个
数字电压表	测量范围 ±300 mV ~ ±1 000 V，分辨力 100 nV，最大允许误差：24 h ±（0.000 4% 读数 +0.000 2% FS），1 a ±（0.002% 读数 +0.002% FS）	1台
标准质子磁力仪	测量范围 25 000 nT ~ 65 000 nT，分辨力 0.1 nT，重复性误差 0.2 nT，温度系数 0.01 nT/℃，探头转向差 0.1 nT	1台
温度计	分辨力 0.1 ℃，测量范围 0 ℃ ~ 50 ℃	1台

4.3 标准质子磁力仪

用一台经过国家法定计量部门检定的质子磁力仪作为工作标准，每一年应送检一次。

5 量子磁力仪的检定

5.1 检定记录格式

检定记录格式见附录F。

5.2 一般性检查

5.2.1 被检定的仪器应有名称、型号、编号、出厂日期、生产厂家或单位名称的标志。

5.2.2 技术资料应包括使用说明书、出厂检验证书。再次送检时应有上一次的检定结果。

5.2.3 配件应齐全。

5.2.4 外观应无明显的损伤或变形。

5.2.5 量子磁力仪探头应有方向标志。

5.3 重复性检定

5.3.1 参照附录B的方法，将标准磁场的量值设定为 50 000 nT，用被检定的量子磁力仪测量标准磁场，并将测量结果数据填入附录F中的表F.2。

5.3.2 测量结果的重复性，即重复性标准偏差 S 应按式（1）计算：

$$S = \sqrt{\frac{\sum_{i=1}^{10} (F_i - \overline{F})^2}{10 - 1}} \qquad \cdots\cdots(1)$$

5.4 示值误差的检定

5.4.1 量子磁力仪示值误差的检定应使用替代比较法进行。按附录 B 的方法，用标准质子磁力仪测量标准磁场，得到磁感应强度的标准值 F_b 和测量的不确定度 U_b。

5.4.2 参照附录 B 的方法，用被检定的量子磁力仪测量标准磁场，得到被检定的量子磁力仪测量该标准磁场的示值 F_j 和测量的不确定度 U_j。

5.4.3 在标准质子磁力仪的量程范围内选择三个检定点，分别对被检定仪器进行检定。也可根据使用单位的要求增加检定点。

5.5 测量范围的检定

5.5.1 量子磁力仪测量范围的评定应通过在不同量值下对标准磁场进行重复性测量来进行评定。

5.5.2 按附录 B 的方法，用被检定的量子磁力仪测量标准磁场，并将测量结果数据填入附录 F 中的表 F.2。

5.5.3 测量结果的重复性，即重复性标准偏差 S 应按式(1)计算。

在测量范围内选定四个至六个量值进行检定。表 4 列出三个准确度等级的量子磁力仪的量值检测点。

表 4 量子磁力仪的量值检测点

单位为 nT

准确度等级	0.5	1.0	2.0
量值	70 000	65 000	
	60 000	60 000	60 000
	50 000	50 000	50 000
	40 000	40 000	40 000
	30 000	30 000	30 000
	20 000	25 000	

5.6 检定结果

5.6.1 示值误差的计算

示值误差 ΔF 应按式(2)计算：

$$\Delta F = F_b - F_j \qquad (2)$$

5.6.2 不确定度的计算

被检定的量子磁力仪测量磁感应强度的总不确定度 U 应按式(3)计算：

$$U = \sqrt{U_b^2 + U_j^2} \qquad (3)$$

5.6.3 最大示值误差的确定

在所有的示值检测点的示值误差结果数据中，取示值误差 ΔF 最大的值作为被检定的量子磁力仪的最大示值误差，将对应的不确定度 U 作为被检定的量子磁力仪测量磁感应强度的不确定度。

5.6.4 测量范围的评定

依据重复性指标对被检定的量子磁力仪的测量范围进行评定。当按表 4 的各检测点进行检测，在测量范围内各检测点测量的重复性 $S < 0.3$ nT 时为合格。

5.6.5 最大允许误差的评定

当被检定的仪器的最大示值误差不超过其最大允许误差时为合格。

6 磁通门磁力仪的检定

6.1 检定记录格式

检定记录格式见附录 F。

6.2 一般性检查

6.2.1 被检定的仪器应当有名称、型号、编号、出厂日期、生产厂家或单位名称的标志。

6.2.2 技术资料应包括使用说明书、出厂检验证书。再次送检时应有上一次的检定结果。

6.2.3 外观应无明显的损伤或变形。

6.2.4 磁通门磁力仪探头应有方向标志。

6.3 噪声的检定

6.3.1 三分量磁通门磁力仪应对三个分量分别进行检定。

6.3.2 应按照仪器说明书安装和连接仪器，接通电源，使之进入正常工作状态。

6.3.3 被检定的磁通门磁力仪的探头应放置在屏蔽室内标准线圈的中心。标准线圈不加电流(断开标准线圈与恒流源的连接)，测定磁屏蔽室内的剩余磁感应强度，连续读取 100 个秒采样值 B_i。

6.4 零位的检定

6.4.1 三分量磁通门磁力仪应对三个分量分别进行检定。

6.4.2 按仪器说明书安装和连接仪器，接通电源，使之进入正常工作状态。

6.4.3 被检定的磁通门磁力仪的探头应放置在屏蔽室内标准线圈的中心，标准线圈不加电流(断开标准线圈与恒流源的连接)，使被测定的分量的探头轴与标准线圈轴平行，读取磁通门磁力仪的读数 B_1；使该探头轴旋转 180°，读取磁通门磁力仪的读数 B_2。

6.4.4 磁通门磁力仪的本次测量的 X 分量的零位值 X_0 应按 $X_0 = (B_1 + B_2)/2$ 确定。

6.4.5 按上述步骤测量三次，取三次测量的平均值作为被检定的仪器的该分量的零位。

6.4.6 对于无补偿的直读式磁通门磁力仪，当零位偏差超过 1 nT 时，应进行零位校正。

6.5 示值误差的检定

6.5.1 当检定系统本身或环境温度变化时，应重新测定标准线圈的线圈常数，测定方法应符合附录 C 的规定。

6.5.2 三分量磁通门磁力仪应对三个分量的示值误差分别进行检定。

6.5.3 按仪器说明书安装和连接仪器，接通电源，使之进入正常工作状态。

6.5.4 按图 A.1 连接高精度恒流源、标准电阻、数字电压表和标准线圈。被检定的磁通门磁力仪的探头应放置在屏蔽室内标准线圈的中心。

6.5.5 在进行示值误差检定时，应使被检定的分量的传感器轴的方向对准标准线圈产生的磁场方向。定向的方法是：使标准线圈产生约 50 000 nT 的磁场，当该分量的示值最大或其余两个分量的示值的绝对值最小时，认为被检定的分量的传感器轴的方向已对准标准线圈产生的磁场方向。

6.5.6 标准线圈不加电流，读取仪器的示值 B_0。标准线圈加电流，产生标准磁场 B_b，读取仪器的示值 B。并将结果数据记录在附录 F 中的表 F.3。

6.5.7 在测量范围内应选定七个检定点进行检定。若测量范围是 $\pm B_m$，则检定点可选择 $\pm B_m$、$\pm 2/7B_m$、$\pm 1/2B_m$、B_0。也可根据用户的要求增加检定点。

6.6 检定结果

6.6.1 噪声的计算

按式(4)计算 100 个秒数据中的每 10 个秒数据的平均值 $\overline{B}$：

$$\overline{B} = \frac{1}{10}\sum_{i=1}^{10} B_i \qquad (4)$$

按式(5)计算秒数据的标准偏差 S：

$$S = \sqrt{\frac{\sum_{i=1}^{10}(B_i - \overline{B})^2}{10 - 1}} \qquad \cdots\cdots(5)$$

按式(6)计算输出噪声 B_n：

$$B_n = \frac{1}{10}\sum_{n=1}^{10} S \qquad \cdots\cdots(6)$$

6.6.2 示值误差的计算

按式(7)计算示值相对误差 δ：

$$\delta = (\Delta B/B) \times 100\% \qquad \cdots\cdots(7)$$

6.6.3 噪声的评定

当噪声指标达到该类型仪器的噪声指标要求时为合格。

6.6.4 测量范围的评定

当测量范围满足该类型仪器的测量范围要求时为合格。

6.6.5 最大允许误差的评定

在所有的示值检定点上，当被检定的仪器的示值误差都不超过其最大允许误差时应评定为合格。

7 检定结果的处理和档案管理

7.1 检定结果的处理

按本标准对量子磁力仪或磁通门磁力仪进行检定，当达到表 1 或表 2 中相应档次的技术要求时，经核准后签发检定证书，检定证书格式见附录 D。对未达到技术要求的量子磁力仪或磁通门磁力仪发给检定通知书，检定通知书格式见附录 E。

7.2 仪器检定档案的内容

仪器检定档案应包括：检定装置的检查校准原始记录；所有量子磁力仪和磁通门磁力仪的检定原始记录；检定证书；检定通知书。

7.3 仪器检定档案的保管

检定装置的检查校准原始记录和所有送检的量子磁力仪和磁通门磁力仪的检定原始记录应由检定单位妥善保存。检定证书或检定通知书应由使用单位保存。

附　录　A
(规范性附录)
弱磁感应强度检定系统

A.1 检定系统由磁屏蔽室、标准线圈、精密电流源、标准质子磁力仪和电流检测系统构成，电流检测系统包括一个标准电阻和一台高精度数字电压表，见图 A.1 。

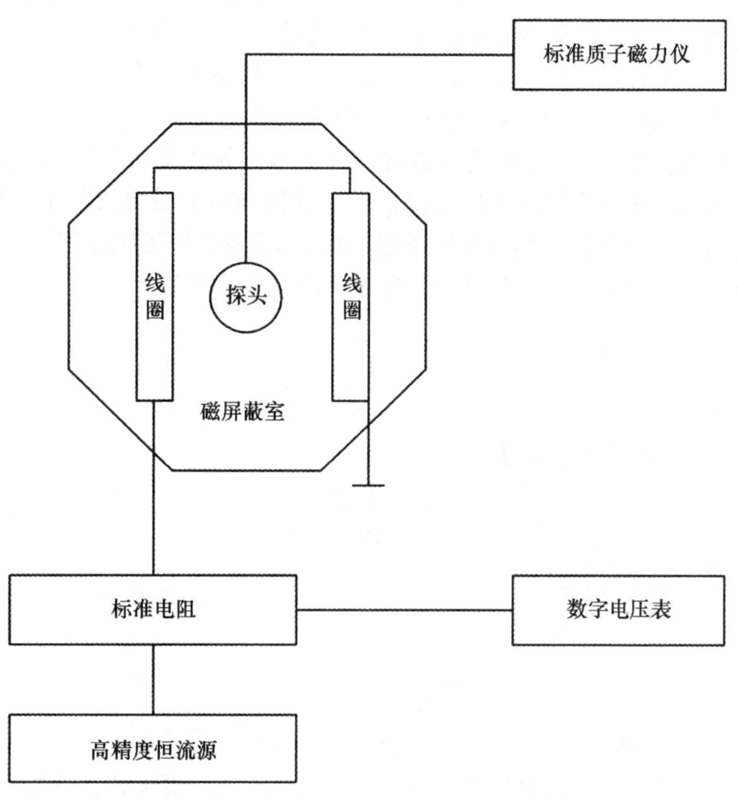

图 A.1　弱磁感应强度检定装置的方框图

A.2 磁感应强度检定系统是在磁感应强度值近似为零的零磁空间内放置能产生均匀磁场的线圈，并使线圈通过稳定的电流，从而在线圈中心区域内产生稳定、均匀的直流磁场，使用标准质子磁力仪测定该磁场的磁感应强度的值，将该测定的值作为约定真值。在该约定真值下，使用替代法对被检定的量子磁力仪进行检定。按式(A.1)计算标准线圈中心的磁感应强度：

$$B = K \times V/R \qquad \cdots\cdots(A.1)$$

附　录　B
（规范性附录）
标准磁感应强度值的测定

B.1　标准磁感应强度值的测定

B.1.1　按附录 A 的图 A.1 连接弱磁感应强度检定系统，接通高精度恒流源、数字电压表、标准质子磁力仪的电源，高精度恒流源输出约 300 mA 的电流，使系统至少预热 1 h。

B.1.2　将标准质子磁力仪的探头放置在工作平台的中心，使探头的中心位于标准线圈的中心，并使探头上表示磁场方向的箭头指向线圈磁场的方向（线圈轴方向）。

B.1.3　选择标准磁场的量值，调整高精度恒流源，使其输出能产生该量值的标准磁场的电流，使用标准质子磁力仪测定由该电流产生的磁感应强度值。选择标准质子磁力仪的工作模式为手动测量，极化后同步读取数字电压表的电压值 V_i 和标准质子磁力仪显示的磁感应强度值 F_i。共进行 10 次测量，每次测量的时间间隔不小于 1 分钟。将测量结果数据填入附录 F 中的表 F.1。

B.2　异常值的剔除

异常值的剔除步骤如下：

a）按式（B.1）计算 F_i 的算术平均值：

$$\overline{F} = \frac{1}{10}\sum_{i=1}^{10} F_i \qquad \text{(B.1)}$$

b）按式（B.2）计算 F_i 的标准偏差：

$$S = \sqrt{\frac{\sum_{i=1}^{10}(F_i - \overline{F})^2}{10-1}} \qquad \text{(B.2)}$$

c）剔除 $|F_i - \overline{F}| > 3S$ 的 F_i。

d）若剔除不合格的 F_i 之后，合格的 F_i 个数 $n<5$ 时，本次测量无效，要查找原因，重新测量。

B.3　标准磁感应强度值的计算

标准磁感应强度值的计算步骤如下：

a）使用剔除 $|F_i - \overline{F}| > 3S$ 的 F_i 之后的 n 个 F_i，按式（B.3）计算标准磁感应强度值：

$$F_b = \frac{1}{n}\sum_{i=1}^{n} F_i \qquad \text{(B.3)}$$

b）按式（B.4）计算测量的 A 类标准不确定度：

$$U_b = \sqrt{\frac{\sum_{i=1}^{n}(F_i - \overline{F})^2}{n(n-1)}} \qquad \text{(B.4)}$$

附　录　C
（规范性附录）
标准线圈常数的测定

C.1　标准线圈的线圈常数的测定

C.1.1　使用温度计测量零磁空间内的温度，并将测量结果记录在附录 F 的表 F.2 的室温栏中。

C.1.2　选择一个测点，按附录 B 的 B.1 的测定步骤，使用标准质子磁力仪测量该测点的标准磁感应强度值，并将测量结果数据填入附录 F 的表 F.2 中。

C.2　测点的选取

分别在磁感应强度约为 25 000 nT、30 000 nT、40 000 nT、50 000 nT、60 000 nT、70 000 nT 的各测定点(m)上进行测量。

C.3　线圈常数的计算

C.3.1　磁感应强度平均值和电流平均值的计算

磁感应强度平均值和电流平均值的计算步骤如下：

a) 根据附录 B 中 B.2 和 B.3 的方法，按式(C.1)计算磁感应强度 F 的平均值：

$$\overline{F} = \frac{1}{n}\sum_{i=1}^{n} F_i \qquad \text{(C.1)}$$

b) 取与式(C.1)中的 F_i 对应的电压值 V_i，按式(C.2)计算电流 I 的平均值：

$$\overline{I} = \frac{1}{n}\sum_{i=1}^{n}\left(\frac{V_i}{R}\right) \qquad \text{(C.2)}$$

C.3.2　线圈常数的计算

利用最小二乘法，按式(C.3)进行线性拟合，求出系数 K 作为标准线圈的线圈常数：

$$\overline{F}_m = K \times \overline{I}_m + F_0, \quad (m = 6) \qquad \text{(C.3)}$$

附　录　D
（规范性附录）
磁力仪检定证书

<table>
<caption>磁力仪检定证书</caption>
<tr><td>证书编号</td><td colspan="5">字　　第　　号</td></tr>
<tr><td>送检单位</td><td colspan="3"></td><td>送检人</td><td></td></tr>
<tr><td>型号规格</td><td colspan="3"></td><td>出厂编号</td><td></td></tr>
<tr><td colspan="6">一般性检查结果：</td></tr>
<tr><td colspan="6">性能指标：</td></tr>
<tr><td colspan="6">检定结论：</td></tr>
<tr><td colspan="6">检定机构：（签章）</td></tr>
<tr><td>有效期</td><td colspan="5">年　月　日至　　年　月　日</td></tr>
<tr><td>检定日期</td><td colspan="5">年　月　日</td></tr>
<tr><td>检定人</td><td></td><td>核验人</td><td></td><td>负责人</td><td></td></tr>
</table>

附　录　E
（规范性附录）
磁力仪检定通知书

磁力仪检定通知书

<table>
<tr><td>通知书编号</td><td colspan="5">字　　第　　号</td></tr>
<tr><td>送检单位</td><td colspan="3"></td><td>送检人</td><td></td></tr>
<tr><td>型号规格</td><td colspan="3"></td><td>出厂编号</td><td></td></tr>
<tr><td colspan="6">一般性检查结果：</td></tr>
<tr><td colspan="6">性能指标：</td></tr>
<tr><td colspan="6">检定结论：</td></tr>
<tr><td colspan="6">检定机构：（签章）</td></tr>
<tr><td>有效期</td><td colspan="5">年　　月　　日至　　　年　　月　　日</td></tr>
<tr><td>检定日期</td><td colspan="5">年　　月　　日</td></tr>
<tr><td>检定人</td><td></td><td>核验人</td><td></td><td>负责人</td><td></td></tr>
</table>

附　录　F
（规范性附录）
磁力仪检定记录表

表 F.1　磁力仪检定登记表

<table>
<tr><td>送检单位</td><td colspan="5"></td></tr>
<tr><td>送检仪器</td><td colspan="2"></td><td>型号规格</td><td colspan="2"></td></tr>
<tr><td colspan="6">1. 一般性检查
外观：
配件：
资料：</td></tr>
<tr><td colspan="6">2. 性能指标
分辨力：
最大允许误差：
测量范围：
噪声：
零位：
示值误差：</td></tr>
<tr><td colspan="6">3. 存档资料</td></tr>
<tr><td>检定人</td><td></td><td>核验人</td><td></td><td>日　期</td><td></td></tr>
</table>

表 F.2　量子磁力仪检定记录表

<table>
<tr><td>仪器</td><td colspan="2"></td><td>室温</td><td colspan="2"></td></tr>
<tr><td>取样电阻</td><td colspan="2"></td><td>量值</td><td colspan="2"></td></tr>
<tr><td colspan="6"></td></tr>
<tr><td colspan="2">测次</td><td colspan="2">V_i
mV</td><td colspan="2">F_i
nT</td></tr>
<tr><td colspan="2">1</td><td colspan="2"></td><td colspan="2"></td></tr>
<tr><td colspan="2">2</td><td colspan="2"></td><td colspan="2"></td></tr>
<tr><td colspan="2">3</td><td colspan="2"></td><td colspan="2"></td></tr>
<tr><td colspan="2">4</td><td colspan="2"></td><td colspan="2"></td></tr>
<tr><td colspan="2">5</td><td colspan="2"></td><td colspan="2"></td></tr>
<tr><td colspan="2">6</td><td colspan="2"></td><td colspan="2"></td></tr>
<tr><td colspan="2">7</td><td colspan="2"></td><td colspan="2"></td></tr>
<tr><td colspan="2">8</td><td colspan="2"></td><td colspan="2"></td></tr>
<tr><td colspan="2">9</td><td colspan="2"></td><td colspan="2"></td></tr>
<tr><td colspan="2">10</td><td colspan="2"></td><td colspan="2"></td></tr>
<tr><td colspan="2">平均值</td><td colspan="2"></td><td colspan="2"></td></tr>
<tr><td colspan="2">不确定度</td><td colspan="2"></td><td colspan="2"></td></tr>
<tr><td>检定人</td><td></td><td>核验人</td><td></td><td>日　期</td><td></td></tr>
</table>

表 F.3　磁通门磁力仪检定记录表

单位为纳特（nT）

B_0	B_b	B	$\Delta B = B - B_0 - B_b$	$\delta = (\Delta B/B) \times 100\%$
检定人			核检人	

附 录 G
(资料性附录)
量子磁力仪工作原理

G.1 磁共振原理

对于具有磁矩 m 的粒子，在没有外磁场时处于某一能级，当存在外磁场 H 时，由于磁矩在外磁场中的不同取向(量子化取向)，该能级分裂成几个次能级。相邻的两个次能级之间的能量差为：

$$\Delta E = \gamma h H \qquad \cdots\cdots(G.1)$$

当粒子所处的能级在这些次能级之间变化时，就要吸收或辐射能量为 $h\omega$ 的电磁波：

$$h\omega = \gamma h H \qquad \cdots\cdots(G.2)$$

由此，得到

$$\omega = \gamma H \qquad \cdots\cdots(G.3)$$

式中：

γ —— 旋转磁比率(旋磁比)，是一个物理常数，等于粒子的磁矩和动量矩之比；

h —— 普朗克常数。

因此，对某一确定的样品，只要测定电磁波(磁共振信号)的频率 ω 的值，就可以测量外磁场强度 H 的值。在测量地磁场的仪器中，基于量子磁共振原理的仪器主要有质子旋进磁力仪，欧奥豪泽(Overhauser)磁力仪和光泵磁力仪。

G.2 质子(旋进)磁力仪

质子(旋进)磁力仪使用富含氢质子的样品(例如，水)，通过施加强直流磁场使氢质子极化(取向极化磁场)，当突然切断极化电流取消极化磁场时，氢质子绕外磁场作拉摩进动(取向外磁场)，产生随时间衰减的自由旋进信号。该旋进信号的频率与外磁场成正比

$$\omega = \gamma H \qquad \cdots\cdots(G.4)$$

氢质子的旋磁比 $\gamma = 2.675\ 152\ 5 \times 10^8$ rad/(Ts)。

通过测量旋进信号的频率，可以测定外磁场强度 H。

G.3 欧奥豪泽(Overhauser)磁力仪

欧奥豪泽(Overhauser)磁力仪与质子磁力仪不同的是使用含有自由基电子不成对的液体样品，利用电子—质子耦合来对质子进行极化。当对液体样品施加频率与自由电子的共振频率对应的射频磁场时，电子吸收该能量，产生共振跃迁，而且，通过电子—质子耦合将该能量传递给质子，对质子进行极化。该极化可以在很短的时间内产生比直流磁场极化大得多的极化场。持续不断地施加极化场可以产生不衰减的旋进信号，通过测量旋进信号的频率，可以测定外磁场强度 H。

G.4 光泵磁力仪

原子的价电子与核自旋的相互作用使原子形成两个次能级，在外磁场作用下，由于塞曼效应，次能级又可分裂为若干个塞曼子能级。当对这样的原子系统照射使原子系统从基态跃迁到激发态的圆偏振光时，由于光泵(取向)作用，原子的磁矩取向外磁场方向。这时，如果对原子系统施加频率等于塞曼子能级之间的跃迁频率的射频磁场时，原子从较高的塞曼子能级跃迁到较低的能级，原子磁矩绕外磁场作拉摩进动，产生磁共振。利用光检测的方法可以检测该共振。由于塞曼子能级之间的跃迁频率与外磁场成正比，所以，通过检测磁共振时射频场的频率可以测定外磁场强度 H。

附　录 H
(资料性附录)
磁通门磁力仪工作原理

H.1　基本原理

磁通门传感器的基本原理是基于磁芯材料的非线性磁化效应。磁芯在交变磁场的激励下，其导磁系数随时间周期变化，磁芯未被磁化到饱和时，导磁系数很高，磁通“闸门”打开，外磁场产生的磁通量大；磁芯饱和时，导磁系数很低(接近于1)，“闸门”关闭，外磁场产生的磁通量小。当平行于感应线圈轴有外磁场存在时，感应线圈内部的磁通量亦周期地改变其大小，外磁场受周期变化的磁通的调制，从而在线圈两端感应出电压，用适当的方法测量该感应电压就能测量外磁场的大小。

H.2　基本构成

磁通门磁力仪的基本构成包括传感器、激励电路、信号检测电路。记录式磁通门磁力仪为了提高仪器的灵敏度，还具有补偿电流源，产生恒定的磁场，用来抵消被测磁场中不变化的部分。

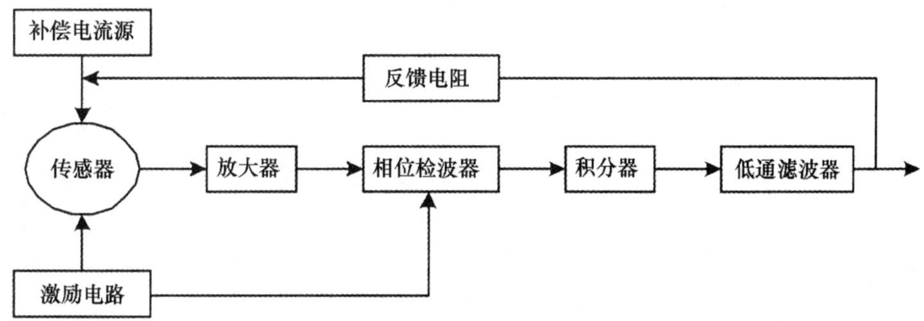

图 H.1　磁通门磁力仪的原理框图

参 考 文 献

［1］GB/T 11464—1989《电子测量仪器术语》
［2］GB/T 13983—1992《仪器仪表基本术语》
［3］DB/T 6—2003《氡气固体源检定规程》
［4］JJF 1001—1998《通用计量术语及定义》
［5］JJF 1094—2002《测量仪器特性评定》
［6］JJG 242—1995《特斯拉计》
［7］JJG 1013—1989《磁学计量常用名词术语及定义》
［8］JJG 2027—1989《0.001～2.0 特斯拉磁感应强度计量器具》

ICS 91.120.25
P 15
备案号：24824—2008

中华人民共和国地震行业标准

DB/T 29.1—2008

地震观测仪器进网技术要求 地电观测仪 第1部分：直流地电阻率仪

Technical requirements of instruments in network for earthquake monitoring – Geoelectrical meters— Part 1: Direct current meter for geoelectrical resistivity

2008-08-11 发布 2008-12-01 实施

中国地震局 发布

前 言

本部分是《地震观测仪器进网技术要求》系列标准中的一项，该系列标准结构及名称预计如下：

地震观测仪器进网技术要求　常用技术参数表述与测试方法(DB/T 21 — 2007)

地震观测仪器进网技术要求　地震仪(DB/T 22 — 2007)

地震观测仪器进网技术要求　地电观测仪　第1部分：直流地电阻率仪(DB/T 29.1 — 2008)

地震观测仪器进网技术要求　地电观测仪　第2部分：地电场仪(DB/T 29.2 — 2008)

地震观测仪器进网技术要求　地磁观测仪　第1部分：磁通门磁力仪(DB/T 30.1 — 2008)

地震观测仪器进网技术要求　地磁观测仪　第2部分：质子矢量磁力仪(DB/T 30.2 — 2008)

地震观测仪器进网技术要求　地壳形变观测仪　第1部分：倾斜仪(DB/T 31.1 — 2008)

地震观测仪器进网技术要求　地壳形变观测仪　第2部分：应变仪(DB/T 31.2 — 2008)

地震观测仪器进网技术要求　重力仪(DB/T 23 — 2007)

地震观测仪器进网技术要求　地下流体观测仪　第1部分：压力式水位仪(DB/T 32.1 — 2008)

地震观测仪器进网技术要求　地下流体观测仪　第2部分：测温仪(DB/T 32.2 — 2008)

地震观测仪器进网技术要求　地下流体观测仪　第3部分：闪烁测氡仪(DB/T 32.3 — 2008)

……

本部分由中国地震局提出。

本部分由全国地震标准化技术委员会(SAC/TC 225)归口。

本部分起草单位：中国地震局地震预测研究所、甘肃省地震局、中国地震局地球物理研究所、江苏省地震局。

本部分主要起草人：钱家栋、赵家骝、杜学斌、席继楼、周勋、冯志生。

地震观测仪器进网技术要求
地电观测仪
第1部分：直流地电阻率仪

1 范围

本部分规定了地震观测仪器中直流地电阻率仪进网的技术要求和测试方法。

本部分适用于直流电阻率仪的设计、生产、使用、维护、引进和质量监督。

2 规范性引用文件

下列文件中的条款通过DB/T 29的本部分的引用而成为本部分的条款。凡是注日期的引用文件，其随后所有的修改单(不包括勘误的内容)或修订版均不适用于本部分，然而，鼓励根据本部分达成协议的各方研究是否可使用这些文件的最新版本。凡是不注日期的引用文件，其最新版本适用于本部分。

GB 4706.1 — 2005　家用和类似用途电器的安全　第1部分：通用要求

GB/T 6587.2 — 1986　电子测量仪器　温度试验

GB/T 6587.3 — 1986　电子测量仪器　湿度试验

3 术语和定义

下列术语和定义适用于本部分。

3.1

直流地电阻率仪　DC meter for electrical resistivity

采用向地下供直流电流建立稳定人工电场的方法测量地下介质视电阻率的仪器。

3.2

测量时间间隔　measuring time interval

仪器设定的两次观测之间的间隔时间，以小时为单位，测量时间间隔为24的约数。

4 技术要求

4.1 使用条件

仪器在下列条件下应能正常工作：

a) 电源电压：AC 200 V ~ 240 V或DC 9 V ~ 13.8 V，交流和直流供电应能自动切换；

b) 工作环境：温度范围0 ℃ ~ 40 ℃，相对湿度不大于80%。

4.2 性能指标要求

4.2.1 分辨力应符合下列指标：

a) 测量自然电位差 V_{sp} 时应不大于0.1 mV；

b) 测量人工电位差 ΔV 时应不大于0.01 mV；

c) 测量供电电流时应不大于0.1 mA。

4.2.2 最大允许误差(1个月内)应符合下列指标：

a) 电压测量：±(0.03%读数 + 0.003%满度值)，环境温度18 ℃ ~ 23 ℃；±(0.1%读数 + 0.05%满度值)，环境温度0 ℃ ~ 40 ℃；

b) 地电阻率测量：±(0.1%读数 + 0.02 Ω · m)，环境温度0 ℃ ~ 40 ℃，人工电位差值应大于 10 mV。

4.2.3 电压测量线性度：应符合 ±(0.02% 读数 +0.003% 满度值)；环境温度范围 0 ℃ ~40 ℃。

4.2.4 电压测量范围：最小应不大于 -1 200.00 mV，最大应不小于 1 200.00 mV。

4.2.5 输入电阻：应大于 500 MΩ。

4.2.6 输入零电流：应小于 5×10^{-9} A。

4.2.7 工频串模抑制比：在工频串模电压峰—峰值不超过量程时应不小于 100 dB。

4.2.8 工频共模抑制比：在工频共模电压峰—峰值不大于 600 V 时应不小于 150 dB。

4.2.9 直流共模抑制比：在直流共模电压不大于 100 V 时应大于 140 dB。

4.2.10 测量方式：应能手动测量和自动定时测量。自动定时测量时测量时间间隔宜设定为 1 h、2 h、3 h、4 h、6 h、8 h 和 12 h。

4.2.11 电流/电压转换误差：一年内应不大于 0.05%。

4.2.12 输入端与对机壳之间绝缘：应大于 500 MΩ(500 V)。

4.2.13 测量通道数：应不少于三道。

4.2.14 接口应具备：

a) 并行口：11 线(数据线：8；选通线：1；忙线：1；地线：1)；

b) 串行口：RS232C(3 线，收、发、地)；

c) 网络接口：RJ45。

4.2.15 数据存储容量：应能存储不少于 30 天的小时观测结果和观测日志。

4.3 功能要求

4.3.1 测量功能

仪器应能自动完成以下工作程序：

a) 测量 M、N 两测量极间的自然地电位差 V_{SP}；

b) 通过 AB 向地下供电，在测区形成人工电场；

c) 在人工电场稳定后，测量 M、N 两测量极间的人工电位差 ΔV 和供电电流 I；

d) 计算出地电阻率 ρ_s 值。

4.3.2 仪器工作参数选取功能

4.3.2.1 仪器工作参数应包括以下类别：

a) 各测道的装置系数 K；

b) 每次 ρ_s 测量中所含单个 ρ_s 测量的个数 n；

c) 人工电场建立时间 T；

d) 台站代码；

e) 测项代码；

f) 测量间隔时间；

g) 仪器序列号。

4.3.2.2 工作参数应能在工作现场手动置入和通过通信接口置入。

4.3.3 控制功能

人工或通过通信接口(串行口或网络接口)，仪器可接收以下命令并完成相应的操作：

a) 读取仪器当前时间；

b) 修改仪器内的日历和时钟；

c) 读取仪器内存储的全部测量数据；

d) 读取 4.3.2.1 中规定的工作参数；

e) 修改 4.3.2.1 中规定的工作参数；

f) 自动或人机结合完成各个测道装置系数稳定性检查的操作；

g）读取查漏电的结果。

4.3.4 网络运行功能

仪器在网络中运行时应具备以下功能：

a）命令方式：仪器应能在地震观测网络中按该网络的通信协议正常运行；

b）网页方式：首页宜有仪器简介、生产厂家及联系方式等仪器基本信息，网页应包括如下功能：

1）应能完成4.3.3要求的各项控制功能；

2）应能查看和修改仪器的网络参数、仪器工作参数、仪器密码、仪器ID及所在台站的基本参数；

3）应能浏览和下载仪器当前和30天内的观测数据和工作日志；

4）网页操作应分不同管理级别；

c）文件传送(FTP)方式：应能通过FTP下载仪器内的文件，向仪器上传更新文件。

4.3.5 报警功能

测量过程中，当无供电电流(一般为供电线断路)时，仪器应能报警，并在观测记录中标记。

4.3.6 显示功能

仪器应具有显示测量过程、显示仪器的工作状态的功能，包括现时的测道、仪器输入信号状态(测电位差/供电电流)，供电与否、供电的极性等。

4.3.7 校准功能

仪器应能实现人机结合完成仪器零点和满度校准。

4.3.8 数据处理功能

仪器应能计算ρ_s的算术平均值、单次测量的标准偏差、算术平均值的标准偏差、残差等。

4.4 安全要求

4.4.1 电击防护

电击防护性能应符合国家标准GB 4706.1 —2005中规定的Ⅰ类器具的要求。

4.4.2 电气强度电压

仪器的交流电压输入端与机壳之间应能承受1 750 V(有效值)电压1 min。

4.4.3 泄漏电流

仪器交流变压器的次级对机壳漏电峰值小于3.5 mA。

4.5 通讯协议

应符合地震工作主管部门要求的网络通讯协议。

5 测试方法

5.1 测试设备

测试设备性能指标要求如下：

a）高电势直流电位差计：0.01级；

b）饱和标准电池：0.01级；

c）标准电阻：0.01 Ω、2 A、0.01级；

d）交流调压器：2 kVA；

e）隔离变压器：变压比1∶1，初级和次级绝缘电阻均大于100 MΩ；

f）整流电源：波纹系数小于5%；

g）可变电阻：100 Ω/2 A；

h）交流稳压器：2 kVA；

i）数字万用表：$3^1/_2$位。

5.2 测试环境

测试环境应符合下列要求：

a）室温宜在 18 ℃ ~23 ℃范围内，相对湿度应不大于 80%；若室温不在 18 ℃ ~23 ℃范围，但在 0 ℃ ~40 ℃范围内时，可对仪器重新校准后，再进行最大允许误差和分辨力的测试；

b）电网电压：AC 200 V ~240 V；

c）无强电磁干扰。

5.3 绝对误差测试方法

5.3.1 测试设备连接

测试设备应按图 1 进行连接。

图 1 地电阻率仪绝对误差测试设备连接示意图

5.3.2 测试步骤及合格判定

按下列步骤进行测试及合格判定：

a）用标准电池校准好直流电位差计的工作电流，从直流电位差计分别输出不同的电压 V_1，记录地电阻率仪的读数 V_2，记入表 1；

b）若对应各个 V_1 值，均满足 $|V_2 - V_1| \leq |E_{max}|$，则判定为合格。

表 1 地电阻率仪绝对误差测试记录表

单位为微伏（μV）

V_1	V_2	$V_2 - V_1$	$\|E_{max}\|$ $(0.03\%\|V_1\|+36)$	备 注
000 000				
1 200 000				
1 000 000				
800 000				
600 000				
400 000				
200 000				
100 000				
80 000				
60 000				
40 000				
20 000				
10 000				
8 000				

表1(续)

V_1	V_2	V_2-V_1	$\|E_{max}\|$ (0.03% $\|V_1\|$ +36)	备　注
6 000				
4 000				
2 000				
1 000				
800				
600				
400				
200				
100				
0 000 000				
-1 200 000				
-1 000 000				
-800 000				
-600 000				
-400 000				
-200 000				
-100 000				
-8 000				
-6 000				
-4 000				
-2 000				
-1 000				
-800				
-600				
-400				
-200				
-100				
注：V_1 为标准电压值；V_2 为测量值；V_2-V_1 为绝对误差；$E_{max}=0.03\%\|V_1\|+36$（μV），$\|E_{max}\|$为最大允许误差。				

5.4　分辨力测试

在上述测试绝对误差的过程中，选取三个 V_1 值(如 1 000 000 μV、10 000 μV、100 μV)，V_1 每增加 10 μV，显示数的 10 μV 位应变化 1。分辨力测试记录表见表 2。

表2　地电阻率仪分辨力测试记录表

V_1 μV	分辨力测试结果合格否 (Y/N)	备　注
1 000 000		
10 000		
100		

5.5　线性度测试

5.5.1　测试设备连接

测试设备应按图2进行连接。

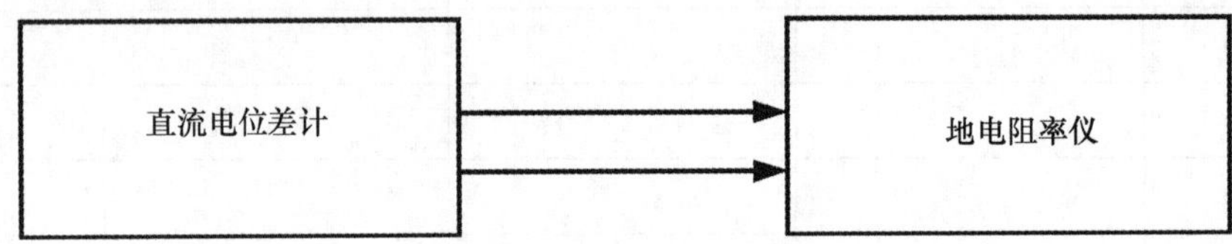

图2　地电阻率仪线性度测试设备连接示意图

5.5.2　测试步骤及合格判定

测试步骤及合格判定依据如下：

a）将直流电位差计输出置于0 000 000 μV，地电阻率仪自动校零；

b）将直流电位差计输出置于1 200 000 μV，调节直流电位差计的工作电流旋钮，使地电阻率仪显示为1 200 000（允许最后一位跳动）；

c）在直流电位差计输出不同的 V_1 值时，分别读取地电阻率仪的显示值 V_2，并记入表3；

d）当对应各个 V_1 值，均满足 $|V_2 - V_1| \leq |E_{max}|$，判定为合格。

表3　地电阻率仪线性度测试记录表

单位为微伏（μV）

V_1	V_2	$V_2 - V_1$	$\|E_{max}\|$ $0.02\% \|V_1\| + 36$	备　注
0 000 000				
1 200 000				
1 000 000				
800 000				
600 000				
400 000				
200 000				
100 000				
80 000				
60 000				
40 000				

表 3(续)

V_1	V_2	V_2-V_1	$\lvert E_{max} \rvert$ $0.02\% \lvert V_1 \rvert +36$	备　注
20 000				
10 000				
8 000				
6 000				
4 000				
2 000				
1 000				
800				
600				
400				
200				
100				
0 000 000				
-1 200 000				
-1 000 000				
-800 000				
-600 000				
-400 000				
-200 000				
-100 000				
-80 000				
-60 000				
-40 000				
-20 000				
-10 000				
-8 000				
-6 000				
-4 000				
-2 000				
-1 000				
-800				
-600				
-400				
-200				
-100				
0 000 000				

注：V_1 为标准电压值；V_2 为测量值；V_2-V_1 为绝对误差；$E_{max}=0.02\% \lvert V_1 \rvert +36$ (μV)，$\lvert E_{max} \rvert$为最大允许误差。

5.6 输入电阻和输入零电流测试

5.6.1 被测地电阻率仪工作状态

将测地电阻率仪置于测量电压状态。

5.6.2 测试线路连接

测试线路应按图 3 进行连接。

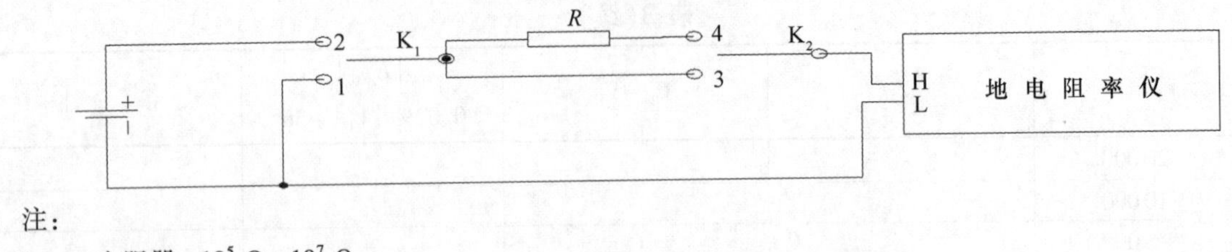

注：

R —— 电阻器，$10^5\ \Omega \sim 10^7\ \Omega$。

图3　地电阻率仪输入电阻测试示意图

5.6.3　测试过程

测试及计算输入电阻和输入零电流过程如下：

a）将 K_1 置于1，K_2 置于3，读取被检仪器的指示值 V_{13}；

b）将 K_1 置于1，K_2 置于4，读取被检仪器的指示值 V_{14}；

c）将 K_1 置于2，K_2 置于3，读取被检仪器的指示值 V_{23}；

d）将 K_1 置于2，K_2 置于4，读取被检仪器的指示值 V_{24}；

e）根据上述读数，按式(1)和式(2)计算出被检仪器的输入电阻 R_i 和输入零电流 I_0。

$$R_i = \frac{V_{24} - V_{14}}{(V_{23} - V_{24}) - (V_{13} - V_{14})} R \quad \cdots\cdots(1)$$

$$I_0 = (V_{14} - V_{13})/R \quad \cdots\cdots(2)$$

5.6.4　合格判定

若测试结果计算得出的输入电阻和输入零电流同时符合4.2.5和4.2.6的要求时，判定为合格。

5.7　直流共模抑制比测试

5.7.1　测试设备连接

测试设备应按图4进行连接。

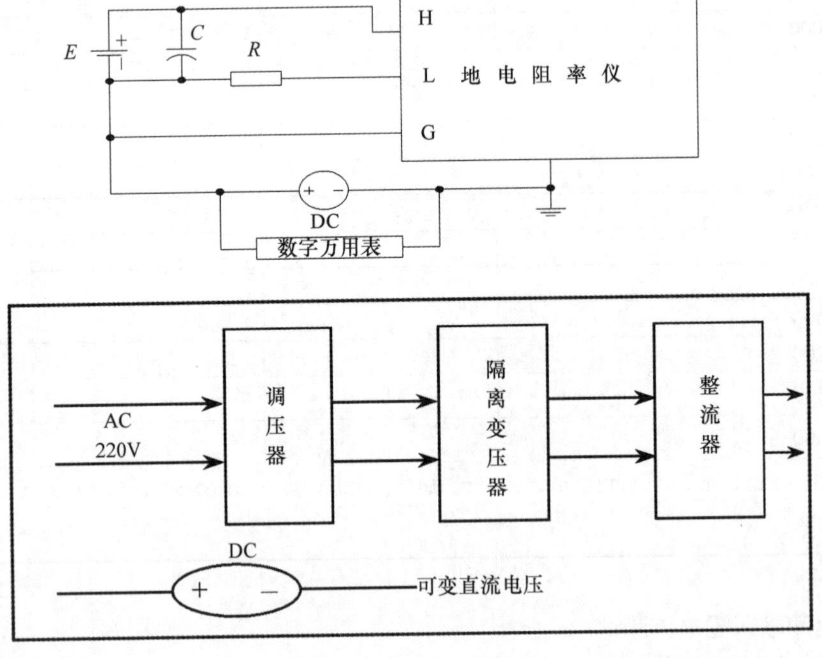

注：

E —— 附加被测直流电压，10 mV；

C —— 无感电容器，0.47 μF；

R —— 失衡电阻器，1 kΩ。

图4　地电阻率仪直流共模抑制比测试设备连接示意图

5.7.2 测试步骤

测试步骤及直流共模抑制比($CMRR_{dc}$)计算如下:

a) 调节调压器使整流器输出为0,读取地电阻率仪显示值 V_0,单位为伏(V);

b) 调节调压器使整流器输出为100 V,读取地电阻率仪显示值 V_1,单位为伏(V);

c) 根据上述读数,按式(3)计算直流共模抑制比 $CMRR_{dc}$,单位为分贝(dB)。

$$CMRR_{dc} = 20\lg \frac{100}{|V_1 - V_0|} \qquad (3)$$

5.7.3 合格判定

若被测仪器直流共模抑制比($CMRR_{dc}$)的测试结果满足4.2.9规定的要求,则判定为合格。

5.8 工频交流共模抑制比测试

5.8.1 测试设备连接

测试设备应按图5进行连接。

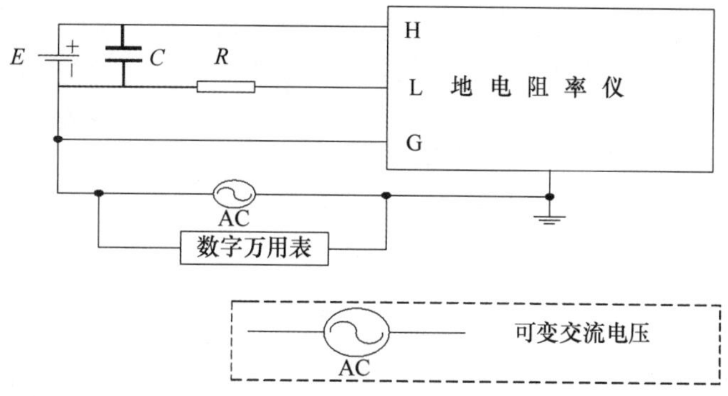

注:

E —— 附加被测直流电压,10 mV;

C —— 无感电容器,0.47 μF;

R —— 失衡电阻器,1 kΩ。

图5 地电阻率仪工频交流共模抑制比测试示意图

5.8.2 可变交流电源

可变交流电源可采用图6所示一般的低频信号发生器经升压产生,也可采用图7所示的方式产生。

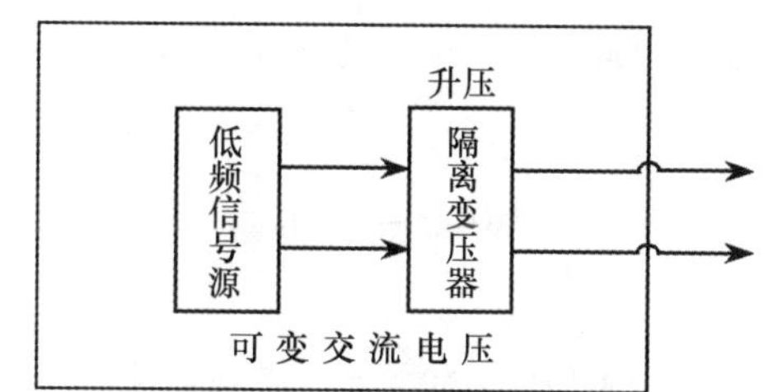

图6 由低频信号源构成可变交流电压

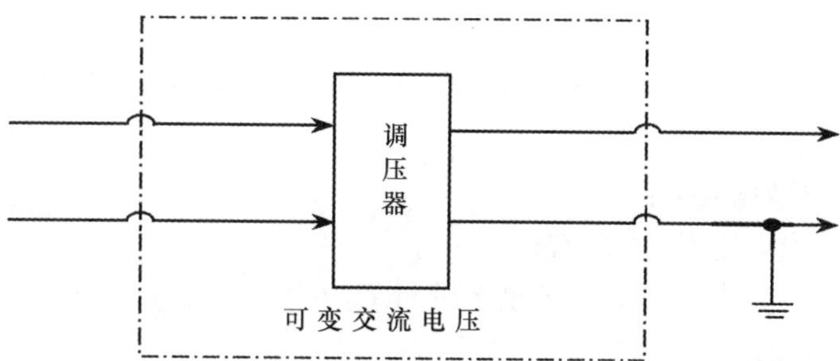

图7 由交流电网构成可变交流电压

5.8.3 测试步骤

测试步骤及工频交流共模抑制比($CMRR_{ac}$)计算如下:

a) 调节信号源输出为0,读取地电阻率仪的显示值为V_0,单位为伏(V);

b) 调节信号源输出220 V,读取地电阻率仪的显示值为V_1,单位为伏(V);

c) 根据上述读数,按式(4)计算工频交流共模抑制比$CMRR_{ac}$,单位为分贝(dB)。

$$CMRR_{ac} = 20\lg\frac{\sqrt{2}\times 220}{|V_1 - V_0|} \qquad (4)$$

5.8.4 合格判定

若被测仪器工频交流共模抑制比($CMRR_{ac}$)的测试结果满足4.2.8规定的要求,则判定为合格。

5.9 工频交流串模抑制比测试

5.9.1 测试设备连接

测试线路应按图8进行连接。

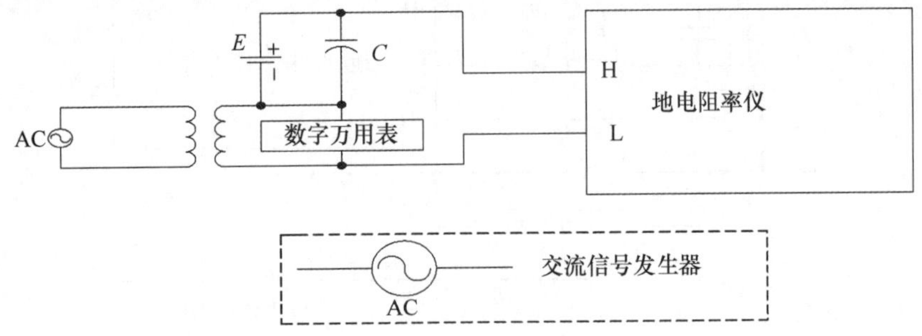

注:

E—— 附加被测直流电压,10 mV;

C—— 无感电容器,10 μF ~ 100 μF。

图8 地电阻率仪工频交流串模抑制比测试

5.9.2 测试步骤

测试步骤及工频交流串模抑制比($SMRR_{ac}$)测试计算如下:

a) 调节交流信号发生器,使数字电压表读数V为0.7 V,读取地电阻率仪的显示值V_e,单位为伏(V);

b) 按式(5)计算工频串模抑制比$SMRR_{ac}$,单位为分贝(dB)。

$$SMRR_{ac} = 20\lg\frac{1.0}{V_e} \qquad (5)$$

5.9.3 合格判定

若被测仪器工频交流串模抑制比($SMRR_{ac}$)的测试结果满足4.2.7规定的要求,则判定为合格。

5.10 地电阻率系统测量误差测试

5.10.1 测试设备连接

按图9将地电阻率仪、打印机、稳流电源、负载电阻、取样电阻连接成模拟测量系统。

5.10.2 测试步骤

测试步骤及合格判定依据如下:

a) 调节稳流电源输出电流为2 A左右;

b) 选择仪器的工作参数为:人工电场建立时间T为3 s,每次ρ_s测量中所含单个ρ_s测量的个数(测量次数)n为5;

c) 设置仪器三个通道的装置系数分别为1000、2000、4000(此时三个通道对应的ρ_s标准值分别为 10.00 Ω·m、20.00 Ω·m、40.00 Ω·m）；

d）启动地电阻率仪进行测量，连续测量 10 次，将测量结果记录在表 4；

e）计算 10 次测量值的平均值。

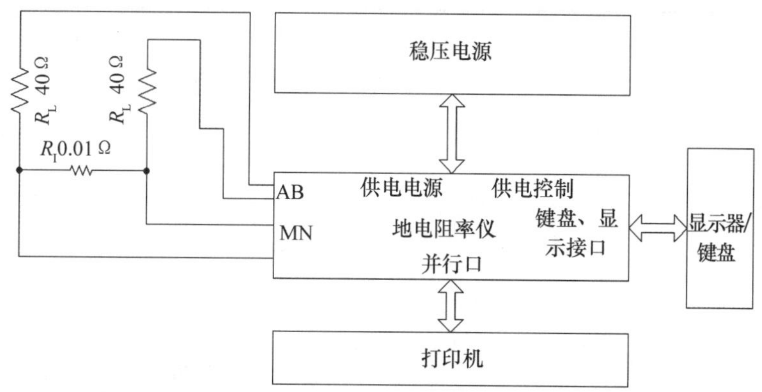

注：

R_L—— 负载电阻，40 Ω、100 W；

R_I—— 取样电阻，0.01 Ω、2 A、0.01 级。

图 9　系统测量误差测试连接图

表 4　系统测量误差记录表

测道	次序	标准值 Ω·m	测量值 Ω·m	差值 Ω·m	最大允许误差 Ω·m	合格否 (Y/N)	备注
1	1	10.00			0.03		
	2				0.03		
	3				0.03		
	4				0.03		
	5				0.03		
	6				0.03		
	7				0.03		
	8				0.03		
	9				0.03		
	10				0.03		
	均值				0.03		
2	1	20.00			0.04		
	2				0.04		
	3				0.04		
	4				0.04		
	5				0.04		
	6				0.04		
	7				0.04		
	8				0.04		
	9				0.04		
	10				0.03		
	均值				0.04		

表 4(续)

测道	次序	标准值 Ω·m	测量值 Ω·m	差值 Ω·m	最大允许误差 Ω·m	合格否 (Y/N)	备注
3	1	40.00			0.06		
	2				0.06		
	3				0.06		
	4				0.06		
	5				0.06		
	6				0.06		
	7				0.06		
	8				0.06		
	9				0.06		
	10				0.06		
	均值				0.06		

5.10.3 合格判定

若被测仪器各测道 10 次测量值的平均值与标准值的差值均不大于(0.1% 读数 +0.02)Ω·m，判定为合格。

5.11 功能检查

5.11.1 测试设备连接

按图 10 连线，使地电阻率仪模拟现场工作。选取工作电流 1 A ~2 A。

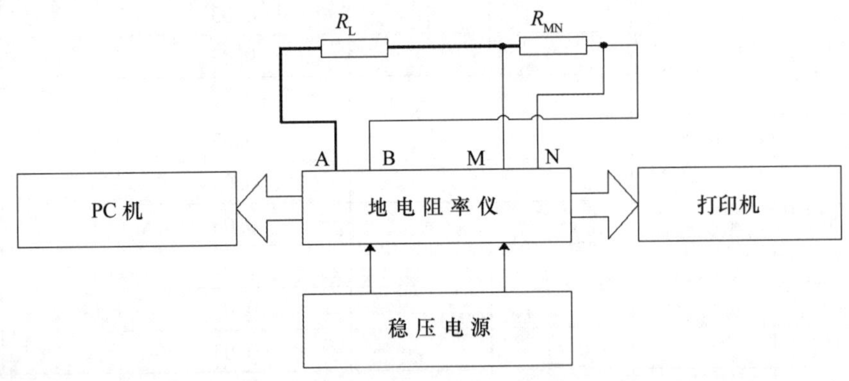

注：

R_L—— 负载电阻，80 Ω，150 W；

R_{MN}—— 取样电阻，0.01 Ω，2 A、0.01 级。

图 10 功能测试示意图

5.11.2 功能测试

应对下列功能进行测试：

a) 显示功能；

b) 工作过程指示；

c) 改变测量次数；

d) 改变人工电场建立时间；

e）打印功能；

f）报警功能；

g）改变观测时间的间隔；

h）数据处理功能；

i）通信功能：按地震前兆网协议接收命令、传输数据；

j）装置稳定性检查功能。

5.11.3 合格判定

功能测试结果记录于表5。各项功能均具备时，判定为合格。

表5 功能测试记录表

功　　能	检测结果符合要求否（Y/N）	备　　注
显示功能		
工作过程指示		
改变测量次数		
改变人工电场建立时间		
打印功能		
报警功能		
改变观测时间的间隔		
数据处理功能		
通信功能：传输数据、接收命令的功能		
装置稳定性检查功能		

5.12 基本安全试验

按 GB 4706.1 — 2005 第13章的试验方法进行。

5.13 环境适应性试验

5.13.1 温度试验

按 GB/T 6587.2 — 1986 Ⅱ类仪器的试验方法进行。

5.13.2 湿度试验

按 GB/T 6587.3 — 1986 Ⅱ类仪器的试验方法进行。

ICS 91.120.25
P 15
备案号：24825—2008

中华人民共和国地震行业标准

DB/T 29.2—2008

地震观测仪器进网技术要求
地电观测仪
第2部分：地电场仪

Technical requirements of instruments in network for earthquake monitoring – Geoelectrical meters— Part 2：Meter for geoelectrical field

2008-08-11 发布　　2008-12-01 实施

中国地震局 发布

前　言

本部分是《地震观测仪器进网技术要求》系列标准中的一项。该系列标准结构及名称预计如下：

地震观测仪器进网技术要求　常用技术参数表述与测试方法（DB/T 21 — 2007）

地震观测仪器进网技术要求　地震仪（DB/T 22 — 2007）

地震观测仪器进网技术要求　地电观测仪　第 1 部分：直流地电阻率仪（DB/T 29.1 — 2008）

地震观测仪器进网技术要求　地电观测仪　第 2 部分：地电场仪（DB/T 29.2 — 2008）

地震观测仪器进网技术要求　地磁观测仪　第 1 部分：磁通门磁力仪（DB/T 30.1 — 2008）

地震观测仪器进网技术要求　地磁观测仪　第 2 部分：质子矢量磁力仪（DB/T 30.2 — 2008）

地震观测仪器进网技术要求　地壳形变观测仪　第 1 部分：倾斜仪（DB/T 31.1 — 2008）

地震观测仪器进网技术要求　地壳形变观测仪　第 2 部分：应变仪（DB/T 31.2 — 2008）

地震观测仪器进网技术要求　重力仪（DB/T 23 — 2007）

地震观测仪器进网技术要求　地下流体观测仪　第 1 部分：压力式水位仪（DB/T 32.1 — 2008）

地震观测仪器进网技术要求　地下流体观测仪　第 2 部分：测温仪（DB/T 32.2 — 2008）

地震观测仪器进网技术要求　地下流体观测仪　第 3 部分：闪烁测氡仪（DB/T 32.3 — 2008）

……

本部分由中国地震局提出。

本部分由全国地震标准化技术委员会（SAC/TC 225）归口。

本部分起草单位：中国地震局地震预测研究所、中国地震局地球物理研究所、江苏省地震局、甘肃省地震局、中国地震应急搜救中心。

本部分主要起草人：钱家栋、席继楼、赵家骝、周勋、冯志生、马森林、谭大诚、邱颖。

地震观测仪器进网技术要求
地电观测仪
第2部分：地电场仪

1 范围

本部分规定了地震观测仪器中地电场仪进网的技术要求和测试方法。

本部分适用于地电场仪的设计、生产、使用、维护、引进和质量监督。

2 规范性引用文件

下列文件中的条款通过GB/T 29的本部分的引用而成为本部分的条款。凡是注日期的引用文件，其随后所有的修改单(不包括勘误的内容)或修订版均不适用于本部分，然而，鼓励根据本部分达成协议的各方研究是否可使用这些文件的最新版本。凡是不注日期的引用文件，其最新版本适用于本部分。

GB 4706.1—2005 家用和类似用途电器的安全 第1部分：通用要求

GB/T 6587.2—1986 电子测量仪器 温度试验

GB/T 6587.3—1986 电子测量仪器 湿度试验

GB/T 19531.2—2004 地震台站观测环境技术要求 第2部分：电磁观测

3 术语和定义

下列术语和定义适用于本部分。

3.1

地电场 geoelectrical field

由固体地球内部和外部的各种非人工电流系统与地球介质相互作用产生的分布于地表的电场。地电场可分为大地电场和自然电场。

[GB/T 19531.2—2004中的定义3.1]

3.2

地电场仪 meter for geoelectrical field

在地表测量地电场强度的专用仪器。

4 技术要求

4.1 使用条件

仪器在下列条件下应能正常工作：

a) 电源：AC 200 V~240 V和DC 9 V~13.8 V，交流和直流电源供电应能自动切换；

b) 温度：0 ℃~40 ℃；

c) 相对湿度：不大于80%。

4.2 性能指标

4.2.1 测量电压幅度最大允许误差应不超过±(0.1%读数+0.02%满度)。

4.2.2 测量电压分辨力应不大于0.01 mV。

4.2.3 测量范围应不小于-1 000.00 mV~1 000.00 mV。

4.2.4 输入电阻应不小于10 MΩ。

4.2.5 频带范围应不小于 DC ~ 0.005 Hz。

4.2.6 工频共模抑制比应不小于 140 dB。

4.2.7 工频串模抑制比应不小于 80 dB。

4.2.8 测量通道应不少于六个。

4.2.9 数据吐出率应不低于每道每分钟一次。

4.2.10 数据存储容量应不少于 30 天的分钟值观测数据。

4.2.11 通信接口应具备 RJ45 网络接口和 RS232C 串行接口。

4.3 功能要求

4.3.1 地电场强度自动测量功能

应能够完成对地表地电场各分量值的自动测量、存储、显示和输出。

4.3.2 参数设置功能

应能够通过在现场对电极极距、测量分辨力等工作参数设置和检查；宜能够对网络参数、仪器 ID 号、台站代码、测项代码等参数进行检查和设置。

4.3.3 内部时钟校准功能

应具备内部不掉电时钟，该时钟应能够在现场或远程进行校准。

4.3.4 网络运行功能

仪器在网络中运行时应具备以下功能：

a）命令方式：仪器应能在地震观测网络中按该网络的通信协议正常运行；

b）网页方式：首页宜有仪器简介、生产厂家及联系方式等仪器基本信息。网页应包括以下功能：

1）应能完成 4.3.3 要求的内部时钟校准功能；

2）应能查看和修改仪器的网络参数、台站代码、测项代码、仪器 ID 等参数；

3）应能浏览和下载仪器当前和 30 天内的观测数据和工作日志；

4）网页操作应分不同管理级别；

c）文件传送(FTP)：应能通过 FTP 下载仪器内的文件，向仪器上传更新文件。

4.4 安全要求

4.4.1 电击防护

电击防护性能应符合国家标准 GB 4706.1 — 2005 中规定的 I 类器具的要求。

4.4.2 电气强度电压

仪器的交流电压输入端与机壳之间应能承受 1 750 V(有效值)电压 1 min。

4.4.3 泄漏电流

仪器交流变压器的次级对机壳漏电峰值小于 3.5 mA。

4.5 通讯协议

应符合地震工作主管部门要求的网络通讯协议。

5 测试方法

5.1 测试设备

测试设备及技术要求如下：

a）直流电位差计：应不低于 0.01 级；

b）饱和标准电池：应不低于 0.01 级；

c）低频信号发生器：最低输出信号频率应不大于 0.1 Hz，输出幅度的精度应优于 1%；

d）交流调压器：应不小于 2 kVA；

e）交流隔离变压器：输入输出电压比值应不小于 10: 1；

f）数字万用表：应不低于 3 位半。

5.2 测试环境

测试环境应符合下列要求：

a）工作环境：温度范围 18 ℃ ~23 ℃，相对湿度小于或等于 80%；

b）电网电压：AC 200 V ~240 V；

c）无强电磁干扰。

5.3 测量电压最大允许误差测试

5.3.1 测试设备连接

测试设备应按图 1 进行连接。

图 1 最大允许误差及测量分辨力测试设备连接图

5.3.2 测试步骤

测量电压最大允许误差应按下列步骤进行测试：

a）用饱和标准电池校准直流电位差计的工作电流；

b）按照表 1 所列内容，由直流电位差计输出标准信号，根据被测仪器每一个测道的测试结果，填写测量电压最大允许误差记录表；

c）求出被测仪器每一个测道测试结果与标准值的差值。

5.3.3 合格判定

如果每一个差值的绝对值均不超过最大允许误差值，则判定为合格。

表 1 电压测量最大允许误差测试记录表

单位为毫伏（mV）

标准值	测试结果						最大误差	最大允许误差
	CH0	CH1	CH2	CH3	CH4	CH5		
1 000.000								1.200
800.000								1.000
600.000								0.800
400.000								0.600
200.000								0.400
100.000								0.300
80.000								0.280
60.000								0.260
40.000								0.240
20.000								0.220
10.000								0.210
8.000								0.208
6.000								0.206
4.000								0.204

表1(续)

标准值	测试结果						最大误差	最大允许误差
	CH0	CH1	CH2	CH3	CH4	CH5		
2.000								0.202
1.000								0.201
0.800								0.201
0.600								0.201
0.400								0.200
0.200								0.200
0.100								0.200
0.000								0.200
-0.100								0.200
-0.200								0.200
-0.600								0.201
-0.800								0.201
-1.000								0.201
-2.000								0.202
-4.000								0.204
-6.000								0.206
-8.000								0.208
-10.000								0.210
-20.000								0.220
-40.000								0.240
-60.000								0.260
-80.000								0.280
-100.000								0.300
-200.000								0.400
-400.000								0.600
-600.000								0.800
-800.000								1.000
-1000.000								1.200

5.4 测量电压分辨力测试

5.4.1 测试设备连接

测试设备应按图1进行连接。

5.4.2 测试步骤

测量电压分辨力应按下列步骤进行测试：

a) 用饱和标准电池校准直流电位差计的工作电流；

b）按照表 2 所列，由直流电位差计输出标准信号，根据被测仪器每一个测道的测试结果，填写测量电压分辨力记录表，记为 V_1；

c）将标准信号增加 0.01 mV，根据被测仪器每一个测道的测试结果，填写测量电压分辨力记录表，记为 V_2。

5.4.3 合格判定

比较被测仪器每一个测道同标准值下 V_2 和 V_1 的数值，如果相对于 V_1 的测试结果，V_2 测试值增加 0.01 mV，则判定为合格。

表 2 测量分辨力测试记录表

单位为毫伏（mV）

标准值	测道	V_1	V_2	检测结果符合要求否（Y/N）
1 000.000	CH0			
	CH1			
	CH2			
	CH3			
	CH4			
	CH5			
10.000	CH0			
	CH1			
	CH2			
	CH3			
	CH4			
	CH5			
1.000	CH0			
	CH1			
	CH2			
	CH3			
	CH4			
	CH5			

5.5 频率范围测试

5.5.1 测试设备连接

测试设备应按图 2 进行连接。

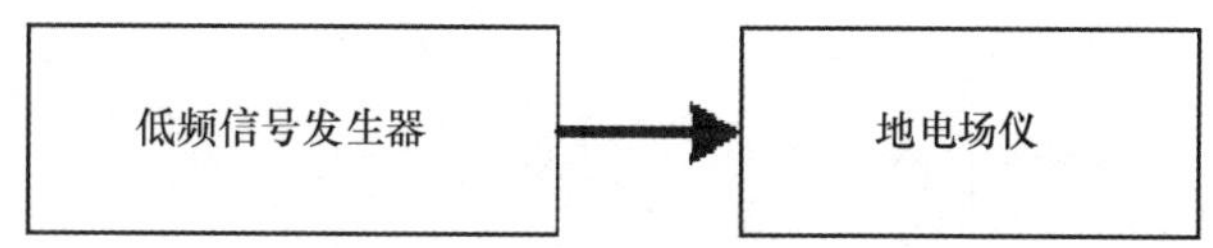

图 2 频率范围测试设备连接图

5.5.2 **测试步骤**

频率范围应按照下列步骤进行测试：

a) 将信号发生器的输出调整为正弦波，输出幅度调整为100 mV(峰—峰值 V_{p-p})，按照表3所示给出测试频率点，由被测仪器按照正常工作过程观测记录，每个频率点的观测时间应不小于五个信号周期；

b) 根据观测数据，求出每个频点记录波形的最大幅度(峰—峰值 V_{p-p})，将计算结果记录到表3中。

5.5.3 **合格判定**

绘制频率响应曲线，如果半功率点(-3 dB)不大于200 s，则判定为合格。

表3 频率范围测试记录表

单位为毫伏(mV)

测道	V_{p-p}(峰峰值)									
	DC	4 800 s	3 000 s	2 000 s	1 200 s	750 s	480 s	300 s	200 s	120 s
CH0										
CH1										
CH2										
CH3										
CH4										
CH5										

5.6 **输入电阻测试**

5.6.1 **测试设备连接**

测试设备应按图3进行连接。

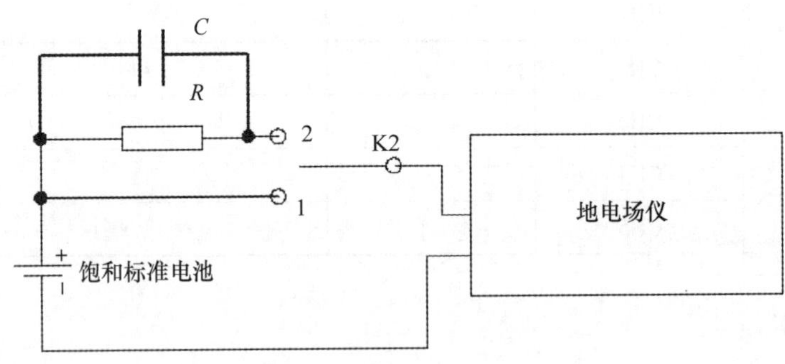

注：$R=1\ \mathrm{M\Omega}$，$C=0.47\ \mu V$

图3 输入电阻测试设备连接图

5.6.2 **输入电阻测试**

输入电阻应按下列步骤进行测试：

a) 将开关K指向位置1，根据被测仪器每一个测道的测试结果，填写输入电阻测试记录表，在表4中记为 V_1；

b) 将开关K指向位置2，根据被测仪器每一个测道的测试结果，填写输入电阻测试记录表，在表

4 中记为 V_2；

c）按式(1)计算被测仪器每个测道的输入电阻，将计算结果记录到表4中。

$$R_i = \frac{V_2}{V_1 - V_2}R \qquad \cdots\cdots(1)$$

5.6.3 合格判定

如果被测仪器每个测道输入电阻的测试计算结果不小于10 MΩ，则判定为合格。

表4 输入电阻测试记录表

通道	CH0	CH1	CH2	CH3	CH4	CH5
V_1 mV						
V_2 mV						
R_i MΩ						

5.7 工频串模抑制比测试

5.7.1 测试设备连接

测试设备应按图4进行连接。

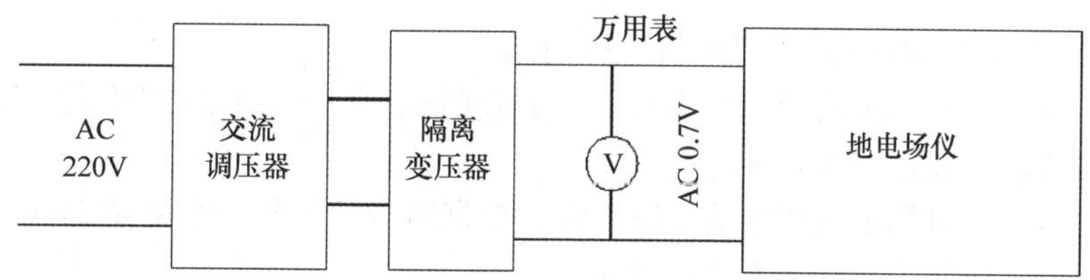

图4 工频串模抑制比测试设备连接图

5.7.2 测试步骤

工频串模抑制比(*SMRR*)应按下列步骤进行测试：

a）调节调压器，当万用表的读数约为0 V，根据被测仪器每一个测道的显示数据，填写工频串模抑制比测试记录表，在表5中记为 V_1；

b）调节调压器，当万用表的读数约为0.7 V时，根据被测仪器每一个测道的显示数据，填写工频串模抑制比测试记录表，在表5中记为 V_2；

c）按式(2)计算被测仪器每个测道的工频串模抑制比 *SMRR* 值，将计算结果记录到表5中。

$$SMRR = 20\lg\frac{\sqrt{2} \times 0.7 \times 10^3}{|V_2 - V_1|} \qquad \cdots\cdots(2)$$

5.7.3 合格判定

若被测仪器每一个测道的工频串模抑制比测试计算结果不小于80 dB，则判定为合格。

表5　工频串模抑制比测试记录表

测道	V_1 mV	V_2 mV	*SMRR* dB
CH0			
CH1			
CH2			
CH3			
CH4			
CH5			

5.8　工频共模抑制比测试

5.8.1　测试设备连接

测试设备应按图5进行连接。

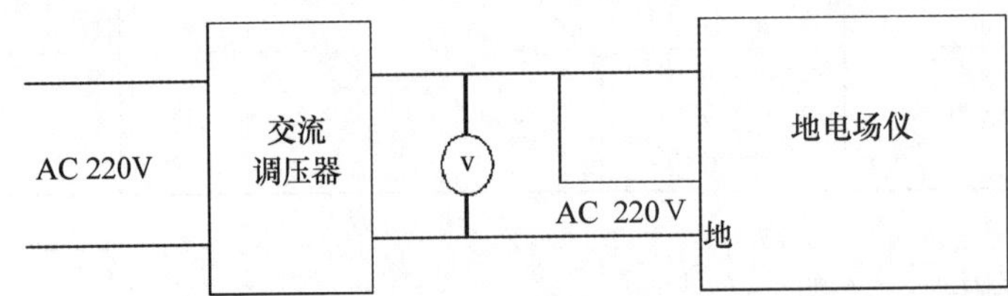

图5　工频共模抑制比测试设备连接图

5.8.2　测试步骤

工频共模抑制比（*CMRR*）应按下列步骤进行测试：

a）调节调压器，当万用表的读数约为0 V，根据被测仪器每一个测道的显示数据，填写工频共模抑制比测试记录表，在表6中记为 V_1；

b）调节调压器，当万用表的读数为220 V时，根据被测仪器每一个测道的显示数据，填写工频共模抑制比测试记录表，在表6中记为 V_2；

c）按式(3)计算被测仪器每一个测道的工频共模抑制比 *CMRR* 值，将计算结果记录到表6中。

$$CMRR = 20\lg \frac{\sqrt{2} \times 220 \times 10^3}{|V_2 - V_1|} \qquad (3)$$

5.8.3　合格判定

若被测仪器每一个测道的工频共模抑制比测试计算结果不小于140 dB，则判定为合格。

表6　工频共模抑制比测试记录表

测道	V_1 mV	V_2 mV	*CMRR* dB
CH0			
CH1			
CH2			
CH3			
CH4			
CH5			

5.9 功能指标检查

5.9.1 测试设备连接

测试设备应按图6进行连接。

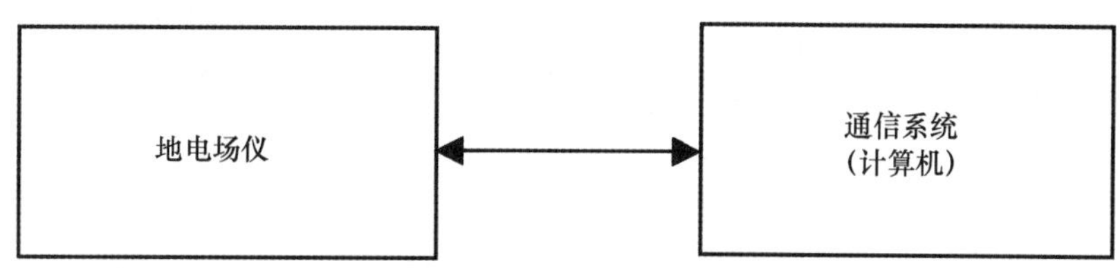

图6 功能指标测试设备连接图

5.9.2 测试步骤

功能指标应按照下列步骤进行测试：

a）将被测仪器的所有信号输入端口短路，数据通信端口直接与本地计算机连接，组成如图6所示的地电场模拟观测及通信系统；

b）按照表7所示内容，对地电场仪的各项功能进行逐项检查，将检查结果填入表7中，若该功能符合要求则标记为Y，否则记为N。

5.9.3 合格判定

若被测仪器所有功能测试结果均符合要求，则判定为合格。

表7 功能指标测试记录表

序　　号	功　能　项　目	检测结果符合要求否 （Y/N）
1	地电场强度测量	
2	工作参数设置	
3	网络参数设置	
4	内部时钟校准	
5	网络通信	
6	串口通信	

5.10 基本安全试验

基本安全试验应按GB 4706.1—2005第13章的试验方法进行。

5.11 环境适应性试验

5.11.1 温度试验

温度试验应按照GB/T 6587.2—1986中Ⅱ类仪器的试验方法进行。

5.11.2 湿度试验

湿度试验应按照GB/T 6587.3—1986中Ⅱ类仪器的试验方法进行。

ICS 91.120.25
P 15
备案号：24826—2008

中华人民共和国地震行业标准

DB/T 30.1—2008

地震观测仪器进网技术要求 地磁观测仪 第1部分：磁通门磁力仪

Technical requirements of instruments in earthquake monitoring network – Geomagnetic meters— Part 1: Fluxgate magnetometer

2008-08-11 发布 2008-12-01 实施

中国地震局 发布

前 言

本部分是《地震观测仪器进网技术要求》系列标准中的一项。该系列标准结构及名称预计如下：

地震观测仪器进网技术要求　常用技术参数表述与测试方法(DB/T 21 — 2007)

地震观测仪器进网技术要求　地震仪(DB/T 22 — 2007)

地震观测仪器进网技术要求　地电观测仪　第1部分：直流地电阻率仪(DB/T 29.1 — 2008)

地震观测仪器进网技术要求　地电观测仪　第2部分：地电场仪(DB/T 29.2 — 2008)

地震观测仪器进网技术要求　地磁观测仪　第1部分：磁通门磁力仪(DB/T 30.1 — 2008)

地震观测仪器进网技术要求　地磁观测仪　第2部分：质子矢量磁力仪(DB/T 30.2 — 2008)

地震观测仪器进网技术要求　地壳形变观测仪　第1部分：倾斜仪(DB/T 31.1 — 2008)

地震观测仪器进网技术要求　地壳形变观测仪　第2部分：应变仪(DB/T 31.2 — 2008)

地震观测仪器进网技术要求　重力仪(DB/T 23 — 2007)

地震观测仪器进网技术要求　地下流体观测仪　第1部分：压力式水位仪(DB/T 32.1 — 2008)

地震观测仪器进网技术要求　地下流体观测仪　第2部分：测温仪(DB/T 32.2 — 2008)

地震观测仪器进网技术要求　地下流体观测仪　第3部分：闪烁测氡仪(DB/T 32.3 — 2008)

……

本部分的附录A为规范性附录。

本部分由中国地震局提出。

本部分由全国地震标准化技术委员会(SAC/TC 225)归口。

本部分起草单位：中国地震局地球物理研究所、中国地震局地震预测研究所、江苏省地震局。

本部分主要起草人：周勋、钱家栋、滕云田、赵家骝、冯志生、席继楼。

地震观测仪器进网技术要求
地磁观测仪
第1部分：磁通门磁力仪

1 范围

本部分规定了地震观测仪器中磁通门磁力仪进网的技术要求及测试方法。

本部分适用于磁通门磁力仪的设计、生产、使用、维护、引进和质量监督。

2 规范性引用文件

下列文件中的条款通过GB/T 30的本部分的引用而成为本部分的条款。凡是注日期的引用文件，其随后所有的修改单(不包括勘误的内容)或修订版均不适用于本部分，然而，鼓励根据本部分达成协议的各方研究是否可使用这些文件的最新版本。凡是不注日期的引用文件，其最新版本适用于本部分。

GB 4706.1—2005 家用和类似用途电器的安全 第1部分：通用要求

GB/T 6587.2—1986 电子测量仪器 温度试验

GB/T 6587.3—1986 电子测量仪器 湿度试验

3 术语和定义

下列术语和定义适用于本部分。

3.1

磁通门磁力仪 fluxgate magnetometer

利用磁通门原理测量地磁场强度的三个分量的相对变化的仪器。

3.2

零磁空间 magnetic field free space

采用磁屏蔽技术对外界磁场实施屏蔽，产生的磁场强度近似为零的空间。

3.3

最小示值 minimum indication value

末位有效数字代表的量值。

3.4

输出噪声 output noise

仪器示值相对输入量值的随机波动。

3.5

补偿磁场值的范围 range of magnetic field value for canceling geomagnetic field

用来抵消地磁场的外加磁场强度值的范围。

3.6

测量范围 measuring range

按规定准(精)确度进行测量的被测量的范围。

3.7

垂直度误差 perpendicularity error

垂直分量传感器的磁轴与水平面的夹角相对90°的偏差。

3.8

正交度误差　orthogonality error

三分量磁传感器各磁轴之间的夹角相对90°的偏差。

3.9

温度系数　temperature coefficient

在输入量值不变的条件下，单位温度变化对应的仪器输出的变化量。

3.10

频带(响)范围　frequency respond range

测量仪器的幅频特性曲线的两截止频率(-3 dB)之间的频率范围。

4　技术要求

4.1　使用条件

4.1.1　仪器电源电压在AC 200 V~240 V或DC 9 V~13.8 V范围内应能正常工作，应能够自动切换交流与直流供电。

4.1.2　仪器在温度-10 ℃~40 ℃范围内，相对湿度不大于80%的工作环境下应能正常工作。

4.2　性能指标

4.2.1　X、Y、Z各分量的最小示值应不大于0.1 nT；环境温度T的最小示值应不大于0.1 ℃。

4.2.2　噪声应不大于0.1 nT(RMS)。

4.2.3　最大允许误差应不大于±(0.5%读数+0.5 nT)。

4.2.4　补偿磁场值的范围应为-60 000 nT~60 000 nT。

4.2.5　测量范围应为-2 000 nT~2 000 nT。

4.2.6　温度系数应不大于1 nT/℃。

4.2.7　频带范围应为DC~f_c（-3 dB)，f_c不应低于0.3 Hz。

4.2.8　垂直分量传感器的垂直度误差应能调整到不大于20′。

4.2.9　三分量传感器的正交度误差应不大于20′。

4.2.10　主机接口应具有RS232C和RJ45网口各一个。

4.2.11　主机应能存储不少于30天的全部观测数据和运行日志。

4.3　功能要求

4.3.1　测量过程

仪器应能自动完成以下工作程序：

a）测量地磁场强度的北向分量X、东向分量Y、垂直分量Z(或水平分量H、磁偏角D、垂直分量Z)取得各分量的秒数据、分数据。秒数据应是整秒前后至少三个采样数据的平均值，分数据应是对由整分钟前后各45个秒数据形成的数据序列进行高斯滤波后得到的数据。

b）记录测点环境温度T每分钟的数据。

4.3.2　仪器工作参数选取

4.3.2.1　仪器工作参数应包括：台站代码、测项代码、测量间隔时间和仪器序列号。

4.3.2.2　工作参数应能在工作现场手动置入和通过通信接口置入。

4.3.2.3　人工或通过通信接口(串行口或网络接口)，仪器可接收以下命令并完成相应的操作：

a）读取仪器当前时间；

b）修改仪器内的日历和时钟；

c）读取仪器30天以内的数据；

d）读取4.3.2.1中规定的工作参数；

e）修改4.3.2.1中规定的工作参数；

f）设置补偿磁场值；

g）标度值确认。

4.3.3 网络运行功能

仪器在网络中运行时应具备以下功能：

a）命令方式：仪器应能在地震观测网络中按该网络的通信协议正常运行；

b）网页方式：首页宜有仪器简介、生产厂家及联系方式等仪器基本信息，网页应包括如下功能：

1）能完成4.3.2.3 要求的操作；

2）能查看和修改仪器的网络参数、仪器工作参数、仪器密码、仪器 ID 及所在台站的基本参数；

3）能浏览和下载仪器当前和30 天内的观测数据和工作日志；

4）网页操作应分不同管理级别；

c）文件传送(FTP)方式：应能通过 FTP 下载仪器内的文件，向仪器上传更新文件。

4.3.4 显示功能

仪器应能实时显示 X、Y、Z、T 或 H、D、Z、T 量值的变化曲线。

4.3.5 校时功能

仪器应能通过 GPS 接收机自动校时或接受人工指令进行校时。

4.3.6 自动补偿功能

仪器可通过与主机连接的计算机或其他终端设备的控制，对被测定的地磁场进行补偿，保证仪器在测量范围内工作。补偿磁场强度值应不小于60 000 nT，补偿后的剩余磁场强度值应不大于500 nT。

4.4 安全要求

4.4.1 电击防护

电击防护性能，应符合国家标准 GB 4706.1 — 2005 中规定的 I 类器具的要求。

4.4.2 电气强度电压

仪器的交流电压输入端与机壳之间应能承受1 750 V(有效值)电压1 min。

4.4.3 泄漏电流

仪器交流变压器的次级对机壳漏电峰值小于3.5 mA。

4.5 通讯协议

应符合地震工作主管部门要求的网络通讯协议。

5 测试方法

5.1 测试设备

测试设备及技术指标应符合下列要求：

a）磁感应强度检定系统：在磁感应强度为25 000 nT ~ 65 000 nT 的范围内，该系统测量磁感应强度的不确定度应不大于0.01%，其系统组成和各部分的技术要求见附录 A；

b）信号发生器：至少应能输出0.001 Hz ~ 1 kHz 的正弦波信号，应能显示输出信号的频率；

c）数字存储示波器：双通道，8 位，频率响应范围应包含 DC ~ 10 kHz；

d）无磁性旋转平台：水平泡精度应不低于30″，度盘最小刻度应不大于10′，且能估读到1′；

e）用于比测的数字磁通门磁力仪：技术指标应符合本标准第4 章的要求，且应安装在基准地磁台的相对记录室内。

5.2 测试环境

测试环境应符合下列要求：

a）零磁空间或地磁台站内的温度应在18 ℃ ~ 23 ℃的范围内，相对湿度应不大于80%；

b）电网电压应为200 V ~ 240 V。

5.3 噪声测试

5.3.1 测试系统连接

测试系统应按图1进行连接。

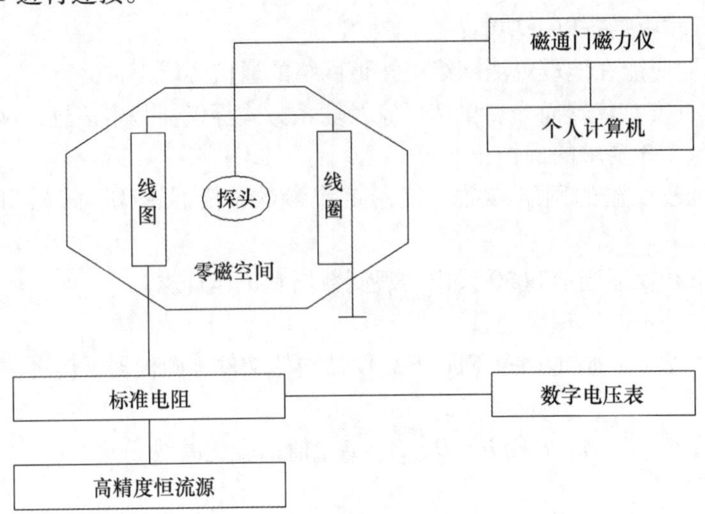

图1 测试系统连接方框

5.3.2 测试步骤

线圈不加电流，测定零磁空间内的剩余磁场强度，连续读取100 s的秒数据。

5.3.3 数据处理

计算连续10 s数据的均方根值(RMS值)，求出10个RMS值的平均值。

5.3.4 合格判定

若RMS值的平均值不大于0.1 nT，判定为合格。

5.4 补偿磁场值范围的测试

5.4.1 测试系统连接

测试系统应按图1进行连接。

5.4.2 测试步骤

应按如下步骤测试：

a) 将待测分量的传感器放置在线圈的中心，调整其方向，在加载不小于50 000 nT磁场的条件下，使该分量的示值最大；
b) 线圈加电流，产生不小于60 000 nT的磁场，对被测试的仪器进行补偿操作，使仪器输出最小；线圈加反向电流，产生不小于60 000 nT的反向磁场，对被测试的仪器进行补偿操作，使仪器输出最小。

5.4.3 合格判定

在上述测试步骤中，若仪器各个分量补偿后的输出的绝对值小于500 nT，判定为合格。

5.5 最大允许误差和测量范围的测试

5.5.1 测试系统连接

测试系统应按图1进行连接。

5.5.2 测试步骤

使待测定的分量的传感器的方向对准线圈产生的磁场方向(加约50 000 nT的磁场，使该分量的示值最大或其余两个分量的示值最小)。线圈加电流，产生标准磁场H_b，读取仪器的示值H_n。

5.5.3 合格判定

将测试和计算结果填入表1中。若仪器各分量的对应各个H_n值，均满足$|\Delta H| \leqslant |\varepsilon H|$，判定为

合格。

表1　磁通门磁力仪最大允许误差测试记录表

单位为纳特(nT)

H_b	H_n	ΔH $H_n—H_{n0}—H_b$	εH $\pm(0.5\% \times \vert H_n \vert + 0.5)$	备注
000.0				
100.0				
200.0				
300.0				
400.0				
600.0				
800.0				
1000.0				
1500.0				
2000.0				
-2000.0				
-1500.0				
-1000.0				
-800.0				
-600.0				
-400.0				
-300.0				
-200.0				
-100.0				
000.0				

注：H_{n0}是线圈不加电流时的仪器的示值；$\Delta H = H_n—H_{n0}—H_b$ 为示值误差；$\varepsilon H = \pm(0.5\% \times |H_n| + 0.5)$ 为最大允许误差。

5.6　频带范围测试

5.6.1　测试系统连接

测试系统应按图2进行连接。

5.6.2　测试步骤

5.6.2.1　使待测定的分量的传感器方向对准线圈产生的磁场方向。信号发生器通过取样电阻和线圈产生正弦波磁场，磁通门磁力仪检测该正弦波磁场并自动记录这时的磁场强度值。

5.6.2.2　数字存储示波器输入取样电阻两端的电压信号，调整信号发生器的输出幅度和取样电阻值，使数字存储示波器的输入信号的幅度为2V(峰—峰值)左右。

5.6.2.3　改变信号发生器的频率(频率的取值见表2)，读取数字存储示波器输入信号幅度的“峰—峰值”，并换算成输入磁场强度的“峰—峰值”H_1，同时，根据这时磁通门磁力仪的记录数据，计算输出磁场强度的“峰—峰值” H_2，当频率高于0.1 Hz时，通过对输入和输出信号同时进行快速傅里叶(FFT)分析，得到输入和输出信号的“峰—峰值”，将测试结果填入表2。

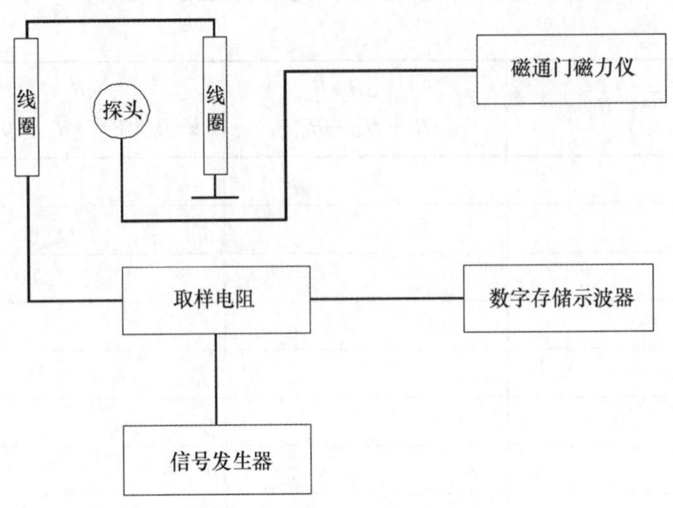

图2 频带范围测试方框图

表2 磁通门磁力仪频率特性测试记录表

F Hz	H_1 nT	H_2 nT	H_2/H_1	备注
0.001				
0.002				
0.004				
0.006				
0.008				
0.010				
0.020				
0.040				
0.060				
0.080				
0.100				
0.200				
0.300				
0.400				
0.500				

5.6.3 合格判定

根据测试数据作出磁通门磁力仪各分量的幅频特性曲线。若高端截止频率 f_c(-3 dB)不低于0.3 Hz，应判定为合格。

5.7 正交度误差测试

5.7.1 测试项目

正交度误差的测试应包括以下项目：

a）当已调整探头底座的水平度之后，探头 Z 轴的垂直度误差 ε_{ns} 和 ε_{ew}；

b）探头 X 轴相对水平面的偏差 ε_{xz}；

c）探头 Y 轴相对水平面的偏差 ε_{yz}；

d）探头 X 轴和探头 Y 轴的夹角相对 90°的偏差 ε_{xy}。

5.7.2 测试条件

正交度误差测试应在地磁台的观测墩上进行，查出该地磁台的地磁场强度的 H 分量和 Z 分量的年均值。被测试的磁通门磁力仪应经过零值误差校正，使零值误差小于 1 nT。首先，将旋转台置于观测墩上，调整旋转台的水平度，然后将探头放置在旋转台上，调整探头底座的水平度。

5.7.3 测试步骤

按下列步骤进行测试：

a）Z 分量加补偿，使 Z 分量读数值 ΔZ 在仪器的动态范围之内。转动旋转台，使 X 轴指向磁北（Y 分量读数值 $\Delta Y=0$），读取 Z 分量的读数 ΔZ_1，使旋转台旋转 180°，读取 Z 分量的读数 ΔZ_2。则 $\varepsilon_{ns}=\arcsin(\Delta Z_1-\Delta Z_2)/2H$。转动旋转台，使 X 轴指向磁东（X 分量读数值 $\Delta X=0$），读取 Z 分量的读数 ΔZ_3，使旋转台旋转 180°，读取 Z 分量的读数 ΔZ_4。则 $\varepsilon_{ew}=\arcsin(\Delta Z_3-\Delta Z_4)/2H$；

b）调整探头底座的水平度，使上述 $\Delta Z_1=\Delta Z_2$；$\Delta Z_3=\Delta Z_4$；

c）转动旋转台，使 X 分量读数值为 0。然后，使旋转台旋转 180°，读取 X 分量的读数值 ΔX，则 $\varepsilon_{xz}=-\arcsin\Delta X/2Z$；

d）转动旋转台，使 Y 分量读数值为 0。然后，使旋转台旋转 180°，读取 Y 分量的读数值 ΔY，则 $\varepsilon_{yz}=-\arcsin\Delta Y/2Z$；

e）转动旋转台，使 Y 分量读数值为 0，读取旋转台度盘的读数 A_y。这时，根据 $Z\sin\varepsilon_{yz}=H\sin\alpha_y$（$\alpha_y$ 是 Y 轴和磁东西方向的夹角）可求出 α_y。然后，转动旋转台，使 X 分量读数值为 0，读取旋转台度盘的读数 A_x。这时，根据 $Z\sin\varepsilon_{xz}=H\sin\alpha_x$（$\alpha_x$ 是 X 轴和磁东西方向的夹角）可求出 α_x。则 $\varepsilon_{xy}=(A_x+\alpha_x)-(A_y+\alpha_y)-90°$。

5.7.4 合格判定

若 ε_{ns}、ε_{ew}、ε_{xz}、ε_{yz}、ε_{xy} 均不大于 20′，应判定为合格。

5.8 温度系数测试

5.8.1 测试条件

温度系数测试应在基准地磁台的比测室（或绝对观测室）内进行，室内温度的日变化应大于 5 ℃。

5.8.2 测试步骤

将待测试的数字磁通门磁力仪安装在地磁台比测室内，至少连续记录 72 h。对该记录结果数据和同一时段基准数字磁通门磁力仪的记录结果数据进行分均值的差值运算，得到 X、Y、Z 的差值曲线。

5.8.3 合格判定

根据该差值曲线和被测试的数字磁通门磁力仪的温度记录曲线，利用线性回归分析程序可求出各分量的温度系数 β_x、β_y、β_z。若 β_x、β_y、β_z 均不大于 1 nT/℃，则应判定为合格。

5.9 功能检查

将待测试的数字磁通门磁力仪安装在地磁台的比测室（或绝对观测室）内，并使磁通门磁力仪的主机通过 RS232C 接口或 RJ45 网口与一台计算机连接。接通电源，预热 10 min 后开始记录。至少连续记录 24 h。检查表 3 中所列出的功能，并将检查结果填入表 3 中。

表3 功能检查记录表

功　　能	检测结果符合要求否(Y/N)	备　　注
测量的物理量		
秒数据输出		
分数据输出		
主机接口		
校时功能		
工作参数选取功能		
自动补偿功能		
数据存储功能		
控制功能		
显示功能		
网络运行功能		

5.10 基本安全试验

按 GB 4706.1—2005 第13章的试验方法进行。

5.11 环境适应性试验

5.11.1 温度试验

按 GB/T 6587.2—1986 Ⅱ类仪器的试验方法进行。

5.11.2 湿度试验

按 GB/T 6587.3—1986 Ⅱ类仪器的试验方法进行。

附　录　A
（规范性附录）
弱磁感应强度检定系统的组成和技术要求

弱磁感应强度检定系统的组成包括磁屏蔽室、线圈、工作平台、高精度电流源、标准电阻、倒向开关、数字万用表、标准质子磁力仪、毫奥计、温度计，其数量和技术指标见表 A.1。

表 A.1　弱磁感应强度检定系统的组成和技术要求

名称	技术指标	数量
磁屏蔽室	空间尺寸对角线长度为 2.26 m 的正 26 面体，内部剩余磁场强度 < 20 nT，噪声 $2\times10^{-12}T/(Hz)^{1/2}$，剩余磁场的稳定性 < 0.3 nT/h，屏蔽系数 $S=200\sim4\,000$	1 个
线圈	线圈常数 = 152.260 5 nT/mA，磁场的非均匀度 $<1.2\times10^{-6}$（$r=60$ mm 的球形区）；磁场的非均匀度 $<1\times10^{-4}$（$r=200$ mm，$Z=1\,000$ mm 的圆柱形区），线圈常数的温度系数 $<1\times10^{-5}$/℃	1 个
工作平台	工作面与线圈轴线平行度误差不大于 30″，水平度误差不大于 30″，垂直（Z 坐标）位置调节范围 60 mm，调节细度 1 mm，水平（X，Y 坐标）位置调节范围 100 mm × 100 mm，调节细度 1 mm	1 个
高精度电流源 KQ2055	最大输出电流 1 A，最大负载电阻 50 Ω，调节细度 1 μA，噪声 < 1 μA，稳定度 1×10^{-5}/h，纹波电压 < 10 μV	2 台
标准电阻 BZ3C/4	标称电阻值 1 Ω，精度 0.002%，标称功率 0.5 W	1 个
倒向开关	额定电流大于 3 A，接触电阻小于 0.1 Ω	1 个
7 位半数字万用表 5017	测量范围 ± 300 mV ~ ± 1 000 V，分辨力 100 nV，24 h 稳定性 ±（0.000 4% 读数 + 0.000 2% FS），精度（1 年稳定性）±（0.002% 读数 + 0.002% FS）	1 台
标准质子磁力仪 G856S	测量范围 25 000 nT ~ 65 000 nT，分辨力 0.1 nT，重复性误差 0.2 nT，温度系数 0.01 nT/℃，探头转向差 0.1 nT	1 台
毫奥计	分辨力 0.1 nT，测量范围 ± 100 nT、± 1 μT、± 10 μT、± 100 μT	1 台
温度计	测量范围 0 ℃ ~ 100 ℃，最小刻度 1 ℃	1 个

ICS 91.120.25
P 15
备案号：24827—2008

中华人民共和国地震行业标准

DB/T 30.2—2008

地震观测仪器进网技术要求
地磁观测仪
第2部分：质子矢量磁力仪

Technical requirements of instruments in network for earthquake monitoring – Geomagnetic meter— Part 2: Proton vector magnetometer

2008-08-11 发布　　　　2008-12-01 实施

中国地震局 发布

前　言

本部分是《地震观测仪器进网技术要求》系列标准中的一项，该系列标准结构及名称预计如下：

地震观测仪器进网技术要求　常用技术参数表述与测试方法(DB/T 21 — 2007)

地震观测仪器进网技术要求　地震仪(DB/T 22 — 2007)

地震观测仪器进网技术要求　地电观测仪　第1部分：直流地电阻率仪(DB/T 29.1 — 2008)

地震观测仪器进网技术要求　地电观测仪　第2部分：地电场仪(DB/T 29.2 — 2008)

地震观测仪器进网技术要求　地磁观测仪　第1部分：磁通门磁力仪(DB/T 30.1 — 2008)

地震观测仪器进网技术要求　地磁观测仪　第2部分：质子矢量磁力仪(DB/T 30.2 — 2008)

地震观测仪器进网技术要求　地壳形变观测仪　第1部分：倾斜仪(DB/T 31.1 — 2008)

地震观测仪器进网技术要求　地壳形变观测仪　第2部分：应变仪(DB/T 31.2 — 2008)

地震观测仪器进网技术要求　重力仪(DB/T 23 — 2007)

地震观测仪器进网技术要求　地下流体观测仪　第1部分：压力式水位仪(DB/T 32.1 — 2008)

地震观测仪器进网技术要求　地下流体观测仪　第2部分：测温仪(DB/T 32.2 — 2008)

地震观测仪器进网技术要求　地下流体观测仪　第3部分：闪烁测氡仪(DB/T 32.3 — 2008)

……

本部分的附录A为规范性附录。

本部分由中国地震局提出。

本部分由全国地震标准化技术委员会(SAC/TC 225)归口。

本部分起草单位：中国地震局地震预测研究所、江苏省地震局、中国地震应急搜救中心、中国地震局地球物理研究所。

本部分主要起草人：钱家栋、冯志生、马森林、赵家骝、夏忠、周勋、席继楼、居海华。

地震观测仪器进网技术要求
地磁观测仪
第2部分：质子矢量磁力仪

1 范围

本部分规定了地震观测仪器中质子矢量磁力仪进网的技术要求和测试方法。

本部分适用于质子矢量磁力仪的设计、生产、使用、维护、引进和质量监督。

2 规范性引用文件

下列文件中的条款通过GB/T 30的本部分的引用而成为本部分的条款。凡是注日期的引用文件，其随后所有的修改单(不包括勘误的内容)或修订版均不适用于本部分，然而，鼓励根据本部分达成协议的各方研究是否可使用这些文件的最新版本。凡是不注日期的引用文件，其最新版本适用于本部分。

GB 4706.1 — 2005　家用和类似用途电器的安全　第1部分：通用要求

GB/T 6587.2 — 1986　电子测量仪器　温度试验

GB/T 6587.3 — 1986　电子测量仪器　湿度试验

GB/T 19531.2 — 2004　地震台站观测环境技术要求　第2部分：电磁观测

DB/T 9 — 2004　地震台站建设规范　地磁台站

3 术语和定义

GB 11464 — 1989和JJF 1001 — 1998确立的以及下列术语和定义适用于本部分。

3.1

质子磁力仪　proton magnetometer

利用质子在地磁场中的旋进频率与地磁场总强度绝对值成正比的原理，以人工或自动方式测量地磁场总强度绝对值的仪器。

3.2

均匀磁场生成装置　device producing homogeneous magnetic field

能在一定空间范围内产生均匀磁场的装置。

3.3

分量线圈　component coil

在磁力仪探头中心附近一定空间范围内产生均匀磁场的线圈，是质子矢量磁力仪的组成部分。

3.4

质子矢量磁力仪　proton vector magnetometer

由质子磁力仪加分量线圈组成的磁力仪。

注：质子矢量磁力仪能完成地磁场的总强度绝对值 F、水平分量绝对值 H 及磁偏角相对值 D 的组合观测，或总强度绝对值 F、垂直分量绝对值 Z 及磁偏角相对值 D 的组合观测。

3.5

零磁空间　magnetic field free space

采用磁屏蔽技术对外界磁场实施屏蔽，产生磁场强度近似为零的空间。

3.6

磁场均匀度　magnetic field homogeneity

描述特定区域内磁场强度离散程度的物理量。

3.7

标准磁场测试法　standard magnetic field test method

在零磁空间，用改变均匀磁场生成装置的均匀磁场值对磁力仪性能指标进行测试的方法。

3.8

模拟旋进信号频率测试法　analogue precession signal frequency test method

将一定频率的电信号感应到探头线圈中，对磁力仪性能指标进行测试的方法。

3.9

补偿测量法　compensation measure method

用分量线圈产生均匀磁场补偿掉地磁场的一个分量，测量地磁场的剩余分量。

3.10

偏置测量法　deflection measure method

用分量线圈分别产生大小相等、方向相反的均匀磁场，分别叠加在被测地磁场上，并分别测量其合成磁场，通过矢量合成计算获得被测地磁场的大小和方向。

3.11

补偿磁场　compensation magnetic field

在补偿测量法中，用于补偿掉地磁场一个分量的均匀磁场。

3.12

补偿电流　compensation current

在补偿测量法中，流过分量线圈产生补偿磁场的电流。

3.13

偏置磁场　deflection magnetic field

在偏置测量法中，分别叠加在被测地磁场上的大小相等、方向相反的均匀磁场。

3.14

偏置电流　deflection current

在偏置测量法中，流过分量线圈产生偏置磁场的电流。

3.15

稳定性　stability

测量仪器保持其计量特性随时间恒定的能力。

注1：若稳定性不是对时间而是对其他量而言，则应该明确说明。

注2：稳定性可以用几种方式定量表示，例如：用计量特性变化某个规定的量所经过的时间；用计量特性经规定的时间所发生的变化。

4　技术要求

4.1　地磁场总强度绝对值与旋进频率的关系

本部分所称质子矢量磁力仪(以下简称仪器)的地磁场总强度绝对值与旋进频率的关系式为：

$$F=\frac{2\cdot\pi}{\gamma_p}f=23.487\,204f \qquad \cdots\cdots(1)$$

式中：

f——旋进频率，单位为赫(Hz)；

γ_p——质子旋磁比，采用IAGA于1992推荐的$\gamma_p=2.675\,152\,55\times10^8\ T^{-1}s^{-1}$；

π——圆周率，取3.141 592 653；

F—— 地磁场总强度绝对值，单位为纳特[斯拉](nT)。

4.2 磁场均匀度的表述

均匀磁场生成装置工作区内的磁场均匀度，以区内各点的磁场强度 B_p 与区内中心附近特定点磁场强度 B_0 的比值 U_p 的离散分布状态来表述。

U_p 值计算关系如式(2)所示。

$$U_p = \frac{B_p}{B_0} \qquad \cdots\cdots(2)$$

式中：

B_p—— 区内测试点的磁场强度；

B_0—— 区内中心附近特定点的磁场强度，此点一旦确定将作为参考点不变。

当 U_p 值个数达到一定数量并在区内分布基本均匀时，对磁场均匀度的要求即可表述为 U_p 值的允许变化范围。

4.3 仪器的使用条件要求

仪器在下列条件下应能正常工作：

a）电源电压：AC 200 V ~240 V 或 DC 9 V ~13.8 V，交流和直流供电应能自动切换；

b）工作环境：温度范围 0 ℃ ~40 ℃，相对湿度不大于 80%。

4.4 仪器的性能指标要求

4.4.1 分辨力

总强度 F 的分辨力应不大于 0.1 nT。

4.4.2 最大允许误差

总强度 F 的最大允许误差应不大于 1.0 nT。

4.4.3 测量范围

总强度 F 的测量范围：20 000 nT ~70 000 nT。

4.4.4 重复性

4.4.4.1 总强度 F 的重复性 s_F 应不大于 0.5 nT。

4.4.4.2 水平分量 H(垂直分量 Z)的重复性 $s_{H(Z)}$ 应不大于 1.0 nT。

4.4.4.3 磁偏角 D 的重复性 s_D 应不大于 0.15。

4.4.5 稳定性

4.4.5.1 总强度 F 的温度稳定性应不大于 0.05 nT/℃。

4.4.5.2 补偿电流的温度稳定性对观测结果的影响应不大于 0.01 nT/℃。

4.4.5.3 在无补偿电流校正情况下，补偿电流的时间稳定性对观测结果的影响应不大于 0.01 nT/30 d。

4.4.6 观测数据吐出率

观测数据吐出率每分钟应不少于一组。

4.4.7 时钟误差

在无任何校时的情况下，15 天内的时钟误差应不大于 10 s。

4.4.8 数据存储容量

仪器应至少能存储 30 天观测数据和运行日志。

4.4.9 接口

接口应包括网络接口 RJ45 和串行口 RS232C(3 线，收、发、地)。

4.5 仪器的功能要求

4.5.1 观测功能

仪器应具有手动观测和自动观测功能。

4.5.2 置入工作参数功能

人工和通过通信口(串行口或网口)，仪器应能置入下列工作参数：

a) 补偿电流值(适用于补偿测量法)和偏置电流值(适用于偏置测量法)；

b) 日期(年月日)和时间(时分秒)；

c) 台站代码；

d) 测项代码。

4.5.3 补偿电流计算校正功能

仪器应具有补偿电流手动和自动计算校正功能(适用于补偿测量法)。

4.5.4 交流、直流电源自动切换功能

仪器应具有交流、直流供电自动切换功能。当同时接入交流电源和直流电源时，切断任一电源后仪器应能自动使用另一电源并正常工作。

4.5.5 掉电保护功能

工作参数、日期、时间和观测结果在掉电时不丢失。

4.5.6 显示功能

仪器应能显示观测结果以及4.5.2规定的工作参数，其中补偿电流和偏置电流显示的有效位数应能保证其与线圈常数的积至少精确到0.1 nT。

4.5.7 网络运行功能

仪器在网络中运行时应具备以下功能：

a) 命令方式：仪器应能在地震观测网络中按该网络的通信协议正常运行；

b) 网页方式：首页宜有仪器简介、生产厂家及联系方式等仪器基本信息，网页应包括如下功能：

1) 应能查看和修改仪器的网络参数、仪器工作参数、仪器密码、仪器ID及所在台站的基本参数；

2) 应能浏览和下载仪器当前和30天内的观测数据和工作日志；

3) 网页操作应分不同管理级别；

c) 文件传送(FTP)方式：应能通过FTP下载仪器内的文件，向仪器上传更新文件。

4.6 仪器的安全要求

4.6.1 电击防护

电击防护的性能应符合国家标准GB 4706.1—2005中规定的I类器具的要求。

4.6.2 电气强度电压

仪器的交流电压输入端与机壳之间应能承受1 750 V(有效值)电压1 min。

4.6.3 泄漏电流

仪器交流变压器的次级对机壳漏电峰值小于3.5 mA。

4.7 通讯协议

应符合地震工作主管部门要求的网络通讯协议。

5 测试方法

5.1 测试设备

测试设备及其性能要求如下：

a) 信号发生器：频率范围为500 Hz~3 500 Hz、频率相对误差不大于1×10^{-7}；基准钟；

b) 数字电流表：$6\frac{1}{2}$；

c) 示波器：0 M~2 M；

d) 感应线圈：尺寸与探头线圈相当；

e）零磁空间；

f）均匀磁场生成装置：磁场强度范围为 15 000 nT ~ 80 000 nT，磁场均匀度满足 $0.9999 \leqslant U_p \leqslant 1.0010$；

g）恒温箱：温控精度为 ±0.1 ℃，温控范围为 0 ℃ ~45 ℃。

5.2 测试环境

5.2.1 环境温度应符合下列要求：

a）测试总强度测量范围和总强度最大允许误差应在 18 ℃ ~23 ℃范围内进行；

b）若室温在 0 ℃ ~18 ℃或 23 ℃ ~40 ℃范围内，可对仪器重新校准后再进行测试；

c）其他项目的测试环境温度应在 0 ℃ ~40 ℃范围内进行。

5.2.2 相对湿度应在 10% ~85% 范围内。

5.2.3 大气压力应在 86 kPa ~106 kPa 范围内。

5.2.4 电源电压应在交流 200 V ~240 V 范围内。

5.2.5 测试方法可在模拟旋进信号频率测试法和标准磁场测试法中任选一种。

5.3 总强度测量范围和总强度最大允许误差模拟旋进信号频率测试法

5.3.1 测试设备连接

将感应线圈平放在探头上，探头信号线接入质子矢量磁力仪主机，信号发生器输出信号连接到感应线圈上，见图 1。

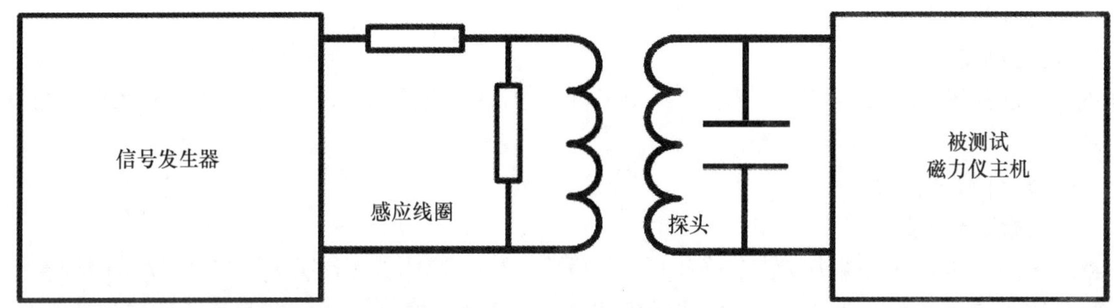

图 1 模拟旋进信号频率测试法设备连接示意图

5.3.2 测试频率 f_1 的选取

应选取 852 Hz（测量范围最小值）、1 500 Hz、2 000 Hz 和 2 980 Hz（测量范围最大值）共四个频率测试点。

5.3.3 测试步骤

按下列步骤进行测试：

a）对选定的测试频率 f_1，调节信号发生器输出电压，使探头上的感应电压与探头极化时输出的电压幅度相当。应重复同时读取频率 f_1 和质子矢量磁力仪主机上的测值 F_1 不少于 20 组，将 f_1 和 F_1 记入附录 A 的表 A.1；

b）对选定的四个测试频率分别进行 a）的操作。

5.3.4 测试数据处理

数据处理内容见附录 A 中的表 A.1，按下列步骤进行计算：

a）计算 F_1 的平均值 $\overline{F}_1$；

b）计算 f_1 的平均值 $\overline{f}_1$；

c）计算 $|\overline{F}'_1 - \overline{F}_1|$。

5.3.5 合格判定

所有测试频率点的 $|\overline{F}'_1 - \overline{F}_1|$ 都不大于 1.0 nT，则总强度测量范围和总强度最大允许误差可判定为

合格。

5.4 总强度测量范围和总强度最大允许误差标准磁场测试法

5.4.1 测试设备连接

将均匀磁场生成装置安装在零磁空间有效区域内，探头安装在均匀磁场生成装置的均匀磁场区域内，探头与质子矢量磁力仪主机正常连接，使质子矢量磁力仪主机处于正常工作状态，见图2。

5.4.2 测试磁场 B_1 的选取

应选取 20 000 nT(测量范围最小值)、35 000 nT、45 000 nT 和 70 000 nT(测量范围最大值)共四个磁场测试点。

5.4.3 测试步骤

按下列步骤进行测试：

a）对选定的测试磁场 B_1，应重复同时读取 B_1 和质子矢量磁力仪主机上的测值 F_1 不少于 20 组，将 B_1 和 F_1 记入附录 A 的表 A.2；

b）对选定的四个测试磁场分别进行上述 a）的操作。

5.4.4 测试数据处理

数据处理内容见附录 A 中的表 A.2，按下列步骤进行计算：

a）计算 B_1 的平均值 $\overline{B}_1$；

b）计算 F_1 的平均值 $\overline{F}_1$；

c）计算 $|\overline{B}_1 - \overline{F}_1|$。

5.4.5 合格判定

所有测试磁场点的 $|\overline{B}_1 - \overline{F}_1|$ 都不大于 1.0 nT 时，则总强度测量范围和总强度最大允许误差可判定为合格。

5.5 总强度分辨力测试

5.5.1 测试设备连接

将质子矢量磁力仪的探头安装在符合 GB/T 19531.2 — 2004 及 DB/T 9 — 2004 要求的地磁绝对观测房内或质子矢量磁力仪观测房内，使质子矢量磁力仪处于正常观测状况，并使其显示实时观测结果。

5.5.2 合格判定

考察仪器的有效显示位数，若有效显示位数不大于 0.1 nT，则总强度分辨力判定为合格。

5.6 总强度、水平分量(垂直分量)、磁偏角的重复性测试

5.6.1 测试设备连接

将两台质子矢量磁力仪安装在符合 GB/T 19531.2 — 2004 及 DB/T 9 — 2004 要求的地磁绝对观测房内或质子矢量磁力仪观测房内，两个探头之间的距离应不小于 30 m。

5.6.2 测试步骤

使两台质子矢量磁力仪在磁静日下同步正常观测不少于 1 天。

5.6.3 测试数据处理

将两台质子矢量磁力仪的 F、$H(Z)$、D 一天的分钟值观测数据一一对应求同步差值 ΔF、ΔH（或 ΔZ）、ΔD 的分钟值数据，计算每个小时内的单台仪器的标准偏差 $s_{\mathrm{F}}(i)$、$s_{\mathrm{H(Z)}}(i)$、$s_{\mathrm{D}}(i)$，$i=1$，2，3，…，24。其中 $s_{\mathrm{F}}(i)$ 计算公式如式(3)所示，余者类推。

$$s_{\mathrm{F}}(i) = \frac{1}{\sqrt{2}}\sqrt{\frac{\sum_{j=1}^{60}(\Delta F_i(j)) - (\overline{\Delta F_i(i)})^2}{60-1}} \qquad (3)$$

式中：$\overline{\Delta F(i)}$ —— ΔF 在第 i 小时内的算术平均值，$\overline{\Delta F(i)} = \frac{\sum_{j=1}^{60}\Delta F_i(j)}{60}$；

$\Delta F_i(j)$ —— ΔF 在第 i 小时内的第 j 个值。

5.6.4 合格判定

按以下要求判定测试结果：

a）若 $s_F(i) \leqslant 0.5\text{nT}$，$i=1$，2，…，24，则总强度观测重复性判定为合格；

b）若 $s_{H(Z)}(i) \leqslant 1.0\text{nT}$，$i=1$，2，…，24，，则水平分量(垂直分量)观测重复性判定为合格；

c）若 $s_D(i) \leqslant 0.5'$，$i=1$，2，…，24，则磁偏角观测重复性判定为合格。

5.7 总强度温度稳定性模拟旋进信号频率测试法

5.7.1 测试设备连接

被测试仪器的主机与计算机相连，主机放入恒温箱，主机与探头之间距离应大于 50 m。将感应线圈平放在探头上，探头信号线接入质子矢量磁力仪主机，信号发生器输出信号连接到感应线圈上，见图 1。

5.7.2 测试温度 T 的选取

应选取 0 ℃（环境温度的最低温度）、10 ℃、20 ℃、30 ℃、40 ℃（环境温度的最高温度）共五个温度测试点。

5.7.3 测试频率 f_1 的选取

测试频率 f_1 应选取为 2 000 Hz。

5.7.4 测试步骤

按下列步骤进行测试：

a）对选定的频率测试点 f_1 和温度测试点 T，调节信号发生器输出电压，使探头上的感应电压与探头极化时输出的电压幅度相当，并使主机在选定的测试温度下正常运行至少 30 min 后，应重复读取频率 f_1 不少于 20 组，将 f_1 记入附录 A 的表 A.3；

b）对选定的五个测试温度分别进行上述 a）的操作。

5.7.5 测试数据处理

数据处理内容见附录 A 中的表 A.3，按下列步骤进行计算：

a）计算 f_1 的平均值 $\bar{f}_1$；

b）计算 $\bar{F}_1$；

c）计算总强度温度稳定性测试值 $F_{ji}(T)$，其中：

$$F_{ji}(T) = \left| \frac{\bar{F}_1(T_j) - \bar{F}_1(T_i)}{T_j - T_i} \right|$$

$$(T_j = 0℃, 10℃, 20℃, 30℃, 40℃;$$

$$T_i = 0℃, 10℃, 20℃, 30℃, 40℃)$$

$$T_j > T_i \qquad \cdots\cdots(4)$$

5.7.6 合格判定

若九个独立的 $F_{ji}(T)$ 均小于 0.05 nT/℃，则总强度温度稳定性测试判定为合格。

5.8 总强度温度稳定性标准磁场测试法

5.8.1 测试设备连接

被测试主机与计算机相连，主机放入恒温箱。将均匀磁场生成装置安装在零磁空间有效区域内，探头安装在均匀磁场生成装置的均匀磁场区域内，探头与质子矢量磁力仪主机正常连接，主机与探头之间距离应大于 50 m，使质子矢量磁力仪主机处于正常工作状态，见图 2。

5.8.2 测试温度 T 的选取

应选取 0 ℃(环境温度的最低温度)、10 ℃、20 ℃、30 ℃、40 ℃(环境温度的最高温度)共五个温度测试点。

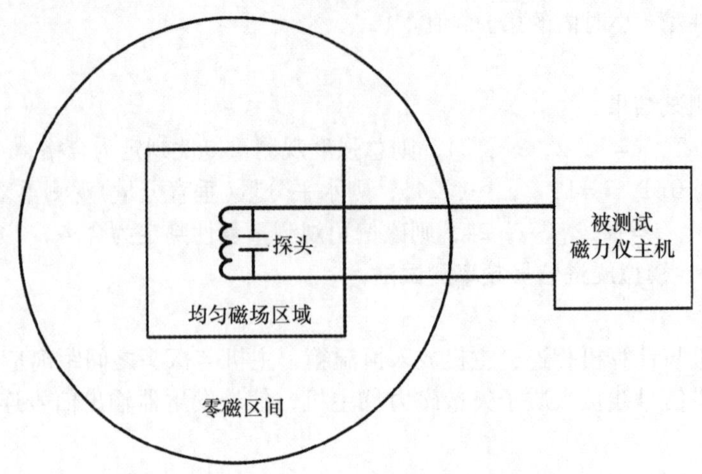

图2　标准磁场测试法设备连接示意图

5.8.3　磁场测试点 B_1 的选取

磁场测试点 B_1 应选取为45000 nT。

5.8.4　测试步骤

按下列步骤进行测试：

a）对选定的磁场测试点 B_1 和温度测试点 T，使主机在选定的测试温度下正常运行至少30 min后，应重复读取质子矢量磁力仪主机上的测值 F_1 不少于20组，将 F_1 记入附录A的表A.4；

b）对选定的五个测试温度分别进行上述a）的操作。

5.8.5　测试数据处理

数据处理内容和过程如下：

a）计算 F_1 的平均值 $\overline{F}_1$；

b）计算总强度温度稳定性测试值 $F_{ji}(T)$，其中：

$$F_{ji}(T) = \left| \frac{\overline{F}_1(T_j) - \overline{F}_1(T_i)}{T_j - T_i} \right|$$

$$(T_j = 0℃, 10℃, 20℃, 30℃, 40℃;$$
$$T_i = 0℃, 10℃, 20℃, 30℃, 40℃)$$
$$T_j > T_i \qquad \cdots\cdots(5)$$

5.8.6　合格判定

若九个独立的 $F_{ji}(T)$ 均小于0.05 nT/℃，则总强度温度稳定性测试判定为合格。

5.9　补偿电流温度稳定性测试

5.9.1　测试设备连接

将被测主机放入恒温箱，主机的两个电流输出端用引线引出恒温箱。

5.9.2　测试温度 T 的选取

应选取0℃（环境温度的最低温度）、10℃、20℃、30℃、40℃（环境温度的最高温度）共五个温度测试点。

5.9.3　测试补偿电流 I_1 的选取

按补偿磁场分别为20000 nT和30000 nT、40000 nT选取三个补偿电流测试点。

5.9.4　测试步骤

按下列步骤进行测试：

a）对选定的补偿电流测试点 I_1 和温度测试点 T，使主机在选定的测试温度下正常运行至少30 min后，用数字电流表测量主机的电流输出值不少于20组，测量结果记入附录A的表A.5；

b）对选定的五个测试温度分别进行上述 a）的操作；

c）对选定的三个补偿电流测试点分别进行上述 a）和 b）的操作。

5.9.5 测试数据处理

按下列步骤对数据进行处理：

a）计算 I_1 的平均值 $\bar{I}_1$；

b）计算补偿电流温度稳定性测试值 $I_{ji}(T)$，其中：

$$I_{ji}(T) = \left| \frac{\bar{I}_1(T_j) - \bar{I}_1(T_i)}{T_j - T_i} \right|$$

$$(T_j = 0℃, 10℃, 20℃, 30℃, 40℃;$$
$$T_i = 0℃, 10℃, 20℃, 30℃, 40℃)$$
$$T_j > T_i \quad \cdots\cdots(6)$$

c）依据仪器提供的线圈常数及其计算公式，计算补偿电流温度稳定性测试值产生的补偿磁场变化量，并依据观测原理计算观测结果的变化量 $F_{ji}(T)$。

5.9.6 合格判定

对选定的三个测试补偿电流，若计算所得的 27 个独立的观测结果的变化量 $F_{ji}(T)$ 均小于 0.01 nT/℃，则温度稳定性测试可判定为合格。

5.10 时钟误差测试

5.10.1 测试步骤

让质子矢量磁力仪正常运行，在运行的第一天记下仪器的时钟(精确到秒)，其后 30 天内不得对其进行时钟手动校验，仪器正常运行满 15 天后，每天记下仪器的时钟(记录时钟的时间应与运行第一天的记录时间一致)，共连续记录 15 天的仪器时钟。

5.10.2 测试数据处理和合格判定

仪器正常运行满 15 天后的 15 天内，每天与其 15 天前的钟差均小于 10 s，则时钟误差测试判定为合格。

5.11 数据存储容量测试

5.11.1 测试步骤

让质子矢量磁力仪正常运行，每天收集前一天的观测数据和观测日志。仪器正常运行满 15 天后，每天收集仪器内存储的前 15 天观测数据和观测日志，直至仪器正常运行满 30 天。

5.11.2 测试数据处理和合格判定

比对 15 天后的 15 天内每天从仪器收集的 15 天观测数据和观测日志与已收集数据和观测日志的一致性，若完全一致则存储 15 天观测数据和观测日志的性能判定为合格。

5.12 补偿电流时间稳定性测试

5.12.1 测试步骤

让质子矢量磁力仪正常运行，在运行的第一天用电流表测量补偿电流，其后 30 天内不得对其进行补偿电流手动校验，仪器正常运行满 30 天时，用电流表测量补偿电流。

5.12.2 测试数据处理和合格判定

计算仪器正常运行满 30 天的补偿电流变化量，依据仪器提供的线圈常数和计算公式，计算补偿电流变化量产生的补偿磁场变化量，并依据观测原理计算观测结果的变化量。若观测结果的变化量小于 0.01 nT，则补偿电流的时间稳定性测试判定为合格(若有温度影响,可按温度稳定性测试结果进行校正)。

5.13 功能测试

仪器功能的各项测试方法应按表 1 进行。

表1　仪器功能测试

测试内容	测试方法
手动观测和自动观测功能测试	按仪器说明书检查仪器是否有手动观测和自动观测功能，若有则可判定仪器具有手动观测和自动观测功能
置入工作参数功能测试	按仪器说明书进行，若符合4.5.2的规定则可判定仪器具有置入工作参数功能
手动和自动计算校正补偿电流功能测试（适用于磁场补偿测量法的仪器）	按仪器说明书进行补偿电流手动和自动计算校正，若两者的误差不超过80 nT，则可判定仪器具有手动和自动计算校正补偿电流功能
掉电保护功能测试	在仪常正常运行中，首先确认仪器的当前日期（年、月、日）、时钟（时、分、秒）、设置参数及观测数据，然后强行切断所有电源一分钟后恢复供电，检查仪器时钟（时、分、秒）和日期（年、月、日）是否正确，检查仪器设置参数及观测数据与断电前是否一致，若一致则可判定仪器具有掉电保护功能
显示功能检测	按仪器说明书检测面板能否显示日期（年、月、日）、时钟（时、分、秒）、所有工作参数和观测数据，包括合成磁场观测结果（适用于地磁场偏置测量法）
交流、直流供电自动切换功能检测	将交流电源和直流电源接入仪器，在仪器正常运行中，强行切断交流电，检查仪器运行是否正常；将交流电源和直流电源接入仪器，在仪器正常运行中，强行切断直流电，检查仪器运行是否正常；若以上两种情况下仪器运行都正常，则可判定仪器具有交、直流自动切换功能

5.14　基本安全试验

按GB 4706.1—2005第13章的试验方法进行。

5.15　环境适应性试验

5.15.1　温度试验

按GB/T 6587.2—1986 Ⅱ类仪器的试验方法进行。

5.15.2　湿度试验

按GB/T 6587.3—1986 Ⅱ类仪器的试验方法进行。

附　录　A
（规范性附录）
质子矢量磁力仪性能测试表格

A.1　质子矢量磁力仪性能测试表格包括：

a）总强度测量范围和最大允许误差的模拟旋进信号频率测试法测试记录表，见表 A.1；

b）总强度测量范围和最大允许误差的标准磁场测试法测试记录表，见表 A.2；

c）总强度温度稳定性模拟旋进频率信号测试记录，见表 A.3；

d）总强度温度稳定性标准磁场测试法测试记录表，见表 A.4；

e）补偿电流温度稳定性测试记录表，见表 A.5。

表 A.1　总强度测量范围和最大允许误差的模拟旋进信号频率测试法测试记录表

<table>
<tr><td colspan="4">测试频率 f_1 = ________ Hz</td></tr>
<tr><td>序号</td><td>f_1
Hz</td><td colspan="2">F_1
nT</td></tr>
<tr><td>1</td><td></td><td colspan="2"></td></tr>
<tr><td>2</td><td></td><td colspan="2"></td></tr>
<tr><td>3</td><td></td><td colspan="2"></td></tr>
<tr><td>4</td><td></td><td colspan="2"></td></tr>
<tr><td>5</td><td></td><td colspan="2"></td></tr>
<tr><td>6</td><td></td><td colspan="2"></td></tr>
<tr><td>7</td><td></td><td colspan="2"></td></tr>
<tr><td>8</td><td></td><td colspan="2"></td></tr>
<tr><td>9</td><td></td><td colspan="2"></td></tr>
<tr><td>10</td><td></td><td colspan="2"></td></tr>
<tr><td>…</td><td></td><td colspan="2"></td></tr>
<tr><td rowspan="2">均　值</td><td>$\bar{f}_1$</td><td colspan="2" rowspan="2">$\bar{F}_1$ =</td></tr>
<tr><td>$\bar{F}'_1 = 23.487204 \cdot \bar{f}_1$
=　　　　nT</td></tr>
<tr><td>差　值</td><td colspan="3">$\bar{F}'_1 - \bar{F}_1$ =　　　　nT</td></tr>
<tr><td colspan="4">测试结果判别</td></tr>
<tr><td colspan="3">判别条件</td><td>检测结果符合要求否
（Y/N）</td></tr>
<tr><td colspan="3">$|\bar{F}'_1 - \bar{F}_1| \leqslant 1.0\text{nT}$</td><td></td></tr>
</table>

表 A.2　总强度测量范围和最大允许误差的标准磁场测试法测试记录表

<table>
<tr><td colspan="3">测试磁场 B_1 = ________________ nT</td></tr>
<tr><td>序号</td><td>B_1
Hz</td><td>F_1
nT</td></tr>
<tr><td>1</td><td></td><td></td></tr>
<tr><td>2</td><td></td><td></td></tr>
<tr><td>3</td><td></td><td></td></tr>
<tr><td>4</td><td></td><td></td></tr>
<tr><td>5</td><td></td><td></td></tr>
<tr><td>6</td><td></td><td></td></tr>
<tr><td>7</td><td></td><td></td></tr>
<tr><td>8</td><td></td><td></td></tr>
<tr><td>9</td><td></td><td></td></tr>
<tr><td>10</td><td></td><td></td></tr>
<tr><td>…</td><td></td><td></td></tr>
<tr><td>均　值</td><td>$\overline{B}_1$ =</td><td>$\overline{F}_1$ =</td></tr>
<tr><td>差　值</td><td colspan="2">$\overline{B}_1 - \overline{F}_1$ =　　　　　　　　nT</td></tr>
<tr><td colspan="3">测试结果判别</td></tr>
<tr><td colspan="2">判别条件</td><td>检测结果符合要求否
（Y/N）</td></tr>
<tr><td colspan="2">$\lvert \overline{B}_1 - \overline{F}_1 \rvert \leqslant 1.0$nT</td><td></td></tr>
</table>

表 A.3　总强度温度稳定性模拟旋进频率信号测试记录表

<table>
<tr><td colspan="6">测试频率 f_1 = ________________ Hz</td></tr>
<tr><td>测试
温度档</td><td>0 ℃</td><td>10 ℃</td><td>20 ℃</td><td>30 ℃</td><td>40 ℃</td></tr>
<tr><td>序号</td><td>f_1
Hz</td><td>f_1
Hz</td><td>f_1
Hz</td><td>f_1
Hz</td><td>f_1
Hz</td></tr>
<tr><td>1</td><td></td><td></td><td></td><td></td><td></td></tr>
<tr><td>2</td><td></td><td></td><td></td><td></td><td></td></tr>
<tr><td>3</td><td></td><td></td><td></td><td></td><td></td></tr>
<tr><td>4</td><td></td><td></td><td></td><td></td><td></td></tr>
<tr><td>5</td><td></td><td></td><td></td><td></td><td></td></tr>
<tr><td>6</td><td></td><td></td><td></td><td></td><td></td></tr>
<tr><td>7</td><td></td><td></td><td></td><td></td><td></td></tr>
<tr><td>8</td><td></td><td></td><td></td><td></td><td></td></tr>
<tr><td>9</td><td></td><td></td><td></td><td></td><td></td></tr>
<tr><td>10</td><td></td><td></td><td></td><td></td><td></td></tr>
<tr><td>…</td><td></td><td></td><td></td><td></td><td></td></tr>
<tr><td>均值
Hz</td><td>$\bar{f}_1$ =</td><td>$\bar{f}_1$ =</td><td>$\bar{f}_1$ =</td><td>$\bar{f}_1$ =</td><td>$\bar{f}_1$ =</td></tr>
<tr><td>均值
nT</td><td>$\bar{F}_1(0)$ =</td><td>$\bar{F}_1(10)$ =</td><td>$\bar{F}_1(20)$ =</td><td>$\bar{F}_1(30)$ =</td><td>$\bar{F}_1(40)$ =</td></tr>
<tr><td>温度稳定性
nT/℃</td><td colspan="5">9 个独立的$F_{ji}(T)$：</td></tr>
<tr><td>备　注</td><td colspan="5">$\bar{F}_1 = 23.487204 \cdot \bar{f}_1$</td></tr>
<tr><td colspan="6">测试结果判别</td></tr>
<tr><td colspan="2">判别条件</td><td colspan="4">检测结果符合要求否
（Y/N）</td></tr>
<tr><td colspan="2">9 个独立的$F_{ji}(T)$均小于 0.05 nT/℃</td><td colspan="4"></td></tr>
</table>

表 A.4　总强度温度稳定性标准磁场测试法测试记录表

测试磁场 B_1 = ______________ nT					
测试温度档	0 ℃	10 ℃	20 ℃	30 ℃	40 ℃
序号	F_1 nT	F_1 nT	F_1 nT	F_1 nT	F_1 nT
1					
2					
3					
4					
5					
6					
7					
8					
9					
10					
…					
…					
…					
均值 nT	$\overline{F}_1(0)$ =	$\overline{F}_1(10)$ =	$\overline{F}_1(20)$ =	$\overline{F}_1(30)$ =	$\overline{F}_1(40)$ =
温度稳定性 nT/℃	9 个独立的$F_{ji}(T)$：				
测试结果判别					
判别条件	检测结果符合要求否 (Y/N)				
9 个独立的$F_{ji}(T)$均小于 0.05 nT/℃					

表 A.5　补偿电流温度稳定性测试记录表

测试电流 I_1 = ________________ mA					
测试 温度档	0 ℃	10 ℃	20 ℃	30 ℃	40 ℃
序号	I_1 mA	I_1 mA	I_1 mA	I_1 mA	I_1 mA
1					
2					
3					
4					
5					
6					
7					
8					
9					
10					
…					
均值 mA	$\bar{I}_1(0)$ =	$\bar{I}_1(10)$ =	$\bar{I}_1(20)$ =	$\bar{I}_1(30)$ =	$I_1(40)$ =
温度稳定性 mA/℃	27 个独立的$I_{ji}(T)$:				
观测结果变化 nT/℃	27 个独立观测结果变化$F_{ji}(T)$:				
测试结果判别					
判别条件			检测结果符合要求否 (Y/N)		
27 个独立观测结果变化$F_{ji}(T)$均小于 0.01 nT/℃					

参 考 文 献

［1］GB 11464 — 1989《电子测量仪器术语》
［2］JJF 1001 — 1998《通用计量术语及定义》

ICS 91.120.25
P 15
备案号：24828—2008

中华人民共和国地震行业标准

DB/T 31.1—2008

地震观测仪器进网技术要求
地壳形变观测仪
第1部分：倾斜仪

Technical requirements of instruments in network for earthquake monitoring -
The instrument for crustal deformation observation—
Part 1: Tiltmeter

2008-08-11 发布

2008-12-01 实施

中国地震局 发布

前言

本部分是《地震观测仪器进网技术要求》系列标准中的一项。该系列标准结构及名称预计如下：

地震观测仪器进网技术要求　常用技术参数表述与测试方法(DB/T 21—2007)

地震观测仪器进网技术要求　地震仪(DB/T 22—2007)

地震观测仪器进网技术要求　地电观测仪　第1部分：直流地电阻率仪(DB/T 29.1—2008)

地震观测仪器进网技术要求　地电观测仪　第2部分：地电场仪(DB/T 29.2—2008)

地震观测仪器进网技术要求　地磁观测仪　第1部分：磁通门磁力仪(DB/T 30.1—2008)

地震观测仪器进网技术要求　地磁观测仪　第2部分：质子矢量磁力仪(DB/T 30.2—2008)

地震观测仪器进网技术要求　地壳形变观测仪　第1部分：倾斜仪(DB/T 31.1—2008)

地震观测仪器进网技术要求　地壳形变观测仪　第2部分：应变仪(DB/T 31.2—2008)

地震观测仪器进网技术要求　重力仪(DB/T 23—2007)

地震观测仪器进网技术要求　地下流体观测仪　第1部分：压力式水位仪(DB/T 32.1—2008)

地震观测仪器进网技术要求　地下流体观测仪　第2部分：测温仪(DB/T 32.2—2008)

地震观测仪器进网技术要求　地下流体观测仪　第3部分：闪烁测氡仪(DB/T 32.3—2008)

……

本部分的附录A、附录B、附录C、附录D、附录E和附录F为规范性附录。

本部分由中国地震局提出。

本部分由全国地震标准化技术委员会(SAC/TC 225)归口。

本部分起草单位：中国地震局地震研究所、中国地震台网中心、中国地震局地壳应力研究所。

本部分主要起草人：陈志遥、吕宠吾、李树德、李正媛、周云耀、苏恺之、杜为民。

地震观测仪器进网技术要求 地壳形变观测仪 第1部分：倾斜仪

1 范围

本部分规定了地壳形变观测中倾斜仪进网的技术指标及其测试方法。

本部分适用于倾斜仪的设计、生产、使用、维护、引进和质量监督。

2 规范性引用文件

下列文件中的条款通过 DB/T 31 的本部分的引用而成为本部分的条款。凡是注日期的引用文件，其随后所有的修改单(不包括勘误的内容)或修订版均不适用于本部分，然而，鼓励根据本部分达成协议的各方研究是否可使用这些文件的最新版本。凡是不注日期的引用文件，其最新版本适用于本部分。

GB 4706.1 — 2005 家用和类似用途电器的安全 第1部分：通用要求

GB/T 6587.2 — 1986 电子测量仪器 温度试验

GB/T 6587.3 — 1986 电子测量仪器 湿度试验

GB/T 19531.3 — 2004 地震台站观测环境技术要求 第3部分：地壳形变观测

DB/T 8.1 — 2003 地震台站建设规范 地形变台站 第1部分：洞室地倾斜和地应变台站

DB/T 8.2 — 2003 地震台站建设规范 地形变台站 第2部分：钻孔地倾斜和地应变台站

3 术语和定义

GB/T 2900.1 — 1992、GB/T 11464 — 1989、GB/T 13983 — 1992、GB/T 18207.2 — 2005 和 JJF 1001 — 1998 界定的以及下列术语和定义适用于本部分。

3.1

时间常数 time constant

若一个量 $F(t)$ 是时间 t 的函数，且其标准式可表示为 $F(t)=1-e^{-\frac{t}{T}}$，则 T 为时间常数。$f=\frac{\omega}{2\pi}=\frac{1}{2\pi T}$ 是仪器工作频带高端的截止频率。

3.2

阶跃法 step test method

以单位阶跃函数 $r(t)=\begin{cases}1, & t\geqslant 0\\ 0, & t<0\end{cases}$ 信号作为系统输入，从其输出过渡过程中求取系统的一阶微分方程的时间常数的方法。

3.3

校准棒 calibration clava

水管倾斜仪中用于格值校准的部件。通过校准棒的上下位移改变仪器中水位的高度实现仪器参数校准。

4 技术要求

4.1 使用条件

4.1.1 仪器电源电压在 AC 198 V ~ 242 V 或 DC 10.5 V ~ 15.0 V 范围内应能正常工作，交流和直流供电应能自动切换。

4.1.2 山洞内工作环境：温度范围 5 ℃ ~ 30 ℃，日温差不大于 0.03 ℃，相对湿度小于 98%。

4.1.3 倾斜仪记录设备工作环境：温度范围 0 ℃ ~ 40 ℃，湿度不大于 90%。

4.1.4 钻孔仪器探头工作环境：温度范围 5 ℃ ~ 35 ℃。

4.2 性能指标

4.2.1 分辨力应优于 0.000 2″。

4.2.2 最大允许误差 *MPE* = 0.003″(固体潮频段)。

4.2.3 量程应不小于 2″，可具备扩展量程。

4.2.4 线性度误差应不大于 1%。

4.2.5 频率范围为 360 s ~ 1 a。

4.2.6 在观测环境符合 GB/T 15931.3 — 2004 中 4.1 的要求，洞室仪器的观测设施满足 DB/T 8.1 — 2003 的要求，钻孔仪器的钻孔深度大于或等于 60 m、探头安装测量段满足 DB/T 8.2 — 2003 中 5.2 要求的情况下，倾斜仪正常工作后，按月平均日漂移应不大于 0.005 ″每天。

4.2.7 钻孔仪器井下探头定向误差应不大于 3°。

4.2.8 钻孔仪器置井下探头置平可调范围应不小于 3°。

4.2.9 每道数据输出率应不低于 1 次每分钟。

4.2.10 仪器应具备以下接口：

a) 并行口：11 线(数据线：8；选通线：1；忙线：1；地线：1)；

b) 串行口：RS232C(3 线，收、发、地)；

c) 网络接口：RJ45。

4.2.11 数据存储容量应不少于 30 天的分钟观测结果和观测运行日志。

4.2.12 钻孔仪器探头应满足以下要求：

a) 能承受的静水压力应不小于 1 MPa；

b) 直径应不大于 130 mm，所要求安装孔径应不大于 150 mm。

4.3 功能要求

4.3.1 测量功能

4.3.1.1 仪器应能自动测量、存储地倾斜观测各分量值。

4.3.1.2 在工作现场手动或通过通信接口远程控制可读取仪器内存储的全部地倾斜各分量测量数据。

4.3.2 工作参数设置功能

4.3.2.1 仪器工作参数应包括以下内容：

a) 台站代码；

b) 测项代码；

c) 测项分量数；

d) 仪器序列号；

e) 数据输出率；

f) 各分量仪器校准使用参数；

g) 校准时间。

4.3.2.2 仪器工作参数应能在工作现场手动和通过通信接口远程控制进行设置及修改。

4.3.3 校准功能

仪器应自带校准装置并具有以下功能：

a）能在工作现场手动和通过通信接口远程控制完成仪器格值校准和记录；

b）应能按照设置的校准时间自动进行校准和记录。

4.3.4 网络运行功能

仪器在网络中运行时应具备以下功能：

a）命令方式：仪器应能在地震观测网络中按该网络的通信协议正常运行；

b）网页方式：首页宜有仪器简介、生产厂家及联系方式等基本信息，网页应包括如下功能：

1）应能完成 4.3.3 要求的校准功能；

2）应能查看和修改仪器的网络参数、工作参数、仪器密码、仪器 ID 及所在台站的基本参数；

3）应能浏览和下载仪器当前和 30 天内的观测数据和工作日志；

4）网页操作应分不同管理级别。

c）文件传送(FTP)方式：应能通过 FTP 下载仪器内的文件，向仪器上传更新文件。

4.3.5 显示功能

仪器应能显示日期、时钟、当前观测值、仪器格值、校准计算参数等信息。

4.4 安全要求

4.4.1 电击防护

电击防护的性能应符合国家标准 GB 4706.1 — 2005 中规定的 I 类器具的要求。

4.4.2 电气强度电压

仪器的交流电压输入端与机壳之间应能承受 1 750 V(有效值)电压 1 min。

4.4.3 泄漏电流

仪器交流变压器的次级对机壳漏电峰值小于 3.5 mA。

4.5 通讯协议

应符合地震工作主管部门要求的网络通讯协议。

5 测试方法

5.1 测试环境

5.1.1 在实验室测试时，环境温度应在 5 ℃ ~30 ℃，测试过程环境温度变化应小于 0.5 ℃；

5.1.2 在台站测试时，测试环境应符合 4.1 规定的条件。

5.2 测试设备

5.2.1 倾斜平台(用于摆式倾斜仪测试)的量程应不小于 2″，线性度误差应不大于 0.5%，相对不确定度不大于 0.5%。

5.2.2 校准棒(用于水管倾斜仪测试，仪器基线长度不小于 10 m)的位移量程应不小于 20 mm，线性度误差应不大于 0.5%，相对不确定度不大于 0.5%。

5.3 性能指标测试

5.3.1 分辨力

5.3.1.1 分辨力的倾斜平台测试方法见附录 A 中的 A.2。

5.3.1.2 在没有倾斜平台时，应采用附录 B 规定的固体潮推算方法测试。

5.3.2 线性度

5.3.2.1 摆式倾斜仪的线性度测试应采用倾斜平台方法在固体潮平缓期进行，测试量程应不小于 2″。测试方法见附录 A 中的 A.3。

5.3.2.2 水管倾斜仪的线性度测试方法见附录 C。

5.3.3 漂移量

漂移量测试应在地壳形变基准比测台(站)或观测环境符合 GB/T 15931.3—2004 要求、观测设施符合 DB/T 8.1—2003 要求的台站进行,测试方法见附录 D。

5.3.4 最大误差

最大误差测试与计算方法见附录 E。

5.3.5 仪器频率特性测试

倾斜仪频率特性测试方法见附录 F。

5.4 功能检查

5.4.1 检测设备连接

按图 1 连接设备。

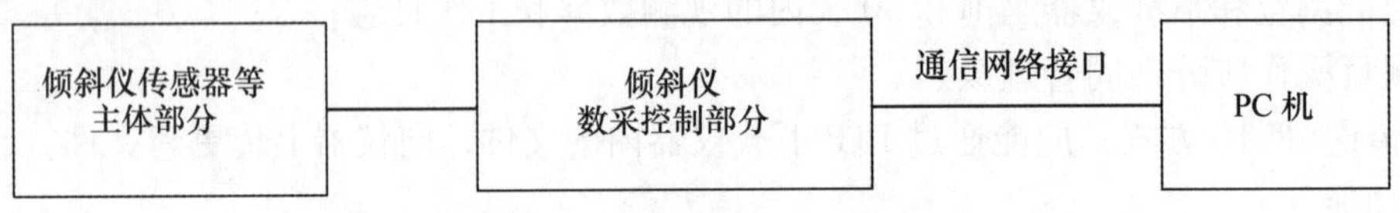

图 1 功能检测示意图

5.4.2 功能检测

按表 1 检测各项功能,检测结果符合 4.3 的功能要求时应判为合格。

表 1 功能检测记录表

功　　能	检测结果符合要求否(Y/N)	备　　注
测量的物理量		
数据存储功能		
各观测分量输出		
手动设置工作参数		
远程设置工作参数		
仪器格值校准		
通信功能:接受命令、传输数据		
显示功能		

5.5 基本安全试验

按 GB 4706.1—2005 第 13 章规定的试验方法进行。

5.6 环境适应性试验

5.6.1 温度试验

仪器电子设备部分的温度试验按 GB/T 6587.2—1986 中Ⅱ类仪器的试验方法进行。

5.6.2 湿度试验

按 GB/T 6587.3—1986 中Ⅱ类仪器的试验方法进行。

附　录　A
（规范性附录）
倾斜平台测试方法

A.1　测试方法说明

以带有精密测微装置的微位移倾斜平台作为测试标准信号源，其测微装置经过国家计量，测微仪读数为平台倾角的微变化量。平台倾斜角度以一定量为步进变化，置于平台上的被测仪器的测量输出应同步显示其倾斜变化量。

A.2　分辨力测试

平台倾斜角度以小于或等于仪器分辨力为步进量逐步改变，置于平台上的倾斜仪的测量输出显示应逐步变化。

A.2.1　测试设备

测试设备包括：

a）1 m ~ 3 m 基线的微倾角测量平板一套（包括：平板主体、微位移控制器和测微仪），平台倾斜量 x 按式（A.1）计算；

b）被测摆式倾斜仪全套（包括机械主体和传感器、电子测控主机设备和数据采集器）。

$$x = \frac{\Delta H}{L}\rho \qquad \text{(A.1)}$$

式中：

ΔH —— 测微仪读数，单位为米（m）；

L —— 基线长度，单位为米（m）；

ρ —— 系数，$\rho = 206\,265$。

注：平台量程：2″；分辨力：0.000 2″；线性度误差：0.5% FS；系数相对不确定度：0.5%。

A.2.2　测试设备的安装

测试设备的安装及连接见图 A.1。

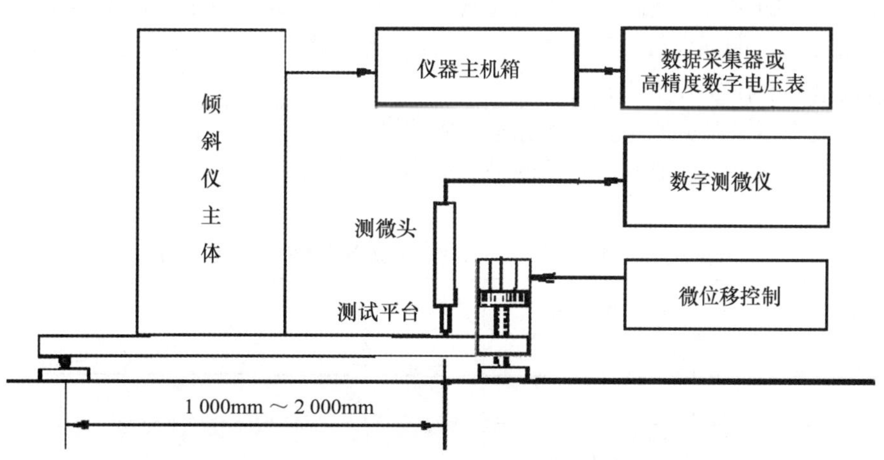

图 A.1　倾斜平台测试设备的安装及连接图

A.2.3 测试环境

作为标准源的测试设备和被测仪器所处环境应符合4.1规定的条件。

A.2.4 测试步骤

A.2.4.1 被测仪器的最低位显示值是稳定的。调节平台倾斜角变化，以小于或等于0.000 2″(倾斜仪的分辨力指标)为步进量，依次递增(递减)，次数以五次为宜。显示值能随着标准值依次递增(减)即可判定为合格。

A.2.4.2 被测仪器的最低位显示值是不稳定的(在最大允许误差范围内)。调节平台倾斜角变化，增加(减少)一个等于被测仪器分辨力指标0.000 2″的倾斜量 x，读取被测仪器的显示值 u_j，共计 n 次($n=10$，$j=1$，…，10)。

按式(A.2)计算 u_j 的平均值 y_i，按式(A.3)计算 y_i 变化量与 x 的比值 R_i。

$$y_i = \frac{1}{n}\sum_{j=1}^{n} u_j \quad \cdots\cdots (A.2)$$

$$R_i = |y_i - y_{i+1}| / x \quad \cdots\cdots (A.3)$$

x 连续递增 $\frac{n}{2}$ 次，再递减 $\frac{n}{2}$ 次，获得数组 R_i($i=1$，…，n)，若所有 R_i 的值均在(1.5～0.5)×0.000 2″范围内，即为满足要求。

A.2.4.3 测试选在倾斜仪量程(2″)的10%(0.2″)、50%(1″)和90%(1.8″)共计三个测点进行。

A.2.5 测试结果评价

若在三个测点上均能满足仪器分辨力的要求，则可判定为合格。

A.3 线性度误差测试

A.3.1 以平台倾斜量作为自变量 x，被测倾斜仪输出电压为因变量 y，在仪器量程范围至少选取从0至满度值均匀分布的11个点，即按满度值的10%间隔选取测试点进行测试。

A.3.2 测试设备及测试环境

测试设备同A.2.1，设备安装见图A.1，测试环境要求同A.2.3的规定。

A.3.3 测试步骤

按下列步骤测试线性度误差：

a) 提前48 h在实验室或台站安置测试设备和被测仪器，至少提前2 h使仪器通电并调整到工作状态；
b) 调整测试平台的倾角使被测仪器输出为满量程的“0”，此时数字测微仪读数也调到负端；
c) 以满量程10%的间隔(0.2″)逐步调节平台倾角至满量程(2″)，依次记录平台测微仪读数和被测仪器输出数值在表A.1中；
d) 由于测试过程不可避免地包含仪器漂移和固体潮的影响，会产生去程和回程不重合现象，要求去程和回程各做一次，取两次测试的平均值为倾斜仪输出 y。

表A.1 倾斜平台方法测试仪器线性偏差记录表

序号	测微仪读数 ΔH μm	平台倾斜量 x_i ″	倾斜仪输出 y_i mV	直线拟合值 Y_i mV	拟合误差 Δy_i
1					
2					
3					
4					

表 A.1 （续）

序号	测微仪读数 ΔH μm	平台倾斜量 x_i ″	倾斜仪输出 y_i mV	直线拟合值 Y_i mV	拟合误差 Δy_i
5					
6					
7					
8					
9					
10					
…					
		$x=\frac{\Delta H}{L}\rho$	测试量程 Δy_{FS}	$Y_i=a+bx$	

A.3.4 数据处理

A.3.4.1 测微仪测点到平台转动中心距离为 L，测微仪读数 ΔH，对应倾斜角为$\frac{\Delta H}{L}\rho$，计算平台倾斜变化量集合 x_i。

A.3.4.2 按式(A.4)～式(A.7)计算线性拟合直线方程的系数 a 和 b。

$$a = \bar{y} - b\bar{x} \qquad \cdots\cdots(A.4)$$

$$b = L_{xy}/L_{xx} \qquad \cdots\cdots(A.5)$$

$$L_{xx} = \sum_{i=1}^{n}(x_i - \bar{x})^2 \qquad \cdots\cdots(A.6)$$

$$L_{xy} = \sum_{i=1}^{n}(x_i - \bar{x})(y_i - \bar{y}) \qquad \cdots\cdots(A.7)$$

A.3.4.3 计算直线拟合值 $Y_i = a + bx_i$ 与线性偏差 $\Delta y_i = y_i - Y_i$。

A.3.4.4 Δy_i 中绝对值的最大值 Δy_{max} 与实际测试量程(2″)输出 Δy_{FS} 之比即为被测仪器的线性度误差。

A.3.5 测试结论

若线性度误差$\frac{\Delta y_{max}}{\Delta y_{FS}} \leqslant 1\%$，则判定为合格。

附 录 B
（规范性附录）
倾斜仪分辨力测试的固体潮推算方法

B.1 推算方法说明

在不具备可产生适应地倾斜观测仪器分辨力测试的微小变化量标准源（如附录A的高精度倾斜平台）的情况下，可以固体潮平缓变化部分作为信号源，用观测记录值推算仪器的分辨力。

固体潮是地球弹性体对日、月、星、辰等外部引力的反应，是一个相对稳定的信号，主要由全日波和半日波等谐波组成，可以计算理论值，变化过程极其平滑、稳定。正常运行的地壳形变观测仪器应能观测到固体潮，虽然随观测地点、大小潮等有所改变，但总有一段不短的时间其变化稳定平滑地由小到大又由大到小，或由大到小又由小到大。用这段时间的变化量作为信号源可推算出观测仪器的分辨力：在固体潮信号（理论值）极值点附近约10个～20个分辨力指标（即0.002″～0.004″）范围内，将以时间为变量的信号序列变换为以0.5倍～1.0倍分辨力的倾斜量为变量的信号序列，在极值点区域（小于1×0.0002″～2×0.0002″）归算后的测量值与理论值之差就是仪器不能响应的部分，即仪器的分辨力。

仪器的分辨力与频率和频带有关，用该方法得到的分辨力是仪器在固体潮频段的分辨力。

B.2 测试要求

B.2.1 环境条件

测试环境条件应符合GB/T 19531.3—2004中4.1的要求，观测洞室、仪器墩等设施满足DB/T 8.1—2003的要求。

B.2.2 测试设备

在台站已稳定工作的地倾斜仪器，能清晰记录固体潮，有分钟值输出。

B.3 测试步骤

B.3.1 选择观测值序列

选择大潮期的倾斜仪观测一天的分钟值记录，要求记录曲线比较光滑。为降低高频噪声，可以将原始观测值用5个或10个滑动平均后的值作为推算用观测值序列，数值取位到0.00001″。

B.3.2 计算理论值序列

计算出与观测值对应时段的倾斜固体潮理论值，数值取位到0.00001″。

B.3.3 确定分辨力估算用的数据序列

B.3.3.1 在理论值序列中找出最大值（波峰）或最小值（波谷）作为极值数 d_0，其对应时间为 t_0。

B.3.3.2 按照式（B.1）和式（B.2）计算 d_0 两边倾斜值变化 Δd 时相应的理论值 d_1、d_{-1}（$i=1$），并在理论值序列中得到对应值及时间 t_1、t_{-1}，时间间隔 $T_1=t_1-t_0$、$T_{-1}=t_0-t_{-1}$。

$$d_1 = d_0 + i \cdot \Delta d \qquad \text{(B.1)}$$

$$d_{-1} = d_0 + i \cdot \Delta d \qquad \text{(B.2)}$$

式中：Δd 为标准步进量即数据取样点的倾斜量差值，取值应小于仪器要求的分辨力，取 $\Delta d=+0.0001''$ 或 $-0.0001''$ 为宜。当以曲线波峰为极值时用“－”，以曲线波谷为极值时用“＋”。

B.3.3.3 用同样方法在理论值序列中得到 $i=2$ 相应的 d_2、d_{-2} 及时间间隔 T_2、T_{-2}。以此类推，直到 $i=n$，即得到 $2n$ 个以 Δd 为间隔的理论值序列 d_i 和相应时间间隔序列 T_1、T_{-1}，…，T_n、T_{-n}，同时得到该序列总时间差 $T=T_n-T_{-n}$。n 的取值以7～15为宜，以取值到变化速度为倾斜量变化0.0001″/

2.0 min ~0.000 1 ″/2.5 min 为合适。

B.3.3.4 在经过平滑后用于推算的观测值序列中，用 $T = T_n - T_{-n}$ 找出波峰(或波谷)两边具有相同观测值的两点 d'_n 和 d'_{-n}，其对应时间为 $t_n + \Delta t$、$t_{-n} + \Delta t$，Δt 是观测值相对于理论值的滞后(或相移)。根据曲线的对称性得到观测值序列的极值点对应时间 $t'_0 = \Delta t + (t_n + t_{-n})/2$ 并确定极值 d'_0。

B.3.3.5 以 d'_{-n} 和 d'_n 为起点，根据时间间隔序列 $T_i(i = -n, \cdots, -1, 1, \cdots, n)$，找出对应的 $2n$ 个观测值序列 d'_i $(i = -n, \cdots, -1, 1, \cdots, n)$。

B.3.3.6 将间隔 Δd 的理论值序列 d_i 和相应时间间隔序列 T_i 以及观测值 d'_i 记入计算表表 B.1。

B.3.3.7 由式(B.3)计算归一化系数 k。

$$k = \frac{2 \times (n-2)}{(d'_n - d'_2) + (d'_{-n} - d'_{-2})} \times \frac{0.0001''}{0.001''} \qquad \text{(B.3)}$$

B.3.3.8 计算归一化序列值 d''_i：$d''_i = k \cdot d'_i$，$i = -n, \cdots, -1, 0, 1, \cdots, n$。

表 B.1 固体潮推算分辨力计算表

i	日期和时间 t_i	理论值 d_i 0.001″	时间间隔 T_i min	观测值 d'_i 0.001″	归一化值 d''_i 0.001″	拟合值 $\bar{d}''_i$ 0.001″	差值 $\Delta d''_i$ 0.001″
…							
-8							
-7							
-6							
-5							
-4							
-3							
-2							
-1							
0							
1							
2							
3							
4							
5							
6							
7							
8							
…							
	k =			分辨力 = $\Delta d''_{max}$			

B.3.4 推算分辨力

a) 按式(B.4)，由归一化序列计算观测拟合值上升段和下降段的平均中点；

b) 按式(B.5)计算间隔 Δd 的拟合值序列；

c) 按式(B.6)计算归一化值与拟合值之差值序列；

d）$\Delta d''_i$ 序列中 $\Delta d''_{-2} \sim \Delta d''_2$ 之间的最大值 $\Delta d''_{max}$ 即为推算的仪器分辨力。

$$\bar{d}'' = \left(\frac{\sum_{i=2}^{n} d''_i}{(n-2)+1} + \frac{\sum_{i=-2}^{-n} d''_i}{(n-2)+1} \right) / 2 \qquad \cdots\cdots (B.4)$$

$$\bar{d}''_i = \bar{d}'' + (1 + n/2 - |i|) \cdot \Delta d \quad (i = -n, \cdots, -1, 0, 1, \cdots, n) \qquad \cdots\cdots (B.5)$$

$$\Delta d''_i = d''_i - \bar{d}''_i \quad (i = -n, \cdots, -1, 0, 1, \cdots, n) \qquad \cdots\cdots (B.6)$$

B.4　测试结果判断

由于采用 0.000 1 ″(即 0.5 倍分辨力指标)作为最小单位计算，可能会有 0.5 倍分辨力的差存在，因此用固体潮方法推算仪器分辨力时，应以 1.5 倍分辨力指标为判定标准，即当 $\Delta d''_{max} \leqslant 0.0003''$ 时，判定为合格。

附 录 C
（规范性附录）
水管倾斜仪的线性度测试

C.1 测试设备

被测倾斜仪安装在实验室试验墩上（见图C.1）。水管系统连接两个液面测量主体和一个带校准棒的校准装置。校准棒作为线性度误差测试标准源，其移动使液位变化并经同步位移的浮子传给两端测量主体位移传感器转换成电信号，通过“水管倾斜仪主机箱”输入到“数据采集控制器”进行数据采集。

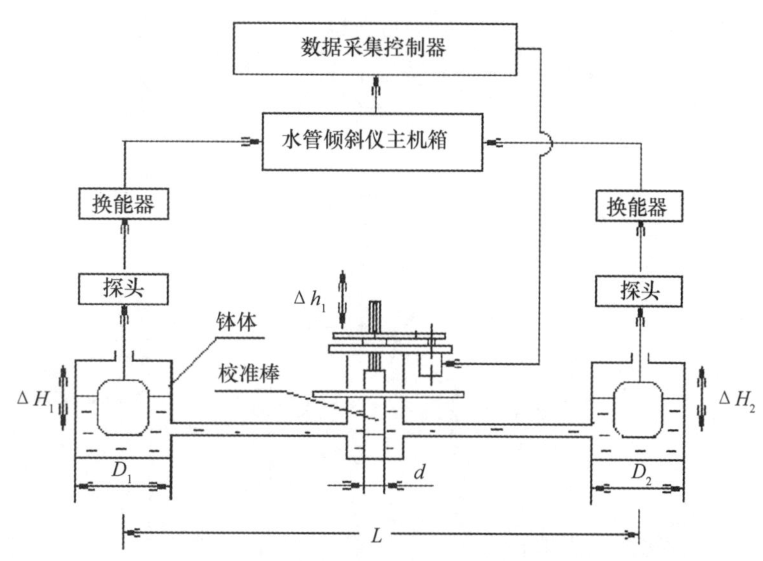

图C.1 水管仪测试设备布置图

C.2 计算公式

C.2.1 水管倾斜仪的线性偏差

水管倾斜仪的线性偏差是两单端测量主体线性偏差的合成，按式（C.1）计算水管倾斜仪的线性偏差。

$$\Delta y_{\max} = \sqrt{\Delta y_{1\max}^2 + \Delta y_{2\max}^2} \qquad \text{(C.1)}$$

式中：

$\Delta y_{1\max}$、$\Delta y_{2\max}$——两端敏感单元的线性偏差最大值；

$\Delta y_{\max}$——仪器线性偏差最大值。

C.2.2 水管倾斜仪的线性度

按式（C.2）计算水管倾斜仪的线性度。

$$\frac{\Delta y_{\max}}{\Delta y_{\mathrm{FS}}} = \left| \frac{\Delta y_{\max}}{b(x_n - x_1)} \right| \times 100\% \qquad \text{(C.2)}$$

式中：

b——水管倾斜仪的灵敏度（线性拟合直线方程系数）；

$x_n - x_1$——校准棒测试量程。

C.3 测试步骤

C.3.1 测试过程

按照下列步骤测试仪器:

a）从0至满量程取均匀分布的11个测试点，校准棒每次移动距离 Δh_1 为2 mm ~ 4 mm（依基线长度而定）即是校准棒的给定标准值 x_i；

b）同步读取仪器两端的输出电压值 y_{1i}、y_{2i}；

c）测试读数 x_i 和 y_{1i}、y_{2i} 分别记录到表C.1中。

上述过程应往返各测一次取其平均值作为测量值。

C.3.2 计算拟合直线

拟合直线应采用最小二乘法，按式(C.3)~式(C.8)计算拟合直线的系数。

$$a = \bar{y} - b\bar{x} \qquad \text{(C.3)}$$

$$b = L_{xy} / L_{xx} \qquad \text{(C.4)}$$

$$\bar{x} = \frac{\sum_{i=1}^{n} x_i}{n} \qquad \text{(C.5)}$$

$$\bar{y} = \frac{\sum_{i=1}^{n} y_i}{n} \qquad \text{(C.6)}$$

$$L_{xx} = \sum_{i=1}^{n} (x_i - \bar{x})^2 \qquad \text{(C.7)}$$

$$L_{xy} = \sum_{i=1}^{n} (x_i - \bar{x})(y_i - \bar{y}) \qquad \text{(C.8)}$$

式中:

x_i—— 校准棒给定值;

y_i—— 两端测量主体传感器输出值;

n —— 测试点数，取 $n=11$。

C.3.3 线性度计算

C.3.3.1 按式(C.9)分别计算两单端测量值与拟合值的误差。

$$\Delta y_i = y_i - (a + bx_i) \qquad (i = 1,2,\cdots,n) \qquad \text{(C.9)}$$

(Δy_i) 集合中最大值 $\Delta y_{j\max}$ $(j=1，2)$ 是水管倾斜仪单端测量主体的线性偏差最大值。

C.3.3.2 按式（C.1）计算仪器线性偏差最大值 $\Delta y_{\max}$。

C.3.3.3 按式（C.2）计算仪器线性度 L。

表C.1 水管倾斜仪线性度测试计算表

i	x_i	$x_i - \bar{x}$	$(x_i - \bar{x})^2$	y_1（或 y_2）			$y_i - \bar{y}$	$(y_i - \bar{y})$ $(x_i - \bar{x})$	拟合值 $a + bx_i$	误差 Δy_i
				往测	返测	均值 y_i				
1										
2										
3										
4										
5										

表 C.1 （续）

i	x_i	$x_i-\bar{x}$	$(x_i-\bar{x})^2$	y_1（或 y_2）			$y_i-\bar{y}$	$(y_i-\bar{y})(x_i-\bar{x})$	拟合值 $a+bx_i$	误差 Δy_i
				往测	返测	均值 y_i				
6										
7										
8										
9										
10										
11										
$\bar{x}=$			$L_{xx}=$			$\bar{y}=$		$L_{xy}=$		
			$a=$			$b=$		$\Delta y_{j\max}=$ $(j=1,2)$		

C.4 测试结果判断

测试结果$\dfrac{\Delta y_{\max}}{\Delta y_{FS}}$符合 4.2.4 规定要求时，判定为合格。

附 录 D
（规范性附录）
漂移量测试方法

D.1 测试说明

地倾斜实际观测数据中包括仪器漂移、仪器安装基础变化的有用信息和外界干扰的信息。要从实际观测数据中严格区分出仪器的漂移、安装基础的漂移或者具有的长期或短期变化地倾斜信息，只能采用多台仪器在基准实验室或台站条件下以对比测试的方法进行。在不具备多台仪器对比测试条件时，宜以观测期内日均值漂移量的加权平均值作为仪器漂移量，其中包含上述各种信息的漂移在内，作为仪器漂移的参考指标。

D.2 测试要求

D.2.1 环境条件

仪器观测环境条件应符合 GB/T 19531.3—2004 中 4.1 的要求，观测洞室、仪器墩等设施应满足 DB/T 8.1—2003 的要求。

D.2.2 测试设备

在台站已稳定工作的地倾斜仪器，能清晰记录固体潮，有分钟值输出。

D.3 测试步骤

按下列步骤进行测试：

a）仪器漂移量测试期应不少于连续工作 30 天；

b）以整时值序列计算测试期内的日均值序列；

c）按式（D.1）分别计算测试期内日均值上升或下降数据段的日漂移量；

d）按式（D.2）计算测试期内的总日漂移量。

$$\text{日漂移量} = \frac{\text{数据上升或下降的最大变化量}}{\text{变化总天数}} \qquad \cdots\cdots(D.1)$$

$$\begin{aligned}\text{总日漂移量} &= \text{测试期内日均值数据上升或下降漂移量的加权平均值} \\ &= \frac{\text{上升日漂移量} \times \text{上升天数} + \text{下降日漂移量} \times \text{下降天数}}{\text{上升天数} + \text{下降天数}}\end{aligned} \qquad \cdots\cdots(D.2)$$

D.4 测试结果判断

当总日漂移量≤0.005″时，判定为合格。

附　录　E
（规范性附录）
倾斜仪最大误差测试与计算

E.1　测试设备

摆式倾斜仪应采用倾斜平台测试；水管倾斜仪应采用带校准棒的校准装置测试。

E.2　测试环境

仪器观测环境条件应符合 GB/T 19531.3 — 2004 中 4.1 的要求，观测洞室、仪器墩等设施应满足 DB/T 8.1 — 2003 的要求。

E.3　计算公式

E.3.1　最大误差计算公式

按式(E.1)计算仪器最大误差。

$$|\Delta x_{max}| = |\Delta x| + U_x \qquad \cdots\cdots(E.1)$$

或双侧表示

$$\Delta x_{max} = \Delta x + U_x = \Delta x + 2U_x$$

式中：

Δx_{max}—— 最大误差(双侧)；

Δx —— 仪器测量误差，在不做逐点改正时线性度误差是主要贡献者，可由以下关系算得：$|\Delta x| = \bar{x} - x_r - d$，其中：$\bar{x}$ 为仪器输出归算到输入的平均值；x_r 为给定输入的标称值；d 为给定输入标称值的改正值；

U_x—— 仪器测量值扩展不确定度。最大误差的单侧范围 $|\Delta x_{max}|$ 是 $|\Delta x|$ 加上扩展不确定度 U_x。仪器测量值的扩展不确定度按式(E.2)计算。

$$U_x = 2\sqrt{\sigma_s^2(b) + (0.29\delta_b)^2 + (U_n/k)^2} \qquad \cdots\cdots(E.2)$$

式中：

$\sigma_s(b)$ —— 仪器灵敏度(系数)导入的标准不确定度；

$0.29\delta_b$—— 仪器分辨力导入的标准不确定度；

U_n/k —— 输入标准源器具导入的标准不确定度。

E.3.2　灵敏度导入的标准不确定度计算公式

E.3.2.1　校准重复性导入的相对标准不确定度

E.3.2.1.1　摆式倾斜仪的标准偏差及相对标准不确定度

仪器灵敏度的平均值 $\bar{b}$ 的标准偏差 b_s 按式(E.3)计算。

$$b_s = \sqrt{\frac{\sum_{i=1}^{n}(b_i - \bar{b})^2}{n(n-1)}} \qquad \cdots\cdots(E.3)$$

式中：

b_i—— 第 i 次校准测量的仪器灵敏度(系数)；

n —— 校准重复测量次数。

相对标准不确定度按式(E.4)计算。

$$u_r(b) = \frac{b_s}{b} \qquad \cdots\cdots(E.4)$$

E.3.2.1.2　水管倾斜仪的标准偏差及相对标准不确定度

水管仪单端灵敏度(系数)平均值 $\bar{b}_{(1,2)}$ 的标准偏差按式(E.5)计算。

$$b_{s(1,2)} = \sqrt{\frac{\sum_{i=1}^{n}(b_{i(1,2)} - \bar{b}_{(1,2)})^2}{n(n-1)}} \qquad \text{(E.5)}$$

仪器的标准偏差按式(E.6)计算。

$$b_s = \sqrt{b_{s1}^2 + b_{s2}^2} \qquad \text{(E.6)}$$

相对标准不确定度按式(E.7)计算。

$$u_r(b) = \frac{2 \times b_s}{\bar{b}_1 + \bar{b}_2} \qquad \text{(E.7)}$$

E.3.2.1.3　灵敏度重复性导入的标准不确定度

灵敏度重复性导入的标准不确定度按式(E.8)计算。

$$u_s(b) = \Delta x' \cdot u_r(b) \qquad \text{(E.8)}$$

式中：

$\Delta x'$ —— 仪器校准测试时的倾斜变化量。

E.3.2.2　线性度导入的标准不确定度

线性度导入的标准不确定度按式(E.9)计算。

$$u_s(f) = k(f) \cdot \frac{\Delta y_{max}}{\Delta y_{FS}} \cdot \frac{1}{k} \cdot \frac{\Delta x_{FS}}{2} \qquad \text{(E.9)}$$

式中：

$u_s(f)$ ——0.05″量程内非线性导入的标准不确定度；

$k(f)$ —— 转换系数，$k(f)=4$；

$\Delta x_{FS}/2$ —— 单侧输入量程，$\Delta x_{FS}/2 = 0.05''/2$；

Δy_{max}—— 2″量程内测得的最大线性偏差，单位为毫伏(mV)；

Δy_{FS}—— 2″量程的输出读数，单位为毫伏(mV)；

k —— 包含因子，$k=2$。

E.3.2.3　灵敏度导入的合成标准不确定度

灵敏度导入的标准不确定度由(E.10)计算。

$$\sigma_s(b) = \sqrt{u_s^2(b) + u_s^2(f)} \qquad \text{(E.10)}$$

式中：

$\sigma_s(b)$ —— 灵敏度导入的合成标准不确定度；

$u_s(b)$ —— 重复性导入的标准不确定度；

$u_s(f)$ —— 线性度导入的标准不确定度。

E.3.3　仪器分辨力导入的合成标准不确定度计算公式

按式(E.11)计算合成标准不确定度。

$$\delta_b = \sqrt{\delta_{y'}^2 + \delta_{b'}^2} \qquad \text{(E.11)}$$

式中：

$\delta_{b'}$—— 仪器校准时测试设备分辨力导入的标准不确定度；

$\delta_{y'}$—— 仪器输入端鉴别能力与A/D转换器的分辨力对观测结果导入的标准不确定度。

E.3.3.1　摆式倾斜仪分辨力的标准不确定度

E.3.3.1.1　测试 ***b*** 值时测试设备分辨力导入的标准不确定度

按式(E.12)计算测试 b 值时测试设备分辨力导入的标准不确定度。

$$\delta_{b'}=\frac{\Delta x'}{\Delta x}\sqrt{2}\times 0.29\times\sqrt{(\eta\delta_y)^2+\delta_x^2} \qquad \text{(E.12)}$$

式中：

δ_x—— 输入最小位示值，单位为角秒(″)；

δ_y—— 输出最小位示值，单位为毫伏(mV)；

$\Delta x'$—— 倾斜固体潮幅度，$\Delta x'=0.05''$；

Δx—— 测试 b 时的输入量程，单位为角秒(″)；

η—— 格值系数，$\eta=\frac{1}{b}$。

E.3.3.1.2 仪器 A/D 分辨力(或输入鉴别力)对观测结果导入的标准不确定度

按式(E.13)计算仪器 A/D 分辨力(或输入鉴别力)对观测结果导入的标准不确定度。

$$\delta_{y'}=\sqrt{2}\times 0.29\times\eta\cdot\delta_y \qquad \text{(E.13)}$$

式中：

δ_y—— 输出分辨力或输入鉴别力最小示值(取大者)。

E.3.3.2 水管倾斜仪分辨力的标准不确定度

E.3.3.2.1 测试设备分辨力导入的标准不确定度

按式(E.14)计算测试设备分辨力导入的标准不确定度。

$$\delta_{b'}=\frac{\Delta x'}{\Delta x}2\times 0.29\times\sqrt{(\eta\delta_y)^2+\delta_x^2} \qquad \text{(E.14)}$$

式中：

δ_x—— 单端输入最小位示值，单位为角秒(″)；

δ_y—— 单端输出最小位示值，单位为毫伏(mV)；

Δx—— 测试灵敏度 b 时的输入量程，单位为角秒(″)；

$\Delta x'$—— 倾斜固体潮幅度，$\Delta x'=0.05''$；

η—— 格值系数，$\eta=\frac{1}{b}$。

E.3.3.2.2 仪器 A/D 分辨力对观测结果导入的标准不确定度

按式(E.15)计算仪器 A/D 分辨力对观测结果导入的标准不确定度。

$$\delta_{y'}=2\times 0.29\times\eta\cdot\delta_y \qquad \text{(E.15)}$$

式中：

δ_y—— 仪器输出最小示值。

E.3.4 标准源导入的标准不确定度

按式(E.16)计算标准源导入的标准不确定度。

$$u_n=\frac{U_n}{k} \qquad \text{(E.16)}$$

式中：

U_n—— 标称值(系数)的扩展不确定度；

k—— 包含因子，$k=\sqrt{3}$。

E.4 测试步骤

E.4.1 灵敏度(系数)测试及不确定度计算

E.4.1.1 灵敏度测试

选择仪器某一测量位置 x_1，由标准源或自校准装置以不小于 $\Delta x=0.05''$的倾斜角增量进行往测到 x_2，得到 $\Delta x_1=x_2-x_1$ 和测量输出 $\Delta y_1=y_2-y_1$；再由 x_2 返测到 x_3，得到 $\Delta x_2=x_3-x_2$ 和 $\Delta y_2=y_3-y_2$。

重复上述过程，次数应不少于五次，得到 10 个 Δx_i 和 10 个测量结果 Δy_i。

测量过程应避免测试设备的隙动差；为减少固体潮的影响，往返测的时间应尽量相同，并在固体潮缓慢变化时测试。

E.4.1.2　灵敏度计算

E.4.1.2.1　摆式倾斜仪灵敏度(系数)

按式(E.17)计算摆式倾斜仪灵敏度(系数)。

$$b_i = \Delta y_i / \Delta x_i \qquad \text{(E.17)}$$

平均值 $\bar{b} = \dfrac{\Delta \bar{y}}{\Delta x}$。

E.4.1.2.2　水管倾斜仪灵敏度(系数)

按式(E.18)计算水管倾斜仪单端灵敏度(系数)。

$$b_{i(1,2)} = \Delta y_{i(1,2)} / \Delta x_{i(1,2)} \qquad \text{(E.18)}$$

单端平均值 $\bar{b}_{(1,2)} = \dfrac{\Delta \bar{y}_{(1,2)}}{\Delta \bar{x}_{(1,2)}}$。

在满足两端钵体内径 $D_1 = D_2 = D$，传感器的线性度误差可忽略时，按式(E.19)计算仪器平均灵敏度。

$$\bar{b} = \frac{\Delta \bar{y}}{\Delta \bar{x}} = \frac{2\Delta \bar{y}_{(1,2)}}{\Delta \bar{x}_{(1,2)}} \qquad \text{(E.19)}$$

E.4.1.3　计算灵敏度标准不确定度

E.4.1.3.1　摆式倾斜仪按式(E.3)和式(E.4)、水管倾斜仪按照式(E.5) ~ 式(E.7)计算相对标准不确定度 $u_r(b)$。

E.4.1.3.2　按式（E.8）计算标准不确定度 $u_s(b)$。

E.4.1.4　测试仪器线性度及计算非线性导入的标准不确定度

在满量程 2″内测量仪器的最大线性偏差 Δy_{max}，按式(E.9)计算非线性导入的标准不确定度 $u_s(f)$。

E.4.1.5　计算灵敏度导入的合成标准不确定度

按式(E.10)计算灵敏度导入的合成标准不确定度 $\sigma_s(b)$。

E.4.2　计算仪器分辨力导入的合成标准不确定度

E.4.2.1　摆式倾斜仪按式(E.12)、式(E.13)和式(E.11)计算合成标准不确定度 δ_b。

E.4.2.2　水管倾斜仪按式(E.14)、式(E.15)和式(E.11)计算合成标准不确定度 δ_b。

E.4.3　计算标准源导入的标准不确定度

按式（E.16）计算标准源器具导入的标准不确定度。

E.4.4　计算仪器最大误差

按式(E.2)计算仪器扩展不确定度，由式(E.1)计算最大误差 Δx_{max}。

E.5　结果判据

当 $|\Delta x_{max}| \leqslant |MPE|$，判定为合格。

附 录 F
（规范性附录）
倾斜仪频率特性测试方法

F.1 测试计算公式

倾斜仪的频率响应特性可以使用近似的一阶传递函数的时间常数确定，即用测量倾斜仪对阶跃信号反应的过渡过程评价其频率响应特性。

设倾斜仪输入输出的动力学方程是一阶微分方程，一般标准形式如式(F.1)。

$$T\frac{\mathrm{d}u(t)}{\mathrm{d}t}+u(t)=\alpha(t) \qquad \cdots\cdots(F.1)$$

式中：

T —— 一阶导数项系数；

$u(t)$ —— 倾斜仪输出电压，单位为伏[特](V)；

$\alpha(t)$ —— 输入倾斜角变化，单位为角秒(″)。

取拉氏变换有：$Tsu(s)+u(s)=\alpha(s)$。

其传递函数为：

$$G(s)=\frac{u(s)}{\alpha(s)}=\frac{1}{1+Ts} \qquad \cdots\cdots(F.2)$$

当倾斜仪的传递函数高于二阶时，可用一阶项传递函数连乘表示为：

$$G(s)=\prod_{i=1}^{n}\frac{1}{T_is+1}=\frac{1}{(1+T_1s)}\cdot\frac{1}{(1+T_2s)}\cdots\frac{1}{(1+T_ns)}=\frac{1}{1+t_1s+t_2s^2+\cdots+t_ns^n} \qquad \cdots\cdots(F.3)$$

式中：

$t_1=T_1+T_2+\cdots+T_n$；

$t_2=T_1T_2+\cdots+T_1T_n+T_2T_3+\cdots+T_2T_n+\cdots+T_{n-1}T_n$；

$t_n=T_1\times T_2\times\cdots\times T_n$。 $\cdots\cdots(F.4)$

略去高阶项得：

$$G(s)=\frac{1}{1+Ts} \qquad \cdots\cdots(F.5)$$

其中 $T=t_1$。时间常数大的一阶项起主导作用。

当输入为阶跃函数时，$\alpha(t)=1$，传递函数用频率特性表示为：

$$G(j\omega)=G(s)=|G(j\omega)|\mathrm{e}^{j\angle G(j\omega)} \qquad \cdots\cdots(F.6)$$

幅频特性为：

$$|G(j\omega)|=\left|\frac{1}{jT\omega+1}\right|=\frac{1}{\sqrt{1+T^2\omega^2}} \qquad \cdots\cdots(F.7)$$

当 $T=\frac{1}{\omega}$时，由式(F.7)计算的幅度用分贝表示为 $20\times\lg|G(j\omega)|_{\omega=T^{-1}}=20\times\lg(0.707)=-3\mathrm{dB}$。

对一阶微分方程，T 称为时间常数，$\omega=T^{-1}$为仪器频带 -3dB 的高端截止角频率，式(F.8)表示的 f 为截止频率。

$$f=\frac{\omega}{2\pi}=\frac{1}{2\pi T} \qquad \cdots\cdots(F.8)$$

F.2 测试设备

用阶跃法测试倾斜仪时间常数的设备包括：

a）倾斜测试平台；

b）被测摆式倾斜仪全套(包括机械主体和传感器、电子测控主机设备和数据采集器)；

c）测试设备安装及连线参见图 A.1。

F.3 测试步骤

按下列步骤测试：

a）待倾斜仪安置在平台上稳定工作后，用最大采样率记录仪器输出，快速倾斜平台角度 0.5″~1.0″并保持不动，当仪器输出值稳定不变时停止记录（约 8 倍~10 倍时间常数）；

b）从记录数据中确定阶跃的起始时间 t_0，起始输出值 y_0，最终输出值 y_n 以及 $0.632(y_n-y_0)$ 输出值的时间 t，求得平台倾斜阶跃激励产生的倾斜仪输出过渡过程时间常数 $T_1=t-t_0$；

c）倾斜平台反向倾斜 0.5″~1.0″的角度复测一次，求得 T_2。取二次的平均得 $T=(T_1+T_2)/2$；

d）用式(F.8)计算截止频率 f。

F.4 测试结果判断

当 $f\geqslant 0.0028$ Hz(周期小于或等于 360 s)时，判断仪器频率特性为合格。

参 考 文 献

[1] GB/T 11464—1989《电子仪器术语》
[2] GB/T 13983—1992《仪器仪表基本术语》
[3] GB/T 18207.2—2005《防震减灾术语　第2部分：专业术语》
[4] GB/T 2900.1—1992《电工术语　基本术语》
[5] JJF 1001—1998《通用计量术语与表示》

ICS 91.120.25
P 15
备案号：24829—2008

中华人民共和国地震行业标准

DB/T 31.2—2008

地震观测仪器进网技术要求
地壳形变观测仪
第2部分：应变仪

Technical requirements of instruments in network for earthquake monitoring – The instrument for crustal deformation observation— Part 2: Strainmeter

2008-08-11 发布　　2008-12-01 实施

中国地震局 发布

前　言

本部分是《地震观测仪器进网技术要求》系列标准中的一项。该系列标准结构及名称预计如下：

地震观测仪器进网技术要求　常用技术参数表述与测试方法(DB/T 21—2007)

地震观测仪器进网技术要求　地震仪(DB/T 22—2007)

地震观测仪器进网技术要求　地电观测仪　第1部分：直流地电阻率仪(DB/T 29.1—2008)

地震观测仪器进网技术要求　地电观测仪　第2部分：地电场仪(DB/T 29.2—2008)

地震观测仪器进网技术要求　地磁观测仪　第1部分：磁通门磁力仪(DB/T 30.1—2008)

地震观测仪器进网技术要求　地磁观测仪　第2部分：质子矢量磁力仪(DB/T 30.2—2008)

地震观测仪器进网技术要求　地壳形变观测仪　第1部分：倾斜仪(DB/T 31.1—2008)

地震观测仪器进网技术要求　地壳形变观测仪　第2部分：应变仪(DB/T 31.2—2008)

地震观测仪器进网技术要求　重力仪(DB/T 23—2007)

地震观测仪器进网技术要求　地下流体观测仪　第1部分：压力式水位仪(DB/T 32.1—2008)

地震观测仪器进网技术要求　地下流体观测仪　第2部分：测温仪(DB/T 32.2—2008)

地震观测仪器进网技术要求　地下流体观测仪　第3部分：闪烁测氡仪(DB/T 32.3—2008)

……

本部分的附录A、附录B、附录C、附录D和附录E为规范性附录。

本部分由中国地震局提出。

本部分由全国地震标准化技术委员会(SAC/TC 225)归口。

本部分起草单位：中国地震局地震研究所、中国地震台网中心、中国地震局地壳应力研究所。

本部分主要起草人：陈志遥、吕宠吾、李树德、李正媛、周云耀、苏恺之、杜为民。

地震观测仪器进网技术要求
地壳形变观测仪
第 2 部分：应变仪

1 范围

本部分规定了地壳形变观测中应变仪进网的技术指标及其测试方法。

本部分适用于应变仪的设计、生产、使用、维护、引进和质量监督。

2 规范性引用文件

下列文件中的条款通过 DB/T 31 的本部分的引用而成为本部分的条款。凡是注日期的引用文件，其随后所有的修改单(不包括勘误的内容)或修订版均不适用于本部分，然而，鼓励根据本部分达成协议的各方研究是否可使用这些文件的最新版本。凡是不注日期的引用文件，其最新版本适用于本部分。

GB 4706.1 — 2005　家用和类似用途电器的安全　第 1 部分：通用要求

GB/T 6587.2 — 1986　电子测量仪器　温度试验

GB/T 6587.3 — 1986　电子测量仪器　湿度试验

GB/T 19531.3 — 2004　地震台站观测环境技术要求　第 3 部分：地壳形变观测

DB/T 8.1 — 2003　地震台站建设规范　地形变台站　第 1 部分：洞室地倾斜和地应变台站

DB/T 8.2 — 2003　地震台站建设规范　地形变台站　第 2 部分：钻孔地倾斜和地应变台站

DB/T 21 — 2007　地震观测仪器进网技术要求　常用技术参数表述与测试方法

3 术语和定义

GB/T 2900.1 — 1992、GB/T 11464 — 1989、GB/T 13983 — 1992、GB/T 18207.2 — 2005 和 JJF 1001 — 1998 界定的以及下列术语和定义适用于本部分。

3.1

校准压电伸缩晶片　calibration piezoelectricity wafer

钻孔分量式应变仪中用作格值校准部件的一组压电伸缩晶片。利用晶体的逆压电效应，当在压电晶片上施加电压时引起晶片伸缩，使电容传感器极板间距向反方向位移变化，从而实现仪器格值参数校准。

3.2

校准电阻丝　calibration resistance wire

体积式应变仪中用作格值校准部件的置于封闭硅油容器中的一组电阻丝。利用电阻丝短暂通电并发热转化为封闭容器内硅油压力变化，从而实现仪器格值参数校准。

3.3

校准位移平台　wedge block displacement calibration

洞体应变仪中由斜楔块原理产生微位移实现格值参数校准的装置部件。

3.4

时间常数　time constant

若一个量 $F(t)$ 是时间 t 的函数，且其标准式可表示为 $F(t)=1-e^{-\frac{1}{T}}$，则 T 为时间常数。$f=\frac{\omega}{2\pi}=$

$\frac{1}{2\pi T}$为仪器工作频带高端的截止频率。

3.5

阶跃法　step test method

以单位阶跃函数 $r(t)=\begin{cases}1, & t\geqslant 0\\ 0, & t<0\end{cases}$ 信号作为系统输入，从其输出过渡过程中求取系统的一阶微分方程的时间常数的方法。

4　技术要求

4.1　使用条件

4.1.1　仪器电源电压在 AC 198 V ~ 242 V 或 DC10.5 V ~ 15.0 V 范围内应能正常工作，交流和直流供电应能自动切换。

4.1.2　洞体仪器的洞内设备工作环境：温度范围 5 ℃ ~ 30 ℃，日温差应小于 0.02 ℃，相对湿度应小于98%。

4.1.3　洞体仪器的主机与记录设备和钻孔仪器的地面设备工作环境：温度范围 0 ℃ ~ 40 ℃，湿度应小于90%。

4.2　性能指标

4.2.1　分辨力优于 5×10^{-10}。

4.2.2　最大允许误差 $MPE = 8\times10^{-9}$（固体潮频段）。

4.2.3　量程应不小于 5×10^{-6}，可具备扩展量程。

4.2.4　线性度误差应不大于 1%。

4.2.5　频带范围为 360 s ~ 1 a。

4.2.6　在观测环境符合 GB/T 15931.3—2004 中 4.1 的要求，洞室仪器的观测设施满足 DB/T 8.1—2003 的要求，钻孔仪器的钻孔深度大于或等于 60 m、探头安装测量段满足 DB/T 8.2—2003 中 5.2 要求的情况下，应变仪正常工作后，按月平均日漂移不大于 1×10^{-8} 每天。

4.2.7　钻孔分量式应变仪的井下探头定向误差应不大于 3°。

4.2.8　每道数据输出率应不低于 1 次每分钟。

4.2.9　仪器应具备下列接口：

a）并行口：11 线（数据线：8；选通线：1；忙线：1；地线：1）；

b）串行口：RS232C（3 线，收、发、地）；

c）网络接口：RJ45。

4.2.10　数据存储容量应能存储不少于 30 天的分钟观测结果和观测运行日志。

4.2.11　钻孔仪器探头应满足以下要求：

a）能承受的静水压力应不小于 1 MPa；

b）直径应不大于 130 mm，所要求安装孔径应不大于 150 mm。

4.3　功能要求

4.3.1　测量功能

4.3.1.1　仪器应能自动测量、存储地应变观测各分量值。

4.3.1.2　在工作现场手动或通过通信接口远程控制可读取仪器内存储的全部地应变各分量测量数据。

4.3.2　工作参数设置功能

4.3.2.1　仪器工作参数应包括以下内容：

a）台站代码；

b）测项代码；

c）测项分量数；

d）仪器序列号；

e）数据输出率；

f）各分量仪器校准使用参数；

g）校准时间。

4.3.2.2　仪器工作参数应能在工作现场手动和通过通信接口远程控制进行设置及修改。

4.3.3　校准功能

仪器应自带校准装置并具有以下功能：

a）能在工作现场手动和通过通信接口远程控制完成仪器格值校准和记录；

b）应能按照设置的校准时间自动进行校准和记录。

4.3.4　网络运行功能

仪器在网络中运行时应具备以下功能：

a）命令方式：仪器应能在地震观测网络中按该网络的通信协议正常运行；

b）网页方式：首页宜有仪器简介、生产厂家及联系方式等基本信息，网页应具备以下功能：

1）应能完成4.3.3规定的校准功能；

2）应能查看和修改仪器的网络参数、工作参数、仪器密码、仪器ID及所在台站的基本参数；

3）应能浏览和下载仪器当前和30天内的观测数据和工作日志；

4）网页操作应分不同管理级别。

c）文件传送(FTP)方式：应能通过FTP下载仪器内的文件，向仪器上传更新文件。

4.3.5　显示功能

仪器应能显示日期、时钟、当前观测值、仪器格值、校准计算参数等信息。

4.4　安全要求

4.4.1　电击防护

电击防护性能应符合国家标准GB 4706.1—2005中规定的I类器具的要求。

4.4.2　电气强度电压

仪器的交流电压输入端与机壳之间应能承受1 750 V(有效值)电压1 min。

4.4.3　泄漏电流

仪器交流变压器的次级对机壳漏电峰值小于3.5 mA。

4.5　通讯协议

应符合地震工作主管部门要求的网络通讯协议。

5　测试方法

5.1　测试环境

5.1.1　在实验室测试时，环境温度应在5 ℃～30 ℃，测试过程环境温度变化应小于0.5 ℃。

5.1.2　在台站测试时，应符合4.1规定的条件。

5.2　测试设备

5.2.1　实验室测试

5.2.1.1　微位移给定装置(应变仪测试标准源)的位移量程应不小于5 μm，线性度误差应不大于0.5%，相对不确定度不大于0.5%。

5.2.1.2　加压器(体积式钻孔应变仪测试标准源)可加压变化范围应不小于500 hPa，压力表精度应优于0.25级。

5.2.2　台站测试

5.2.2.1　校准压电伸缩晶片的校准位移量程应不小于0.001 μm，相对不确定度不大于0.5%。

5.2.2.2　校准电阻丝的热功率应不小于0.3W，相对不确定度不大于0.5%。

5.2.2.3　洞体应变仪基线长度为10m时，校准位移平台的位移量程应不小于20μm，线性度误差应不大于1%，相对不确定度不大于0.5%。

5.3　指标测试

5.3.1　分辨力

5.3.1.1　采用微位移给定装置等标准源测试分辨力的方法应符合DB/T 21—2007中5.3的规定，测试设备连接见图1。

5.3.1.2　没有标准源时按附录A规定的固体潮推算方法进行测试。

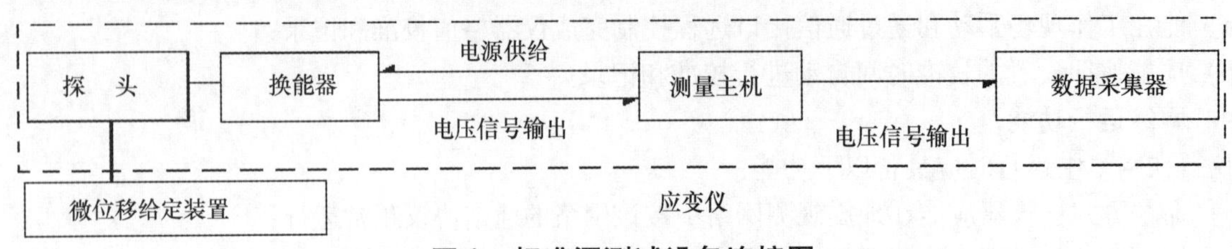

图1　标准源测试设备连接图

5.3.2　线性度

5.3.2.1　洞体应变仪使用微位移给定装置测试，应在固体潮平缓期往返测一次取平均值为测量结果，测试量程应不小于5×10^{-6}。按GB/T 21—2007中5.2的规定进行数据处理。

5.3.2.2　体积式应变仪的线性度测试方法见附录B。

5.3.3　漂移量

漂移量测试应在地壳形变基准比测台(站)或观测环境符合GB/T 15931.3—2004的要求、观测设施符合DB/T 8.1—2003和DB/T 8.2—2003要求的台站进行，测试方法见附录C。

5.3.4　最大误差

最大误差测试与计算方法见附录D。

5.3.5　仪器频率特性测试

应变仪频率特性测试方法见附录E。

5.4　功能检查

5.4.1　检测设备连接

按图2连接设备。

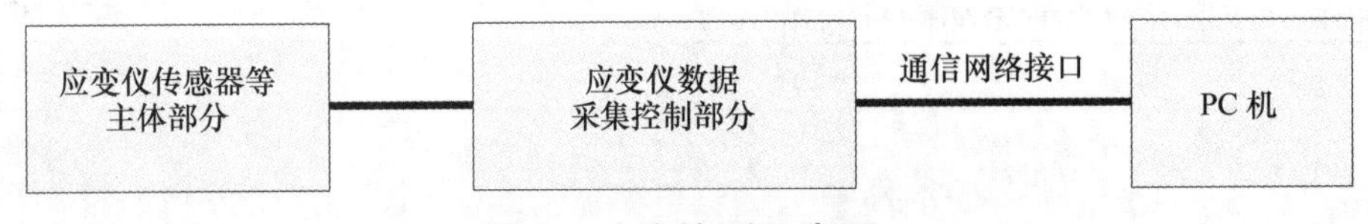

图2　功能检测示意图

5.4.2　功能检测

按表1检测各项功能，检测结果符合4.3的功能要求时应判为合格。

表1　功能检测记录表

功　能	检测结果符合要求否 (Y/N)	备　注
测量的物理量		
数据存储功能		

表1 （续）

功　　能	检测结果符合要求否 （Y/N）	备　　注
各观测分量输出		
手动设置工作参数		
远程设置工作参数		
仪器格值校准		
通信功能：接受命令、传输数据		
显示功能		

5.5 基本安全试验

按 GB 4706.1 — 2005 第 13 章规定的试验方法进行。

5.6 环境适应性试验

5.6.1 温度试验

仪器电子设备部分的温度试验按 GB/T 6587.2 — 1986 中Ⅱ类仪器的试验方法进行。

5.6.2 湿度试验

按 GB/T 6587.3 — 1986 中Ⅱ类仪器的试验方法进行。

附　录　A
（规范性附录）
应变仪分辨力测试的固体潮推算方法

A.1　推算方法说明

在不具备产生适应地应变观测仪器分辨力测试的微小变化量标准源的情况下，可以固体潮平缓变化部分的微小信号作为信号源，用观测记录值推算仪器的分辨力。固体潮是地球弹性体对日、月、星、辰等外部引力的反应，是一个相对稳定的信号，主要由全日波和半日波等谐波组成，可以计算理论值，变化过程极其平滑、稳定。正常运行的地壳形变观测仪器应能观测到固体潮，虽然随观测地点、大小潮等有所改变，但总有一段不短的时间其变化稳定平滑地由小到大又由大到小，或由大到小又由小到大。用这段时间的固体潮变化量作为信号源可推算出观测仪器的分辨力。在固体潮信号（理论值）极值点附近约 10 个 ~20 个分辨力指标（即 5×10^{-9} ~ 10×10^{-9}）范围内，将以时间为变量的信号序列变换为以 0.5 倍 ~1 倍分辨力的应变量为变量的信号序列，在极值点区域归算后的测量值与理论值之差就是仪器不能响应的部分，即仪器的分辨力。

仪器的分辨力与频率和频带有关，用该方法得到的分辨力是仪器在固体潮频段的分辨力。

A.2　测试要求

A.2.1　环境条件

测试环境条件应符合 GB/T 19531.3 — 2004 中 4.1 的要求，观测洞室、仪器墩等设施应符合 DB/T 8.1 — 2003 的要求。

A.2.2　测试设备

在台站已稳定工作的应变仪，能清晰记录固体潮，有分钟值输出。

A.3　测试步骤

A.3.1　选择观测值序列

选择大潮期的应变仪观测记录一天的分钟值，要求记录曲线比较光滑。为降低高频噪声，可以将原始观测值用 5 个或 10 个滑动平均后的值作为推算用观测值序列。

A.3.2　计算理论值序列

计算出与观测值对应时段的应变固体潮理论值，数值取位到 1×10^{-12}。

A.3.3　确定分辨力推算用的数据序列

A.3.3.1　在理论值序列中找出最大值（波峰）或最小值（波谷）作为极值数 d_0，其对应时间为 t_0。

A.3.3.2　按式（A.1）和式（A.2）计算 d_0 两边应变值变化 $\Delta d(i=1)$ 时相应的理论值 d_1、d_{-1}，并在理论值序列中找到对应值及时间 t_1、t_{-1}、，时间间隔 $T_1=t_1-t_0$、$T_{-1}=t_0-t_{-1}$。

$$d_1 = d_0 + i\cdot\Delta d \qquad \text{(A.1)}$$

$$d_{-1} = d_0 + i\cdot\Delta d \qquad \text{(A.2)}$$

式中：Δd 为标准步进量即数据取样点的应变量差值，取值应小于仪器要求的分辨力（5×10^{-10}）。应变仪取 $\Delta d=+(2\sim3)\times10^{-10}$ 或 $-(2\sim3)\times10^{-10}$ 为宜，当以曲线波峰为极值时用“－”，以曲线波谷为极值时用“＋”。

A.3.3.3　用同样方法在理论值序列中得到 $i=2$ 相应的 d_2、d_{-2} 及时间间隔 T_2、T_{-2}。以此类推，直到 $i=n$，即得到 $2n$ 个以 Δd 为间隔的理论值序列 d_i 和相应时间间隔序列 T_1、T_{-1}，…，T_n、T_{-n}，同时得

到该序列总时间差 $T = T_n - T_{-n}$。n 的取值以 7 ~ 15 为宜，以得到变化速度为应变量变化 3×10^{-10}/4 min ~ 3×10^{-10}/4.5 min 为合适。

A.3.3.4 在经过平滑后用于推算的观测值序列中，用 $T = T_n - T_{-n}$ 找出波峰（或波谷）两边具有相同观测值的两点 d'_n 和 d'_{-n}，其对应时间为 $t_n + \Delta t$、$t_{-n} + \Delta t$，Δt 是观测值相对于理论值的滞后（或相移）。根据曲线的对称性得到观测值序列的极值点对应时间 $t'_0 = \Delta t + (t_n + t_{-n})/2$ 并确定极值 d'_0。

A.3.3.5 以 d'_{-n} 和 d'_n 为起点，根据时间间隔序列 $T_i (i = -n, \cdots, -1, 1, \cdots, n)$，找出对应的 $2n$ 个观测值序列 $d'_i (i = -n, \cdots, -1, 1, \cdots, n)$。

A.3.3.6 将间隔 Δd 的理论值序列 d'_i 和相应时间间隔序列 T_i 以及观测值 d'_i 记入表 A.1；

A.3.3.7 由式（A.3）计算归一化系数 k。

$$k = \frac{2 \times (n - 2)}{(d'_n - d'_2) + (d'_{-n} - d'_{-2})} \times \frac{3 \times 10^{-10}}{10^{-10}} \qquad \text{(A.3)}$$

A.3.3.8 由式（A.4）计算归一化序列值 d''_i。

$$d''_i = k \cdot d'_i \quad (i = -n, \cdots, -1, 0, 1, \cdots, n) \qquad \text{(A.4)}$$

表 A.1 固体潮推算应变仪分辨力计算表

i	日期和时间	理论值 d_i 10^{-10}	时间间隔 T_i min	观测值 d'_i 10^{-10}	归一化值 d''_i 10^{-10}	拟合值 $\bar{d}''_i$ 10^{-10}	差值 $\Delta d''_i$ 10^{-10}
…							
−8							
−7							
−6							
−5							
−4							
−3							
−2							
−1							
0							
1							
2							
3							
4							
5							
6							
7							
8							
…							
	k =			分辨力 = $\Delta d''_{max}$			

A.3.4 推算分辨力

按下列步骤计算分辨力：

a）按式(A.5)由归一化序列计算观测拟合值上升段和下降段的平均中点；

b）按式(A.6)计算间隔 Δd 的拟合值序列；

c）按式(A.7)计算归一化值与拟合值之差值序列；

d）$\Delta d''_i$ 序列中 $\Delta d''_{-2} \sim \Delta d''_2$ 之间的最大值 $\Delta d''_{max}$ 即为推算的仪器分辨力。

$$\bar{d}'' = \left(\frac{\sum_{i=2}^{n} d''_i}{(n-2)+1} + \frac{\sum_{i=-2}^{-n} d''_i}{(n-2)+1} \right) / 2 \quad \cdots\cdots (A.5)$$

$$\bar{d}''_i = \bar{d}'' + (1 + n/2 - |i|) \cdot \Delta d \quad (i = -n, \cdots, -1, 0, 1, \cdots, n) \quad \cdots\cdots (A.6)$$

$$\Delta d''_i = d''_i - \bar{d}''_i \quad (i = -n, \cdots, -1, 0, 1, \cdots, n) \quad \cdots\cdots (A.7)$$

A.4 测试结果判断

分辨力优于1.5倍指标要求，即 $\Delta d''_{max} \leqslant 1.5 \times (5 \times 10^{-10})$，判定为合格。

附　录　B
（规范性附录）
体积式应变仪的线性度测试

B.1　测试环境与设备

B.1.1　测试环境

在实验室内进行。室温 25 ℃，湿度小于 70%。室内基本没有空气对流。

B.1.2　测试设备

测试设备包括：

a）全套体积应变仪设备；

b）大型隔离保温测试箱一个（可完整放入体积应变仪的探头腔体）；

c）真空橡皮管 1 m，手持式加压器一支，0.25 级别的 25 cm 外径压力表一支。

B.2　测试方法和步骤

B.2.1　测试方法

在具有保温和防震效果的大型隔离测试箱内放入体积式应变仪的整个井下探头部分，先将探头抽真空，然后用手持式加压器，向探头密封腔体内逐一加入微量硅油液，使探头内的油液增加，感受腔内的有效体积变小（相当于感受腔体的压性应变），模拟仪器探头受压应变过程。

B.2.2　测试步骤

按下列步骤测试：

a）按照图 B.1 连接测试设备：由注油器下腔注油口接出一段真空耐油橡皮管至应变仪探头，另一端接压力表和手持加压器，探头输出接应变数采仪；

b）给加压器逐步加压，使施加内腔的油压力分别为 0 hPa、40 hPa、80 hPa、120 hPa、160 hPa、200 hPa、240 hPa、280 hPa、320 hPa、360 hPa、400 hPa、440 hPa，仪器的输出电压在 -2 V ~ +2 V 的范围；

c）对每一个油压值 x_i，数采仪测量记录 10 个数据 u_j。对 0 hPa ~ 440 hPa 共 12 个压力值，获得 12 组记录数据，并记录在表 B.1 中。

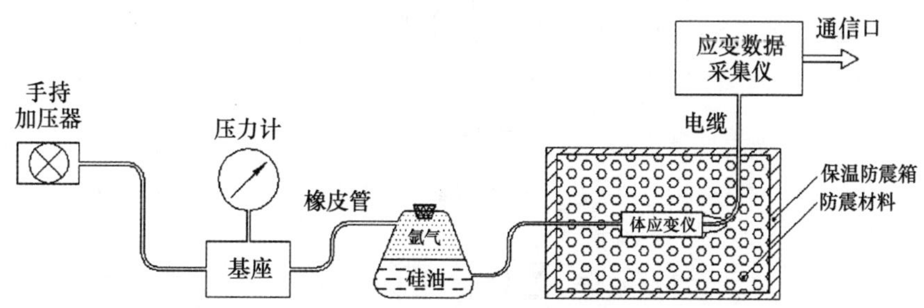

图 B.1　体积式应变仪线性度测试装置图

表 B.1　体积式应变仪线性度测试记录表

i	油压值 x_i	1 次	2 次	3 次	4 次	5 次	6 次	7 次	8 次	9 次	10 次	平均值 y_i mV
1	0 hPa											
2	40 hPa											
3	80 hPa											
4	120 hPa											
5	160 hPa											
6	200 hPa											
7	240 hPa											
8	280 hPa											
9	320 hPa											
10	360 hPa											
11	400 hPa											
12	440 hPa											

B.3　数据处理

B.3.1　计算测量均值

对每一个标准值 x_i(油压)，按式(B.1)计算10个采样数据 $u_j(j=1, 2, \cdots, 10)$ 的平均值 y_i，并填入表B.1和表B.2。

$$y_i = \frac{1}{10}\sum_{j=1}^{10} u_j \qquad \text{(B.1)}$$

即相对于标准值 x 的集合(x_i)，获得测量示值 y 的集合(y_i)，$i=1, 2, \cdots, 12$。

B.3.2　计算拟合直线

按式(B.2)~式(B.7)计算测量示值 y 和标准值 x 的线性拟合系数。

$$\bar{x} = \frac{1}{n}\sum_{i=1}^{n} x_i \qquad \text{(B.2)}$$

$$\bar{y} = \frac{1}{n}\sum_{i=1}^{n} y_i \qquad \text{(B.3)}$$

$$a = \bar{y} - b\bar{x} \qquad \text{(B.4)}$$

$$b = L_{xy}/L_{xx} \qquad \text{(B.5)}$$

$$L_{xx} = \sum_{i=1}^{n} (x_i - \bar{x})^2 \qquad \text{(B.6)}$$

$$L_{xy} = \sum_{i=1}^{n} (x_i - \bar{x})(y_i - \bar{y}) \qquad \text{(B.7)}$$

式中：$n=12$。

由拟和系数计算拟合值 $Y_i = a + bx_i (i=1, 2, \cdots, 12)$ 并填入表B.2中。

B.3.3　计算线性偏差值

偏差值用式(B.8)计算。

$$\Delta y_i = y_i - Y_i \quad (i = 1,2,\cdots,n) \qquad \text{(B.8)}$$

(Δy_i)集合中最大值 Δy_{max} 即为在量程 $\Delta y_{FS}=b(x_n-x_1)$ 中的线性偏差最大值，按式(B.9)计算线性度。

$$\frac{\Delta y_{max}}{\Delta y_{FS}}=\left|\frac{\Delta y_{max}}{b(x_n-x_1)}\right|\times 100\% \qquad \text{(B.9)}$$

表 B.2 体积式应变仪线性度计算表

i	x hPa		y mA				误差 Δy_i mV
	x_i	$(x_i-\bar{x})^2$	y_i	$y_i-\bar{y}$	$(y_i-\bar{y})\ (x_i-\bar{x})^2$	拟合值 $Y_i=a+bx_i$	
1	0	$(-220)^2$					
2	40	$(-180)^2$					
3	80	$(-140)^2$					
4	120	$(-100)^2$					
5	160	$(-60)^2$					
6	200	$(-20)^2$					
7	240	$(20)^2$					
8	280	$(60)^2$					
9	320	$(100)^2$					
10	360	$(140)^2$					
11	400	$(180)^2$					
12	440	$(220)^2$					
$\bar{x}=220$			$\bar{y}=$		$b=$		
$L_{xx}=228\,800$			$L_{xy}=$		$a=$		
$\Delta y_{max}=$					$\frac{\Delta y_{max}}{\Delta y_{FS}}=$		

B.4 测试结果

若线性度误差$\frac{\Delta y_{max}}{\Delta y_{FS}}\leqslant 1\%$时，判定为合格。

附 录 C
（规范性附录）
应变仪漂移量测试方法

C.1 测试方法说明

地应变实际观测数据中包括仪器漂移、仪器安装基础变化的有用信号和外界干扰的信息。要从实际观测数据中严格区分出仪器的漂移、安装基础的漂移或者具有的长期或短期变化地应变信息，只能采用多台仪器在基准实验室或台站条件下以对比测试的方法进行。在不具备多台仪器对比测试条件时，宜以观测期内日均值漂移量的加权平均值作为仪器漂移量，其中包含上述各种信息的漂移在内，作为仪器漂移的参考指标。

C.2 测试要求

C.2.1 环境条件

仪器观测环境条件应符合 GB/T 19531.3 — 2004 中 4.1 的要求，观测洞室、仪器墩等设施应符合 DB/T 8.1 — 2003 的要求。

C.2.2 测试设备

在台站已稳定工作的地应变仪器，能清晰记录固体潮，有分钟值输出。

C.3 测试步骤

按以下步骤进行测试：

a）仪器漂移量测试期应不少于连续工作 30 天；

b）以整时值序列计算测试期内的日均值序列；

c）按式（C.1）分别计算测试期内日均值上升或下降数据段的日漂移量；

d）按式（C.2）计算测试期内的总日漂移量。

$$\text{日漂移量} = \frac{\text{数据上升或下降的最大变化量}}{\text{变化总天数}} \qquad \cdots\cdots\cdots\cdots(\text{C.1})$$

$$\begin{aligned}\text{总日漂移量} &= \text{测试期内日均值数据上升或下降漂移量的加权平均值}\\ &= \frac{\text{上升日漂移量} \times \text{上升天数} + \text{下降日漂移量} \times \text{下降天数}}{\text{上升天数} + \text{下降天数}}\end{aligned} \qquad \cdots\cdots\cdots\cdots(\text{C.2})$$

C.4 测试结果判断

当总日漂移量小于或等于 1×10^{-8} 时，判定为合格。

附 录 D
（规范性附录）
应变仪最大误差测试与计算

D.1 测试设备

洞体应变仪使用校准位移平台微位移给定装置测试；体积式应变仪使用校准电阻丝校准装置测试；钻孔分量式应变仪使用校准压电伸缩晶片做微位移给定装置测试。

D.2 测试环境

仪器观测环境条件应符合 GB/T 19531.3—2004 中 4.1 的要求，观测洞室、仪器墩等设施应满足 DB/T 8.1—2003 的要求，钻孔仪器探头安装测量段应满足 DB/T 8.2—2003 中 5.2 规定的要求。

D.3 计算公式

D.3.1 最大误差

按式（D.1）计算仪器最大误差。

$$|\Delta x_{max}| = |\Delta x| + 2 \times U_x \qquad \cdots\cdots(D.1)$$

或双侧表示为 $\Delta x_{max} = \Delta x \pm U_x = \Delta x + 2U_x$

式中：

Δx_{max}——最大误差（双侧）；

Δx——仪器测量误差，在不作逐点改正时线性度误差是主要贡献者，由 $|\Delta x| = \bar{x} - x_r - d$ 计算，其中 $\bar{x}$ 是仪器输出归算到输入的平均值（m），x_r 是给定输入的标称值（m），d 是给定输入标称值的改正值（m）；

U_x——仪器测量值扩展不确定度，最大误差的单侧范围 $|\Delta x_{max}|$ 是 $|\Delta x|$ 加上扩展不确定度 U_x。仪器测量值的扩展不确定度用式（D.2）计算。

$$U_x = 2\sqrt{\sigma_s^2(b) + (0.29\delta_b)^2 + (U_n/k)^2} \qquad \cdots\cdots(D.2)$$

式中：

$\sigma_s(b)$——仪器灵敏度（系数）导入的标准不确定度；

$0.29\delta_b$——仪器分辨力导入的标准不确定度；

U_n/k——输入标准源导入的标准不确定度。

D.3.2 灵敏度导入的标准不确定度

D.3.2.1 校准重复性导入的相对标准不确定度

D.3.2.1.1 洞体应变仪的标准偏差及相对标准不确定度计算

按式（D.3）计算仪器灵敏度的平均值的标准偏差。

$$b_s = \sqrt{\frac{\sum_{i=1}^{n}(b_i - \bar{b})^2}{n(n-1)}} \qquad \cdots\cdots(D.3)$$

式中：

b_i——第 i 次校准测量的仪器灵敏度（系数）；

n——校准重复测量次数。

按式（D.4）计算相对标准不确定度。

$$u_r(b) = \frac{b_s}{b} \quad \cdots\cdots (D.4)$$

D.3.2.1.2 灵敏度重复性导入的标准不确定度

按式(D.5)计算灵敏度重复性导入的标准不确定度。

$$u_s(b) = \Delta x' \cdot u_r(b) \quad \cdots\cdots (D.5)$$

式中:

$\Delta x'$ —— 仪器校准测试时的应变变化量。

D.3.2.2 线性度导入的标准不确定度

按式(D.6)计算线性度导入的标准不确定度。

$$u_s(f) = k(f) \times \frac{\Delta y_{max}}{\Delta y_{FS}} \times \frac{1}{k} \times \frac{\Delta x_{FS}}{2} \quad \cdots\cdots (D.6)$$

式中:

$u_s(f)$ —— 5×10^{-8}量程内非线性导入的标准不确定度;

$k(f)$ —— 转换系数,$k(f)=4$;

Δx_{FS} —— 输入量程,$\Delta x_{FS}/2=5\times10^{-8}/2$ 为单侧输入量程;

Δy_{max} —— 5×10^{-6}量程内测得的最大线性偏差;

Δy_{FS} —— 5×10^{-6}量程的输出读数;

k —— 包含因子,$k=2$。

D.3.2.3 灵敏度导入的合成标准不确定度

按式(D.7)计算灵敏度导入的标准不确定度。

$$\sigma_s(b) = \sqrt{u_s^2(b) + u_s^2(f)} \quad \cdots\cdots (D.7)$$

式中:

$\sigma_s(b)$ —— 仪器灵敏度导入的合成标准不确定度;

$u_s(b)$ —— 重复性导入的标准不确定度;

$u_s(f)$ —— 线性度导入的标准不确定度。

D.3.3 仪器分辨力导入的标准不确定度

按式(D.8)计算仪器分辨力导入的标准不确定度。

$$\delta_b = \sqrt{\delta_{y'}^2 + \delta_{b'}^2} \quad \cdots\cdots (D.8)$$

式中:

$\delta_{b'}$ —— 仪器校准时测试设备分辨力导入的标准不确定度;

$\delta_{y'}$ —— 仪器输入端鉴别能力与 A/D 转换器的分辨力对观测结果导入的标准不确定度。

D.3.3.1 测试设备分辨力导入的标准不确定度

按式(D.9)计算测试设备分辨力导入的标准不确定度。

$$\delta_{b'} = \frac{\Delta x'}{\Delta x}\sqrt{2} \times 0.29 \times \sqrt{(\eta\delta_y)^2 + \delta_x^2} \quad \cdots\cdots (D.9)$$

式中:

δ_x —— 输入最小位示值;

δ_y —— 输出最小位示值,单位为毫伏(mV);

Δx —— 测试 b 时的输入量程;

$\Delta x'$ —— 应变固体潮幅度,$\Delta x'=5\times10^{-8}$;

η —— 格值系数,$\eta=\frac{1}{b}$。

D.3.3.2　仪器 A/D 分辨力(或输入鉴别力)对观测结果导入的标准不确定度

按式(D.10)计算仪器 A/D 分辨力(或输入鉴别力)对观测结果导入的标准不确定度。

$$\delta_{y'} = \sqrt{2} \times 0.29 \times \eta \times \delta_y \qquad \text{(D.10)}$$

式中：

δ_y—— 输出分辨力或输入鉴别力最小示值(取大者)。

D.3.4　标准源导入的标准不确定度计算公式

标准源导入的标准不确定度按式(D.11)计算。

$$u_n = \frac{U_n}{k} \qquad \text{(D.11)}$$

式中：

U_n—— 标称值(系数)的扩展不确定度；

k—— 包含因子，$k=\sqrt{3}$。

D.4　测试与计算

D.4.1　灵敏度(系数)测试

D.4.1.1　洞体应变仪选择仪器某一测量位置 x_1，由标准源或自校准装置以不小于应变增量 $\Delta x = 5 \times 10^{-8}$进行往测到 x_2，得到 $\Delta x_1 = x_2 - x_1$ 和测量结果 $\Delta y_1 = y_2 - y_1$；再由 x_2 返测到 x_3，得到 $\Delta x_2 = x_3 - x_2$ 和 $\Delta y_2 = y_3 - y_2$。测量过程应避免测试设备的隙动差；往返测的时间应尽量相同。重复次数应不少于五次，得到 10 个 Δx_i 和 10 个测量结果 Δy_i。

D.4.1.2　体积式应变仪每隔 20 min 左右自校准一次，其校准装置的标准应变 Δx_0 是在电流确定、通电时间确定条件下仪器产生的应变量，$\Delta x_0 = \Delta x_i = \Delta\bar{x}$ 为已知，重复测试 8 次 ~10 次，得到测量输出 Δy_i。

D.4.1.3　分量式钻孔应变仪每次给校准压电伸缩晶片施加一定的电压，其应变量 $\Delta x_0 = \Delta x_i = \Delta\bar{x}$ 为已知，重复测试 8 次 ~10 次，得到测量输出 Δy_i。

D.4.2　灵敏度计算

D.4.2.1　洞体应变仪灵敏度(系数)及平均值按式(D.12)和式(D.13)计算。

$$b_i = \Delta y_i / \Delta x_i \qquad \text{(D.12)}$$

$$\text{平均值}\ \bar{b} = \frac{\Delta\bar{y}}{\Delta\bar{x}} \qquad \text{(D.13)}$$

D.4.2.2　钻孔应变仪灵敏度(系数)及平均值按式(D.14)和式(D.15)计算。

$$b_i = \Delta y_i / \Delta x_0 \qquad \text{(D.14)}$$

$$\text{平均值}\ \bar{b} = \frac{\Delta\bar{y}}{\Delta x_0} \qquad \text{(D.15)}$$

D.4.3　计算灵敏度标准不确定度

D.4.3.1　按式(D.3)和式(D.4)计算相对标准不确定度 $u_r(b)$。

D.4.3.2　按式(D.5)计算标准不确定度 $u_s(b)$。

D.4.4　测试仪器线性度及计算非线性导入的标准不确定度

在满量程 5×10^{-6}内测量仪器的最大线性偏差 Δy_{max}，按式(D.6)计算非线性导入的标准不确定度 $u_s(f)$。

D.4.5　计算灵敏度导入的合成标准不确定度

按式(D.7)计算灵敏度导入的合成标准不确定度 $\sigma_s(b)$。

D.4.6　计算仪器分辨力导入的合成标准不确定度

按式(D.9)、式(D.10)和式(D.8)计算计算仪器分辨力导入的合成标准不确定度 δ_b。

D.4.7　计算标准源导入的标准不确定度

按式(D.11)计算标准源器具导入的标准不确定度。

D.4.8　计算仪器最大误差

按式(D.2)计算仪器扩展不确定度，由式(D.1)计算最大误差 Δx_{max}。

D.5　结果判定

当 $|\Delta x_{max}| \leqslant |MPE|$，判定为合格。

附 录 E
（规范性附录）
应变仪频率特性测试方法

E.1 测试计算公式

应变仪的频率响应特性可使用近似的一阶传递函数的时间常数确定，即用测量应变仪对阶跃信号反应的过渡过程评价其频率响应特性。

设应变仪输入输出的动力学方程是一阶微分方程，一般标准形式有：

$$T\frac{\mathrm{d}u(t)}{\mathrm{d}t}+u(t)=\alpha(t) \qquad \text{(E.1)}$$

式中：

T —— 一阶导数项系数；

$u(t)$ —— 应变仪输出电压，单位为伏[特]（V）；

$\alpha(t)$ —— 输入位移变化，单位为米（m）；

取拉氏变换有：$Tsu(s)+u(s)=\alpha(s)$。

其传递函数为：

$$G(s)=\frac{u(s)}{\alpha(s)}=\frac{1}{1+Ts} \qquad \text{(E.2)}$$

当倾斜仪的传递函数高于二阶时，可用一阶项传递函数连乘表示为：

$$G(s)=\prod_{i=1}^{n}\frac{1}{T_is+1}=\frac{1}{(1+T_1s)}\times\frac{1}{(1+T_2s)}\cdots\frac{1}{(1+T_ns)}=\frac{1}{1+t_1s+t_2s^2+\cdots+t_ns^n} \qquad \text{(E.3)}$$

式中：

$t_1=T_1+T_2+\cdots+T_n$；

$t_2=T_1T_2+\cdots+T_1T_n+T_2T_3+\cdots+T_2T_n+\cdots+T_{n-1}T_n$；

$t_n=T_1\times T_2\times\cdots\times T_n$。

略去高阶项得：

$$G(s)=\frac{1}{1+Ts} \qquad \text{(E.4)}$$

式中：$T=t_1$。时间常数大的一阶项起主导作用。

当输入为阶跃函数时，$\alpha(t)=1$，传递函数用频率特性表示为：

$$G(j\omega)=G(s)=|G(j\omega)|\mathrm{e}^{j\angle G(j\omega)} \qquad \text{(E.5)}$$

幅频特性为：

$$|G(j\omega)|=\left|\frac{1}{jT\omega+1}\right|=\frac{1}{\sqrt{1+T^2\omega^2}} \qquad \text{(E.6)}$$

当 $T=\frac{1}{\omega}$时，由式（E.6）计算的幅度用分贝表示为 $20\times\lg|G(j\omega)|_{\omega=T^{-1}}=20\times\lg(0.707)=-3\mathrm{dB}$。

对一阶微分方程，T 称为时间常数，$\omega=T^{-1}$为仪器频带 -3 dB 的高端截止角频率，按式（E.7）计算截止频率 f。

$$f=\frac{\omega}{2\pi}=\frac{1}{2\pi T} \qquad \text{(E.7)}$$

E.2 测试设备

用阶跃法测试应变仪时间常数的设备包括：

a）微位移给定装置；

b）被测应变仪全套（包括机械主体和传感器、电子测控主机设备和数据采集器）；

c）测试设备安装及连线参见图1。

E.3 测试步骤

E.3.1 待被测仪器稳定工作后，用最大采样率记录仪器输出，快速给出位移阶跃，其输入阶跃应不低于 500×10^{-10}。当仪器输出值稳定不变时停止记录（约8倍~10倍时间常数）。

E.3.2 从记录数据中确定阶跃的起始时间 t_0，起始输出值 y_0，最终输出值 y_n 以及 0.632（y_n— y_0）输出值的时间 t，求得阶跃激励产生的应变仪输出过渡过程时间常数 $T=t-t_0$。

E.3.3 按式（E.7）计算截止频率 f。

E.4 测试结果判断

当 $f\geqslant0.0028$ Hz（周期小于或等于360 s）时，判断仪器频率特性测试合格。

参 考 文 献

[1] GB/T 2900.1—1992《电工术语 基本术语》
[2] GB/T 11464—1989《电子仪器术语》
[3] GB/T 13983—1992《仪器仪表基本术语》
[4] GB/T 18207.2—2005《防震减灾术语 第2部分：专业术语》
[5] JJF 1001—1998《通用计量术语与表示》

ICS 91.120.25
P 15
备案号：24830—2008

中华人民共和国地震行业标准

DB/T 32.1—2008

地震观测仪器进网技术要求
地下流体观测仪
第1部分：压力式水位仪

Technical requirements of instruments in network for earthquake monitoring – Underground fluid observation instruments— Part 1: Pressure instrument for water level

2008-08-11 发布　　2008-12-01 实施

中国地震局 发布

前　言

本部分是《地震观测仪器进网技术要求》系列标准中的一项。该系列标准结构及名称预计如下：

地震观测仪器进网技术要求　常用技术参数表述与测试方法(DB/T 21—2007)

地震观测仪器进网技术要求　地震仪(DB/T 22—2007)

地震观测仪器进网技术要求　地电观测仪　第1部分：直流地电阻率仪(DB/T 29.1—2008)

地震观测仪器进网技术要求　地电观测仪　第2部分：地电场仪(DB/T 29.2—2008)

地震观测仪器进网技术要求　地磁观测仪　第1部分：磁通门磁力仪(DB/T 30.1—2008)

地震观测仪器进网技术要求　地磁观测仪　第2部分：质子矢量磁力仪(DB/T 30.2—2008)

地震观测仪器进网技术要求　地壳形变观测仪　第1部分：倾斜仪(DB/T 31.1—2008)

地震观测仪器进网技术要求　地壳形变观测仪　第2部分：应变仪(DB/T 31.2—2008)

地震观测仪器进网技术要求　重力仪(DB/T 23—2007)

地震观测仪器进网技术要求　地下流体观测仪　第1部分：压力式水位仪(DB/T 32.1—2008)

地震观测仪器进网技术要求　地下流体观测仪　第2部分：测温仪(DB/T 32.2—2008)

地震观测仪器进网技术要求　地下流体观测仪　第3部分：闪烁测氡仪(DB/T 32.3—2008)

……

本部分由中国地震局提出。

本部分由全国地震标准化技术委员会(SAC/TC 225)归口。

本部分起草单位：中国地震台网中心。

本部分主要起草人：朱自强、陈华静、孙天林、车用太、赵家骝、宁立然。

地震观测仪器进网技术要求 地下流体观测仪 第1部分：压力式水位仪

1 范围

本部分规定了地震观测仪器中的压力式水位仪的进网技术要求和测试方法。

本部分适用于压力式水位仪的设计、生产、测试、使用、维护、引进和质量监督。

2 规范性引用文件

下列文件中的条款通过DB/T 32的本部分的引用而成为本部分的条款。凡是注日期的引用文件，其随后所有的修改单(不包括勘误的内容)或修订版均不适用于本部分，然而，鼓励根据本部分达成协议的各方研究是否可使用这些文件的最新版本。凡是不注日期的引用文件，其最新版本适用于本部分。

GB 4706.1—2005 家用和类似用途电器的安全 第1部分：通用要求

GB/T 6587.2—1986 电子测量仪器 温度试验

GB/T 6587.3—1986 电子测量仪器 湿度试验

3 术语和定义

下列术语和定义适用于本部分。

3.1

压力式水位仪 pressure instrument for water level

通过压力式传感器检测井孔中水柱的压力变化并自动转换成水位值的水位观测专用仪器。

3.2

水位跟踪速度 water level following speed

传感器的输出信号对被测水位快速变化的跟随响应能力。

4 技术要求

4.1 使用条件

4.1.1 电源电压在AC 200 V~240 V或DC 9 V~13.8 V范围内仪器应能正常工作。应能够自动切换交流与直流供电。

4.1.2 在-15℃~50℃的温度范围内，相对湿度不大于80%的环境下应能正常工作。

4.2 传感器尺寸

4.2.1 传感器的外径宜在28 mm~65 mm范围内。

4.2.2 传感器的长度宜在300 mm~600 mm范围内。

4.3 性能指标要求

4.3.1 测量范围应在0 m~10 m范围内。

4.3.2 分辨力优于5 mm。

4.3.3 最大误差不应超过0.2%读数+0.1%满量程(1个月)。

4.3.4 水位跟踪速度不小于1 m/s。

4.3.5 采样率不小于1次每小时。

4.3.6 数据存储容量应能保存30天以上分钟值。

4.3.7 接口应具备：

a）并行口：11线（数据线：8；选通线：1；忙线：1；地线：1）；

b）串行口：RS232C（3线，收、发、地）；

c）网络接口：RJ45。

4.3.8 数据存储容量：应能存储不少于30天的小时观测结果和观测日志。

4.4 功能要求

4.4.1 仪器工作参数选取

4.4.1.1 仪器工作参数应包括以下类别：

a）日期：年、月、日；

b）时钟：时、分、秒；

c）台站代码；

d）测项代码；

e）仪器编号。

4.4.1.2 工作参数应能在工作现场手动置入和通过通信接口置入。

4.4.2 控制功能

人工或通过通信接口（串行口或网络接口），仪器应能接收以下命令并完成相应的操作：

a）读取仪器当前时间；

b）修改仪器内的日历和时钟；

c）读取仪器内存储的全部测量数据；

d）读取4.4.1.1中规定的工作参数；

e）修改4.4.1.1中规定的工作参数。

4.4.3 网络运行功能

仪器在网络中运行时应具备以下功能：

a）命令方式：仪器应能在地震观测网络中按该网络的通信协议正常运行；

b）网页方式：首页宜有仪器简介、生产厂家及联系方式等仪器基本信息。网页应具备以下功能：

   1）应能完成4.4.2要求的各项控制功能；

   2）应能查看和修改仪器的网络参数、仪器工作参数、仪器密码、仪器ID及所在台站的基本参数；

   3）应能浏览和下载仪器当前和30天内的观测数据和工作日志；

   4）网页操作应分不同管理级别；

c）文件传送（FTP）方式：应能通过FTP下载仪器内的文件，向仪器上传更新文件。

4.4.4 显示功能

仪器应具有显示测量过程、显示仪器的工作状态的功能。

4.5 安全要求

4.5.1 电击防护

电击防护性能应符合国家标准GB 4706.1—2005中规定的I类器具的要求。

4.5.2 电气强度电压

仪器的交流电压输入端与机壳之间应能承受1 750 V（有效值）电压1 min。

4.5.3 泄漏电流

仪器交流变压器的次级对机壳漏电峰值小于3.5 mA。

4.6 通讯协议

应符合地震工作主管部门要求的网络通讯协议。

5 测试方法

5.1 测试设备

测试设备及技术指标应符合下列要求：

a）活塞式压力计：量程 0.005 MPa ~ 0.25 MPa，精度等级为一等标准器；

b）模拟井孔：能读出水面变化量，刻度为 1 mm。

5.2 测试环境

测试环境应符合下列要求：

a）室温在 18 ℃ ~ 23 ℃之间；

b）相对湿度不大于 80%；

c）电网电压：200 V ~ 240 V；

d）无强电磁干扰。

5.3 技术指标测试

5.3.1 测量范围测试

5.3.1.1 测试设备连接

测试设备应按图 1 进行连接。

活塞式压力计 → 水位传感器 → 水位仪主机

图 1　测量范围测试设备连接方法示意图

5.3.1.2 测试步骤

按下列步骤进行测试：

a）将传感器置于工作状态并调节被测仪器零点，应使压力计压力为零时仪器输出水位值为零；

b）利用活塞式压力计产生已知的压力作为输入量，输入待检验仪器的传感器中，得到待检验仪器水位值输出量，然后将输出量与输入的标准量作比较，将相关的测试数据列入表 1。

5.3.1.3 合格判定

当所施加压力达到 0.098 MPa 时，同时相应水位值在 10 000 mm ± 5 mm 范围内时，测量范围应为合格。

表 1　压力式水位仪测量范围测试记录表

压力计读数 MPa	模拟水柱水位高 m	水位仪主机读数 m	检测结果符合要求否 （Y/N）
0	0		
0.010	1.11		
0.020	2.22		
0.030	3.34		
0.040	4.45		
0.050	5.56		
0.060	6.67		
0.070	7.78		
0.080	8.89		
0.098	10.00		

5.3.2 分辨力测试

5.3.2.1 测试设备连接

测试设备应按图2进行连接。

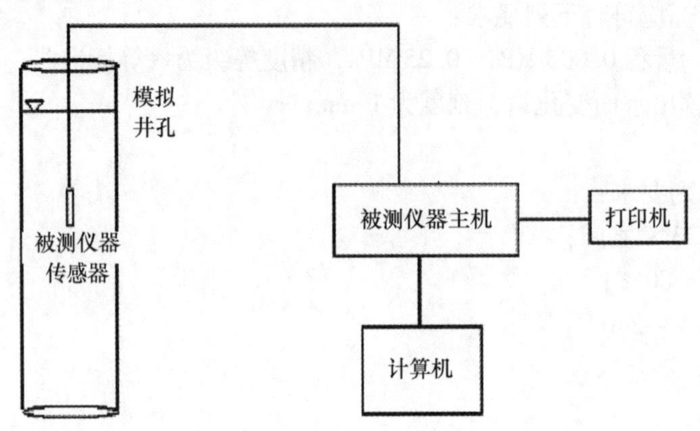

图2 分辨力和功能测试设备连接示意图

5.3.2.2 测试步骤

将被测仪器传感器置于模拟井孔中1 m左右，人为微量改变井孔水位，记录被测仪器读数。

5.3.2.3 合格判定

当模拟井孔中水位变化5 mm时，被测仪器能够记录到5 mm的读数变化时，分辨力应为合格。

5.3.3 最大误差测试

5.3.3.1 测试设备连接

测试设备应按图2进行连接。

5.3.3.2 测试步骤

在室温条件下，经过一个月的时间后，记录被测仪器的输出与起始输出时的差异程度。

5.3.3.3 合格判定

最大误差不超过0.2%读数+0.1%满量程(1个月)，应判定为合格。

5.3.4 水位跟踪速度测试

5.3.4.1 测试设备连接

测试设备应按图1进行连接。

5.3.4.2 测试步骤

按下列步骤进行测试:

a) 用活塞式压力计对水位传感器施加接近满量程压力(如0.098 MPa，约10 m水压)；

b) 然后在1 s内使压力降至0 MPa；

c) 测量被测仪器输出水位值从0.098 MPa对应的水位值(10 m)下降到0 MPa对应的水位值(5 mm以内)所需用的时间；

d) 按式(1)进行计算平均跟踪速度:

$$\overline{V} = H/t \qquad \cdots\cdots(1)$$

式中:

$\overline{V}$—— 平均跟踪速度，单位为米每秒(m/s)；

H —— 水位实际变化值(10 m)，单位为米(m)；

t —— 所需时间，单位为秒(s)。

5.3.4.3 合格判定

如果平均跟踪速度值 $V>1$ m/s，则判定为合格。

5.4 功能检查

5.4.1 检查设备连接

功能检查设备应按图 2 进行连接。

5.4.2 检查

检查表 2 所列出的功能，将检查结果填入表 2 中。

表 2 功能测试记录表

功 能	检测结果符合要求否 (Y/N)	备 注
显示功能		
通信功能：传输数据		
通信功能：接收命令的功能		
参数置入功能：现场		
参数置入功能：远程		

5.5 基本安全试验

按 GB 4706.1—2005 第 13 章的试验方法进行。

5.6 环境适应性试验

5.6.1 温度试验

按 GB/T 6587.2—1986 Ⅱ类仪器的试验方法进行。

5.6.2 湿度试验

按 GB/T 6587.3—1986 Ⅱ类仪器的试验方法进行。

ICS 91.120.25
P 15
备案号：24831—2008

中华人民共和国地震行业标准

DB/T 32.2—2008

地震观测仪器进网技术要求
地下流体观测仪
第2部分：测温仪

Technical requirements of instruments in network for earthquake monitoring – Underground fluid observation instruments— Part 2: Temperature indicator

2008-08-11 发布　　2008-12-01 实施

中国地震局 发布

前　言

本部分是《地震观测仪器进网技术要求》系列标准中的一项。该系列标准结构及名称预计如下：

地震观测仪器进网技术要求　常用技术参数表述与测试方法(DB/T 21 — 2007)

地震观测仪器进网技术要求　地震仪(DB/T 22 — 2007)

地震观测仪器进网技术要求　地电观测仪　第1部分：直流地电阻率仪(DB/T 29.1 — 2008)

地震观测仪器进网技术要求　地电观测仪　第2部分：地电场仪(DB/T 29.2 — 2008)

地震观测仪器进网技术要求　地磁观测仪　第1部分：磁通门磁力仪(DB/T 30.1 — 2008)

地震观测仪器进网技术要求　地磁观测仪　第2部分：质子矢量磁力仪(DB/T 30.2 — 2008)

地震观测仪器进网技术要求　地壳形变观测仪　第1部分：倾斜仪(DB/T 31.1 — 2008)

地震观测仪器进网技术要求　地壳形变观测仪　第2部分：应变仪(DB/T 31.2 — 2008)

地震观测仪器进网技术要求　重力仪(DB/T 23 — 2007)

地震观测仪器进网技术要求　地下流体观测仪　第1部分：压力式水位仪(DB/T 32.1 — 2008)

地震观测仪器进网技术要求　地下流体观测仪　第2部分：测温仪(DB/T 32.2 — 2008)

地震观测仪器进网技术要求　地下流体观测仪　第3部分：闪烁测氡仪(DB/T 32.3 — 2008)

……

本部分由中国地震局提出。

本部分由全国地震标准化技术委员会(SAC/TC 225)归口。

本部分起草单位：中国地震台网中心、中国地震局地壳应力研究所、中国地震局地震预测研究所、中国地震局地质研究所。

本部分主要起草人：陈华静、刘永铭、孙天林、车用太。

地震观测仪器进网技术要求 地下流体观测仪 第2部分：测温仪

1 范围

本部分规定了地震观测仪器中测温仪的进网技术要求和测试方法。

本部分适用于测温仪的设计、生产、测试、使用、维护、引进和质量监督。

2 规范性引用文件

下列文件中的条款通过 DB/T 32 的本部分的引用而成为本部分的条款。凡是注日期的引用文件，其随后所有的修改单(不包括勘误的内容)或修订版均不适用于本部分，然而，鼓励根据本部分达成协议的各方研究是否可使用这些文件的最新版本。凡是不注日期的引用文件，其最新版本适用于本部分。

GB 4706.1—2005 家用和类似用途电器的安全 第1部分：通用要求

GB/T 6587.2—1986 电子测量仪器 温度试验

GB/T 6587.3—1986 电子测量仪器 湿度试验

3 术语和定义

下列术语和定义适用于本部分。

3.1

温度传感器 temperature sensor

凡直接或非直接受被测温度场作用并进行信息转换的元件。

[JJG 1007—1987 中的定义 25]

3.2

零值误差 zero error

被测量为零值的基值误差。

[JJF 1001—1998 中的定义 7.23]

4 技术要求

4.1 使用条件

4.1.1 电源电压

电源电压在 AC 200 V ~ 240 V 或 DC 10.8 V ~ 13.2 V 范围内仪器应能正常工作。应能够自动切换交流与直流供电。

4.1.2 工作环境

4.1.2.1 测温仪主机工作的环境温度应为 0 ℃ ~ 40 ℃；相对湿度应不大于 80%。

4.1.2.2 温度传感器工作的环境温度应为 0 ℃ ~ 100 ℃。

4.2 结构尺寸

4.2.1 传感器的外径宜在 28 mm ~ 65 mm 范围内。

4.2.2 传感器的长度宜在 300 mm ~ 600 mm 范围内。

4.3 性能指标

4.3.1 分辨力不应大于 0.001 ℃。

4.3.2 最大允许误差不应大于 0.05 ℃/a。

4.3.3 长期漂移应不大于 0.01 ℃/a。短期漂移应不大于 0.001 ℃/d。

4.3.4 测量范围应为 0 ℃ ~100 ℃。

4.3.5 传感器耐压不应小于 10 MPa。

4.3.6 采样率不应小于 1 次每小时。

4.3.7 接口应具备:

a) 并行口: 11 线(数据线: 8; 选通线: 1; 忙线: 1; 地线: 1);

b) 串行口: RS232C(3 线: 收、发、地);

c) 网络接口: RJ45。

4.3.8 仪器应兼容地震前兆观测网通讯协议。

4.3.9 数据存储容量不应少于 30 天的测量值。

4.4 功能要求

4.4.1 参数选取与置入方式

4.4.1.1 仪器工作参数应包括以下类别:

a) 日期: 年、月、日;

b) 时钟: 时、分、秒;

c) 台站代码;

d) 测项代码;

e) 仪器编号。

4.4.1.2 工作参数应能在工作现场手动置入和通过通信接口置入。

4.4.2 控制功能

人工或通过通信接口(串行口或网络接口),仪器应能接收以下命令并完成相应的操作:

a) 读取仪器当前时间;

b) 修改仪器内的日历和时钟;

c) 读取仪器内存储的全部测量数据;

d) 读取 4.4.1.1 中规定的工作参数;

e) 修改 4.4.1.1 中规定的工作参数。

4.4.3 网络运行功能

4.4.3.1 命令方式

仪器应能在地震观测网络中按该网络的通信协议正常运行。

4.4.3.2 网页方式

网页方式应具有下列功能:

a) 首页宜有仪器简介、生产厂家及联系方式等仪器基本信息;

b) 能完成 4.4.2 要求的各项控制功能;

c) 能查看和修改仪器的网络参数、仪器工作参数、仪器密码、仪器 ID 及所在台站的基本参数;

d) 能浏览和下载仪器当前和 30 天内的观测数据和工作日志;

e) 网页操作应分不同管理级别。

4.4.3.3 文件传送(FTP)方式

应能够通过 FTP 方式下载仪器内的文件,向仪器上传更新文件。

4.4.4 显示功能

仪器应具有时钟显示、工作参数显示和测量数据显示的功能。

4.4.5 打印功能

仪器应具备打印测量结果的功能。

4.5 安全要求

4.5.1 电击防护

在电击防护方面，应符合国家标准 GB 4706.1 — 2005 中规定的 I 类器具的要求。

4.5.2 电气强度电压

仪器的交流电压输入端与机壳之间应能承受 1 750 V(有效值)电压 1 min。

4.5.3 泄漏电流

仪器交流变压器的次级对机壳漏电小于 3.5 mA(峰值)。

4.6 通讯协议

应符合地震工作主管部门要求的网络通讯协议。

5 测试方法

5.1 测试设备

测试设备和技术指标应符合下列要求：

a）标准器：一等标准铂电阻温度计；不确定度应不大于 ±0.05 ℃；

b）精密测温电桥：最小步进值应不大于 1×10^{-4} Ω，相对误差应不超过 2×10^{-5}；

c）恒温水槽：测温范围应为 5 ℃ ~75 ℃，工作区域水平温场应不大于 0.005 ℃，温度波动稳定性应优于 0.001 ℃；

d）恒温油槽：测温范围应为 80 ℃ ~200 ℃；工作区域水平温场应不大于 0.01 ℃；

e）水三相点瓶(或冰点器)；

f）交流稳压电源：2 kVA；

g）四点开关：标准器专用；

h）压力罐：耐压应不小于 15 MPa；

i）兆欧表：输出直流电压应为 500 V(2.5 级)；

j）数字万用表：$3^1/_2$位。

5.2 测试环境

测试环境应符合下列要求：

a）室温应在 0 ℃ ~40 ℃之间；

b）相对湿度不大于 80%；

c）电压 AC 200 V ~240 V；DC 10.8 V ~13.2 V。

5.3 分辨力测试

5.3.1 测试设备连接

测试设备按图 1 进行连接。

图 1 测温仪分辨力测试设备连接示意图

5.3.2 测试步骤

按下列步骤进行测试：

a）被测仪器的温度传感器全浸入恒温水槽内；

b）测试点选择两个：20 ℃，30 ℃；

c）在选择的温度点上，使恒温水槽稳定 1 h；

d）关闭恒温水槽开关，使恒温水槽温度处于自然变化状态；

e）记录被测仪器的输出数据，每分钟 1 次，记录 10 次，并记入表 1 内。

表 1　测温仪分辨力测试记录表

温度	序号	温度 t_i ℃	温差 Δt ℃
20℃	1		
	2		
	3		
	4		
	5		
	6		
	7		
	8		
	9		
	10		
30℃	1		
	2		
	3		
	4		
	5		
	6		
	7		
	8		
	9		
	10		

5.3.3　测试结果

5.3.3.1　测温仪分辨力差值 Δt 应按公式(1)计算：

$$\Delta t = t_{i+1} - t_i \quad (i = 1, 2, 3, \cdots, N) \qquad \cdots\cdots(1)$$

5.3.3.2　测试结论：若 $|\Delta t|$ 在 0.000 5 ℃ ~0.001 5 ℃范围内，则判定为合格。

5.4 最大允许误差测试

5.4.1 测试设备连接

按图1连接最大允许误差测试设备。

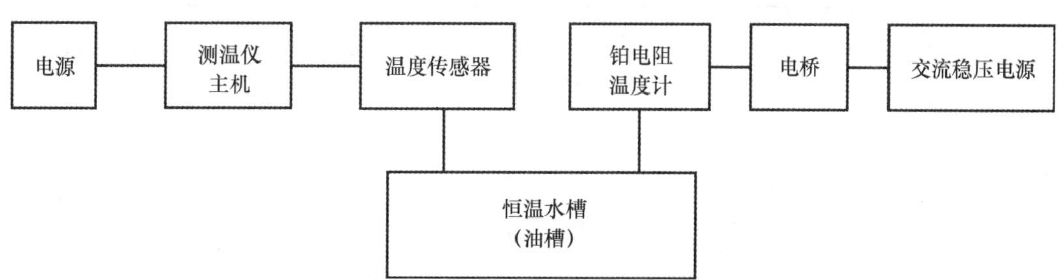

图2 测温仪最大允许误差测试设备连接示意图

5.4.2 测试步骤

最大允许误差按下列步骤进行测试：

a）测温仪0℃～75℃范围内最大允许误差检测在恒温水槽进行，80℃～100℃范围最大误差检测在恒温油槽内进行；被测仪器的温度传感器全浸入恒温水槽或恒温油槽，并与铂电阻温度传感器放在同一个水平位置上；

b）把铂电阻温度计接入测温电桥，将槽温调到预定温度，待温度稳定后，与温度传感器作比较检测；

c）以0℃作为基准点，每隔5℃作为一个检测点，每个检测点测五组数据；从温度测量范围（0℃～100℃）的下限向上限方向逐点检测，再从上限向下限逐点重复检测一次，将两次检测结果填入表2。

表2 最大误差检测记录表

温度检测点 ℃	标准器温度值 T_{ij} ℃					$\overline{T}_i$ ℃	$\overline{t}_i$ ℃	被检传感器温度值 t_{ij} ℃					温度测量误差 Δt ℃
0													
5													
15													
20													
25													
30													
35													
40													
45													
50													
55													
60													
65													
70													

表2(续)

<table>
<tr><td>温度检测点
℃</td><td colspan="5">标准器温度值 T_{ij}
℃</td><td>$\overline{T}_i$
℃</td><td>$\bar{t}_i$
℃</td><td colspan="5">被检传感器温度值 t_{ij}
℃</td><td>温度测量误差 Δt
℃</td></tr>
<tr><td>75</td><td></td><td></td><td></td><td></td><td></td><td></td><td></td><td></td><td></td><td></td><td></td><td></td><td></td></tr>
<tr><td>80</td><td></td><td></td><td></td><td></td><td></td><td></td><td></td><td></td><td></td><td></td><td></td><td></td><td></td></tr>
<tr><td>85</td><td></td><td></td><td></td><td></td><td></td><td></td><td></td><td></td><td></td><td></td><td></td><td></td><td></td></tr>
<tr><td>90</td><td></td><td></td><td></td><td></td><td></td><td></td><td></td><td></td><td></td><td></td><td></td><td></td><td></td></tr>
<tr><td>95</td><td></td><td></td><td></td><td></td><td></td><td></td><td></td><td></td><td></td><td></td><td></td><td></td><td></td></tr>
<tr><td>100</td><td></td><td></td><td></td><td></td><td></td><td></td><td></td><td></td><td></td><td></td><td></td><td></td><td></td></tr>
<tr><td colspan="14">环境条件：室温__________℃；气压__________hPa；湿度__________%</td></tr>
<tr><td colspan="7">平均误差 =</td><td colspan="7">最大误差 =</td></tr>
</table>

5.4.3 最大允许误差计算

最大允许误差按下列步骤进行计算：

a）在同一个检测点上，被检温度传感器示值的算术平均值减去标准铂电阻温度计示值的算术平均值，为被检温度传感器在此温度点的测量误差，其最大误差不大于0.05 ℃时为合格；

b）温度测量误差 Δt 按下列公式计算(参见 JJG 223 — 1996)：

$$\Delta t_i = \bar{t}_i - \overline{T}_i \qquad \cdots\cdots(2)$$

$$\bar{t}_i = \frac{1}{5}\sum_{j=1}^{5} t_{ij} \qquad \cdots\cdots(3)$$

$$\overline{T}_i = \frac{1}{5}\sum_{j=1}^{5} T_{ij} \qquad \cdots\cdots(4)$$

式中：

t_{ij}—— 第 i 个温度点上的温度传感器的第 j 个温度示值，单位为摄氏度(℃)；

t_{ij}—— 第 i 个温度点上的标准器铂电阻温度计的第 j 个温度示值，单位为摄氏度(℃)；

$\bar{t}_i$—— 第 i 个温度点上的温度传感器的温度示值算术平均值，单位为摄氏度(℃)；

$\overline{T}_i$——第 i 个温度点上标准铂电阻温度计的温度示值算术平均值(在此式中 $\overline{T}_i$ 可视为真值)，单位为摄氏度(℃)。

5.5 短期漂移(稳定度)测试

5.5.1 测试设备连接

短期零点漂移测试设备应按图3进行连接。

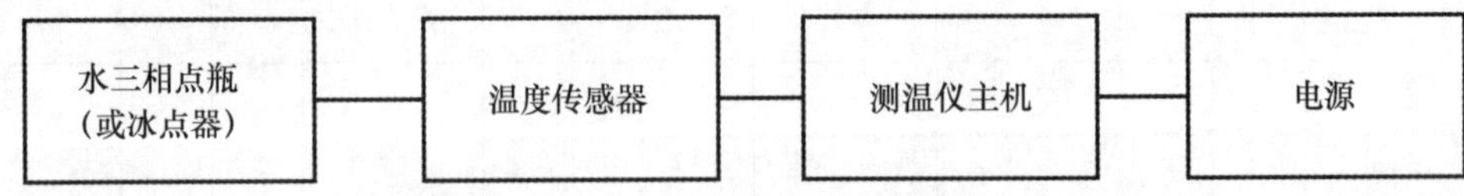

图3 测温仪短期漂移测试设备示意图

5.5.2 测试步骤

通电预热30 min，然后把传感器插入水三相点瓶中(或冰点器)，稳定20 min后读取示值记为 T_0，以后每一小时测量一次，记下每次测量值为 T_i，历时一天，取 T_0 与 T_i 之差的绝对值中最大值作为一天的零点最大漂移值。

该值在一天之内漂移不大于 0.001 ℃，即可判定为合格。

5.5.3 短期零点漂移值计算

短期零点漂移值 ΔT_0 按下式进行计算(参见 JJG 809 — 1993)：

$$\Delta T_0 = |T_0 - T_{imax}| \quad \cdots\cdots(5)$$

式中：

ΔT_0—— 测温仪的零点漂移值，单位为摄氏度(℃)；

T_0—— 测温仪在零点的指示值，单位为摄氏度(℃)；

T_{imax}—— 一天之内测温仪在零点的最大指示值，单位为摄氏度(℃)。

5.6 温度传感器耐压测试

5.6.1 测试设备连接

温度传感器耐压测试设备应按图 4 连接。

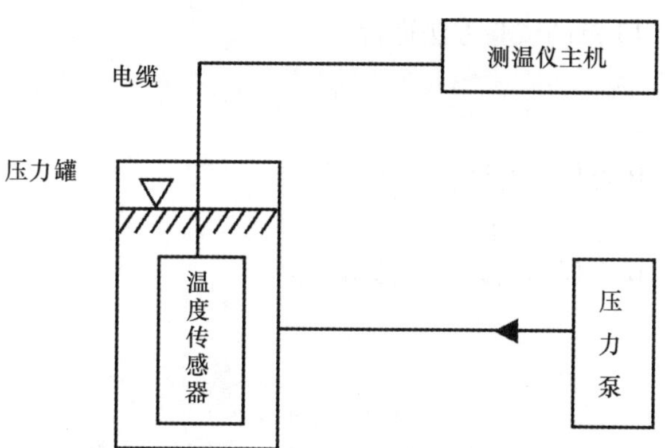

图 4 温度传感器耐压测试设备示意图

5.6.2 测试步骤

将温度传感器放入盛水压力罐内，加压至不小于 10 MPa，维持时间为 24 h 后，再用兆欧表测量其绝缘电阻，其电阻不小于 100 MΩ 的状态下，传感器工作正常，即可判定为合格。

5.7 功能检查

5.7.1 功能测试应按图 5 进行连接。

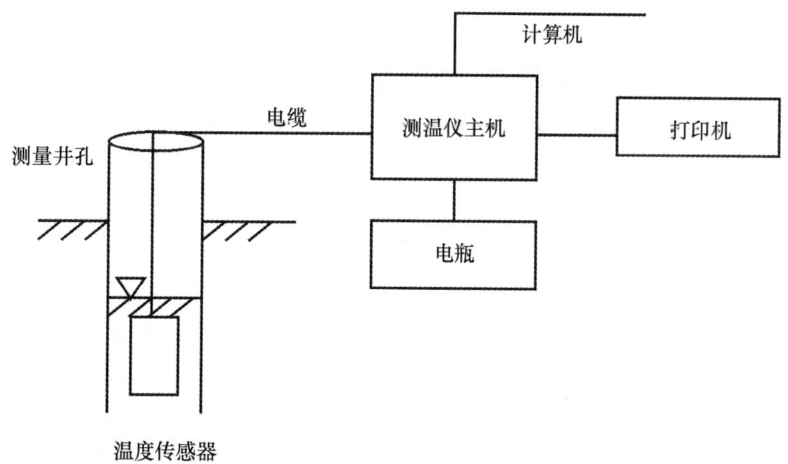

图 5 功能测试示意图

5.7.2 检查表 3 所列功能，将检查结果填入表 3 中。

表3 功能检查记录表

功 能	检测结果符合要求否（Y/N）	备 注
自动测量、自动输出		
时间显示、测量结果显示		
交直流电源切换		
测量结果打印		
按地震前兆网协议接受命令，传输数据		

5.8 基本安全试验

按 GB 4706.1—2005 第13章的试验方法进行。

5.9 环境适应性试验

5.9.1 温度试验

按 GB/T 6587.2—1986 II类仪器的试验方法进行。

5.9.2 湿度试验

按 GB/T 6587.3—1986 II类仪器的试验方法进行。

参 考 文 献

[1] JJG 223—1996《海洋电测温度计》
[2] JJG 809—1993《数字式石英晶体测温仪》
[3] JJF 1001—1998《通用计量术语及定义》
[4] JJG 1007—1987《温度名词术语（试行)》

ICS 91.120.25
P 15
备案号：24832—2008

中华人民共和国地震行业标准

DB/T 32.3—2008

地震观测仪器进网技术要求
地下流体观测仪
第3部分：闪烁测氡仪

Technical requirements of instruments in network for earthquake monitoring - Underground fluid Observation instruments—

Part 3: Scintillation radonscope

2008-08-11 发布　　2008-12-01 实施

中国地震局 发布

前言

本部分是《地震观测仪器进网技术要求》系列标准中的一项。该系列标准结构及名称预计如下：

地震观测仪器进网技术要求　常用技术参数表述与测试方法(DB/T 21 — 2007)

地震观测仪器进网技术要求　地震仪(DB/T 22 — 2007)

地震观测仪器进网技术要求　地电观测仪　第1部分：直流地电阻率仪(DB/T 29.1 — 2008)

地震观测仪器进网技术要求　地电观测仪　第2部分：地电场仪(DB/T 29.2 — 2008)

地震观测仪器进网技术要求　地磁观测仪　第1部分：磁通门磁力仪(DB/T 30.1 — 2008)

地震观测仪器进网技术要求　地磁观测仪　第2部分：质子矢量磁力仪(DB/T 30.2 — 2008)

地震观测仪器进网技术要求　地壳形变观测仪　第1部分：倾斜仪(DB/T 31.1 — 2008)

地震观测仪器进网技术要求　地壳形变观测仪　第2部分：应变仪(DB/T 31.2 — 2008)

地震观测仪器进网技术要求　重力仪（DB/T 23 — 2007）

地震观测仪器进网技术要求　地下流体观测仪　第1部分：压力式水位仪(DB/T 32.1 — 2008)

地震观测仪器进网技术要求　地下流体观测仪　第2部分：测温仪(DB/T 32.2 — 2008)

地震观测仪器进网技术要求　地下流体观测仪　第3部分：闪烁测氡仪(DB/T 32.3 — 2008)

……

本部分由中国地震局提出。

本部分由全国地震标准化技术委员会(SAC/TC 225)归口。

本部分起草单位：中国地震台网中心、中国地震局地震预测研究所、中国地震局地质研究所。

本部分主要起草人：陈华静、邢玉安、孙天林、赵家骝、车用太、张平。

地震观测仪器进网技术要求
地下流体观测仪
第3部分：闪烁测氡仪

1 范围

本部分规定了地震观测仪器中闪烁测氡仪进网的技术要求和测试方法。

本部分适用于闪烁测氡仪的设计、生产、测试、使用、维护、引进和质量监督。

2 规范性引用文件

下列文件中的条款通过DB/T 32的本部分的引用而成为本部分的条款。凡是注日期的引用文件，其随后所有的修改单(不包括勘误的内容)或修订版均不适用于本部分，然而，鼓励根据本部分达成协议的各方研究是否可使用这些文件的最新版本。凡是不注日期的引用文件，其最新版本适用于本部分。

GB 4706.1 — 2005　家用和类似用途电器的安全　第1部分：通用要求

GB/T 6587.2 — 1986　电子测量仪器　温度试验

GB/T 6587.3 — 1986　电子测量仪器　湿度试验

3 术语和定义

下列术语和定义适用于本部分。

3.1

氡　radon

化学元素周期表中第86号元素，有四个同位素(^{218}Rn、^{219}Rn、^{220}Rn、^{222}Rn)。

注：本标准中的氡系指^{222}Rn。

[DB/T 6 — 2003 中的定义 3.1.1]

3.2

氡浓度　radon concentration

单位体积气体内的^{222}Rn含量。

3.3

闪烁测氡仪　scintillation radonscope

按设置的参数，自动测量闪烁室内^{222}Rn衰变释放出的α粒子轰击闪烁体发出的闪光经光电转换成电压脉冲计数的装置。

3.4

本底　background

在没有被测辐射源存在的条件下，测量仪器的固有计数，或非起因于待测物理量的信号。这些计数来自宇宙射线，周围环境中的放射性物质和探测器本身的放射性污染等。

[DB/T 6 — 2003 中的定义 3.1.8]

3.5

阈值　threshold value

仪器中人为设定的脉冲电压幅度值。

3.6

工作高压　working high voltage

选定的光电倍增管工作点电压。

3.7

氡气固体源　radon gas solid source

由固体镭或镭的化合物提供已知活度氡气的装置。

[DB/T 6 — 2003 中的定义 3.1.3]

3.8

校准　calibration

在规定的条件下，为确定测量仪器或测量系统所指示的量值，或实物量具或参考物质所代表的量值，与对应的由标准所复现的量值之间关系的一组操作。

[JJF 1001 — 1998 中的定义 8.11]

4　技术要求

4.1　使用条件

4.1.1　电源电压

电源电压在 AC 200 V ~ 240 V 或 DC 10.8 V ~ 13.2 V 范围内仪器应能正常工作。应能够自动切换交流与直流供电。

4.1.2　温度

仪器在温度 0 ℃ ~ 40 ℃ 范围内，相对湿度不大于 80% 的工作环境下应能正常工作。

4.2　性能指标

4.2.1　最大允许误差

最大允许误差应不大于测值的 ±9%（对指定的固体氡气源）。

4.2.2　灵敏度

当氡浓度为 $1 Bq \cdot L^{-1}$ 时，脉冲计数（cpm）每分钟应不小于 70。

4.2.3　闪烁室固有本底

闪烁室固有本底的脉冲计数（cpm）每分钟应不大于 10。

4.2.4　计数容量

计数容量应不小于 $10^6 - 1$。

4.2.5　闪烁室密封性能

闪烁室抽真空后静置 10 min，真空度变化不应超过 1.3 kPa。

4.2.6　闪烁室防潮性能

闪烁室内的气体湿度在小于 100% 时，应能正常工作。

4.2.7　工作高压范围

工作高压应在 400 V ~ 1 300 V 范围内连续可调。

4.2.8　测量间隔

测量间隔应不小于 0.5 h。

4.2.9　数据存储量

数据存储量不应少于 30 天的小时观测值。

4.2.10　接口

接口应具备：

a）并行口：11 线（数据线：8；选通线：1；忙线：1；地线：1）；

b）串行口：RS232C（3 线：收、发、地）；

c）网络接口：RJ45。

4.3 功能要求

4.3.1 仪器工作参数选取

4.3.1.1 仪器工作参数应包括以下类别：

a）日期：年、月、日；

b）时间：时、分、秒；

c）台站代码；

d）测项代码；

e）计数时长；

f）氡浓度值换算系数。

4.3.1.2 工作参数应能在工作现场手动置入和通过通信接口置入。

4.3.2 控制功能

人工或通过通信接口(串行口或网络接口)，仪器应能接收以下命令并完成相应的操作：

a）读取仪器当前时间；

b）修改仪器内的日历和时钟；

c）读取仪器内存储的全部测量数据；

d）读取4.3.1.1中规定的工作参数；

e）修改4.3.1.1中规定的工作参数；

f）自动或人机结合完成各个测道装置系数稳定性检查的操作；

g）读取查漏电的结果。

4.3.3 网络运行功能

仪器在网络中运行时应具备以下功能：

a）命令方式：仪器应能在地震观测网络中按该网络的通信协议正常运行；

b）网页方式：首页宜有仪器简介、生产厂家及联系方式等仪器基本信息，网页应包括以下功能：

  1）能完成4.3.2要求的各项控制功能；

  2）能查看和修改仪器的网络参数、仪器工作参数、仪器密码、仪器ID及所在台站的基本参数；

  3）能浏览和下载仪器当前和30天内的观测数据和工作日志；

  4）网页操作应分不同管理级别；

c）文件传送(FTP)方式：应能够通过FTP下载仪器内的文件，向仪器上传更新文件。

4.3.4 气路控制功能

气路控制功能应满足下列要求：

a）电磁阀自动开启和自动关闭气路；

b）气泵自动抽气。

4.3.5 打印功能

仪器可打印下列内容：

a）测量日期和时间；

b）测量的氡浓度值或相应的脉冲计数。

4.3.6 测量方式选择功能

测量方式应具有以下选择功能：

a）定时自动测量；

b）随时手动测量。

4.3.7 显示功能

仪器应具有以下信息显示功能：

a）日期显示；

b）时钟显示；

c）工作高压值显示；

d）测量结果显示。

4.4 安全要求

4.4.1 电击防护

电击防护性能应符合国家标准 GB 4706.1 — 2005 中规定的 I 类器具的要求。

4.4.2 电气强度电压

仪器的交流电压输入端与机壳之间应能承受 1 750 V(有效值)电压 1 min。

4.4.3 泄漏电流

仪器交流变压器的次级对机壳漏电峰值小于 3.5 mA。

4.5 通讯协议

应符合地震工作主管部门要求的网络通讯协议。

5 测试方法

5.1 测试环境

测试环境应符合下列要求：

a）温度范围：0 ℃ ~40 ℃；

b）相对湿度：应小于 80%；

c）电压范围：AC 200 V ~240 V 或 DC 10.8 V ~13.2 V。

5.2 测试设备

测试设备及其技术指标应符合表 1 的要求。

表 1 主要测试设备及其技术指标

序 号	设备名称	主要指标
1	RN－150 氡气固体源	分配值≥8 Bq 不确定度 4%
2	真空泵	抽气量≥60 L · min^{-1}
3	真空表	－101.32 kPa
4	秒表	0.1 s
5	数字万用表	4 位半

5.3 闪烁室固有本底测试

5.3.1 测试方法

在常温常压下，仪器置于测量状态，用未进行过氡气测量的闪烁室对清洁干燥的空气进行测量，测量结果即为闪烁室固有本底，闪烁室固有本底以每分钟脉冲计数(cpm)为指标。

5.3.2 测试设备连接

测试设备应按图 1 进行连接。

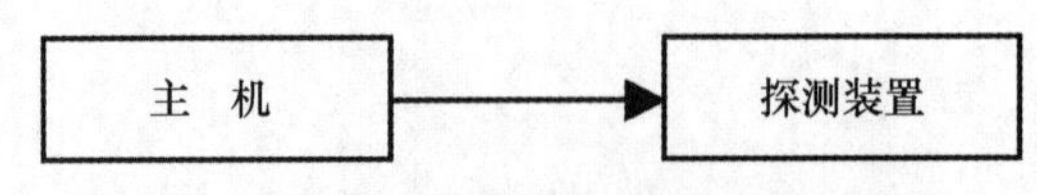

图 1 固有本底测试设备连接示意图

5.3.3 测试结果

闪烁室固有本底每分钟脉冲计数(cpm)小于或等于10时，应判定为合格。

5.4 灵敏度测试

5.4.1 测试方法

灵敏度测试应采用仪器校准的方法。

5.4.2 测试设备连接

测试设备应按图2进行连接。

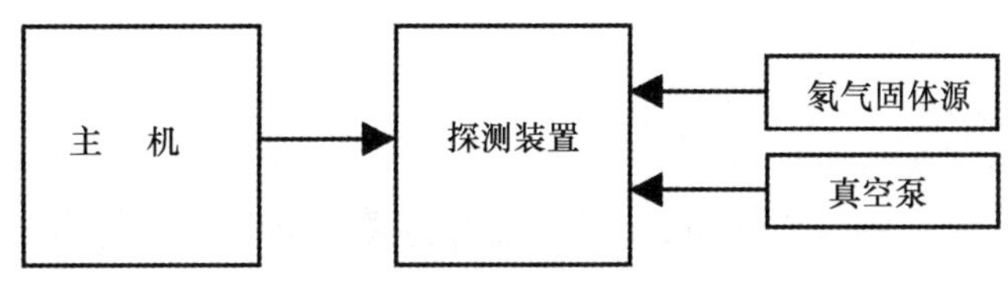

图2 灵敏度测试示意图

5.4.3 测试步骤

按下列步骤进行测试：

a）固体氡气源[注]的初始状态为：“EXHAUST VALVE”排气阀门的手柄置于关闭位置“MASTER VALVE”箭头式旋钮在“OFF”位置；压控铜阀插入到“CELL”的接口处；用止血钳夹紧固体氡气源CELL一端的橡胶管，另一端与测氡装置中闪烁室进源气嘴相接；闪烁室另一气嘴与真空泵相接；

注：氡气固体源的结构见DB/T 6—2003附录F中的F.1及图F.1氡气固体源结构示意图。

b）闪烁室本底N_0测量：在常温常压下，用止血钳夹紧闪烁室两个气嘴，置入测量命令，对室内新鲜空气测量的值即为闪烁室本底N_0；

c）闪烁室抽真空：用止血钳夹紧固体氡气源CELL一端的橡胶管，另一端与测氡装置中闪烁室进源气嘴相接；闪烁室另一气嘴与真空泵相接，启动真空泵抽真空2 min，用止血钳夹紧真空泵与测氡装置中闪烁室气嘴相接处的胶管，取下真空泵管后停泵；

d）吸源：立即将固体氡气源上箭头式旋钮顺时针方向扳至“1”位置，同时松开接固体氡气源CELL一端橡胶管上的止血钳吸空15 s，立刻将箭头式旋钮扳至“2”位置上吸源15 s。再立即将箭头式旋钮扳至“3”位置上，打开净化旋钮阀门，反时针方向旋转约5圈，送源20 s。将箭头式旋钮顺时针方向扳至“4”位置，用止血钳夹紧闪烁室进源气嘴胶管；

e）测量：从进源开始静置1 h后，启动测量命令，测量结果为N；

f）按式(1)计算灵敏度S：

$$S = \frac{N - N_0}{QV} \quad \cdots\cdots(1)$$

式中：

S——测氡装置灵敏度，单位为每分钟脉冲计数每贝可[勒尔]每升(cpm/Bq·L^{-1})；

Q——固体氡气源标称分配值，单位为贝可［勒尔］(Bq)；

N——静置1h后的每分钟脉冲计数(cpm)；

N_0——闪烁室本底的每分钟脉冲计数(cpm)；

V——闪烁室的体积，单位为升(L)。

5.4.4 测试结果

灵敏度S不小于70 cpm/Bq·L^{-1}，应判定为合格。

5.5 闪烁室密封性能测试

5.5.1 测试设备连接

闪烁室密封性能测试应按图3进行连接，将闪烁室的两个气嘴用胶管一个与真空泵连接，另一个与真空表连接。

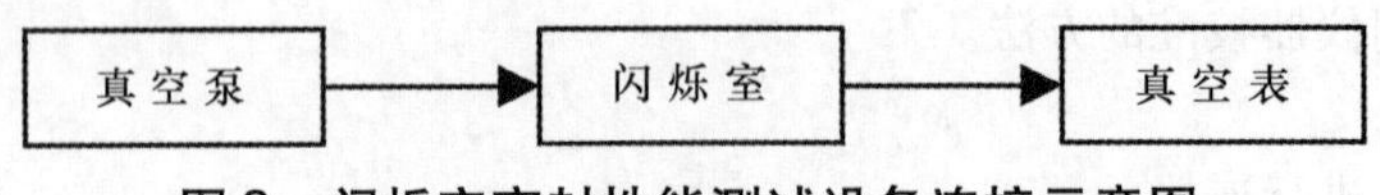

图3 闪烁室密封性能测试设备连接示意图

5.5.2 测试步骤

测试按下列步骤进行：

a）抽真空：开启真空泵，抽真空2 min，用止血钳夹紧真空泵与闪烁室连接的胶管，断开泵管后停泵，读真空表指示值为A_1；

b）静置：将闪烁室静置10 min，再读真空表指示值为A_2；

c）计算真空度变化量ΔA：$\Delta A = A_2 - A_1$。

5.5.3 测试结果

真空度变化量ΔA应小于1.3 kPa时，应判定为合格。

5.6 高压范围测试

5.6.1 设备连接

高压范围测试设备应按图1进行连接。

5.6.2 测试步骤

按下列步骤进行测试：

a）使仪器进入测量状态，高压表头有高压显示；

b）调节高压电位器，从高压表头读高压最小值；

c）调节高压电位器，从高压表头读高压最大值。

5.6.3 测试结果

高压能够在400 V～1 300 V范围内连续可调，则判定为合格。

5.7 最大允许误差测试

5.7.1 测试设备连接

测试设备应按图2进行连接。

5.7.2 测试方法

用被测仪器对固体氡气源的标称分配值进行n次测量。

5.7.3 测试结果计算

按照如下步骤计算测试结果：

a）按照式(2)计算n次测量值的平均值：

$$\overline{Q}_1 = \sum_{i=1}^{n} Q_i / n \qquad (2)$$

式中：

Q_i——每次的测量值；

$\overline{Q}_1$——n次测量值的平均值。

b）按照式(3)计算n次测量值的均方差：

$$\sigma = \sqrt{\frac{\sum_{i=1}^{n}(Q_i - \overline{Q}_1)^2}{n-1}} \qquad (3)$$

c）剔除 $Q_i - \overline{Q}_1 > 2\sigma$ 的测量值，剩余 m 个测量值；

d）按照式(4)计算 m 次测量值的平均值：

$$\overline{Q}_2 = \sum_{i=1}^{m} Q_i/m \qquad (4)$$

式中：

$\overline{Q}_2$—— m 个测量值的平均值。

e）按照式(5)计算 m 次测量值的均方差：

$$\sigma_m = \sqrt{\frac{\sum_{i=1}^{m}(Q_i - \overline{Q}_2)^2}{m(m-1)}} \qquad (5)$$

f）按照式(6)计算测量值最大误差 ΔQ：

$$\Delta Q = |\overline{Q}_2 - Q_0| + 2\sigma_m \qquad (6)$$

式中：

Q_0—— 固体氡气源的标称分配值。

g）按照式(7)计算误差 E：

$$E = \frac{\Delta Q}{Q_0} \times 100\% \qquad (7)$$

5.7.4 测试结果

计算的误差 E 小于5%，则判定为合格。

5.8 功能检查

5.8.1 测试设备连接

功能检查设备连接应按图4进行。

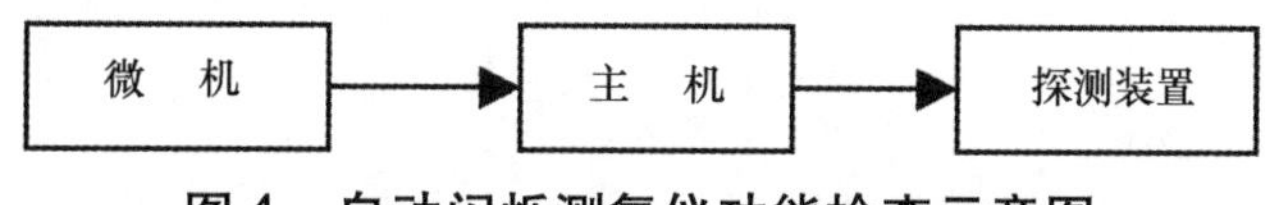

图4　自动闪烁测氡仪功能检查示意图

5.8.2　按检查表2所列功能，将检查结果填入表2中。

表2　功能检查结果表

序　号	功　能	检测结果符合要求否 (Y/N)	备　注
1	气路控制功能		
2	工作参数设置功能		
3	打印功能		
4	实时测量功能		
5	报警功能		
6	显示功能		
7	通信功能		

5.9 基本安全试验

按 GB 4706.1 — 2005 第13章的试验方法进行。

5.10 环境适应性试验

5.10.1 温度试验

按 GB/T 6587.2 — 1986 Ⅱ类仪器的试验方法进行。

5.10.2 湿度试验

按 GB/T 6587.3 — 1986 Ⅱ类仪器的试验方法进行。

参 考 文 献

［1］DB/T 6—2003《氡气固体源检定规程》
［2］JJF 1001—1998《通用计量术语及定义》

ICS 91.120.25
P 15
备案号：25864—2009

中华人民共和国地震行业标准

DB/T 33.1—2009

地震地电观测方法　地电阻率观测 第1部分:单极距观测

The method of earthquake-related geoelectrical monitoring - Geoelectrical resistivity observation - Part 1: Single separation configuration

2009-02-09 发布　　2009-06-01 实施

中国地震局 发布

前言

本部分是《地震地电观测方法》系列标准中“地电阻率观测”的第1部分。该系列标准的结构及名称预计如下：

地震地电观测方法　地电阻率观测　第1部分：单极距观测(DB/T 33.1—2009)

地震地电观测方法　地电阻率观测　第2部分：多极距观测(DB/T 33.2—2009)

地震地电观测方法　地电阻率观测　第3部分：大地电磁重复测量(DB/T 33.3—2009)

地震地电观测方法　地电场观测(DB/T 34—2009)

地震地电观测方法　电磁扰动观测(DB/T 35—2009)

……

本部分的附录B、附录C、附录D、附录E和附录F为规范性附录，附录A为资料性附录。

本部分由中国地震局提出。

本部分由全国地震标准化技术委员会(SAC/TC 225)归口。

本部分起草单位：中国地震局地震预测研究所、甘肃省地震局、中国地震台网中心。

本部分主要起草人：钱家栋、杜学彬、蔡晋安、赵家骝、席继楼、叶青、陈军营、谭大诚、黄伟、康好林。

引　　言

20 世纪 60 年代以来，针对地震预测这个世界科学难题，我国采用了多路探索的基本方略，地震地电学方法就是在这个基本方略指导下发展起来的地震预测方法之一。地震地电学方法中地电阻率观测是其重要分支之一，它从地球物理电法勘探（物探电法）中的电阻率勘探方法移植而来，以定点布设装置系统的组网技术，观测一定区域范围内视电阻率随时间的变化及其空间分布，探索它们与地震孕育过程的关系。

经过 40 多年的实践，地电阻率观测已发展成为我国地震监测预报和科学研究的主要技术手段之一。地震地电学方法中的地电阻率观测，按照观测技术的差异可以分为三类：单极距观测、多极距观测和大地电磁重复测量，分别源于物探电法中的视电阻率法、垂向电测深法以及大地电磁测深法，并且经历了移植和改造、继承和创新的长期发展历程，在地震监测预报中发挥了重要的作用。

在《地震地电观测方法　地电阻率观测》标准中的“地电阻率”，即物探电法中的“视电阻率”；标准中引入“地电阻率”一词，重在标识地震监测预报中的视电阻率观测包含有随时间变化的特点，从而与物探电法中视电阻率观测主要用于介质电性结构空间分布的特点在名义上有所区别。“大地电磁重复测量”是采用天然电磁场为场源观测介质电性结构的技术，所获取的目标物理量仍然是视电阻率，在观测中不仅测量电场，还要测量磁场；在观测区的多个测点上进行重复观测，不仅涉及剖面视电阻率的空间变化，而且涉及到各个测点视电阻率随时间的变化，因此也被列入地电阻率观测标准的工作范畴之中。

制定本标准的基本宗旨在于，在总结地震监测预报实践经验的基础上，规范地震地电阻率的观测技术、观测环境、台站建设、组网观测以及观测数据处理的技术要求，全面指导和推进地电阻率观测中各项技术环节标准化的进程。

地震地电观测方法　地电阻率观测
第1部分：单极距观测

1　范围

本部分规定了地震地电阻率方法中单极距观测技术的观测对象、观测原理、台站观测、观测环境、组网观测以及对观测数据的技术要求。

本部分适用于在地震监测和相关科学研究中的固定台站地电阻率观测和流动地电阻率观测。

2　规范性引用文件

下列文件中的条款通过 DB/T 33 的本部分的引用而成为本部分的条款。凡是注日期的引用文件，其随后所有的修改单(不包括勘误的内容)或修订版均不适用于本部分，然而，鼓励根据本部分达成协议的各方研究是否可使用这些文件的最新版本。凡是不注日期的引用文件，其最新版本适用于本部分。

CJJ 49 — 1992　地铁杂散电流腐蚀防护技术规程

DB/T 18.1 — 2006　地震台站建设规范　地电台站　第1部分：地电阻率台站

DB/T 29.1 — 2008　地震观测仪器进网技术要求　地电观测仪　第1部分：直流地电阻率仪

3　术语和定义

下列术语和定义适用于本部分。

3.1

地电阻率　geoelectrical resistivity

表征观测点位地下某一特定探测范围内介质综合导电能力的物理量，其量纲与电阻率相同，又称视电阻率。

[GB/T 18207.2 — 2005，定义 4.3.2]

3.2

供电电极　current electrode

在地电阻率测量中，连接大地与供电导线、向大地传送供电电流的接地导体。

[DB/T 18.1 — 2006，定义 3.2]

3.3

测量电极　measuring electrode

在地电阻率测量中，连接大地与测量导线、接收大地电信号和人工供电电信号的接地导体。

[DB/T 18.1 — 2006，定义 3.3]

3.4

观测装置　configuration in geoelectrical resistivity observation

在直流地电阻率观测中，由电极系按一定的几何规则布设在地表，以及电极系与测量仪器连接的线路组成的设施。

3.5

单极距观测　geoelectrical resistivity observation in terms of single separation configuration

在一个方位上仅采用一组由正负供电电极和正负测量电极系组成的观测装置进行的直流地电阻率观测。

3.6

布极区 region of electrode laying

以供电电极距$\overline{AB}$的中心点为圆心、$3/5\times\overline{AB}$为半径的各个圆区的外包络线围限的区域。

[DB/T 18.1—2006，定义3.4]

4 观测对象及要求

4.1 观测对象

地电阻率及其随时间的变化。

4.2 观测要求

4.2.1 分辨力不应大于0.01 Ω·m。

4.2.2 在分辨力为0.01 Ω·m情况下，最大允许误差宜为0.3%观测值+0.02 Ω·m。

4.2.3 宜采用定时观测，两次观测时间间隔不宜大于1 h。

5 观测原理

5.1 勘选确定观测场地，确定布极区，在布极区内选定若干个方位，并在每个方位上设置如图1所示的、呈线状排列的固定装置系统*AMNB*，其中*A*、*B*标识一对供电电极的位置，*M*、*N*标识一对测量电极的位置，通过与该装置系统相连接的电压和电流检测仪器，测量地电阻率，并比较不同时间(时刻)地电阻率测值的差异，确认其随时间的变化。

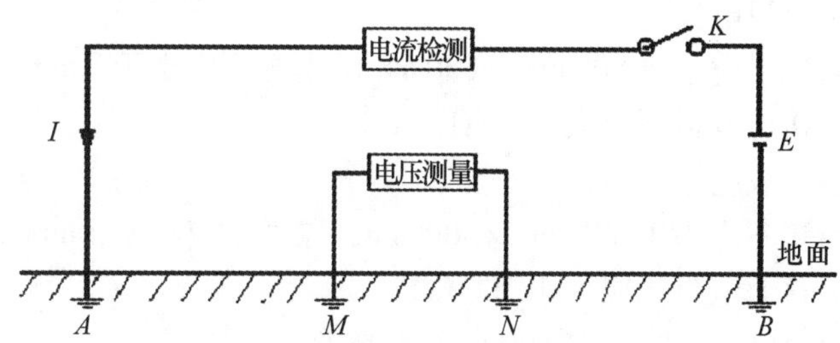

图1 地电阻率测量原理示意图

5.2 单极距地电阻率测量方法如下：在电闸*K*接通电路时，电源*E*通过供电电极*A*、*B*向大地供电，在大地中建立稳定的人工电场，其后通过电流和电压检测仪器分别测量供电电流*I*和测量电极*M*、*N*之间由供电引起的附加电位差ΔV，并按式(1)计算地电阻率ρ_s。

$$\rho_s = K\frac{\Delta V}{I} \quad \cdots\cdots(1)$$

式中：

I——人工电场稳定后，通过*A*、*B*流经大地的电流；

ΔV——供电电流在*M*、*N*间产生的附加电位差；

K——装置系数，按式(2)计算。

$$K = \frac{2\cdot\pi}{\frac{1}{\overline{AM}}-\frac{1}{\overline{BM}}-\frac{1}{\overline{AN}}+\frac{1}{\overline{BN}}} \quad \cdots\cdots(2)$$

式中：

$\overline{AM}$——供电电极*A*到测量电极*M*的距离；

$\overline{BM}$——供电电极*B*到测量电极*M*的距离；

$\overline{AN}$——供电电极*A*到测量电极*N*的距离；

$\overline{BN}$——供电电极*B*到测量电极*N*的距离。

6 台站观测

6.1 观测系统构成

台站观测系统由观测装置、测量仪器和检定系统构成。

6.2 观测装置

6.2.1 方位选择

6.2.1.1 应选择不少于两个方位布设装置系统，其中应有两个方位互相正交；方位数超过两个的，其余方位在两个正交方位之间成相等角度分布。

6.2.1.2 台站位于活动断层附近的，其两个正交方位宜分别选在沿断层走向和倾向方位上。

6.2.1.3 各方位定向误差应小于2°。

6.2.2 装置布设

6.2.2.1 宜采用对称四极装置布设测量电极、供电电极。

6.2.2.2 测量电极对的中心点与供电电极对的中心点间距宜不大于供电极距的1%，测量电极连线方位与供电电极连线方位之差应小于2°。

6.2.2.3 不同方位布设的装置，其中心点宜重合。

6.2.3 极距

供电电极距$\overline{AB}$不宜小于1000 m，测量电极距$\overline{MN}$应满足$\overline{AB}/5 \leqslant \overline{MN} \leqslant \overline{AB}/3$。

6.2.4 电极

6.2.4.1 供电电极应采用铅板电极。

6.2.4.2 供电电极铅板面积不应小于800 mm × 800 mm，厚度不应小于3 mm。

6.2.4.3 供电电极单电极接地电阻不应大于30 Ω。

6.2.4.4 测量电极宜采用铅板电极。

6.2.4.5 测量电极铅板面积不应小于500 mm × 500 mm，厚度不应小于3 mm。

6.2.4.6 测量电极单电极接地电阻不应大于100 Ω。

6.2.4.7 电极埋设方法见DB/T 18.1 — 2006中的附录D。

6.2.5 外线路

6.2.5.1 供电导线漏电电流与供电电流的比值不应大于0.1%，供电导线漏电电位差的绝对值与人工电位差的比值不应大于0.5%。

6.2.5.2 供电和测量导线对地绝缘电阻不应小于5 MΩ。

6.2.5.3 使用抗老化绝缘导线，线电阻不应大于20 Ω/km，拉断力不宜小于2000 N。

6.2.5.4 采用架空或埋地方法敷设外线路，敷设方法见DB/T 18.1 — 2006中的附录E。

6.3 测量仪器

测量仪器及主要技术指标见表1。

表1 测量仪器及主要技术指标

设备名称	单位	数量	主要技术指标	功能和用途
数字地电仪	台	2	电压分辨力：不低于0.01 mV 电流分辨力：不低于0.1 mA 电阻率测量最大允许误差：±(0.1%读数 + 0.02 Ω · m) 测量电压动态范围：大于100 dB 输入电阻：大于10 MΩ 工频交流串模抑制比：大于80 dB	数据采集和存储

表 1（续）

设备名称	单位	数量	主要技术指标	功能和用途
数字地电仪	台	2	工频交流共模抑制比：大于 140 dB 直流共模抑制比：大于 140 dB 通道数：不小于 3	数据采集和存储
稳流电源	台	2	输出电流：0.5 A ~ 2.5 A 电流稳定度：优于 0.5% 纹波因数：小于 0.5%	供电电流

6.4 检定系统

6.4.1 技术要求

6.4.1.1 检定系统应能提供电压 1 mV ~ 1 000 mV 范围内准确度不低于 0.01 级的基准电压。

6.4.1.2 检定应能准确检测出装置系数大于 0.3% 的变化。

6.4.2 系统组成

检定系统由电压测量检定设备和装置稳定性检查设备组成。检定设备的技术指标见表 2。

表 2 检定设备及主要技术指标

设备名称	单位	数量	主要技术指标
电位差计	台	1	0.01 级
饱和标准电池	个	1	0.01 级
标准电阻	个	1	0.01Ω，2A，0.01 级
可变电阻	个	1	100 Ω/2A
接地电阻测试仪	台	1	0.1 Ω
数字万用表	个	1	3 $^1/_2$位

6.4.3 检定方法

6.4.3.1 测量仪器检定

测量仪器检查宜分为地电阻率仪、供电电源和校准设备检查三类。

6.4.3.1.1 地电阻率仪

地电阻率仪应按 DB/T 29.1 — 2008 中 5.3 的技术要求，检定地电阻率仪的绝对误差。

6.4.3.1.2 供电电源

供电电源的检定方法见附录 A。

6.4.3.1.3 校准设备

校准设备应定期在计量部门进行准确度检定和校准。

6.4.3.2 装置稳定性检定

6.4.3.2.1 外线路

外线路的供电导线、测量导线的绝缘性能应按照附录 B 的方法和要求定期进行检定。

6.4.3.2.2 电极

电极（各供电电极和测量电极）的接地电阻应采用接地电阻测试仪定期检定。

6.4.3.2.3 外负载

各装置供电线路的外负载应定期进行检定。

6.4.3.3 系统测量误差检定

应定期检定地电阻率测量系统的测量误差，检定方法及要求见附录C。

6.5 台站观测系统运行

6.5.1 观测周期

地电阻率台站观测周期不宜大于1 h。

6.5.2 检定周期

6.5.2.1 装置系统

装置系统检定周期不应大于一个月。

6.5.2.2 测量系统

测量系统检定周期不应大于一个月。

6.5.2.3 系统测量误差

应在每年雨季前、后进行一次地电阻率测量系统的测量误差检定。

6.5.2.4 校准设备

校准设备检定周期不应小于一年。

7 观测环境

7.1 地质构造条件

观测场地宜选在地震活动带内或在活动断裂带附近。

7.2 地形地貌条件

7.2.1 布极区应地形开阔、地势平坦，至少在两个正交方向可以布设1 000 m以上的供电电极距，地形高差不宜大于电极间距的5%。

7.2.2 布极区内不应有沟壑、崖坎、河流等。

7.3 岩性条件

7.3.1 布极区表层不应为卵石层、砾石层。

7.3.2 土层、砂土层以及卵石、砾石组成的第四系松散覆盖层的厚度不宜超过200 m。

7.4 电性结构

7.4.1 供电电极距100 m时测得的视电阻率宜为10 Ω · m ~ 50 Ω · m。

7.4.2 表层影响系数 S 的绝对值宜小于0.2，S 的计算方法见DB/T 18.1 — 2006中的附录A。

7.5 水文地质条件

7.5.1 布极区不宜选在抽水漏斗区内。

7.5.2 布极区边缘避开大型水库、湖泊的距离不宜小于3 000 m。

7.6 电磁环境

7.6.1 在城市有轨直流运输系统对地的过渡电阻值符合CJJ 49 — 1992的条件下，城市有轨直流运输系统轨道与地电阻率观测场地中心的距离应不小于30 km。

7.6.2 电气化铁路运输系统在牵引功率不超过6 000 kV · A的条件下，轨道与地电阻率观测的任意一个测向中心点的距离应不小于5 km。

7.6.3 普通铁路运输系统轨道与地电阻率观测的任意一个测向的中心点的距离应不小于1 km。

7.6.4 35 kV以上、500 kV以下高压交流输电线路与地电阻率任一测量极的距离应不小于0.3 km。

7.6.5 500 kV高压交流输电线路与地电阻率任一测量极的距离应不小于1.5 km。

7.6.6 工频骚扰源距地震台站电磁观测设施的最小距离应满足下列要求：

a）对30 kV · A以下变压器或相当功率的用电器，其接地线与地电阻率观测场地中任一测量极的距离应不小于0.05 km;

b）对30 kV · A以上变压器或相当功率的用电器，其接地线地电阻率观测场地中任一测量极的距离应不小于0.1 km。

7.6.7 金属管道(线)类设施距地震台站电磁观测设施的最小距离应满足下列要求:

a) 地面敷设或埋地金属管道与地电阻率观测场地中任一测向的中心点的距离应不小于1 000 m;

b) 接地金属线的接地点与最近的一个电极的最小距离应不小于0.07 km。

8 组网观测

8.1 组网原则

地电阻率观测宜采用组网方式进行,即在地震活动区、地震监测区或需要加密观测的地区,由多个地电阻率观测站以及相应的观测网中心组成观测网开展地震监测活动。

8.2 组网要求

8.2.1 网内宜采取均匀布局模式;在活动断层附近可采取非均匀布局模式,并沿断层两侧布网。

8.2.2 宜与地震电磁观测网其他测项同网观测。

8.2.3 每个观测网内应不少于三个观测站,网内观测站间距不宜大于150 km。

8.3 观测网运行

8.3.1 网内各观测站宜采用同步观测,观测周期应符合本部分6.5.1的规定。

8.3.2 观测网运行期间,观测网中心应承担网内观测站数据管理、处理和服务功能。

9 观测数据

9.1 数据处理

9.1.1 地电阻率均值计算

按式(3)计算地电阻率均值。

$$\bar{\rho}_s = \frac{1}{n}\sum_{i=1}^{n}\rho_{si} \qquad \cdots\cdots(3)$$

式中:

$\bar{\rho}_s$—— 地电阻率平均值,单位为欧姆米(Ω·m);

n —— 参加平均值计算的地电阻率个数;

ρ_{si}—— 参加平均值计算的地电阻率时间序列中第 i 个地电阻率值。

9.1.2 地电阻率均方差计算

按式(4)计算地电阻率均方根误差。

$$\sigma_{n-1} = \sqrt{\frac{\sum_{i=1}^{n}(\rho_{si}-\bar{\rho}_s)^2}{n-1}} \qquad (4)$$

式中:σ_{n-1}为均方根误差,单位为欧姆米(Ω·m)。

9.1.3 地电阻率相对均方差计算

按式(5)计算地电阻率相对均方根误差。

$$k_{\sigma_{n-1}} = \frac{\sigma_{n-1}}{\bar{\rho}_s} \times 100\% \qquad \cdots\cdots(5)$$

式中:$k_{\sigma_{n-1}}$为相对均方根误差。

9.2 数据产出

9.2.1 原始观测数据产出:

a) 地电阻率小时值;

b) 地电阻率小时值均方差。

9.2.2 日产出数据:

a) 地电阻率日均值;

b）地电阻率日均值均方差；

c）地电阻率日均值相对均方差。

9.2.3　每日应产出观测站观测日志，观测日志格式及填写内容见附录D。

9.2.4　每月应产出观测站观测月报表，月报表格式及填写内容见附录E。

9.2.5　每年应产出观测站年度观测报表，年度报表格式及填写内容见附录F。

附　录　A
（资料性附录）
供电电源稳定性检定方法（以2A稳流源为例）

A.1　电流稳定度检定

A.1.1　检定方法

按以下方法和步骤检定供电电源的电流稳定性：

a）按图A.1连接稳流电源；

b）打开稳流电源的低压电源开关，预热约5 min；

c）启动稳流电源高压开关，调节输出电流至2 A；

d）停止供电后再启动，记录5 s～60 s内电流的漂移；

e）由式(A.1)计算供电电源的电流稳定度。

$$\varepsilon_{I} = \frac{\Delta I}{I} \times 100\% \qquad \cdots\cdots\cdots\cdots (A.1)$$

式中：

ΔI——电流漂移；

I——输出电流。

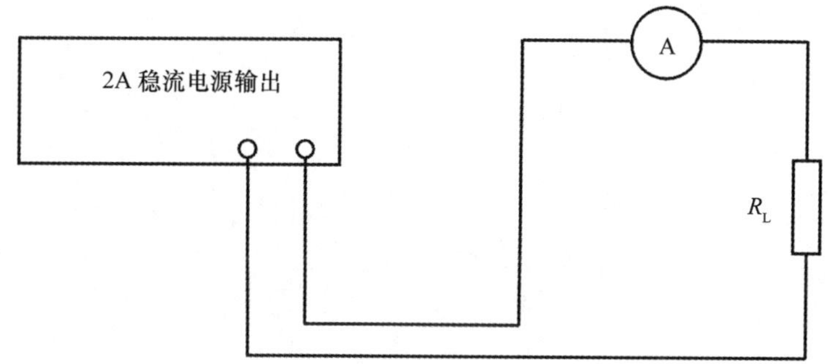

注：

A——0 A～5 A安培表；

R_L——100 Ω左右的电阻。

图A.1　供电电流稳定度检定接线示意图

A.1.2　技术要求

电流稳定度应满足$\varepsilon_I \leqslant 0.5\%$。

A.2　纹波因数检定

A.2.1　检定方法

按以下方法和步骤检定稳流电源的纹波因数：

a）按图A.2连接稳流电源；

b）启动稳流电源高压开关，调节输出电流至2 A；

c）用数字万用表的直流电压档测量R_L上的电压V_d；

d）用数字万用表的交流电压档测量R上的电压V_a；

e）按式(A.2)计算纹波因数γ。

$$\gamma = \frac{V_a}{V_d} \times 100\% \qquad \text{(A.2)}$$

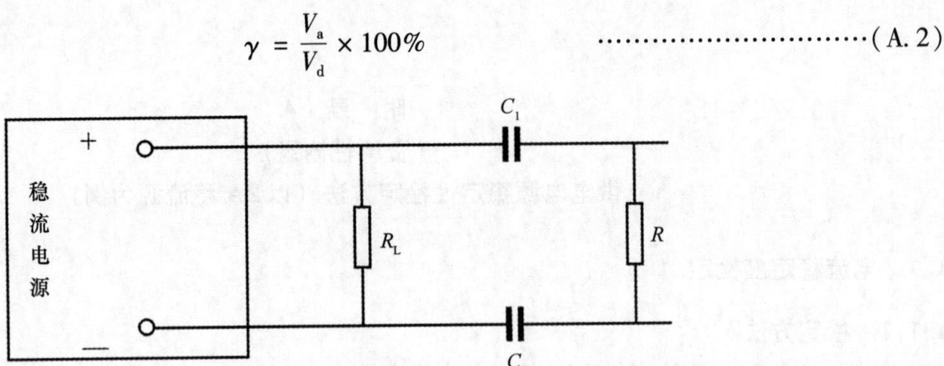

注：

C_1、C_2——0.47 μF/400V 电容；

R_L——额定负载电阻；

R——10 kΩ/1 W 电阻。

图 A.2　纹波因数检定装置示意图

A.2.2　技术要求

纹波因数应满足 $\gamma \leqslant 0.5\%$。

附　录　B
（规范性附录）
外线路绝缘检定方法

B.1　供电回路检定

B.1.1　检定方法

按以下方法和步骤检定供电回路的绝缘性能：

a）记录正常观测时的供电电压 V_{AB}、供电电流 I 和人工电位差 ΔV；

b）按图 B.1 所示接入负载电阻和电位参考点 G，参考点是距离供电电极和测量电极 50 m 以外的任一接地点；

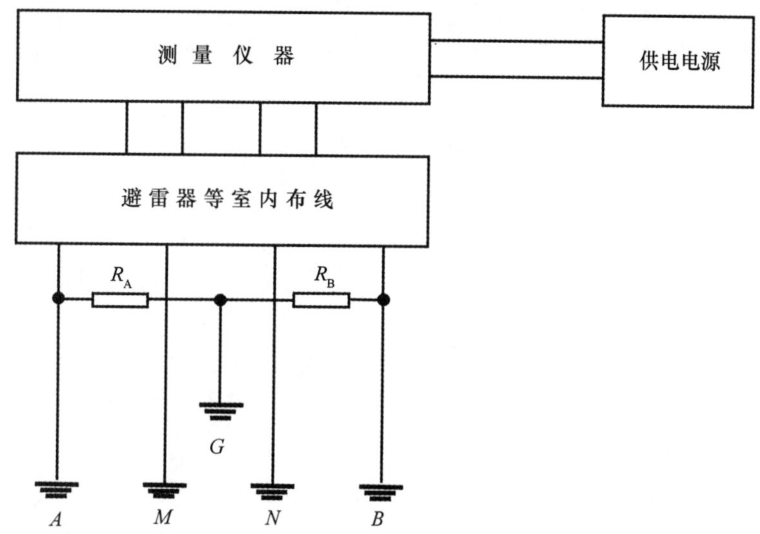

注：

R_A、R_B—— 负载电阻；

G—— 电位参考点；

A、B—— 供电电极；

M、N—— 测量电极。

图 B.1　外线路漏电检定线路示意图

c）在 A、B 极处同时断开供电线；

d）供电并测量漏电电流 I_L 和漏电电位差 ΔV_L；

e）按式(B.1)和式(B.2)计算供电回路漏电电流影响系数 ε_1 和漏电电位差影响系数 ε_2。

$$\varepsilon_1 = \frac{I_L}{I} \qquad \text{(B.1)}$$

$$\varepsilon_2 = \frac{\overline{\Delta V_L}}{\Delta V} \qquad \text{(B.2)}$$

式中：

I_L—— 取多次测量中的最大测量值；

ε_1—— 有效位数与 I_L 有效位数相同；

$\overline{\Delta V_L}$—— 取多次测量中 ΔV_L 的平均值；

ε_2—— 有效位数与$\overline{\Delta V_L}$的有效位数相同。

B.1.2 技术要求

各测道供电线的绝缘性能应满足以下要求：

a）漏电电流系数 $\varepsilon_1 \leq 0.1\%$；

b）漏电电压系数 $\varepsilon_2 \leq 0.5\%$。

B.2 测量回路检定

B.2.1 检定方法

在测量仪器、测量电极处断开测量导线，用1 000 MΩ/500 V 或等同性能的兆欧表测量导线对地的绝缘电阻。

B.2.2 技术要求

各测道测量导线对地绝缘电阻不应小于5 MΩ。

附 录 C
（规范性附录）
测量系统测量误差检定方法

C.1 测量方法

应按以下方法和步骤检查测量系统的测量误差：

a）按图 C.1 所示将测量仪器、稳流电源、负载电阻、取样电阻等连接成模拟测量系统；

b）设 5.2 节式(1)中的装置系数 K 分别为 1 000、2 000、4 000 等，对应第 i 个装置系数分视电阻率 ρ_{si} 标准值分别为 10.00 Ω · m、20.00 Ω · m、40.00 Ω · m；

c）启动测量仪器进行测量，对应每个标准值 $\rho^{\circ}_{s,i}$ 连续测量五个 $\rho_{s,i}$ 测量值，求得五个 $\rho_{s,i}$ 测量值的平均值 $\bar{\rho}_{s,i}$。

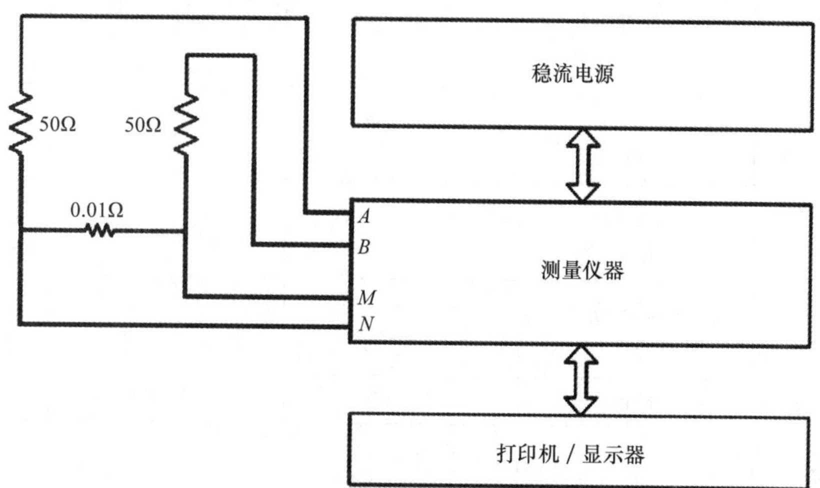

图 C.1 系统测量误差测试连接图

C.2 测量误差计算

应按以下方法和步骤计算测量系统的测量误差：

a）按式(C.1)计算每个标准值 $\rho^{\circ}_{s,i}$ 与对应测量平均值 $\bar{\rho}_{s,i}$ 的差；

b）按式(C.2)计算每个标准值与测量平均值的相对误差。

$$\Delta\bar{\rho}_{s,i} = |\rho^{\circ}_{s,i} - \bar{\rho}_{s,i}| \qquad \text{(C.1)}$$

$$\delta = \Delta\bar{\rho}_{s,i}/\rho^{\circ}_{s,i} \times 100\% \qquad \text{(C.2)}$$

C.3 技术要求

测量系统视电阻率测量的相对误差应满足 $\delta \leqslant 0.3\%$。

附 录 D
（规范性附录）
地电阻率观测日志

每个观测台站每日产出的地电阻率观测日志格式及填写内容如表 D.1 所示。

表 D.1 地电阻率台站观测日志

<table>
<tr><td>台站名称</td><td colspan="3"></td></tr>
<tr><td>观测日期</td><td colspan="2">年　月　日</td><td>值班人员</td></tr>
<tr><td rowspan="6">辅助测项</td><td>时间</td><td>上午</td><td>下午</td><td>晚上</td></tr>
<tr><td>主导天气</td><td></td><td></td><td></td></tr>
<tr><td>气温
℃</td><td></td><td></td><td></td></tr>
<tr><td>气压
hPa</td><td></td><td></td><td></td></tr>
<tr><td>降水量
mm</td><td></td><td></td><td></td></tr>
<tr><td>地下水位
m</td><td></td><td></td><td></td></tr>
<tr><td rowspan="3">观测室环境</td><td>时间</td><td>08：00</td><td>12：00</td><td>22：00</td></tr>
<tr><td>温度
℃</td><td></td><td></td><td></td></tr>
<tr><td>相对湿度</td><td></td><td></td><td></td></tr>
<tr><td>重大情况记载</td><td colspan="4"></td></tr>
<tr><td>备　注</td><td colspan="4"></td></tr>
<tr><td colspan="5">注：重大情况记载栏填写当日出现的影响地电阻率观测的事件。</td></tr>
</table>

附 录 E
(规范性附录)
地电阻率观测月报表

台站每月产出的地电阻率观测月报表格式及填写内容如表 E.1 所示。

表 E.1 地电阻率观测月报表

报表名称	年 月 台地电阻率观测月报表						
仪器校准							
被校准仪器名称				被校准仪器型号			
被校准仪器出厂号				被校准仪器标称指标			
校准设备				校准日期		年 月 日	
校准场所室温 ℃				校准场所湿度 %			
测程 +1 200.000 mV				测程 −1 200.000 mV			
标准值 V_0 mV	测试读数 V mV	偏差 ΔV mV	允许偏差 $\lvert \Delta V_{max} \rvert$ mV	标准值 V_0 mV	测试读数 V mV	偏差 ΔV mV	允许偏差 $\lvert \Delta V_{max} \rvert$ mV
+1 200.000				−1 200.000			
+1 000.000				−1 000.000			
+800.000				−800.000			
+600.000				−600.000			
+400.000				−400.000			
+200.000				−200.000			
+100.000				−100.000			
+80.000				−80.000			
+60.000				−60.000			
+40.000				−40.000			
+20.000				−20.000			
+10.000				−10.000			
+8.000				−8.000			
+6.000				−6.000			
+4.000				−4.000			
+2.000				−2.000			
+1.000				−1.000			
0.000				0.000			

表 E.1(续)

ΔV 和 I 实测值范围确定				
观测量	装置方位			
ΔV mV	正向供电			
	反向供电			
I A	正向供电			
	反向供电			

供电线漏电检查							
日期	方位	I A	I_L mA	ε_1 %	ΔV mV	$\Delta\overline{V}_L$ mV	ε_2 %

测量线绝缘 R_l 电阻检查				电极接地 R_E 电阻检查			
日期	方位	R_{lM} MΩ	R_{lN} MΩ	R_{EA} MΩ	R_{EB} MΩ	R_{EM} MΩ	R_{EN} MΩ

外负载测定					
测定日期	大气湿度 %	方位	I A	V_{AB} V	R_L Ω

观测室接地电阻 R_d			
检查日期	大气湿度 %	检查仪器型号	R_d Ω

表 E.1(续)

<table>
<tr><td colspan="9">供电电源性能检查</td></tr>
<tr><td rowspan="2">电源型号</td><td rowspan="2">电源出厂号</td><td colspan="4">输出电流稳定度</td><td colspan="3">纹波因数</td></tr>
<tr><td>I
A</td><td>ΔI
A</td><td>$\Delta I/I$
%</td><td>抖动</td><td>V_d
V</td><td>V_a
V</td><td>V_a/V_d
%</td></tr>
<tr><td></td><td></td><td></td><td></td><td></td><td></td><td></td><td></td><td></td></tr>
<tr><td></td><td></td><td></td><td></td><td></td><td></td><td></td><td></td><td></td></tr>
<tr><td></td><td></td><td></td><td></td><td></td><td></td><td></td><td></td><td></td></tr>
<tr><td>测试检查者</td><td colspan="3"></td><td>填表者</td><td colspan="2"></td><td>核对者</td><td></td></tr>
<tr><td>填报日期</td><td colspan="3"></td><td>电子邮件</td><td colspan="2"></td><td>联系电话</td><td></td></tr>
<tr><td>备　注</td><td colspan="8"></td></tr>
</table>

附　录　F
（规范性附录）
地电阻率观测年度报表

每个台站每年度产出的地电阻率观测年度报表的格式及填写内容如表F.1所示。

表F.1　地电阻率观测年度报表

<table>
<tr><td colspan="2">报表名称</td><td colspan="9">年　　月　　台地电阻率观测年度报表</td></tr>
<tr><td colspan="11">台站位置</td></tr>
<tr><td colspan="2">行政区</td><td colspan="3"></td><td colspan="3">地理经纬度
度分秒，度分秒</td><td colspan="3"></td></tr>
<tr><td colspan="2">断裂位置</td><td colspan="3"></td><td colspan="3">海拔高度
m</td><td colspan="3"></td></tr>
<tr><td colspan="11">测　量　装　置</td></tr>
<tr><td colspan="5">外线路</td><td colspan="6">电　　极</td></tr>
<tr><td>布极
方位</td><td>测道</td><td>线路
材料</td><td>极距
km</td><td>敷设
方式</td><td>电极</td><td>材料</td><td>形状</td><td>尺寸
cm</td><td>埋深
m</td><td>接地电
阻范围
Ω</td></tr>
<tr><td rowspan="4"></td><td rowspan="2">AB</td><td rowspan="2"></td><td rowspan="2"></td><td rowspan="2"></td><td>A</td><td></td><td></td><td></td><td></td><td></td></tr>
<tr><td>B</td><td></td><td></td><td></td><td></td><td></td></tr>
<tr><td rowspan="2">MN</td><td rowspan="2"></td><td rowspan="2"></td><td rowspan="2"></td><td>M</td><td></td><td></td><td></td><td></td><td></td></tr>
<tr><td>N</td><td></td><td></td><td></td><td></td><td></td></tr>
<tr><td rowspan="4"></td><td rowspan="2">AB</td><td rowspan="2"></td><td rowspan="2"></td><td rowspan="2"></td><td>A</td><td></td><td></td><td></td><td></td><td></td></tr>
<tr><td>B</td><td></td><td></td><td></td><td></td><td></td></tr>
<tr><td rowspan="2">MN</td><td rowspan="2"></td><td rowspan="2"></td><td rowspan="2"></td><td>M</td><td></td><td></td><td></td><td></td><td></td></tr>
<tr><td>N</td><td></td><td></td><td></td><td></td><td></td></tr>
<tr><td rowspan="4"></td><td rowspan="2">AB</td><td rowspan="2"></td><td rowspan="2"></td><td rowspan="2"></td><td>A</td><td></td><td></td><td></td><td></td><td></td></tr>
<tr><td>B</td><td></td><td></td><td></td><td></td><td></td></tr>
<tr><td rowspan="2">MN</td><td rowspan="2"></td><td rowspan="2"></td><td rowspan="2"></td><td>M</td><td></td><td></td><td></td><td></td><td></td></tr>
<tr><td>N</td><td></td><td></td><td></td><td></td><td></td></tr>
<tr><td colspan="11">测量装置变动记载</td></tr>
<tr><td colspan="3">变动日期</td><td colspan="3">变动项目</td><td colspan="5">引起地电阻率变化
MΩ</td></tr>
<tr><td colspan="3"></td><td colspan="3"></td><td colspan="5"></td></tr>
<tr><td colspan="3"></td><td colspan="3"></td><td colspan="5"></td></tr>
<tr><td colspan="3"></td><td colspan="3"></td><td colspan="5"></td></tr>
</table>

表 F.1(续)

外线路					
检查项目	供电线漏电系数范围		测量线绝缘电阻范围		外负载范围
布极方位	ε_1 %	ε_2 %	M MΩ	N MΩ	R_L Ω

观　测　室			
接地电阻范围 Ω	温度范围 ℃	湿度范围 %	布极中心距离 m

辅助测项变化范围			季　　节	
地下水位 m	气温 ℃	气压 Pa	雨季月份	旱季月份

台　址　条　件					
布极方位	信噪比 dB	地表水系距离 m	电测深方向	曲线类型	岩　性

干　扰　源			
日　期	干扰源种类	与电极距离 m	干扰幅度 $\Delta\rho_s/\rho_s$ %

地电阻率年变化			
布极方位	年变化幅度 %	高值 月	低值 月

ΔV 和 I 值年变化范围				
观测量	方　位			
ΔV mV	正向供电			
	反向供电			
I A	正向供电			
	反向供电			

表 F.1(续)

仪器校准/检定情况检查								
检查项目	测量仪器月检查		备用仪器半年检查			校准设备年检查		
仪器名称	电压/电流测量	供电电源	电压/电流测量	供电电源	检查日期	电位差计	标准电池	送检日期
名称/型号								
出厂编号								
标称指标								

观测精度 k_{σ} %												
布极方位	1月	2月	3月	4月	5月	6月	7月	8月	9月	10月	11月	12月

测试检查者		填表者		核对者	
填报日期		电子邮件		联系电话	
备　注					

参 考 文 献

[1] GB/T 18207.2—2005《防震减灾术语　第2部分：专业术语》

ICS 91.120.25
P 15
备案号：25865—2009

中华人民共和国地震行业标准

DB/T 33.2—2009

地震地电观测方法 地电阻率观测 第2部分：多极距观测

The method of earthquake - related geoelectrical monitoring - Geoelectrical resistivity observation - Part 2: Multi - separation array

2009-02-09 发布　　2009-06-01 实施

中国地震局 发布

前　言

本部分是《地震地电观测方法》系列标准中“地电阻率观测”的第 2 部分。该系列标准的结构及名称预计如下：

地震地电观测方法　地电阻率观测　第 1 部分：单极距观测（DB/T 33.1 — 2009）

地震地电观测方法　地电阻率观测　第 2 部分：多极距观测（DB/T 33.2 — 2009）

地震地电观测方法　地电阻率观测　第 3 部分：大地电磁重复测量（DB/T 33.3 — 2009）

地震地电观测方法　地电场观测（DB/T 34 — 2009）

地震地电观测方法　电磁扰动观测（DB/T 35 — 2009）

……

本部分的附录 A 和附录 E 为规范性附录，附录 B、附录 C 和附录 D 为资料性附录。

本部分由中国地震局提出。

本部分由全国地震标准化技术委员会（SAC/TC 225）归口。

本部分起草单位：中国地震局地震预测研究所、云南省地震局、安徽省地震局、南京市地震局、南京市江宁区地震办公室。

本部分主要起草人：钱家栋、毛先进、蔡晋安、赵家骝、席继楼、杨建军、袁慎杰、黄伟、郑兆苾。

引　言

20 世纪 60 年代以来，针对地震预测这个世界科学难题，我国采用了多路探索的基本方略，地震地电学方法就是在这个基本方略指导下发展起来的地震预测方法之一。地震地电学方法中地电阻率观测是其重要分支之一，它从地球物理电法勘探(物探电法)中的电阻率勘探方法移植而来，以定点布设装置系统的组网技术，观测一定区域范围内视电阻率随时间的变化及其空间分布，探索它们与地震孕育过程的关系。

经过 40 多年的实践，地电阻率观测已发展成为我国地震监测预报和科学研究的主要技术手段之一。地震地电学方法中的地电阻率观测，按照观测技术的差异可以分为三类：单极距观测、多极距观测和大地电磁重复测量，分别源于物探电法中的视电阻率法、垂向电测深法以及大地电磁测深法，并且经历了移植和改造、继承和创新的长期发展历程，在地震监测预报中发挥了重要的作用。

在《地震地电观测方法　地电阻率观测》标准中的“地电阻率”，即物探电法中的“视电阻率”；标准中引入“地电阻率”一词，重在标识地震监测预报中的视电阻率观测包含有随时间变化的特点，从而与物探电法中视电阻率观测主要用于检测介质电性结构空间分布的特点在名义上有所区别。“大地电磁重复测量”是采用天然电磁场为场源观测介质电性结构的技术，所获取的目标物理量仍然是视电阻率，在观测中不仅测量电场，还要测量磁场；在观测区的多个测点上进行重复观测，不仅涉及剖面视电阻率的空间变化，而且涉及到各个测点视电阻率随时间的变化，因此也被列入地电阻率观测标准的工作范畴之中。

制定本标准的基本宗旨在于，在总结地震监测预报实践经验的基础上，规范地震地电阻率的观测技术、观测环境、台站建设、组网观测以及观测数据处理的技术要求，全面指导和推进地电阻率观测中各项技术环节标准化的进程。

地震地电观测方法　地电阻率观测
第 2 部分：多极距观测

1　范围

本部分规定了地震地电阻率观测方法中多极距观测技术的观测对象、观测原理、台站观测、观测环境以及数据处理的技术要求。

本部分适用于地震监测预报中的地电阻率多极距观测及其数据处理。

2　规范性引用文件

下列文件中的条款通过 DB/T 33 本部分的引用而成为本部分的条款。凡是注日期的引用文件，其随后所有的修改单(不包括勘误的内容)或修订版均不适用于本部分，然而，鼓励根据本部分达成协议的各方研究是否可使用这些文件的最新版本。凡是不注日期的引用文件，其最新版本适用于本部分。

CJJ 49 — 1992　地铁杂散电流腐蚀防护技术规程

DB/T 18. 1 — 2006　地震台站建设规范　地电台站　第 1 部分：地电阻率台站

DB/T 29. 1 — 2008　地震观测仪器进网技术要求　地电观测仪　第 1 部分：直流地电阻率仪

DB/T 33. 1 — 2009　地震地电观测方法　地电阻率观测　第 1 部分：单极距观测

3　术语和定义

下列术语和定义适用于本部分。

3. 1

地电阻率　geoelectrical resistivity

表征观测点位地下某一特定探测范围内介质综合导电能力的物理量，其量纲与电阻率相同，又称视电阻率。

[GB/T 18207. 2 — 2005，定义 4. 3. 2]

3. 2

观测装置　configuration in geoelectrical resistivity observation

在直流地电阻率观测中，由电极系按一定的几何规则布设在地表，以及电极系与测量仪器连接的线路组成的设施。

3. 3

多极距装置　multi - seperation array in geoelectrical resistivity

在直流地电阻率观测中，在一个方位上，由多组呈线性排列的、具有不同装置参数观测地电阻率的设施。

3. 4

地电阻率影响系数　influence coefficient in geoeletrical resistivity change

描述定点观测中地电阻率变化与真电阻率变化关系的量，也称地电阻率响应系数或地电阻率权系数。

[GB/T 18207. 2 — 2005 ，定义 4. 3. 9]

4 观测对象及要求

4.1 观测对象

观测场地下方一定深度范围内，等效水平层状介质中各层电阻率随时间的变化。

4.2 观测要求

4.2.1 各层电阻率观测最大允许误差不大于0.5%。

4.2.2 各层电阻率的分辨力不低于0.01 Ω·m。

4.2.3 数据产出周期不应小于每天一次。

5 观测原理

5.1 选择一个符合一维等效电性结构条件的观测场地，在地表设置多极距观测装置系统，观测所有装置的地电阻率随时间的变化，通过反演获得介质内部等效水平层状介质各层电阻率随时间的变化。等效水平电性层状介质模型及多极距装置系统布设示意图，见图1。图中所示的是一个等效水平分层为三层的电性结构示意图，该结构的物理参数为ρ_1，ρ_2，ρ_3，分别标识各等效水平层的平均电阻率；几何参数为h_1，h_2，分别标识等效水平层上部两层的厚度；字母A、B标识一对供电电极在地表的位置；M、N标识一对测量电极在地表的位置。每个装置都包含有埋设于地表的A、M、N、B四个位置上的电极系统，字母的下标表示多极距系统各个装置的序号。图中标出的是一个由五个装置构成的多极距的装置系统。

5.2 各个装置上的地电阻率测量，其方法与单极距四极对称装置的地电阻率测量方法相同，见《地震地电观测方法　地电阻率观测　第1部分：单极距观测》中的第5章。

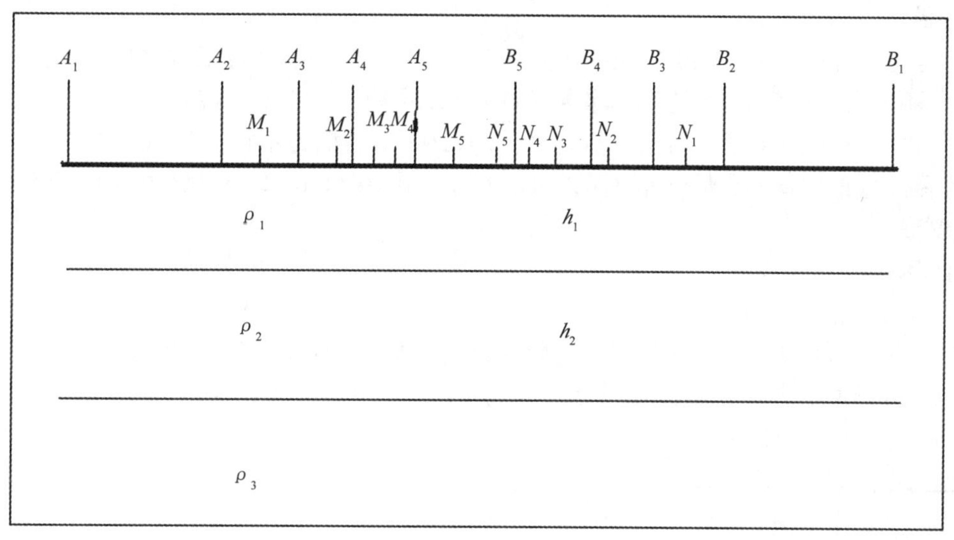

图1　等效水平电性层状介质模型及多极距装置系统布设示意图

5.3 观测场地电性结构探查方法，包含十字电测深和高密度电法两个步骤，分别见附录A中的A.1和A.2，场地下方一维等效电性结构的判定方法见附录B，多极距观测原理和介质电阻率时间变化的反演方法见附录C，反演结果误差分析方法见附录D，地电阻率多极距观测各装置供电极距选择方法见附录E。

6 台站观测

6.1 观测系统的构成

台站观测系统由观测装置、测量仪器和检定系统三部分组成。

6.2 观测装置

6.2.1 装置数目

在一条测线上布设的装置数目 m 应满足式(1)的关系。

$$m \geqslant n+2 \tag{1}$$

式中：n 为一维等效模型层数，其确定方法见附录 B.2。

6.2.2 观测装置布设

6.2.2.1 多极距观测装置的布设，应沿选定方位，中心对称布设。各装置中心点距离最大装置极距中心点的距离不应大于最大极距的5%；且两个相邻装置中心点的距离不应大于较大装置供电极距的5%。

6.2.2.2 最大装置供电极距宜不小于1000 m，其他装置供电极距的选择参见附录 E。

6.2.2.3 不同装置的测量极距 $\overline{M_iN_i}$ 应满足 $\overline{A_iB_i}/30 \leqslant \overline{M_iN_i} \leqslant \overline{A_iB_i}/3, (i=1,2,\cdots,m)$。

6.2.2.4 若布设两条及两条以上测线的装置，其两条测线的方位应互相正交。

6.2.3 电极

6.2.3.1 供电电极应采用铅板电极。

6.2.3.2 供电电极铅板面积不应小于800 mm×800 mm，厚度不应小于3 mm。

6.2.3.3 供电电极单电极接地电阻不应大于30 Ω。

6.2.3.4 测量电极宜采用铅板电极。

6.2.3.5 测量电极铅板面积不应小于500 mm×500 mm，厚度不应小于3 mm。

6.2.3.6 测量电极单电极接地电阻不应大于100 Ω。

6.2.3.7 电极埋设方法见 DB/T 18.1—2006，附录 D。

6.2.4 外线路

6.2.4.1 供电导线漏电电流与供电电流的比值不应大于0.1%，供电导线漏电电位差的绝对值与人工电位差的比值不应大于0.5%；供电和测量导线对地绝缘电阻不应小于5 MΩ。

6.2.4.2 使用抗老化绝缘导线，线电阻不应大于20 Ω/km，拉断力不宜小于2000 N。

6.2.4.3 采用架空或埋地方法敷设外线路，敷设方法参见 DB/T 18.1—2006 中的附录 E。

6.3 测量仪器

6.3.1 性能指标

6.3.1.1 分辨力应优于0.01 Ω·m。

6.3.1.2 在分辨力为0.01 Ω·m 情况下，电阻率测量最大允许误差为0.3%观测值+0.02 Ω·m。

6.3.1.3 电压分辨力不应大于10 μV，电流分辨力不应大于0.1 mA。

6.3.1.4 测量电压动态范围大于100 dB。

6.3.1.5 输入电阻应大于10 MΩ。

6.3.1.6 工频交流串模抑制比应大于80 dB。

6.3.1.7 工频交流共模抑制比应大于140 dB。

6.3.1.8 直流共模抑制比应大于140 dB。

6.3.1.9 测量通道数不应少于六个。

6.3.1.10 通信接口宜具有串行口 RS232C、网络接口 RJ45。

6.3.2 功能要求

6.3.2.1 测量系统应能现场或远程修改工作参数。

6.3.2.2 测量系统能实时显示观测结果。

6.4 检定系统

6.4.1 技术要求

6.4.1.1 检定系统应能提供电压在 1 mV ~ 1 000 mV 范围内，准确度不低于 0.01 级的基准电压。

6.4.1.2 检定系统应能准确检测出装置系数大于 0.3% 的变化。

6.4.2 系统组成

检定系统由电压测量检定设备和装置稳定性检定设备组成。检定设备及主要技术指标见表 1。

表 1 检定设备及主要技术指标

设备名称	单位	数量	主要技术指标
电位差计	台	1	0.01 级
饱和标准电池	个	1	0.01 级
标准电阻	个	1	0.01 Ω，2 A，0.01 级
可变电阻	个	1	100 Ω/2A
接地电阻测试仪	台	1	0.1 Ω
数字万用表	个	1	$3\,^{1}/_{2}$位

6.4.3 检定方法

6.4.3.1 测量仪器检定

6.4.3.1.1 地电阻率仪应按 DB/T 29.1 — 2008 中 5.3 的技术要求，检定地电阻率仪的绝对误差。

6.4.3.1.2 供电电源应按 DB/T 33.1 — 2009 附录 A 的方法检定供电电源的性能。

6.4.3.1.3 校准设备应定期在计量部门进行准确度检定和校准。

6.4.3.2 装置稳定性检定

6.4.3.2.1 外线路的供电导线、测量导线的绝缘性能应按照 DB/T 33.1 — 2009 附录 B 规定的方法和要求定期进行检定。

6.4.3.2.2 电极(各供电电极和测量电极)的接地电阻应采用接地电阻测试仪定期检定。

6.4.3.2.3 各装置供电线路的外负载应定期进行检定。

6.4.3.3 测量仪器误差检定

应定期检定地电阻率测量仪器的误差，检定方法及要求见 DB/T 33.1 — 2009 附录 C 规定。

6.5 设备配置

台站主要设备配置见表 2。

表 2 多极距台站主要观测设备配置表

设备名称	单位	数量	备注
多通道数字地电仪	台	2	技术要求见 6.3
测量电极	个	$2m$	m 为装置数目
供电电极	个	$2m$	m 为装置数目
外线路	套	1	
室内配线	套	1	
专用稳流电源	台	2	

7 观测环境

7.1 观测场地

地电阻率多极距观测系统场地整体线性尺度宜不小于 1 000 m。

7.2 地质构造条件

观测场地宜选在地震活动带内或在活动断裂带附近。

7.3 地形地貌条件

7.3.1 布极区应地形开阔、地势平坦，地形高差不宜大于电极间距的 5%。

7.3.2 布极区内不应有沟壑、崖坎、河流等。

7.4 岩性条件

7.4.1 布极区表层不应为卵石层、砾石层。

7.4.2 土层、砂土层以及卵石、砾石组成的第四系松散覆盖层的厚度不宜超过 200 m。

7.5 电性结构

7.5.1 供电电极距 100 m 时测得的视电阻率宜在 10 Ω · m ~ 50Ω · m。

7.5.2 表层影响系数 S 的绝对值宜小于 0.2，S 的计算方法见附录 C。

7.6 水文地质条件

7.6.1 布极区不宜选在抽水漏斗区内。

7.6.2 布极区边缘避开大型水库、湖泊的距离不宜小于 3 000 m。

7.7 等效电性分层要求

地电阻率多极距观测场地下电性结构，应满足等效一维电性结构条件，即该等效一维电性结构的理论测深曲线与实际测深曲线上各点之视电阻率差的最大值的绝对值，应不大于相应实际观测值的 25%。

7.8 电磁环境条件

7.8.1 在城市有轨直流运输系统对地的过渡电阻值符合 CJJ 49 — 1992 的条件下，城市有轨直流运输系统轨道与地电阻率观测场地中心的距离应不小于 30 km。

7.8.2 电气化铁路运输系统在牵引功率不超过 6 000 kV · A 的条件下，轨道与地电阻率观测的任意一个测向中心点的距离应不小于 5 km。

7.8.3 普通铁路运输系统轨道与地电阻率观测的任意一个测向的中心点的距离应不小于 1 km。

7.8.4 35 kV 以上、500 kV 以下高压交流输电线路与地电阻率任一测量极的距离应不小于 0.3 km。

7.8.5 500 kV 高压交流输电线路与地电阻率任一测量极的距离应不小于 1.5 km。

7.8.6 工频骚扰源距地震台站电磁观测设施的最小距离应满足下列要求：

a）对 30 kV · A 以下变压器或相当功率的用电器，其接地线与地电阻率观测场地中任一测量极的距离应不小于 0.05 km；

b）对 30 kV · A 以上变压器或相当功率的用电器，其接地线与地电阻率观测场地中任一测量极的距离应不小于 0.1 km。

7.8.7 金属管道(线)类设施距地震台站电磁观测设施的最小距离应满足下列要求：

a）地面敷设或埋地金属管道与地电阻率观测场地中任一测向的中心点的距离应不小于 1 000 m；

b）在地电阻率观测中，接地金属线的接地点，与最近的一个电极的最小距离应不小于 0.07 km。

8 观测数据

8.1 数据产出

8.1.1 各个装置的地电阻率观测值及其误差的原始时间序列。

8.1.2 各个装置的地电阻率日(均)值、五日均值、旬均值、月均值及其误差的时间序列。

8.1.3 反演得到的测区地下介质在相应时段的各等效层电阻率值及其误差。

8.2 数据处理

8.2.1 采用一维反演方法处理各装置地电阻率逐次变化率的数据，获取各层电阻率值，反演方法参见附录C。

8.2.2 计算各层电阻率反演结果误差分析方法参见附录D。

附 录 A
(规范性附录)
地电阻率多极距观测场地电性结构探查方法

A.1 十字电测深法

A.1.1 野外探测

A.1.1.1 在布极区做十字电测深工作，电测深最大极距不应小于预计观测装置供电电极距的最大值，每个方向选择二至四个点作为电测深中心，分别做电测深剖面，相邻两个中心点的间距不宜大于500 m。

A.1.1.2 电测深装置应采用电阻率对称四极装置。

A.1.1.3 实测电测深曲线应完整、无严重畸变，主要电性层在曲线上分层明显。

A.1.2 资料解释

结合收集到的布极区或附近的地质、物探、化探、钻探等资料对电测深资料进行综合分析和研究，建立布极区地电断面类型和地质分界面的初步概念，并在此基础上进行层参数一维反演计算，定量确定电测深曲线所反映的各电性层厚度、电阻率等。

A.1.3 成果产出

取得上述电测深剖面上各测深点的地电断面、地质分界面的定性和定量描述，了解布极区的岩性结构。

A.2 高密度电法

A.2.1 野外探测

A.2.1.1 在布极区沿十字电测深测线做平面上互相垂直的高密度电法勘探，高密度电法勘探深度宜为150 m～300 m，道距宜不小于5 m。

A.2.1.2 高密度电法勘探装置应采用Wenner装置。

A.2.1.3 高密度电法勘探原始数据在50 m以下应平稳、无严重畸变。

A.2.2 数据反演方法

采用高密度电法仪器厂家提供的商业反演软件。

A.2.3 成果产出

取得互相垂直的两条剖面电阻率值并给出剖面电阻率分布彩色图。

附　录　B
(资料性附录)
一维等效电性结构的判定方法

B.1　采用 Zohdy 方法建立初始模型

初始模型为水平层状结构模型，采用 Zohdy 方法(参见参考文献[2])确定各层厚度与电阻率值，由此确定的初始模型的层数与测深曲线的点数相同。

B.2　初始模型的调整和等效模型层数 *n* 的确定

由 Zohdy 方法确定的初始模型，通过正演给出相应理论电测深曲线，结合可能收集到的钻探及电阻率测井的结果等地质信息，按照物探电法(参见参考文献[3])给定的方法，对初始模型参数进行调整，削减层数，并从最终结果中提取等效层的层数 n。

B.3　一维反演和等效模型电性结构参数的确定

以调整后的初始模型（n 层）为基础，并将调整后结构的各层厚度作为模型的各层厚度，做一维电测深反演，确定最终模型的各层电阻率。一维电测深反演方法参考文献［3］。

B.4　一维等效模型电性结构的判定

对 B.3 中一维反演所确定的最终模型进行正演，其理论测深曲线与实际测深曲线在各个测点上所得的视电阻率之差的绝对值，如果其中最大者与相应实测值之比小于 25%，可认为该最终模型为满足本标准电性结构要求的一维等效电性结构。

附 录 C
（资料性附录）
地电阻率多极距观测原理和介质电阻率时间变化的反演方法

C.1 一维电性结构地电阻率多极距观测的原理

对有 n 层的电阻率水平分层均匀结构，并假定只考虑各层电阻率(ρ_1，ρ_2，…，ρ_n)发生变化，而各层厚度(h_1，h_2，…，h_{n-1})不变。设有 m(m 应满足 $m \geqslant n+2$)个对称四极装置用于多极距观测，则对于第 i 个装置($i=1$，2，…，m)，有式(C.1)的关系：

$$\rho_{si} = f(\rho_1, \rho_2, \cdots, \rho_n, k_i) \qquad \cdots\cdots(C.1)$$

式中，ρ_{si}、k_i 分别为第 i 个装置观测到的视电阻率和第 i 个装置的装置系数；m 为装置个数。对式(C.1)取对数且微分得到式(C.2)。

$$\begin{aligned}\frac{d\rho_{si}}{\rho_{si}} &= \frac{1}{\rho_{si}}\left(\frac{\partial f}{\partial \rho_1}d\rho_1 + \frac{\partial f}{\partial \rho_2}d\rho_2 + \cdots + \frac{\partial f}{\partial \rho_n}d\rho_n\right)\\ &= S_{i1}\frac{d\rho_1}{\rho_1} + S_{i2}\frac{d\rho_2}{\rho_2} + \cdots + S_{in}\frac{d\rho_n}{\rho_n}\\ &= \sum_{j=1}^{n} S_{ij}\frac{d\rho_i}{\rho_i} \quad (i = 1,2,\cdots,m)\end{aligned} \qquad \cdots\cdots(C.2)$$

式中，S_{ij}表征第 j 层介质真电阻率变化对第 i 个装置观测得到的视电阻率变化的影响，称为“影响系数”，S_{ij}由式(C.3)计算求出。

$$S_{ij} = \frac{\partial \rho_{si}}{\partial \rho_j}\frac{\rho_j}{\rho_{si}} = \frac{d\rho_{si}}{\rho_{si}} / \frac{d\rho_j}{\rho_j} \quad (i = 1,2,\cdots,m; j = 1,2,\cdots,n) \qquad \cdots\cdots(C.3)$$

由一组视电阻率观测的变化量$\frac{d\rho_{si}}{\rho_{si}}$($i=1$，2，…，$m$)，从式(C.2)求解一组介质真电阻率变化量$\frac{d\rho_i}{\rho_i}$($i=1$，2，…，$n$)，这就是多极距观测原理的数学表述。

C.2 介质真电阻率随时间变化的反演方法

对所有装置(即 $i=1$，2，…，m)写出式(C.2)，构成线性方程组如式(C.4)所示。

$$Y = AX \qquad \cdots\cdots(C.4)$$

式中：

Y—— 多极距装置上测得的地电阻率组成的一维向量；

A—— 由式(C.3)计算结果构成的影响系数矩阵；

X—— 待求解的各层电阻率组成的一维向量：

$$Y = \left(\frac{d\rho_{s1}}{\rho_{s1}}, \frac{d\rho_{s2}}{\rho_{s2}}, \cdots, \frac{d\rho_{sm}}{\rho_{sm}}\right)^T \qquad \cdots\cdots(C.5)$$

$$A = \begin{pmatrix} S_{11}, & S_{12}, & \cdots, & S_{1n}\\ S_{21}, & S_{22}, & \cdots, & S_{2n}\\ \cdots, & \cdots, & \cdots, & \cdots\\ S_{m1}, & S_{m2}, & \cdots, & S_{mn}\end{pmatrix} \qquad \cdots\cdots(C.6)$$

$$X=\left(\frac{\mathrm{d}\rho_1}{\rho_1},\ \frac{\mathrm{d}\rho_2}{\rho_2},\ \cdots,\ \frac{\mathrm{d}\rho_m}{\rho_m}\right)^{\mathrm{T}} \quad \cdots\cdots\cdots\cdots (C.7)$$

按6.2.1的要求，m 应满足 $m \geqslant n+2$，故可以采用最小二乘法求解线性方程组(C.4)，求得各层电阻率的变化率，并由各层电阻率的上一次观测值求得当前值。

附 录 D
(资料性附录)
反演结果误差分析方法

D.1 误差分析方法

反演结果的误差分析应与测区地下电性结构相结合，具体方法步骤是：

a）依据观测装置和测区地下电性结构特点，确定一维或二维正、反演方法(见附录B)，确定使用一维或二维正、反演软件；

b）依据测区各分区实际电阻率值(由电性结构调查获得)，经正演计算得到与各装置相应的视电阻率数据；

c）在正演视电阻率数据中加入±0.3%的误差，得到模拟的多极距观测数据，然后对其作反演，得到各分区电阻率值的反演结果；

d）将各分区实际电阻率值与反演结果做比较，得出以百分比表示的每一个分区电阻率值反演误差范围。

D.2 误差分析例

以下给出一个一维误差分析的例子。电性结构见图D.1，布极参数见表D.1，共五个四极对称观测装置。

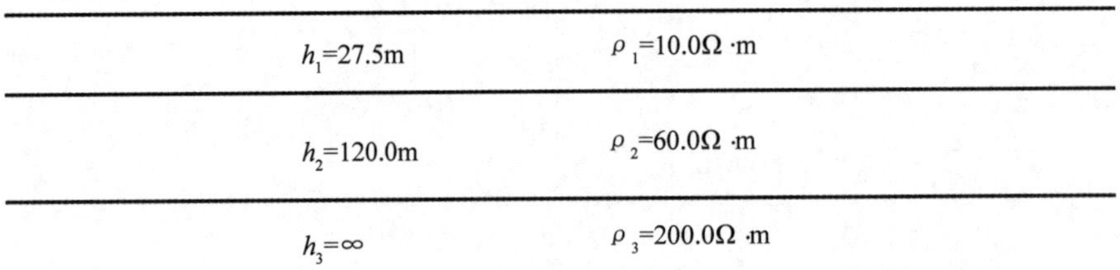

h_1=27.5m	ρ_1=10.0Ω·m
h_2=120.0m	ρ_2=60.0Ω·m
h_3=∞	ρ_3=200.0Ω·m

图D.1 一维电性结构模型

表D.1 多极距观测系统布极参数

单位为米(m)

AB	*MN*
30	6
100	16
270	30
500	100
1000	300

对图D.1所示的三层模型，按表D.1确定的观测装置，经正演计算，得到与各装置相应的视电阻率数据(见表D.2)。

表 D.2　正演得到的与各装置相应的视电阻率

观测装置序号	*AB* m	*MN* m	ρ_s Ω · m
1	30	6	10.28
2	100	16	15.27
3	270	30	30.64
4	500	100	46.02
5	1 000	300	71.85

在与每一个装置相应的视电阻率中加入 ±0.3% 的误差，将有 32 种不同的组合，为简单计，只考虑两种极端情况，一种是在各装置电阻率中都加入 +0.3% 的误差，另一种是在各装置电阻率中都加入 -0.3% 的误差，这两种情况下的模拟观测数据见表 D.3，对它们分别作反演，结果见表 D.4。

表 D.3　视电阻率中加入 ±0.3%误差后的数据

AB m	*MN* m	ρ_s Ω · m	加入 +0.3% 的误差	加入 -0.3% 的误差
30	6	10.28	10.31	10.25
100	16	15.27	15.32	15.22
270	30	30.64	30.73	30.55
500	100	46.02	46.16	45.88
1 000	300	71.85	72.07	71.63

表 D.4　用不同数据反演得到的各层电阻率

数据类型层 电阻率代号	无误差正演数据 的反演结果 Ω · m	加入 +0.3% 误差后 数据的反演结果 Ω · m	加入 -0.3% 误差后 数据的反演结果 Ω · m	各层实际电阻率值 Ω · m
ρ_1	10.00	10.03	9.97	10.0
ρ_2	60.00	60.17	59.83	60.0
ρ_3	200.10	200.78	199.43	200.0

据表 D.4 数据，取两种情况下（即正演数据中加入 +0.3% 和 -0.3% 误差）每层电阻率反演值与实际值之差的较大者作为该层的误差程度，即可得到最终的反演误差分析结果。经计算，在视电阻率观测误差≤0.3% 的条件下，对图 D.1 表示的第 1，2，3 层电阻率的反演误差分别是 0.3%，0.28%，0.39%。

附 录 E
（规范性附录）
地电阻率多极距观测各装置供电极距选择方法

E.1 最大与最小装置供电极距

最大与最小装置分别指地电阻率多极距观测各装置中供电极距最大与最小的装置。最小装置供电极距的选择，应使最大与最小装置的影响系数满足：

$$\left|\frac{S_{m1}}{S_{11}}\right| < \frac{1}{3} \qquad \cdots\cdots(E.1)$$

$$\left|\frac{S_{mn}}{S_{1n}}\right| \geqslant 20 \qquad \cdots\cdots(E.2)$$

式中：

m —— 装置数目，第 1 个装置为最小装置（供电极距最小），第 m 个装置为最大装置（供电极距最大）；

S_{m1} —— 第一层介质对最大装置的影响系数；

S_{11} —— 第一层介质对最小装置的影响系数；

S_{mn} —— 第 n 层介质对最大装置的影响系数；

S_{1n} —— 第 n 层介质对最小装置的影响系数。

E.2 其他装置供电极距选择

选择的原则是应使装置系统的影响系数矩阵，即附录 C 式（C.6）矩阵 A 的任意相邻两行之间的相关程度尽可能小。最大和最小极距之外的其他供电极距选择的具体做法是：在电测深曲线平缓段少选极距，而在其变化较快段多选极距。

参 考 文 献

［1］GB/T 18207.2 —2005《防震减灾术语　第2部分：专业术语》

［2］A. A. R. Zohdy. A new method for the automatic interpretation of Schlumberger and Wenner sounding curves，Geophysics，Volume 54，Issue 2，pp. 245 -253，1989

［3］傅良魁主编．电法勘探教程，1983，北京：地质出版社

ICS 91.120.25
P 15
备案号：25866—2009

中华人民共和国地震行业标准

DB/T 33.3—2009

地震地电观测方法　地电阻率观测
第3部分：大地电磁重复测量

**The method of earthquake-related geoelectrical monitoring -
Geoelectrical resistivity observation -
Part 3: Repeated magnetotelluric measurement**

2009-02-09 发布　　2009-06-01 实施

中国地震局 发布

前　言

本部分是《地震地电观测方法》系列标准中“地电阻率观测”的第3部分。该系列标准的结构及名称预计如下：

地震地电观测方法　地电阻率观测　第1部分：单极距观测（DB/T 33.1 — 2009）

地震地电观测方法　地电阻率观测　第2部分：多极距观测（DB/T 33.2 — 2009）

地震地电观测方法　地电阻率观测　第3部分：大地电磁重复测量（DB/T 33.3 — 2009）

地震地电观测方法　地电场观测（DB/T 34 — 2009）

地震地电观测方法　电磁扰动观测（DB/T 35 — 2009）

……

本部分的附录B和附录C为规范性附录，附录A和附录D为资料性附录。

本部分由中国地震局提出。

本部分由全国地震标准化技术委员会（SAC/TC 225）归口。

本部分起草单位：中国地震局地震预测研究所、海南省地震局、中国地震局地质研究所、甘肃省地震局。

本部分主要起草人：钱家栋、张云琳、蔡晋安、赵国泽、赵家骝、刘晓玲、安海静。

引　言

20世纪60年代以来，针对地震预测这个世界科学难题，我国采用了多路探索的基本方略，地震地电学方法就是在这个基本方略指导下发展起来的地震预测方法之一。地震地电学方法中地电阻率观测是其重要分支之一，它从地球物理电法勘探(物探电法)中的电阻率勘探方法移植而来，以定点布设装置系统的组网技术，观测一定区域范围内视电阻率随时间的变化及其空间分布，探索它们与地震孕育过程的关系。

经过40多年的实践，地电阻率观测已发展成为我国地震监测预报和科学研究的主要技术手段之一。地震地电学方法中的地电阻率观测，按照观测技术的差异可以分为三类：单极距观测、多极距观测和大地电磁重复测量，分别源于物探电法中的视电阻率法、垂向电测深法以及大地电磁测深法，并且经历了移植和改造、继承和创新的长期发展历程，在地震监测预报中发挥了重要的作用。

在《地震地电观测方法　地电阻率观测》标准中的“地电阻率”，即物探电法中的“视电阻率”；标准中引入“地电阻率”一词，重在标识地震监测预报中的视电阻率观测包含有随时间变化的特点，从而与物探电法中视电阻率观测主要用于介质电性结构空间分布的特点在名义上有所区别。“大地电磁重复测量”是采用天然电磁场为场源观测介质电性结构的技术，所获取的目标物理量仍然是视电阻率，在观测中不仅测量电场，还要测量磁场；在观测区的多个测点上进行重复观测，不仅涉及剖面视电阻率的空间变化，而且涉及到各个测点视电阻率随时间的变化，因此也被列入地电阻率观测标准的工作范畴之中。

制定本标准的基本宗旨在于，在总结地震监测预报实践经验的基础上，规范地震地电阻率的观测技术、观测环境、台站建设、组网观测以及观测数据处理的技术要求，全面指导和推进地电阻率观测中各项技术环节标准化的进程。

地震地电观测方法　地电阻率观测
第3部分：大地电磁重复测量

1　范围

本部分规定了地震地电阻率方法中大地电磁重复测量的观测对象和原理，观测系统、观测环境以及数据处理的技术要求。

本部分适用于在地震监测和相关科学研究中的地电阻率大地电磁重复测量。

2　规范性引用文件

下列文件中的条款通过 DB/T 33 的本部分的引用而成为本部分的条款。凡是注日期的引用文件，其随后所有的修改单(不包括勘误的内容)或修订版均不适用于本部分，然而，鼓励根据本部分达成协议的各方研究是否可使用这些文件的最新版本。凡是不注日期的引用文件，其最新版本适用于本部分。

GB/T 19531.2 — 2004　地震台站观测环境技术要求　第2部分：电磁观测

3　术语和定义

下列术语和定义适用于本部分。

3.1

地电阻率　geoelectrical resistivity

表征观测点位地下某一特定探测范围内介质综合导电能力的物理量，其量纲与电阻率相同，又称视电阻率。

[GB/T 18207.2 — 2005，定义 4.3.2]

3.2

大地电磁重复测量　repeated magnetotelluric measurement

在观测区固定测点上以获取测点不同时间大地电磁响应函数的变化所进行的地电阻率巡回观测。

4　观测对象及要求

4.1　观测对象

大地电磁重复测量的观测对象，是每个测点多次重复测量中沿测量坐标轴方向(磁南北、磁东西方向)上不同频率的视电阻率 ρ_{xy} 和 ρ_{yx}。

4.2　观测要求

4.2.1　观测频带应包含 0.25 s ~ 512 s。

4.2.2　频带中每个量级的频点数不应少于六个。

4.2.3　观测频带内视电阻率的平均相对偏差应不大于 8%。

4.2.4　相邻两次观测视电阻率相对变化的分辨力应小于 10%。

4.2.5　重复测量的时间间隔不宜大于三个月。

5　观测原理

在观测区的多个测点上，通过观测天然电磁场源与地球介质相互作用产生的电场和磁场，获取不同频点的视电阻率；比较不同时间观测结果的差异，以识别测点下方介质电性随时间变化的信息。

从观测电场和磁场获取剖面各测点不同频点视电阻率的方法，见附录 A。

6　测点观测

6.1　观测系统构成

观测系统由观测装置和测量仪器组成。

6.2　观测装置技术要求

6.2.1　电极技术指标

6.2.1.1　电场测量宜采用固体不极化电极。

6.2.1.2　工作频率范围应包含 1 000 Hz ~ 0. 000 1 Hz 。

6.2.1.3　噪声应不大于 1×10^{-3} mV。

6.2.2　电极布设

6.2.2.1　应布设两个分别平行和垂直于磁南北的正交测道，布极方式可采用图 1(a)的十字形、图 1(b)的 T 形或图 1(c)的 L 形布设，两测量方位的定向误差不应大于 1°。

6.2.2.2　电极距宜为 50 m ~ 100 m，测量极距的相对误差不应大于 1% 。

6.2.2.3　任意两个电极之间的地形高差不宜大于电极距的 5% 。

6.2.3　电极埋设

固体不极化电极埋设应符合附录 B 的技术要求。

6.2.4　磁传感器埋设

6.2.4.1　两个水平磁传感器应分别沿磁南北方向(NS)和磁东西方向(EW)水平布设，见图 1，方位误差应小于 1°；水平磁传感器埋设深度不应小于 40 cm，对地平面倾斜不应大于 1°。

6.2.4.2　竖直磁传感器应用土埋实，埋入地下的深度应大于磁棒长度的 2/3，对铅直方向倾斜不应大于 2°。

6.2.4.3　任意两个磁传感器端点之间的距离不应小于 5 m。

6.2.5　电极和磁传感器引线

6.2.5.1　电极和磁传感器引出到仪器的电缆线均不应悬空和并行放置。

6.2.5.2　电极和磁传感器引出到仪器的电缆线对地绝缘电阻不应小于 20 MΩ。

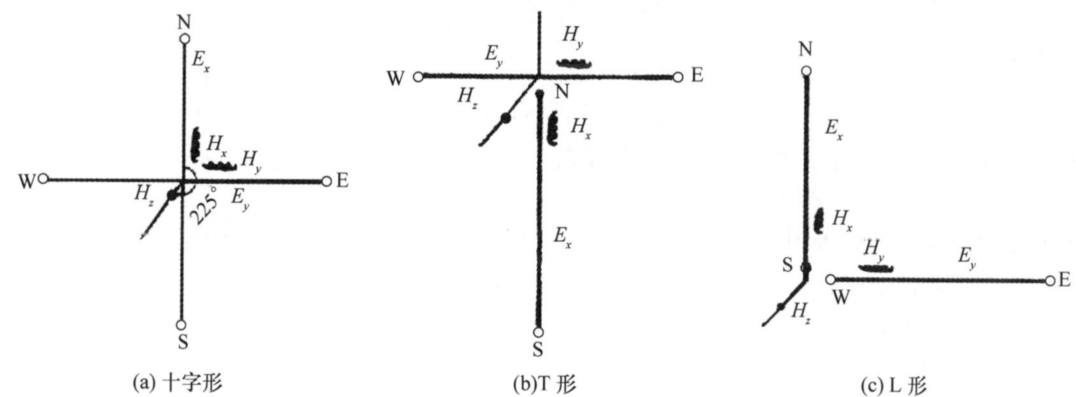

注：
○表示电极位置；
W，E，N，S 分别表示西东北南四个方位；
螺旋线表示水平磁传感器的位置和轴向；
●表示竖直磁传感器的位置；
黑线表示其方位角

图 1　大地电磁重复测量测点观测装置布设示意图

6.3 测量仪器技术要求

6.3.1 磁传感器

6.3.1.1 频带应包含 0.25 s ~ 4 096 s。

6.3.1.2 灵敏度应不小于 0.4 V/nT · Hz。

6.3.1.3 灵敏度的温度漂移应不大于 0.01%/℃ 。

6.3.1.4 噪声电平应不大于 10^{-4} nT/$Hz^{1/2}$(f=1 Hz)。

6.3.1.5 在环境温度 -40℃ ~65℃下应能正常工作。

6.3.2 大地电磁测量数据采集系统

6.3.2.1 观测频率范围应包含 0.25 s ~ 4 096 s。

6.3.2.2 测量通道数为五个，应包含三个磁场通道，两个电场通道。

6.3.2.3 动态范围宜为 120 dB。

6.3.2.4 电压分辨力应小于 0.1×10^{-3} mV。

6.3.3 设备配置

主要设备配置见表 1。

表 1 大地电磁重复测量设备配置表

设备名称		单位	数量	备注
大地电磁测量数据采集系统		套	1	专用；技术要求见 6.3.2
磁传感器		个	3	专用；技术要求见 6.3.1
观测装置	电场测量固体不极化电极	个	4	技术要求见 6.2.1
	外线路	套	1	
大地电磁处理和分析系统（含计算机）		套	1	专用（含硬软件）；现场处理功能

6.4 测点间距

观测区内测点间距宜为 30 km ~ 60 km。

7 观测环境

7.1 测点地震地质条件

测点所处地震地质条件应满足下列三个条件之一：

a) 宜设在活动断裂带及附近；

b) 宜设在深部构造带及附近；

c) 宜设在地震活动带及附近。

7.2 测点的电磁环境条件

7.2.1 离开直流轨道交通线的距离应大于 40 km。

7.2.2 离开广播电台、雷达站的距离应大于 2 km。

7.2.3 离开交流高压输电线的距离应大于 500 m。

7.2.4 离开 3 级以上公路的距离应大于 800 m。

8 观测数据

8.1 数据产出

8.1.1 各个测点坐标轴视电阻率，计算方法见附录 C 中 C.1。

8.1.2 各个测点主轴视电阻率，计算方法见附录 C 中 C.2。

8.1.3 各个测点主轴方位角，计算方法见附录 C 中 C.3。

8.1.4 各个测点二维偏离度，计算方法见附录 C 中 C.4。

8.1.5 各个测点观测频带视电阻率平均相对偏差，计算方法见附录 C 中 C.5。

8.2 数据产出方式

数据产出方式分表格方式、图形方式两种，见附录 D。

8.3 数据处理

8.3.1 对每次测量的电场和磁场原始时间序列数据进行谱分析。

8.3.2 由谱分析结果进行计算，求出观测频带内大地电磁响应参数（测量坐标轴视电阻率，主轴视电阻率，主轴方位角 θ，偏离度 S），计算方法见附录 C.1～C.4。

附 录 A
（资料性附录）
从观测电场和磁场获取剖面各测点不同频点视电阻率的方法

A.1 大地电磁方法是利用天然场源观测地球介质电性结构的方法，而介质的电性结构由测点上观测的各个频段的电场与磁场所确定的介质波阻抗张量所表征。依据地电方法理论，确定频率下（周期为 T）的电场、磁场与相应频率的波阻抗之间满足下列理论公式：

$$\begin{bmatrix} E_x \\ E_y \end{bmatrix} = [Z] \cdot \begin{bmatrix} H_x \\ H_y \end{bmatrix} \quad \cdots\cdots \text{(A.1)}$$

式中，$\begin{bmatrix} E_x \\ E_y \end{bmatrix}$，$\begin{bmatrix} H_x \\ H_y \end{bmatrix}$以及$[Z]$分别表征某确定频率的电场、磁场和波阻抗张量，其中波阻抗张量为：

$$[Z] = \begin{bmatrix} Z_{xx} & Z_{xy} \\ Z_{yx} & Z_{yy} \end{bmatrix} \quad \cdots\cdots \text{(A.2)}$$

A.1.1 在一维介质结构条件下，有：

$$Z_{xx} = Z_{yy} = 0 \quad \cdots\cdots \text{(A.3)}$$

$$Z_{xy} = E_x/H_y, Z_{yx} = E_y/H_x \quad \cdots\cdots \text{(A.4)}$$

$$Z_{xy} = -Z_{yx} \quad \cdots\cdots \text{(A.5)}$$

将阻抗张量的分量用视电阻率表示，有：

$$\rho_{xy} = \rho_{yx} = 0.2 \times T|Z_{xy}|^2 = 0.2 \times T|Z_{yx}|^2 \quad \cdots\cdots \text{(A.6)}$$

式中，ρ_{xy}，ρ_{yx}分别为周期为 T 的测量坐标轴 ox、oy 方向的视电阻率。

A.1.2 在二维介质结构条件下，式(A.2)和式(A.3)仍然成立，但式(A.4)不能成立，ρ_{xy}，ρ_{yx}分别由式(A.6)和式(A.7)所确定：

$$\rho_{xy} = 0.2 \times T|Z_{xy}|^2 \quad \cdots\cdots \text{(A.7)}$$

$$\rho_{yx} = 0.2 \times T|Z_{yx}|^2 \quad \cdots\cdots \text{(A.8)}$$

上述各式中，电场 E 的单位为 mV/km；磁场 H 的单位为 nT；周期 T 的单位为 s；视电阻率 ρ_{xy}，ρ_{yx}的单位为 Ω · m。

A.2 在地电阻率大地电磁剖面重复观测方法中，视电阻率曲线的量值和形态包含着地下不同深度介质电阻率分布的结构信息。通过比较不同时间的剖面各测点视电阻率的观测(计算)结果，获取反映剖面介质电性结构的视电阻率曲线随时间的动态变化，研究它们的时空物理特征，从中提取可能与地震孕育过程相关联的异常信息。

附 录 B
（规范性附录）
固体不极化电极埋设技术要求

固体不极化电极埋设应满足下列技术要求：

a）电极埋设前应进行电极的配对和挑选，并对挑选的电极清除其表面的杂质，用蒸馏水冲洗干净；

b）电极埋设部位应避开污水区、腐殖土壤、腐烂植被和杂物充填部位；

c）电极不宜埋在沟里、坎边、树根处、流水旁和繁忙的公路边；

d）极坑回填土的土质应均匀，同一对测量电极的极坑回填土宜为同一种土质；

e）在沙漠、戈壁、高阻岩石露头和砂土地区，电极埋深应大于 80 cm，电极坑底面宜添加钻井泥粉浆以防渗漏，并用泥浆饼袋夹裹固体不极化电极后垂直埋设；在其余的沼泽、草原、农田等地区，固体不极化电极宜直接垂直埋设深度大于 40 cm；

f）测点每次测量之前，宜提前一天时间埋设好电极。

附　录　C
（规范性附录）
介质电性大地电磁响应参数及观测频带视电阻率平均相对偏差的计算方法

C.1　测量坐标轴视电阻率的计算方法

测量坐标轴视电阻率 ρ_{ij} 按式(C.1)计算：

$$\rho_{ij} = 0.2T|Z_{ij}|^2 \qquad \cdots\cdots(C.1)$$

式中，$i=x$，$j=y$ 或 $i=y$，$j=x$；Z_{ij}为阻抗张量元素；T 为周期（式(C.2)～式(C.5)各物理量的意义同此式）。

C.2　主轴视电阻率 ρ_{ij}^{ROT} 的计算方法

主轴视电阻率，即以最佳旋转角 θ 旋转后的方位上的视电阻率，按式(C.2)计算：

$$\rho_{ij}^{ROT} = 0.2T|Z_{ij}|^2 \qquad \cdots\cdots(C.2)$$

C.3　主轴方位角的计算方法

主轴方位角 θ 按式(C.3)计算：

$$\theta = 0.25\arctan\frac{(Z_{xx}-Z_{yy})(Z_{xy}+Z_{yx})^{*}+(Z_{xx}-Z_{yy})^{*}(Z_{xy}+Z_{yx})}{|Z_{xx}-Z_{yy}|^2-|Z_{xy}+Z_{yx}|^2} \qquad \cdots\cdots(C.3)$$

式中，* 标识阻抗元素的共轭运算。

C.4　二维偏离度 S 的计算方法

二维偏离度按式(C.4)计算：

$$S = \frac{|Z_{xx}+Z_{yy}|}{|Z_{xy}+Z_{yx}|} \qquad \cdots\cdots(C.4)$$

C.5　观测频带视电阻率平均相对偏差的计算方法

观测频带视电阻率平均相对偏差 δ 按式(C.5)计算：

$$\delta = \sum_{i=1}^{n}\frac{|\Delta\rho_s^i/\rho_s^i|}{n} \qquad \cdots\cdots(C.5)$$

式中：

$|\Delta\rho_s^i/\rho_s^i|$ —— 观测频带内第 i 个频点视电阻率的相对偏差；

n —— 频带内频点总数。

附 录 D
（资料性附录）
数据产出方式

D.1 表格方式

表 D.1 测点的单次测量视电阻率 ρ_{xy} 和 ρ_{yx} 表

T s	ρ_{xy} Ω·m	$\pm\Delta\rho_{xy}$ Ω·m	ρ_{yx} Ω·m	$\pm\Delta\rho_{yx}$ Ω·m

测点号		测量次数	第 次	测量日期	

D.2 图形方式

D.2.1 一个测点的单次测量视电阻率ρ_{xy}和ρ_{yx}及其平滑视电阻率曲线

图 D.1 是我国西北某地进行的大地电磁重复测量的 4 号(No.4)测点的一次观测结果示例，用双对数坐标绘制。纵坐标标识视电阻率，单位为Ω·m；横坐标标识周期，单位为 s；图中上下两条曲线分别是按各个频点上测得的坐标轴方位视电阻率ρ_{xy}和ρ_{yx}值画出的平滑曲线；每个频点上视电阻率误差棒以短竖线标识在图中。在曲线的端部，分别用ρ_{xy}和ρ_{yx}标识曲线的名称。

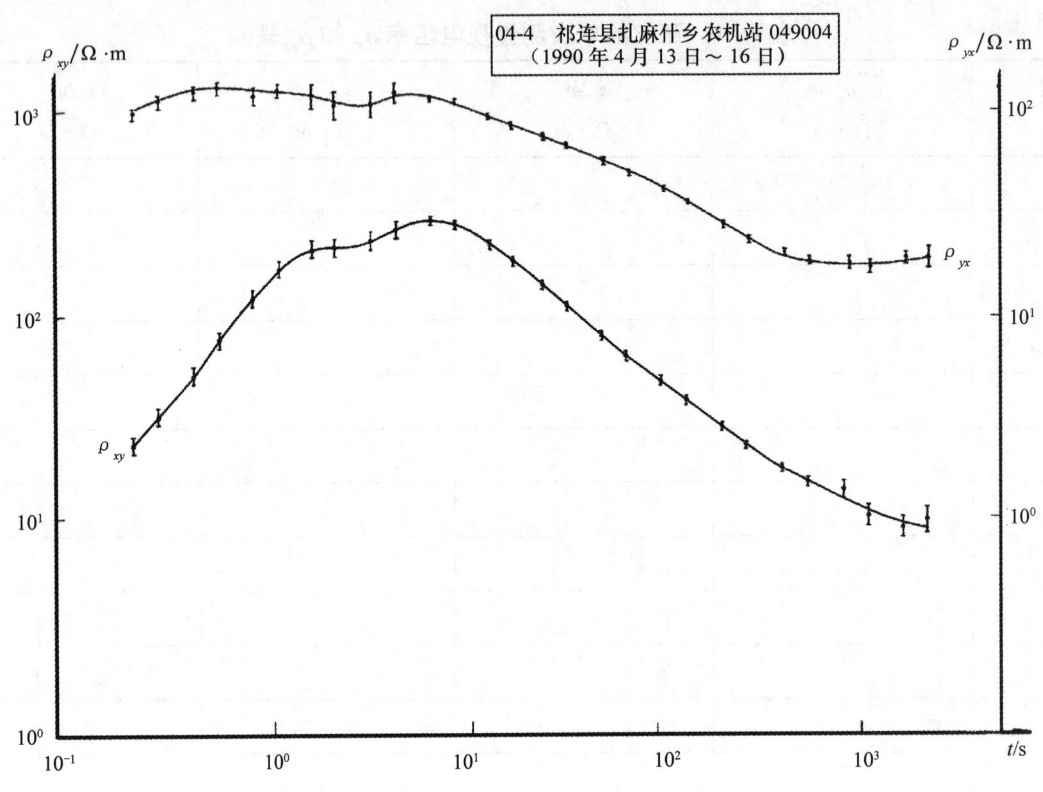

图 D.1 单次测量视电阻率ρ_{xy}和ρ_{yx}及其平滑视电阻率曲线（示例）

D.2.2 某一个测点的多次测量ρ_{xy}和ρ_{yx}平滑视电阻率曲线

图 D.2 是图 D.1 同一个测点上 6 次测量ρ_{xy}和ρ_{yx}平滑视电阻率曲线的示例，大地电磁重复测量从 1988 年 10 月到 1991 年 10 月期间进行。图中右上角用括号内的数字标识重复测量的序号，并用不同的曲线标识记号区别表示。

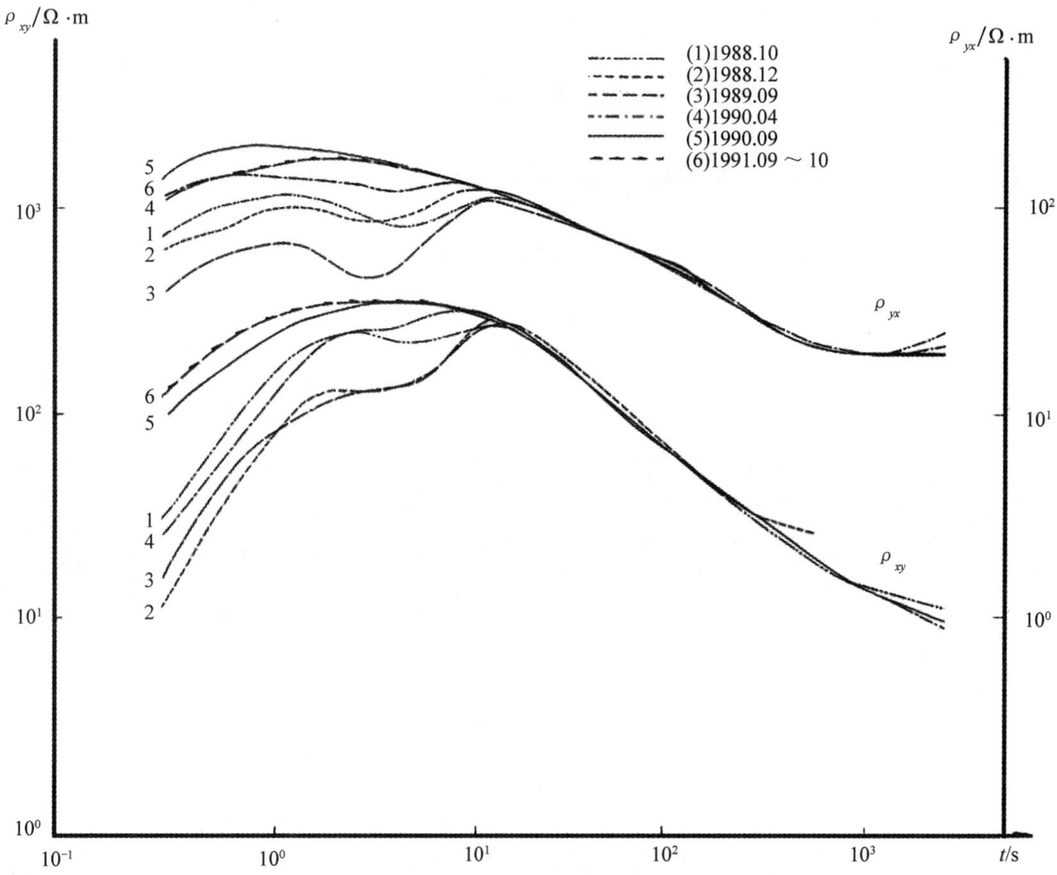

图 D.2 测点的多次测量ρ_{xy}和ρ_{yx}平滑视电阻率曲线(示例)

参 考 文 献

[1] GB/T 18207.2 — 2005《防震减灾术语　第 2 部分：专业术语》

ICS 91.120.25
P 15
备案号：25867—2009

中华人民共和国地震行业标准

DB/T 34—2009

地震地电观测方法 地电场观测*

The method of earthquake-related geoelectrical monitoring - Geoelectric field observation

2009-02-09 发布 2009-06-01 实施

中国地震局 发布

* 正文已按《关于发布地震行业标准 DB/T 34—2009〈地震地电观测方法 地电场观测〉第1号修改单的通知》(中震法发[2010]11号)修改。

前　言

本标准是《地震地电观测方法》系列标准中的一项。该系列标准的结构及名称如下：

地震地电观测方法　地电阻率观测　第1部分：单极距观测(DB/T 33.1 — 2009)

地震地电观测方法　地电阻率观测　第2部分：多极距观测(DB/T 33.2 — 2009)

地震地电观测方法　地电阻率观测　第3部分：大地电磁重复测量(DB/T 33.3 — 2009)

地震地电观测方法　地电场观测(DB/T 34 — 2009)

地震地电观测方法　电磁扰动观测(DB/T 35 — 2009)

……

本标准的附录A为规范性附录，附录B、附录C、附录D和附录E为资料性附录。

本标准由中国地震局提出。

本标准由全国地震标准化技术委员会(SAC/TC 255)归口。

本标准起草单位：中国地震局地震预测研究所、中国地震局地球物理研究所、中国地震台网中心、甘肃省地震局、上海市地震局、天津市地震局、安徽省地震局。

本标准主要起草人：席继楼、蔡晋安、赵家骝、钱家栋、马钦忠、卢军、杜学彬、谭大诚、郑兆苾、毛桐恩、黄伟、韩润泉、叶青、刘超、邱颖。

引　言

地电场是重要的地球物理场之一，是地电学科研究的重要对象。目前，在希腊、法国、日本等多个国家已经开展了地电场观测工作，获得了一系列与地震活动有关的地电场数据。我国地电场观测始于1966年邢台地震之后，先后经历了大地电流场模拟观测、自然电场模拟观测和数字化地电场观测等几个阶段，目前已经建成了由100多个台站组成的数字化地电场观测台网，基本覆盖了我国主要活动构造带、地震重点监视区和经济比较发达地区。经过40多年的国内外观测实践，地电场观测方法已经基本成熟，在地球科学研究和地震监测预测活动中发挥着重要作用。

本标准在编制过程中，开展了国内外调查研究、观测数据分析处理、观测机理计算分析和数值模拟、观测装置系统试验和区域组网观测试验等基础性研究工作，引用、参考和借鉴了多项与地电场观测有关的国家标准和地震行业标准，吸收和采纳了国内地电学领域和其他学科部分资深专家的意见和建议，总结了国内外地电场观测方法最新成果和研究进展，对规范我国地电场观测的各个技术环节、促进地电场观测的科学发展和应用研究将起到一定的引导作用。

地震地电观测方法
地电场观测

1 范围

本标准规定了地电场观测方法的观测对象及观测要求、观测原理、观测系统、组网观测、观测环境和观测数据。

本标准适用于地震监测和相关科学研究中的地电场观测。

2 规范性引用文件

下列文件中的条款通过本标准的引用而成为本标准的条款。凡是注日期的引用文件，其随后所有的修改单(不包括勘误的内容)或修订版均不适用于本标准，然而，鼓励根据本标准达成协议的各方研究是否可使用这些文件的最新版本。凡是不注日期的引用文件，其最新版本适用于本标准。

GB/T 19531.2 — 2004　地震台站观测环境技术要求　第2部分：电磁观测

DB/T 18.2 — 2006　地震台站建设规范　地电台站　第2部分：地电场台站

DB/T 29.2 — 2008　地震观测仪器进网技术要求　地电观测仪　第2部分：地电场仪

3 术语和定义

下列术语和定义适用于本标准。

3.1

地电场　geoelectric field

由固体地球内部和外部的各种非人工电流体系与地球介质相互作用在地球表面所产生的电场。地电场包括大地电场和自然电场。

[GB/T 18207.2 — 2005，定义4.3.1]

3.2

大地电场　telluric

与磁层和电离层中的电流体系的运动有关的地电场。

[GB/T 18207.2 — 2005，定义4.3.1.1]

3.3

自然电场　spontaneous electric field

地壳内部各类物理化学作用引起的正负电荷分离产生的地电场。

[GB/T 18207.2 — 2005，定义4.3.1.2]

3.4

地电暴　telluric storm

磁暴期间与磁暴同步出现的地电场水平强度的变化。

[GB/T 18207.2 — 2005，定义4.3.8]

3.5

测量电极　measuring electrode

在地电场观测中，连接大地与测量导线、接收大地电信号的接地导体。

3.6

地电场观测装置　geoelectric field observation device

按照一定规则布设的一组测量电极及连接电极与仪器的测量线路组成的，将地电场信号传递到测量仪器的设施。

3.7

布极区　region of electrode laying

以每个测道电极距的中心点为圆心、以三分之二极距为半径的各个圆限区域外包络线围限的区域。

[DB/T 18.2 — 2006，修改引用定义 3.4]

4　观测对象及要求

4.1　观测对象

地电场的水平分量。通过测量地表每个测向的两点之间的电位差，获取大地电场和自然电场及其随时间的变化。

4.2　观测要求

4.2.1　大地电场

4.2.1.1　频率范围应包含 0 Hz ~ 0.005 Hz，宜包含 0 Hz ~ 0.1 Hz。

4.2.1.2　观测误差不应大于 1% 测量值 + 0.5 mV/km。

4.2.1.3　观测范围不应小于 2 000 mV/km。

4.2.1.4　分辨力不应大于 0.5 mV/km。

4.2.1.5　采样率不应低于 1 次每分钟。

4.2.1.6　时间精度误差不宜大于 1 s。

4.2.2　自然电场

4.2.2.1　观测误差不应大于 1% 测量值 + 2 mV。

4.2.2.2　观测范围不应小于 1 000 mV。

4.2.2.3　分辨力不宜大于 0.1 mV。

4.2.2.4　采样率不宜低于 1 次每小时。

5　观测原理

5.1　自然电场

在选定观测场地的两个以上方向布设观测装置，测量每个方位的自然电场。每个方向的观测装置布设方式如图 1 所示，在地表埋设电极 A 和电极 B，极距为 $\overline{AB}$，以一定时间间隔测量两个电极间的自然电位差序列 $(V_{AB})_i$（$i = N-1, N-2, \cdots, 2, 1, 0$；$i = 0$ 表示当前时间，$i = 1$ 表示当前时间之前一个观测时间点，…，$i = N-1$ 表示当前时间之前第 $N-1$ 个观测时间点），按式(1)计算得出自然电位差序列 $(V_{AB})_i$ 的算术平均值即为当前时间该装置下的自然电场 V_{SP}。

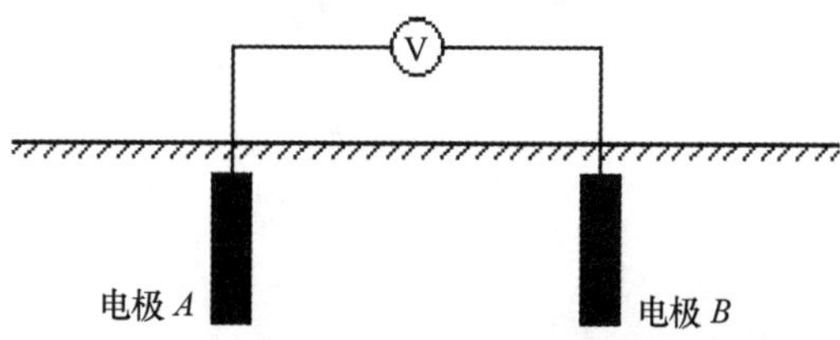

图 1　地电场观测装置布设原理示意图

$$V_{SP} = \frac{1}{N}\sum_{i=0}^{N-1}(V_{AB})_i \qquad \cdots\cdots(1)$$

式中：

$(V_{AB})_i$——电极 A 和电极 B 之间的自然电位差值序列（$i=N-1$，$N-2$，…，2，1，0），单位为毫伏（mV）；

N——参与计算的自然电位差值序列数据总数，不少于24h之内的所有测量数据个数。

5.2 大地电场

5.2.1 分量值测量

在选定区域的两个以上（正交）方向布设观测装置，测量每个方位的大地电场分量值。每个方向的观测装置布设方式如图1所示。在地表埋设电极 A 和电极 B，极距为 $\overline{AB}$，以一定时间间隔测量两个电极间的自然电位差序列 $(V_{AB})_i$（$i=N-1,N-2,\cdots,2,1,0$），按式（1）计算当前时间点该装置下的自然电场 V_{SP}。按式（2）计算此方向上的大地电场分量值 E_T，负号表示大地电场的方向由高电位指向低电位。

$$E_T=-\frac{(V_{AB})_0-V_{SP}}{\overline{AB}} \quad \cdots\cdots(2)$$

式中：

$(V_{AB})_0$——当前时间点的电位差值，单位为毫伏（mV）；

V_{SP}——按式（1）计算得到自然电场值，单位为毫伏（mV）；

$\overline{AB}$——两个测量电极之间的距离，单位为千米（km）。

5.2.2 矢量合成

大地电场矢量由两个正交方向上的大地电场分量值合成，如图2所示。设定两个正交方向分别为 x 轴（东向分量）和 y 轴（北向分量），由两个大地电场分量值 E_x 和 E_y 按式（3）和式（4）计算大地电场强度的幅值 E 和方位角 α。

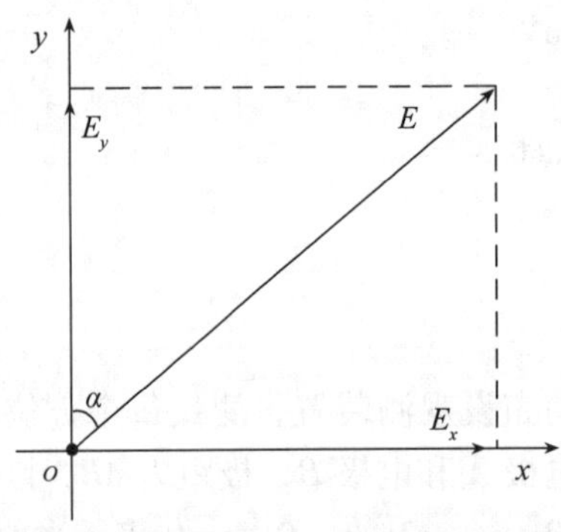

图2 大地电场矢量合成原理图

$$E=\sqrt{E_x^2+E_y^2} \quad \cdots\cdots(3)$$

$$\alpha=\tan^{-1}\frac{E_x}{E_y} \quad \cdots\cdots(4)$$

式中：

E_x——大地电场东向分量，单位为每千米毫伏（mV/km）；

E_y——大地电场北向分量，单位为每千米毫伏（mV/km）。

6 台站观测

6.1 台站观测系统构成

地电场台站观测系统由观测装置、测量仪器和检定设备组成。

6.2 观测装置

6.2.1 装置布设

6.2.1.1 观测装置宜按照附录 A 所示方式之一进行布设。

6.2.1.2 应在至少两个正交方向上布设测道，两个正交方向宜分别平行、垂直地理南北方向，在活动断裂附近，可沿断裂走向和倾向。

6.2.1.3 宜在每个方向布设两种或两种以上不同极距的测道，最小极距不宜小于 150 m，最大极距与最小极距比值不宜小于 1.5。

6.2.1.4 方位角测量误差不宜大于 1°，电极距的测量误差不宜大于 1%。

6.2.2 测量线路

地电场测量线路及其敷设方法应符合 DB/T 18.2 — 2006 中 5.3 的要求。

6.2.3 测量电极

地电场测量电极及其埋设方法应符合 DB/T 18.2 — 2006 中 5.2 的要求。

6.3 测量仪器

地电场观测设备应符合 DB/T 29.2 — 2008 第 4 章的要求。

6.4 检定设备

检定系统应具备不低于 0.05 级的电压标准，包括饱和标准电池和高电势直流电位差计等。

6.5 设备配置

地电场台站观测系统的主要设备配置见表 1。

表 1 地电场台站观测系统主要设备配置

序号	设备名称		单位	数量
1	测量仪器	地电场仪主机	台	不少于 1 台
2	观测装置	测量电极	套	不少于 6 个
		测量线路	套	不少于 1 000 m
3	检定/校准设备		套	饱和标准电池 1 台 高电势直流电位差计 1 台

7 组网观测

7.1 组网布局

7.1.1 在全国范围内布设大地电场观测网，宜按照准均匀模式布设观测站(点)。

7.1.2 在地震活动区、重点监视区及加密观测地区布设区域性地电场观测网，可按照非均匀模式布设观测站(点)。

7.2 组网规模

7.2.1 大地电场观测网的观测站(点)之间的相邻间距不宜大于 200 km。

7.2.2 区域性地电场观测网内的观测点个数不应小于三个，相邻间距不宜大于 50 km。

8 观测环境

8.1 地质构造

8.1.1 大地电场观测站(点)宜选建在块体内部及构造稳定地区。

8.1.2 区域性地电场观测网宜选建在地震活动带内或活动断裂附近。

8.2 地形地貌

8.2.1 布极区内不宜有沟壑、崖坎、河流等。

8.2.2 布极区应地势平坦开阔，地形高差不宜大于电极距的5%。

8.3 电性结构

布极区深度10 m以内表层介质的电阻率不宜小于10 Ω·m。

8.4 电磁环境

电磁观测环境应满足GB/T 19531.2 — 2004中4.1的要求。

9 观测数据

9.1 数据产出

9.1.1 大地电场数据产出

9.1.1.1 每个测道原始时间序列数据周期不宜大于1 min。

9.1.1.2 地电日变化基本参数，包括变化幅度、最大值最小值时间和极化主轴方位等。

9.1.1.3 地电暴基本参数，包括起始时间、持续时间、最大幅度和优势频率等。

9.1.2 自然电场数据产出

9.1.2.1 每个测道原始时间序列数据周期不宜大于1 h。

9.1.2.2 均值计算数据，包括时均值、日均值和五日均值。

9.1.3 辅助数据产出

9.1.3.1 辅助数据宜产出观测日志和报表数据。

9.1.3.2 观测日志主要内容包括观测区域环境温度、湿度、气压、降水量、雷电等，同测向不同测道观测数据相关系数和差值分析数据，以及重大情况记载数据等。以表格形式产出，参见附录B。

9.1.3.3 报表主要包括观测系统校准检查结果、场地巡视异常情况以及环境干扰影响情况记录数据等。以表格形式产出，周期不宜大于1月，参见附录C。

9.2 数据处理

9.2.1 地电场数据预处理

在进行数据处理之前，宜对原始观测时间序列数据进行预处理，分析、标注和处理因观测环境干扰产生的数据变化，消除和修正观测过程中由观测系统故障和检查引入的人为干扰和非正常突变数据。

9.2.2 地电日变化参数分析

宜采用如下流程分析计算：

a）滤除周期小于1 h的较高频变化；

b）统计分析各极大值和极小值及其对应的时刻，依据统计结果获得变化幅度和最大值、最小值时间；

c）可参照附录D所示方法对地电场变化的极化主轴方位进行估算。

9.2.3 地电暴参数分析

宜采用如下流程分析计算地电暴基本参数：

a）结合区域内相邻台站的数据变化及磁暴指数等参数，识别和分析地电暴的起始时刻和持续时间；

b）统计分析地电暴期间观测数据的最大值和最小值，分析其最大变化幅度；

c）分析地电暴数据的频谱，提取优势频率点，即大于平均值两倍频率点。

9.2.4 相关系数计算

宜参照附录E所示方法计算同方向不同测道观测数据之间的相关系数。

附　录　A
(规范性附录)
地电场观测装置布设方法

A.1　装置布设方式

在对地电场观测装置系统进行布设时，宜按照具体的观测环境和场地条件，分别采用十字形布设、L形布设、多电极布设等方式布设地电场观测装置。

A.2　十字形布设

电极布设方法参见图A.1。

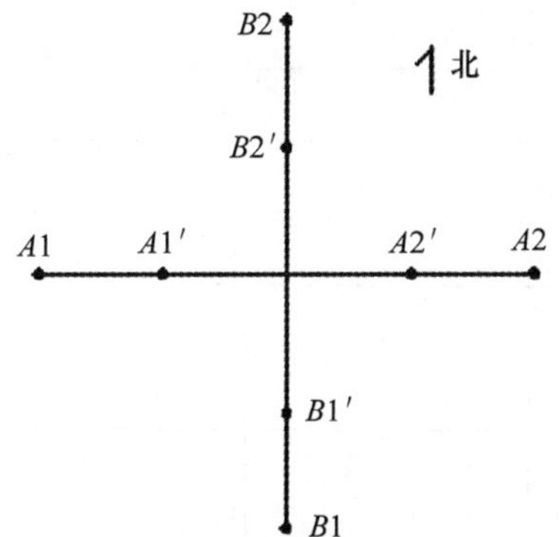

图A.1　十字形交叉装置布设示意图

A.3　L形布设

电极布设方法参见图A.2，根据观测室（一般位于公共电极 O_1/O_2 附近）与观测场地的位置关系，在（a）、（b）、（c）、（d）四种组合中任选一组进行布设。每个方向布设测道数不宜小于两道。

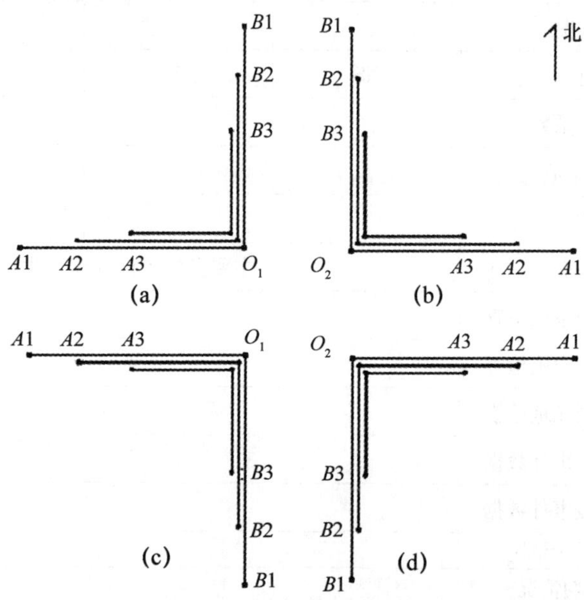

图A.2　多L形观测装置系统布设图

附 录 B
(资料性附录)
地电场观测日志

地电场观测日志宜用表格形式产出，主要填写内容如表 B.1 所示。

表 B.1 地电场台站观测日志表

<table>
<tr><td colspan="3">台站名称</td><td colspan="4"></td></tr>
<tr><td colspan="3">填表日期</td><td colspan="4"></td></tr>
<tr><td rowspan="11">观测条件</td><td colspan="2">检查测试时间</td><td>上午 08：00</td><td>中午 12：00</td><td>下午 16：00</td><td>晚上 20：00</td></tr>
<tr><td rowspan="2">观测系统</td><td>测量仪器状态</td><td></td><td></td><td></td><td></td></tr>
<tr><td>观测装置状态</td><td></td><td></td><td></td><td></td></tr>
<tr><td rowspan="2">观测室</td><td>温度
℃</td><td></td><td></td><td></td><td></td></tr>
<tr><td>相对湿度
%</td><td></td><td></td><td></td><td></td></tr>
<tr><td rowspan="4">辅助测项</td><td>气温
℃</td><td></td><td></td><td></td><td></td></tr>
<tr><td>气压
hPa</td><td></td><td></td><td></td><td></td></tr>
<tr><td>降水量
mm</td><td></td><td></td><td></td><td></td></tr>
<tr><td>地下水位
m</td><td></td><td></td><td></td><td></td></tr>
<tr><td colspan="2">主导天气状况</td><td></td><td></td><td></td><td></td></tr>
<tr><td rowspan="4">数据分析</td><td colspan="2">测　道</td><td>NS</td><td>EW</td><td>NE</td><td>NW</td></tr>
<tr><td colspan="2">小时尺度相关系数</td><td></td><td></td><td></td><td></td></tr>
<tr><td colspan="2">日尺度相关系数</td><td></td><td></td><td></td><td></td></tr>
<tr><td colspan="2">差值分析数据</td><td></td><td></td><td></td><td></td></tr>
<tr><td rowspan="9">重大事件记录</td><td colspan="2">重大事件分类</td><td colspan="4">主要发生事件（未发生则不填写）</td></tr>
<tr><td rowspan="3">检查巡视</td><td>观测系统检查</td><td colspan="4"></td></tr>
<tr><td>观测设施检查</td><td colspan="4"></td></tr>
<tr><td>观测场地巡视</td><td colspan="4"></td></tr>
<tr><td rowspan="2">事件数据</td><td>磁暴事件数据</td><td colspan="4"></td></tr>
<tr><td>其他事件数据</td><td colspan="4"></td></tr>
<tr><td colspan="2">测区主要环境干扰情况</td><td colspan="4"></td></tr>
<tr><td colspan="2">降雨与雷电影响情况</td><td colspan="4"></td></tr>
<tr><td colspan="2">其他重大事项</td><td colspan="4"></td></tr>
</table>

附　录　C
（资料性附录）
地电场报表

地电场报表产出周期不宜大于 1 个月，以表格形式产出，主要填报内容如表 C.1 所示。

表 C.1　地电场月报表

<table>
<tr><td colspan="2">台站名称</td><td colspan="4"></td><td>仪器型号</td><td colspan="4"></td></tr>
<tr><td colspan="2">报表时间（月份）</td><td colspan="4"></td><td>电极类型</td><td colspan="4"></td></tr>
<tr><td rowspan="6">装置系统检测检查</td><td>检查项目</td><td>日期</td><td>测线 1</td><td>测线 2</td><td>测线 3</td><td>测线 4</td><td>测线 5</td><td>测线 6</td><td>测线 7</td><td>测线 8</td></tr>
<tr><td>线路绝缘测试
MΩ</td><td></td><td></td><td></td><td></td><td></td><td></td><td></td><td></td><td></td></tr>
<tr><td rowspan="2">线路状态巡查</td><td></td><td></td><td></td><td></td><td></td><td></td><td></td><td></td><td></td></tr>
<tr><td></td><td></td><td></td><td></td><td></td><td></td><td></td><td></td><td></td></tr>
<tr><td>电极状态检查</td><td></td><td></td><td></td><td></td><td></td><td></td><td></td><td></td><td></td></tr>
<tr><td>避雷装置检查</td><td></td><td></td><td></td><td></td><td></td><td></td><td></td><td></td><td></td></tr>
<tr><td rowspan="3">观测条件检查</td><td>检查项目</td><td>日期</td><td colspan="2">室内温度</td><td colspan="2">室内湿度</td><td colspan="2">天气状况</td><td colspan="2">检查结果</td></tr>
<tr><td>观测室接地电阻</td><td></td><td colspan="2"></td><td colspan="2"></td><td colspan="2"></td><td colspan="2"></td></tr>
<tr><td>观测场地巡视</td><td></td><td colspan="2"></td><td colspan="2"></td><td colspan="2"></td><td colspan="2"></td></tr>
<tr><td rowspan="3">观测仪器检查</td><td>检查项目</td><td>日期</td><td colspan="2">室内温度</td><td colspan="2">室内湿度</td><td colspan="2">检查误差</td><td colspan="2">校准误差</td></tr>
<tr><td>仪器时钟
s</td><td></td><td colspan="2"></td><td colspan="2"></td><td colspan="2"></td><td colspan="2"></td></tr>
<tr><td>零输入检查
mV</td><td></td><td colspan="2"></td><td colspan="2"></td><td colspan="2"></td><td colspan="2"></td></tr>
<tr><td rowspan="11">观测仪器校准</td><td>校准日期</td><td></td><td colspan="2">校准设备名称</td><td colspan="2"></td><td colspan="2">设备标称精度</td><td colspan="2"></td></tr>
<tr><td>标准值 V_0
mV</td><td colspan="2">最大允许误差 $|\Delta V_{max}|$
mV</td><td colspan="2">［正］校准值 V
mV</td><td>误差 $|\Delta V|$
mV</td><td colspan="2">［负］校准值 V
mV</td><td>误差 $|\Delta V|$
mV</td><td>合格
（Y/N）</td></tr>
<tr><td>1000.00</td><td colspan="2"></td><td colspan="2"></td><td></td><td colspan="2"></td><td></td><td></td></tr>
<tr><td>800.00</td><td colspan="2"></td><td colspan="2"></td><td></td><td colspan="2"></td><td></td><td></td></tr>
<tr><td>600.00</td><td colspan="2"></td><td colspan="2"></td><td></td><td colspan="2"></td><td></td><td></td></tr>
<tr><td>400.00</td><td colspan="2"></td><td colspan="2"></td><td></td><td colspan="2"></td><td></td><td></td></tr>
<tr><td>200.00</td><td colspan="2"></td><td colspan="2"></td><td></td><td colspan="2"></td><td></td><td></td></tr>
<tr><td>100.00</td><td colspan="2"></td><td colspan="2"></td><td></td><td colspan="2"></td><td></td><td></td></tr>
<tr><td>80.00</td><td colspan="2"></td><td colspan="2"></td><td></td><td colspan="2"></td><td></td><td></td></tr>
<tr><td>60.00</td><td colspan="2"></td><td colspan="2"></td><td></td><td colspan="2"></td><td></td><td></td></tr>
<tr><td>40.00</td><td colspan="2"></td><td colspan="2"></td><td></td><td colspan="2"></td><td></td><td></td></tr>
</table>

表 C.1(续)

台站名称		仪器型号	
报表时间(月份)		电极类型	

	校准日期		校准设备名称		设备标称精度		
	标准值 V_0 mV	最大允许误差 $\|\Delta V_{max}\|$ mV	[正]校准值 V mV	误差 $\|\Delta V\|$ mV	[负]校准值 V mV	误差 $\|\Delta V\|$ mV	合格 (Y/N)
观测仪器校准	20.00						
	10.00						
	8.00						
	6.00						
	4.00						
	2.00						
	1.00						
	0.00						

	干扰类型	干扰源名称	干扰源距离 km	时长 d	最大影响幅度 mV	处理措施
主要干扰影响因素	工频干扰					
	非工频干扰					
	场地干扰					
	线路问题		—			
	电极问题		—			
	仪器故障		—			

附　录　D
（资料性附录）
大地电场极化主轴方位分析方法

D.1　大地电场极化主轴方向拟合计算

可利用最小二乘法对地电场优势极化方位进行线性拟合。设 x 所在的方向为 EW 方向、y 所在的方向为 NS 方向，通过式(D.1)所示进行线性拟合以后，可以得到反映极化方位的斜率 a 和反映幅度变化 y 轴上的截距 b。

$$y = ax + b \qquad \text{(D.1)}$$

其中参数 a 和 b 由式($D.2$)计算：

$$\begin{cases} a = \dfrac{n\sum\limits_{i=1}^{n} x_i y_i - \sum\limits_{i=1}^{n} x_i \sum\limits_{i=1}^{n} y_i}{n\sum\limits_{i=1}^{n} x_i^2 - (\sum\limits_{i=1}^{n} x_i)^2} \\ b = \dfrac{1}{n}\sum\limits_{i=1}^{n} y_i - \dfrac{a}{n}\sum\limits_{i=1}^{n} x_i \end{cases} \qquad \text{(D.2)}$$

式中：

x_i—— EW 方向观测数据序列；

y_i—— NS 方向观测数据序列；

n —— 参与计算的数据序列的个数。

D.2　大地电场优势极化方位计算

在获得了优势极化方位斜率以后，可利用式(D.3)将其转换为方位角补角数据，方位角补角定义北东向(NE)为正,北西向(NW)为负，取值范围 $-90° \sim 90°$

$$\begin{cases} \alpha = 90° \times (1 - 2 \times (\tan^{-1} a)/\pi) & a \geqslant 0 \\ \alpha = -90° \times (1 + 2 \times (\tan^{-1} a)/\pi) & a < 0 \end{cases} \qquad \text{(D.3)}$$

附 录 E
(资料性附录)
地电场观测数据相关分析方法

E.1 小时尺度相关分析

地电场观测数据的小时尺度相关分析方法及程序如下：

a）以每小时观测数据为计算单元，按照式(E.1)计算同测向不同测道观测数据的相关系数；

b）剔除小时相关数据中因缺测或随机干扰产生的明显不合理的数据(粗差)；

c）对剔除粗差以后的所有数据求算术平均，得到某一天的相关系数。

$$r = \frac{\sum_{i=1}^{n}(|y_i - \bar{y}|)(|x_i - \bar{x}|)}{\sqrt{\sum_{i=1}^{n}(y_i - \bar{y})^2 \cdot \sum_{i=1}^{n}(x_i - \bar{x})^2}} \quad \cdots\cdots(E.1)$$

式中：

$\bar{y} = \frac{1}{n}\sum_{i=1}^{n} y_i$；$\bar{x} = \frac{1}{n}\sum_{i=1}^{n} x_i$；

x_i、y_i——不同测道的数据序列，$i = 0, 1, 2, 3, \cdots, 59$；

n——参与计算的数据个数，不大于60。

E.2 日尺度相关分析

以每日观测数据为计算单元，按照式(E.1)计算同测向不同测道观测数据的相关系数，其中 n 为参与计算的个数，不大于1440；数据序列 $i = 0, 1, 2, 3, \cdots, 1439$。

参 考 文 献

[1] GB/T 18207.2—2005《防震减灾术语　第2部分：专业术语》

ICS 91.120.25
P 15
备案号：25868—2009

中华人民共和国地震行业标准

DB/T 35—2009

地震地电观测方法 电磁扰动观测

The method of earthquake – related geoelectrical monitoring – Electro – magnetic disturbance observation

2009 – 02 – 09 发布

2009 – 06 – 01 实施

中国地震局 发布

前　言

本标准是《地震地电观测方法》系列标准中的一项。该系列标准的结构及名称如下：

地震地电观测方法　地电阻率观测　第 1 部分：单极距观测(DB/T 33.1 — 2009)

地震地电观测方法　地电阻率观测　第 2 部分：多极距观测(DB/T 33.2 — 2009)

地震地电观测方法　地电阻率观测　第 3 部分：大地电磁重复测量(DB/T 33.3 — 2009)

地震地电观测方法　地电场观测(DB/T 34 — 2009)

地震地电观测方法　电磁扰动观测(DB/T 35 — 2009)

……

本标准的附录 A 为资料性附录，附录 B、附录 C 为规范性附录。

本标准由中国地震局提出。

本标准由全国地震标准化技术委员会(SAC/TC 225)归口。

本标准起草单位：中国地震局地震预测研究所、中国地震台网中心、中国地震局地壳应力研究所、甘肃省地震局、河北省地震局、天津市地震局、四川省地震局。

本标准主要起草人：赵家骝、蔡晋安、关华平、王兰炜、钱家栋、席继楼、黄伟、王燕琼、卢军、李美、杜学斌、徐冬红、韩润泉、唐宇雄、谭大诚、王子影、张世中。

引　言

地震电磁扰动观测即通常所说的电磁波观测。电磁扰动方法作为近年来捕捉地震短临异常的较好方法之一，受到国内外地震学家的广泛重视。目前该方法使用的观测仪器种类较多，观测对象不一致(分别有：电场、磁场和电磁场)，观测频段不相同，观测装置不相同，观测仪器的性能和传感器不一致，传感器架设(或埋地)方式不同，观测环境和台址条件要求差异较大。这些因素给资料共享、数据分析研究、地震预测应用带来困难，也对观测方法与理论研究造成障碍。

本标准编制过程中，通过广泛调研、研讨，总结了近40 年电磁扰动的观测经验和预报效果，并进行了理论分析和试验。在标准中明确指出地震电磁扰动观测的目的是希望获得与地震孕育和发生有关的电磁场变化，观测的对象是选定频率范围内的电场、磁场。根据我国的实际情况目前选择 0.1 Hz ~ 10 Hz 频带范围作为电磁扰动观测的基本频段是适宜的，这并不排斥在地震预测研究中扩大观测频带。本标准规范了我国地震电磁扰动观测的台站观测系统、组网观测、观测环境、数据产出等技术环节，这将促进我国多年来在实践中形成的地震电磁扰动观测方法的规范化和系统化。

地震地电观测方法
电磁扰动观测

1 范围

本标准规定了地震电磁扰动观测方法的观测对象及要求、观测原理、台站观测、组网观测、观测环境及观测数据的产出。

本标准适用于地震监测预报和相关科学研究中的电磁扰动观测。

2 术语和定义

下列术语和定义适用于本标准。

2.1

电磁扰动观测 electro - magnetic disturbance observation

在指定频段内的地表电场观测、磁场观测或同点(站)地表电场与磁场同步观测。

2.2

地震电磁扰动观测 observation of earthquake electro - magnetic disturbance

以地震监测为目的，在选定的地点或区域进行的连续的电磁扰动观测。

2.3

测量电极 measuring electrode

在电磁扰动测量中，连接大地与测量导线、接收大地电信号的接地导体。

2.4

布极区 region of electrode laying

以电场各测向电极连线的中点为圆心、相应电极极距长度五分之三为半径的各个圆区的外包络线围限的区域。

2.5

电磁扰动观测装置 electro - magnetic disturbance observation device

在电磁扰动观测中，将被测点的电位传递到测量仪器及保证磁传感器能正确接收指定方向磁信号的设施。

3 观测对象及要求

3.1 观测对象

地表电场强度 E 和磁场强度 H(或磁感应强度 B) 的水平分量，获得选定地点一定频率范围内地表电场、磁场的能量随时间的变化以及发生的电磁事件。

3.2 观测要求

3.2.1 电场观测误差不应超过 5% 测量值 ±2 mV/km；磁场观测误差不应超过 5% 测量值 ±0.1 nT。

3.2.2 观测频率范围应包含 0.1 Hz ~ 10 Hz 频段。

3.2.3 电场观测分辨力不应大于 2 mV/km；磁场观测分辨力不应大于 0.01 nT。

3.2.4 电场测量范围不应小于 ±20 000 mV/km；磁场测量范围不应小于 ±100 nT。

3.2.5 时钟误差不应大于 1 s。

3.2.6 采样率不应低于 50 次每秒。

3.2.7 背景观测数据吐出率不应少于1次每分钟；事件观测数据吐出率不应少于50次每秒。

3.3 观测原理

选择天然电磁场能量最小、人为电磁干扰较小的频段进行地表电场和磁场的观测，用选择频段内电磁场能量随时间的变化表述观测的背景值，用特定的准则判定电磁事件的发生、记录事件的时间序列并给出事件的主要特征参数和事件目录。

电场观测是在地表选定方向，一定距离间埋设电极，测量电极点之间的电位差。在测区电场是均匀的条件下，电极间电位差与电极距离之比为选定方向的电场强度值。电场测量原理的详细表述见附录A的A.1。

磁场观测是在地表放置磁传感器，将磁场强度(磁感应强度)转换为电压量，测量传感器输出的电压值。在磁传感器传递函数为已知的条件下即可换算出磁场强度(磁感应强度)值。磁场测量原理详见附录A.2。

4 台站观测

4.1 观测系统构成

台站观测系统由观测装置、测量系统和检查系统组成。

4.2 观测装置技术要求

4.2.1 电场测量电极

4.2.1.1 电极工作频率范围应包含0.01 Hz ~ 1 000 Hz。

4.2.1.2 电极噪声不应大于0.05 mV。

4.2.1.3 极材料宜选用铅板，也可采用不锈钢电极、固体不极化电极。铅板尺寸宜不小于200 mm × 200 mm × 3 mm。

4.2.2 电极布设

4.2.2.1 宜布设两个分别平行和垂直地磁南北的正交测道，方位误差不应大于1°，布极方式可采用图1(a)中L形或图1(b)中十字形布设。

4.2.2.2 极距宜为50 m ~ 100 m，两个方向的极距相差宜小于较长极距的10%。

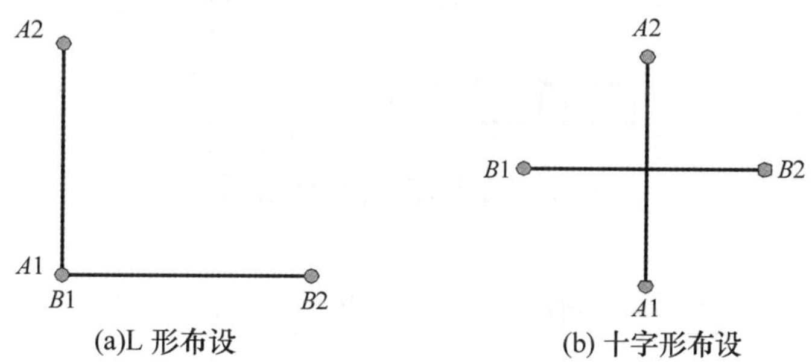

图1 电极布设示意图

4.2.3 电极埋设

4.2.3.1 电极埋设前应清除其表面的杂质。

4.2.3.2 电极埋设部位应避开污水区、腐殖土壤、腐烂植被和杂物充填部位。

4.2.3.3 电极埋深不应小于1.5 m，在寒冷地区应埋设在冻土层以下。

4.2.3.4 极坑回填土质应均匀，同一对测量电极的极坑回填土宜为同一种土质。

4.2.3.5 电极引线与通往观测室的测量线应可靠焊接并做好密封防水处理，测量线埋地引入观测室，图2为铅板电极埋设示意图。

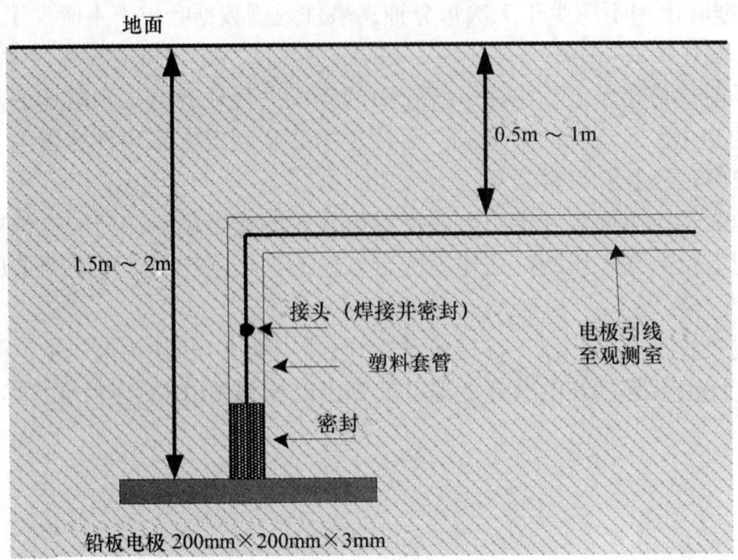

图 2　铅板电极埋设示意图

4.2.4　磁传感器埋设

4.2.4.1　磁传感器宜沿地磁南北、地磁东西两个方向水平布设，方位误差不应大于 1°。

4.2.4.2　两个磁传感器之间的距离应大于 5 m，如图 3 所示。

4.2.4.3　磁传感器宜埋设在地下，埋设方法参见图 4。

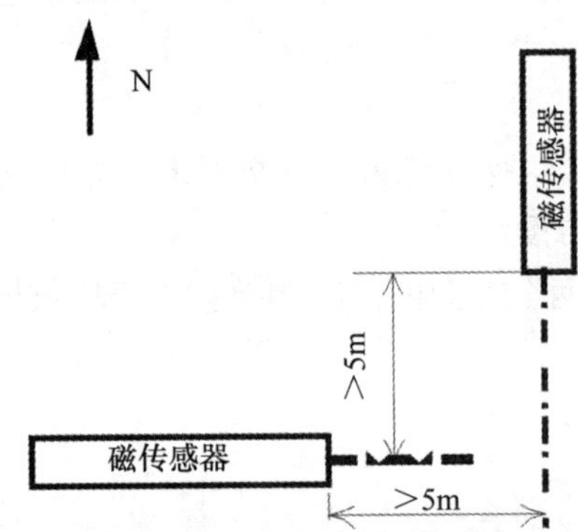

图 3　磁传感器布设示意图

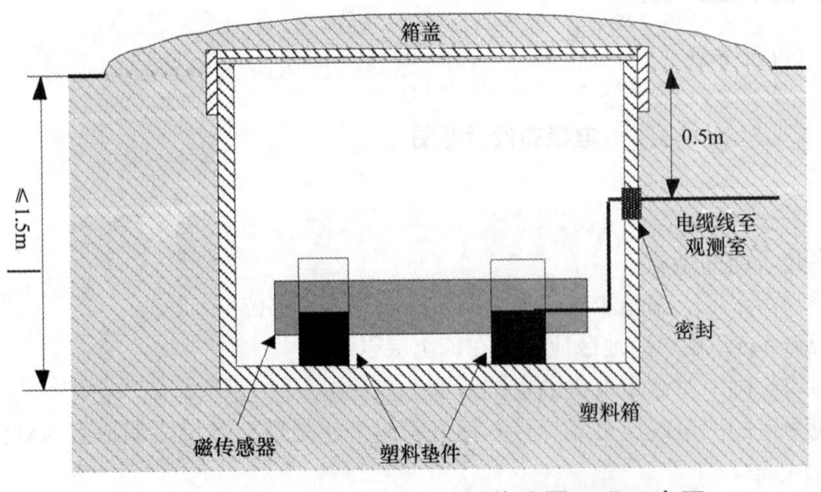

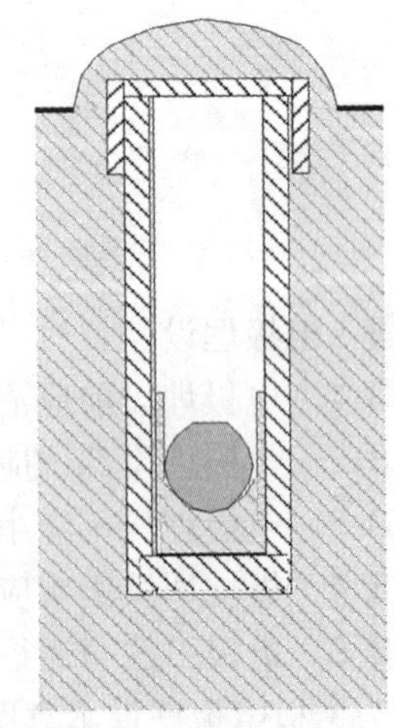
图 4　磁传感器埋设示意图

4.2.5 电场磁场同时观测的布设方法

在同一场地同时进行电场和磁场观测时，电场观测的电极和磁传感器宜按图5方式布设。

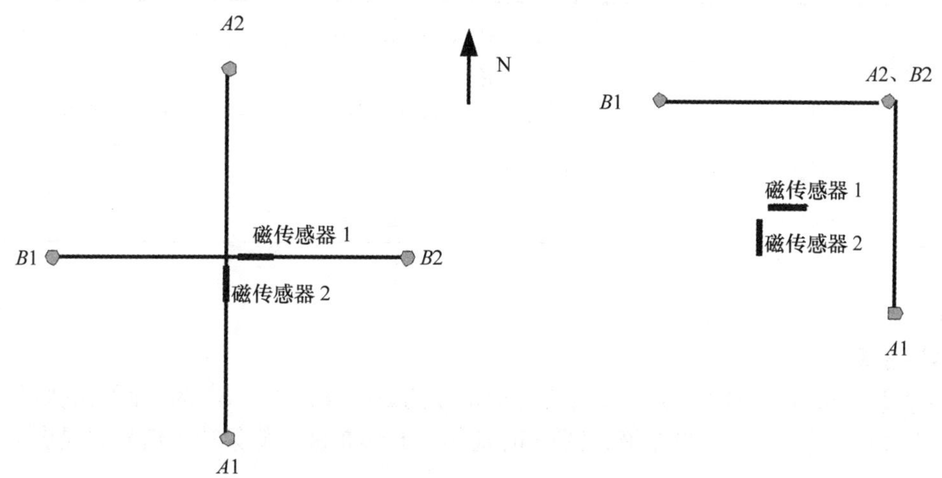

图5 电场磁场同时观测的布设方法

4.3 测量系统技术要求

4.3.1 测量仪器

4.3.1.1 最大允许误差不应超过 ±(2% 读数 ±0.1% 满度值)。

4.3.1.2 频率范围应包含 0.1 Hz ~ 10 Hz 频段。

4.3.1.3 分辨力不应大于 10 μV。

4.3.1.4 测量动态范围不应小于 80 dB。

4.3.1.5 采样率不应少于 50 次每秒。

4.3.1.6 时间服务误差不应大于 1 s。

4.3.1.7 测量通道不应少于两个通道(两个电通道或两个磁通道)。

4.3.1.8 接口宜具有 RS232C 串行口、RJ45 网络接口等通信接口。

4.3.1.9 仪器应具有现场或远程修改工作参数、实时显示观测结果等功能。

4.3.2 磁传感器

4.3.2.1 灵敏度不应小于 1 mV/nT(0.1 Hz ~ 10 Hz)。

4.3.2.2 频率特性应定量给出 0.01 Hz ~ 100 Hz 范围的幅频特性。

4.3.2.3 噪声不应大于 0.003 $nT/Hz^{1/2}$(0.1 Hz ~ 10 Hz)。

4.4 检查系统

4.4.1 技术要求

4.4.1.1 人工电磁场的强度应能在观测现场的磁传感器周围形成 nT 量级的人工磁场，在测量电极之间形成 mV 量级的人工电位差。

4.4.1.2 人工电磁场的频率，在 0.1 Hz ~ 10 Hz 频段内不宜少于五个频点。

4.4.1.3 人工电磁场的强度，在一年内的变化不应大于 10%。

4.4.2 系统组成

系统由低频功率信号发生器、标准电阻、示波器、供电电极和供电线组成。低频功率信号发生器、标准电阻、示波器的主要技术要求见表1。

表 1　检查装置设备的主要技术要求

设备名称	主要技术要求
低频功率信号发生器	频率范围：0.01 Hz ~ 100 Hz 频率稳定度：1% 输出功率：100 Ω 负载下，能提供大于 0.2 A 的输出电流
标准电阻	10 Ω，0.1 级，1 A
示波器	频率范围：DC ~ 2 MHz

4.4.3　安装

4.4.3.1　装置布设

图 6 为检查装置布设示意图，*A*1、*A*2 为南北向电场测量电极；*B*1、*B*2 为东西向电场测量电极；*A*、*B* 为供电极。图 6(a) 适用于十字形布极，图 6(b) 适用于 L 形布极。低频功率信号源提供不同频率的交流电流。

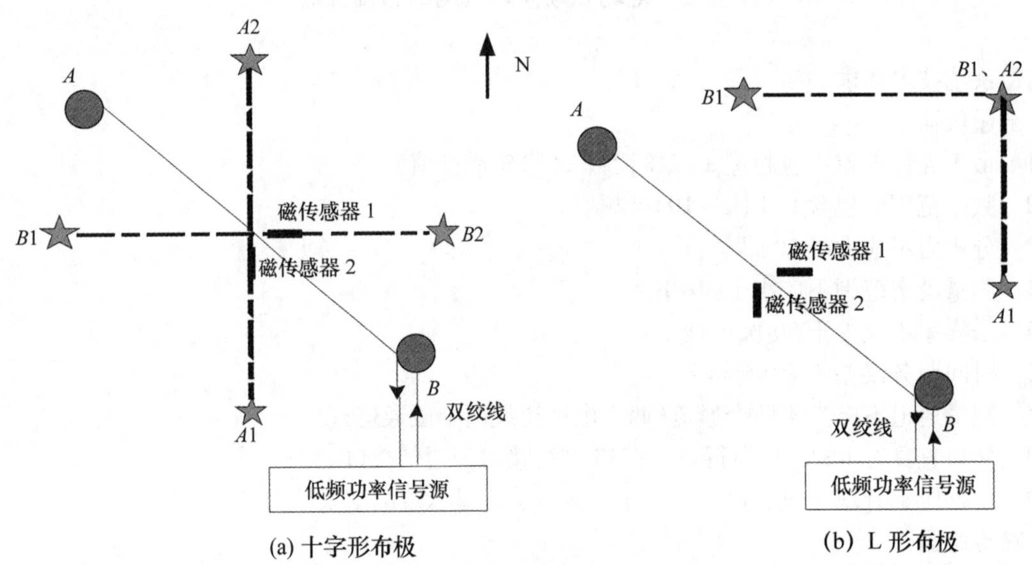

(a) 十字形布极　　(b) L 形布极

图 6　观测系统检查装置布设示意图

4.4.3.2　供电极

4.4.3.2.1　供电极极距宜大于 30 m。

4.4.3.2.2　单个供电极的接地电阻宜小于 30 Ω。

4.4.3.2.3　*AB* 的方向为 NW45°，*AB* 连线的中点应与两个磁传感器轴线的交点重合。

4.4.3.3　供电线

4.4.3.3.1　供电线宜采用耐腐蚀、防水导线。

4.4.3.3.2　*A* 供电极从低频功率信号源至 *B* 供电极之间的部分应与 *B* 供电极合成双绞线，从 *B* 供电极至 *A* 供电极之间的部分应为单线。

4.4.3.3.3　供电线采用埋设方式应符合 4.2.3.5 的规定。*A* 供电极从 *B* 供电极至 *A* 供电极段应保持直线。

4.4.4　检查方法

4.4.4.1　第一次检查前的准备工作

按仪器使用说明书对电磁扰动仪器进行校准。

4.4.4.2　连接检查系统

按图7连接检查系统。

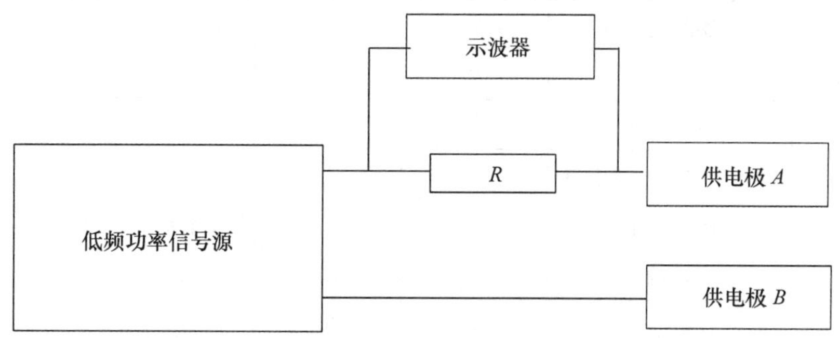

注：R 为电流取样电阻，电阻值 $R=10\,\Omega$，精度0.1级。

图7　检查系统连接图

4.4.4.3　检查步骤

检查步骤如下：

a）调节低频功率信号源的输出，使示波器的显示为峰峰值2 V，此时供电电流为200 mA，记录仪器测量结果；

b）将各通道输出信号的峰峰值记入表2；

c）在仪器频带内均匀选取五个频点，变换低频功率信号源的频率，重复上述a)，b）操作；

d）每月按a)、b)、c）步骤检查一次并将检查结果与第一次检查结果进行比较，判断测量系统的稳定性。

表2　观测系统检查记录表

F/Hz	H_x/nT	H_y/nT	E_x/mVkm^{-1}	E_y/mVkm^{-1}
仪器编号：			检查时间：	

4.5　设备配置

台站主要设备配置见表3。

表3　电磁扰动台站观测设备配置表

设备名称	单位	数量	备注
测量主机	台	1	技术要求见4.3.1
磁传感器	个	2	技术要求见4.3.2

表 3(续)

设备名称		单位	数量	备注
电场观测装置	电场测量电极	个	5	备用一个
	外线路	套	1	
	室内配线	套	1	
检查设备	低频功率信号发生器	台	1	技术要求见表 1
	标准电阻	个	1	
	示波器	台	1	
	供电电极	个	2	
	外线路	套	1	
个人计算机		套	1	含打印机，用于数据汇集与处理

5 组网观测

5.1 组网原则

在需要进行地震监测的区域或需要临时加密观测的地区应布设由几个观测站组成的台网进行观测。由定点连续观测站组成的台网纳入固定地震台网运行，由临时观测点(站)组成的台网纳入流动地震台网运行。

5.2 规模

每个台网不宜少于三个观测站，观测站间距不宜大于 50 km。

5.3 观测方式

网内各观测站宜采用电场、磁场同时观测。采用单项(电场或磁场)观测的台网，网内各观测站的观测项目应一致。

6 观测环境

6.1 地质构造条件

观测场地宜选在地震活动带内或在活动断裂带附近。

6.2 地形地貌条件

布极区应地形开阔、地势平坦，地形高差不宜大于电极间距的 5%。布极区内不应有沟壑、崖坎、河流等。

6.3 电性结构条件

观测区 30 m 深度以内表层的地电阻率不宜小于 10 Ω · m 。

6.4 电磁环境条件

布极区避开各种干扰源的距离应符合附录 B 的规定。

6.5 工作条件

定点观测站应具备电力、通信、交通等条件。

7 观测数据

7.1 数据产出

台站观测应产出地表电场和(或)磁场的分钟值时间序列、电磁事件的时间序列、电磁事件的主要参数、事件日报表和月报表。

7.2 分钟值

分钟值为电场强度、磁场强度1分钟内的有效值E_a、H_a。有效值按式(1)和式(2)计算：

$$E_a = \sqrt{\frac{\sum_{i=1}^{n} E_i^2}{n}} \qquad \cdots\cdots(1)$$

$$H_a = \sqrt{\frac{\sum_{i=1}^{n} H_i^2}{n}} \qquad \cdots\cdots(2)$$

式中：

n——1分钟内的取样次数；

E_i——每一次取样值；

H_i——每一次取样值。

7.3 电磁事件

7.3.1 电磁事件的判别方法

电磁事件的判别方法应按附录C的准则。

7.3.2 电磁事件的时间序列

从事件开始到事件结束时间段(或设定的时间长度)内，以最高采样率采集的数据，以数据文件形式保存。

7.3.3 事件的主要参数

事件的主要参数及指标要求如下：

a) 起始时间，事件发生的起始时间，准确到1 s；

b) 最大幅度，事件时间序列中偏离平均值最大的数值；

c) 优势频率，事件振幅谱中幅值大于平均幅值两倍的频点，频率分辨力优于0.1 Hz；

d) 持续时间，事件起始至结束的时间。

7.3.4 事件整理

事件整理中应剔除人类活动、观测系统故障造成的事件。

7.3.5 事件报表

事件报表要求如下：

a) 报表的格式见表4；

b) 日报表，当天发生的全部事件；

c) 月报表，每月经过整理的全部事件。

表4 电磁扰动事件报表

序列	起始时间	持续时间 s	E_{sn}		E_{we}		H_{sn}		H_{we}		备注
			最大幅度 mV/km	优势频率 Hz	最大幅度 mV/km	优势频率 Hz	最大幅度 nT	优势频率 Hz	最大幅度 nT	优势频率 Hz	

表 4(续)

序列	起始时间	持续时间 s	E_{sn}		E_{we}		H_{sn}		H_{we}		备注
			最大幅度 mV/km	优势频率 Hz	最大幅度 mV/km	优势频率 Hz	最大幅度 nT	优势频率 Hz	最大幅度 nT	优势频率 Hz	
填报时间			年 月 日								

附 录 A
（资料性附录）
测量原理

A.1 电场测量原理

地表电场场强是一矢量，电磁扰动观测的是其在地表面的水平分量强度。由于是对平面矢量进行观测，因此需要同时观测其大小和方向。

对地表电场（$\vec{E}$）进行观测时，选取两个不同方向的分量进行观测。一般选择东向分量（E_x）和北向分量(E_y）作为观测对象(图 A.1)，然后通过式(A.1)和式(A.2)算出矢量的大小$|E|$和北偏东角度α。

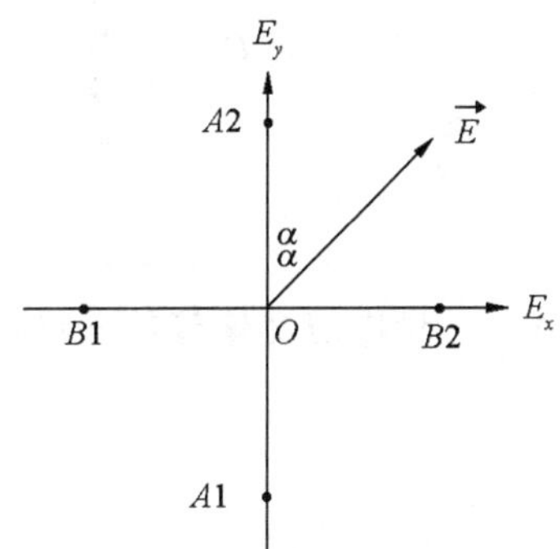

图 A.1 地电场矢量观测示意图

$$|E| = \sqrt{E_x^2 + E_y^2} \qquad \cdots\cdots(A.1)$$

$$\alpha = \tan^{-1}\left(\frac{E_x}{E_y}\right) \qquad \cdots\cdots(A.2)$$

对 E_x 的测量是通过测量地表两点（如图 A.1 中 $B1$ 点和 $B2$ 点）之间的电位差 U_{B1B2}，在观测区电场是均匀的条件下，O 点($B1$ 与 $B2$ 的中点）的电场强度 E_{B1B2} 可按式(A.3)计算。

$$E_x = \frac{U_{B1B2}}{\overline{B1B2}} \qquad \cdots\cdots(A.3)$$

式中：

$\overline{B1B2}$—— $B1$、$B2$ 两个测量电极间的距离。

用同样的方法可以测得 E_y。

图 A.2 是地表电场测量系统示意图，仪器测量 $A1$、$A2$ 和 $B1$、$B2$ 两对电极间的电位差。图 A.3 是测量一个通道的等效电路图，U_{A1}、U_{A2}分别是电极 $A1$ 和 $A2$ 处地表的电位，E_{A1}、E_{A2}分别是 $A1$ 电极和 $A2$ 电极与大地的接触电位差，U_i 为测量仪器的输入信号。从图 A.3 可看出：

$$U_i = (U_{A1} - U_{A2}) + (E_{A1} - E_{A2}) \qquad \cdots\cdots(A.4)$$

式中：

$U_{A1} - U_{A2}$—— 要测量的 $A1$、$A2$ 两点间的电位差；

$E_{A1} - E_{A2}$—— 电极极化电位差，因为 $E_{A1} - E_{A2}$变化缓慢，测量的频段可认为为0。

这样，仪器测得不同通道的 U_i 后，根据预先存储的极距数据$\overline{A1A2}$、$\overline{B1B2}$，按照式(A.3)进行运算，最后输出 SN 和 WE 方向上地电场的大小 E_y 和 E_x。

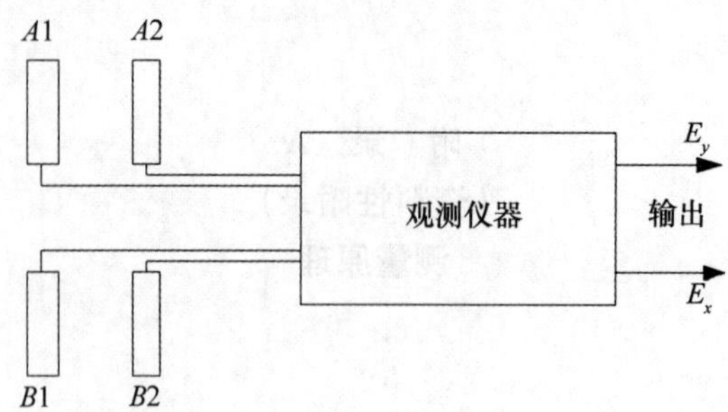

注：图中 A1、A2、B1、B2 是四个测量电极。

图 A.2 地表电场测量系统示意图

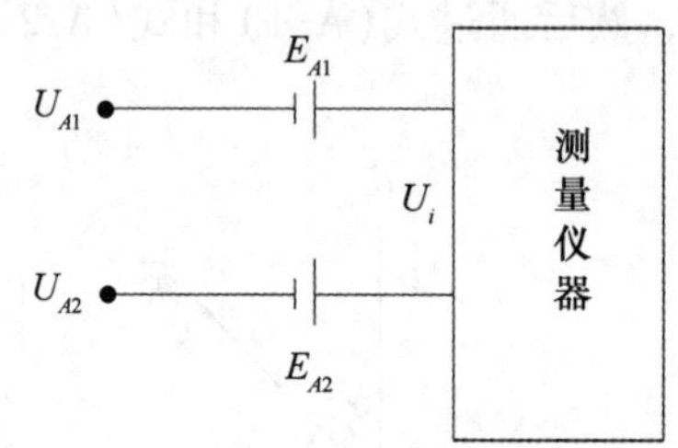

图 A.3 地电场测量等效电路图

A.2 磁场测量原理

磁场的测量以法拉第电磁感应原理为基础，通过一个感应式磁传感器将磁场信号转换为电压信号再进行测量。根据电磁感应定律，把一个测量线圈置于被测磁场中，当线圈相对磁场做机械运动或磁场本身发生变化时，耦合到该线圈中的磁通量 ϕ 发生变化，从而在检测线圈中产生感应电动势 ε：

$$\varepsilon = -\frac{d\phi}{dt} \quad \cdots\cdots (A.5)$$

对于一个匝数为 N 的线圈，当穿过它的磁通量 ϕ 发生变化时，线圈上产生的感应电动势 ε 为：

$$\varepsilon = -N\frac{d\phi}{dt} \quad \cdots\cdots (A.6)$$

磁通量 ϕ 与磁场强度 H 关系为：

$$\phi = \mu_e HS \quad \cdots\cdots (A.7)$$

式中：

S——线圈的有效面积；

μ_e——有效导磁率。

由此可得到线圈的感应电动势为：

$$\varepsilon = -NS\mu_e\frac{dH}{dt} \quad \cdots\cdots (A.8)$$

由式(A.8)可见，只要穿过线圈的磁场强度 H 发生变化，就会在线圈中产生感应电动势。这样，对周期性变化的磁场信号，其磁场强度 $H(t) = H_0\sin\omega t$，则线圈上的感应电动势为：

$$\varepsilon = -NS\mu_e\frac{dH(t)}{dt} = -NS\mu_e H_0\omega\cos\omega t \quad \cdots\cdots (A.9)$$

磁场强度的幅度 H_0 为：

$$H_0 = \frac{\varepsilon}{NS\mu_e\omega} \quad \cdots\cdots (A.10)$$

对一个测量线圈，匝数 N、有效面积 S 和导磁率 μ_e 是确定的，当被测磁场频率 ω 为已知时，就可以通过测量线圈中感应电动势间接的测量磁场强度的变化。

从式(A.10)可得：

$$\varepsilon = NS\mu_e \omega H_0 = M\omega H_0 \quad \cdots\cdots\text{(A.11)}$$

式中：$M = NS\mu_e$ 称为线圈常数。

式(A.11)表明 ε 与 ω 成正比关系。因此，在测量之前必须准确知道传感器的频率特性(灵敏度曲线)。实际上 ε 是不能被直接测量的，仪器测量的是感应线圈两端的输出电压 U，U 不仅与 ω 有关，还与线圈的分布参数、测量仪器的参数有关，其频率特性可从感应式磁传感器的等效电路导出。

图 A.4 是感应式磁传感器的等效电路。

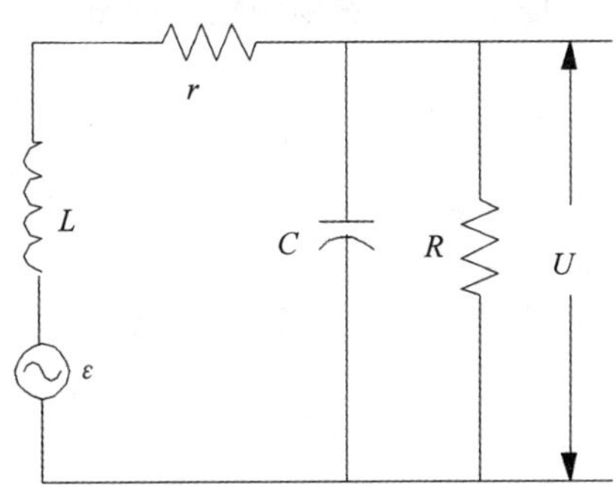

注：

L—— 线圈的电感；

C—— 分布电容；

r—— 线圈的内阻；

R—— 测量仪器的输入电阻。

图 A.4　感应式磁传感器的等效电路

由图 A.4 可知，测量仪器测量到的磁传感器输出电压 U 为：

$$U = \frac{\varepsilon}{\sqrt{\left[1 + \frac{r}{R} - \left(\frac{\omega}{\omega_0}\right)^2\right]^2 + \left(\frac{\omega}{\omega_0}\right)^2\left(q + \frac{1}{Q}\right)^2}} \quad \cdots\cdots\text{(A.12)}$$

式中：

$\omega_0 = \frac{1}{\sqrt{LC}}$—— 固有频率；

$Q = \frac{1}{r}\sqrt{\frac{L}{C}}$—— 固有品质因数；

$q = \frac{1}{R}\sqrt{\frac{L}{C}}$—— 有负载时磁传感器的品质因数。

一般情况下，有 $R >> r$，式(A.12)可写为：

$$U = \frac{\varepsilon}{\sqrt{\left[1 - \left(\frac{\omega}{\omega_0}\right)^2\right]^2 + \left(\frac{\omega}{\omega_0}\right)^2\left(q + \frac{1}{Q}\right)^2}} \quad \cdots\cdots\text{(A.13)}$$

从而得到感应式磁传感器的灵敏度(频率特性曲线)：

$$\frac{U}{H_0} = \frac{M\omega}{\sqrt{\left[1 - \left(\frac{\omega}{\omega_0}\right)^2\right]^2 + \left(\frac{\omega}{\omega_0}\right)^2\left(q + \frac{1}{Q}\right)^2}} \quad \cdots\cdots\text{(A.14)}$$

$$H_0 = \frac{U}{M} \cdot f(\omega) \quad \cdots\cdots\text{(A.15)}$$

$$f(\omega) = \frac{\sqrt{\left[1 - \left(\frac{\omega}{\omega_0}\right)^2\right] + \left(\frac{\omega}{\omega_0}\right)^2 \left(q + \frac{1}{Q}\right)^2}}{\omega} \cdots\cdots (A.16)$$

$f(\omega)$ 为传感器的频率特性。当 M 和 $f(\omega)$ 已知时，只要测得 U，即可得到磁场强度 H_0。图 A.5 为测量示意图。

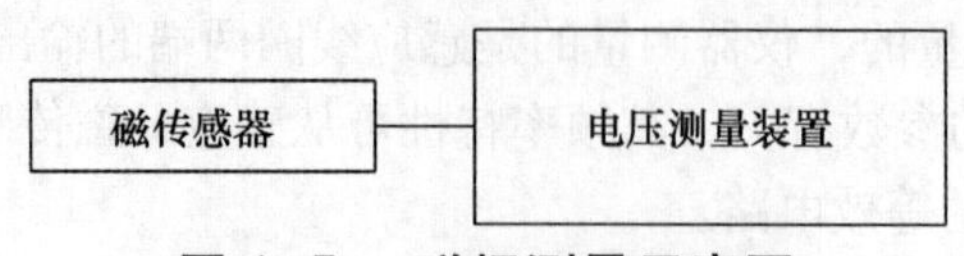

图 A.5　磁场测量示意图

附　录　B
（规范性附录）
避开干扰源距离

电磁扰动观测中要求各种干扰源避开布极区的最小距离见表 B.1。

表 B.1　各种干扰源避开布极区的最小距离

干扰源种类	避开最小距离 km
小型用电设备[注]	0.05
变压器（容量在 30 kV·A～50 kV·A 之间）	0.05
变压器（容量 >50 kV·A）	0.20
地下金属管线	0.10
工业用抽水井（站）	0.10
35 kV 以上高压输电线	0.10
带护栏的封闭公路	0.10
普通铁路	1.00
电气化铁路	5.00
流动铁器（如汽车、拖拉机等）	0.05
主要公路	0.10
城市轨道交通（地铁等）	10.00
注：小型用电设备指功率在 30 kV·A 以下的变压器、小型发电机、电动机之类。	

附　录　C
（规范性附录）
电磁事件判断准则

C.1　电磁事件的基本判别方法

采用长短时间窗比值法作为事件的判断标准。长短时间窗比值法是指利用长时间观测数据的绝对值平均值与短时间观测数据的绝对值平均值的比值，当比值大于某一预设值时，认为事件发生，当比值小于某一预设值时，认为事件结束。所谓长时间平均值是指一个较长时间窗内的观测数据绝对值的平均值，而短时间平均值则是指最近的一个较短的时间内的观测数据绝对值的平均值。一般情况下，长时间的时间窗的长度要远远大于短时间的时间窗的长度。采用此方法的优点是不易受到周围环境噪声干扰的影响。

C.2　长短时间窗比值法计算方法

长短时间窗比值法的具体计算方法是：

$$AV_L = \frac{\sum_{i}^{N} |x(i)|}{N} \qquad \cdots\cdots(C.1)$$

$$AV_S = \frac{\sum_{i}^{M} |x(i)|}{M} \qquad \cdots\cdots(C.2)$$

式中：

N —— 长时间窗数据的长度；

M —— 短时间窗数据的长度；

$x(i)$ —— 观测数据序列；

AV_L —— 长时间窗数据序列的平均值；

AV_S —— 短时间窗数据序列的平均值。

设判据指标为 Z_0，如果 $\frac{AV_L}{AV_S} > Z_0$，判定为事件发生。

Z_0 根据各个台站的实际环境干扰情况选择 2 ~ 5。